空气源热泵
供热技术及应用

张 军 等编著

化学工业出版社

·北京·

内 容 简 介

本书较系统地阐述了热泵技术的基础知识和应用特点，介绍了空气源热泵的原理、特点、结构和性能；本书对空气源热泵供热工程应用中需要特别关注的除霜、降噪、设备布置、降低能耗等问题以及解决问题的思路和方法做了较为详细的介绍；特别是本书从工程应用实际出发，提出了应用空气源热泵应尽量采用多能互补和柔性供热的方式，并分析了其优势和经济性，对读者了解和应用空气源热泵具有很好的参考价值和指导作用。

本书可供相关专业的技术人员阅读参考，也可以作为新能源及建筑环境相关专业本科及以上师生的教科书和阅读参考书。

图书在版编目（CIP）数据

空气源热泵供热技术及应用/张军等编著 . —北京：
化学工业出版社，2021.1（2024.2重印）
ISBN 978-7-122-37859-0

Ⅰ.①空…　Ⅱ.①张…　Ⅲ.①热泵-供热工程
Ⅳ.①TU833

中国版本图书馆 CIP 数据核字（2020）第 191222 号

责任编辑：戴燕红　刘　婧　　　　　　文字编辑：林　丹　陈立璞
责任校对：李雨晴　　　　　　　　　　装帧设计：关　飞

出版发行：化学工业出版社（北京市东城区青年湖南街 13 号　邮政编码 100011）
印　　装：涿州市般润文化传播有限公司
787mm×1092mm　1/16　印张 23¾　字数 531 千字　2024 年 2 月北京第 1 版第 7 次印刷

购书咨询：010-64518888　　　　　　　售后服务：010-64518899
网　　址：http://www.cip.com.cn
凡购买本书，如有缺损质量问题，本社销售中心负责调换。

定　　价：128.00 元

序

由于社会的迅速发展，人民生活水平不断提高，工业生产规模不断扩大，我们向自然界排放的污染物越来越多；当大气环境中的污染物超过了它的承载能力时，就会出现我们所不愿意看到的雾霾。雾霾不是一天形成的，治理雾霾也不会一蹴而就，要从产生雾霾的每个源头抓起。煤的燃烧尤其是散煤的燃烧是产生雾霾的源头之一，因此燃煤替代成为大气污染防治的重要工作。

空气源热泵以电能驱动，吸收利用空气中所含有的低品位能源用于加热，较直接电加热有更高的能源利用效率；而且空气到处都有，不受资源条件的限制，所以近年来，空气源热泵在替代燃煤、治理雾霾的工作中发挥了重要作用，得到了迅速发展。但是，空气源热泵在应用中还存在很多需要注意和解决的问题，在技术上还有很大的发展和提升空间。要让空气源热泵在大气环境治理中发挥更大的作用，还需要进一步提升产品的性能以及更专业的设计、施工和运行管理。

本书比较系统地介绍了空气源热泵的原理、结构、性能和系统设计，并对应用中需要特别关注的除霜、降噪、设备布置、降低能耗等问题做了较为详细的介绍，对了解和应用空气源热泵具有很好的参考价值和指导作用。本书还从实际出发，提出应用空气源热泵应尽量采用多能互补和柔性供热的方式。空气源热泵与其他清洁能源技术，如地源热泵、太阳能、电加热、天然气等相结合，能发挥更大、更好的作用，应用效果和经济性都优于单一的空气源热泵技术。柔性供热是将空气源热泵能源站集成化、标准化、模块化、小型化、智能化，形成灵活方便、清洁高效的能源箱，紧贴用户需求，取代大热源、大热网，对解决北方热网尚未覆盖地区和南方夏热冬冷地区的供热制冷问题，更为经济有效。

本书作者张军同志十几年来一直从事热泵技术的研究开发和推广应用工作，早期以利用地下水、地下土壤、污水、再生水、矿井排风、工业余热等为载体的浅层地热能和余热能为主，近年来投入大量精力研究大功率空气源热泵的技术和应用。本书是作者在实际工作中所积累的经验和遇到的问题基础上，搜集各方面的资料，参阅大量相关的文献整理编写而成的，对空气源热泵的应用能够起到很好的指导作用。对空气源热泵的研究和开发也将有所启发和帮助，是一本很有实用价值的专业书。

郭吉明

2020 年 6 月 10 日于清华园

前　言

近年来，空气源热泵作为替代燃煤的清洁供热技术，得到了迅速的发展。

能源的选择是供热规划与设计需要解决的首要问题。煤的燃烧尤其是散煤的燃烧会带来污染，天然气资源有限并且价格高，所以人们把更多的目光转移到了电能上。但是，电能是一种成本高、价值高的高品位能源，直接用电加热，能源利用效率低、经济性差。因此，热泵成为人们关注的重点。热泵使用电能作为驱动，从自然界获取免费或廉价的低品位能源，从而获得数倍于电能的能量用于供热。自1994年清华大学徐秉业教授研制出我国第一台地源热泵以来，热泵在我国的应用已有二十几年的历史了。早期热泵所利用的低品位能源主要来自地下水、地下土壤、地表水、污水、工业余热等，与空气比起来，这些能源的品位相对较高，来源相对较稳定，但受到资源条件的限制，只能在有限范围内加以利用，无法在解决我国清洁采暖的能源需求中起到主导作用。空气源热泵所利用的低品位能源是空气，虽然空气的品位更低，但到处都有，不受资源条件的限制。空气源热泵较直接电加热有更高的能源利用效率，是解决清洁采暖的较为理想方式之一。

空气源热泵供热虽然已经有了大规模的成功应用，但仍然有很多问题需要注意和解决，例如：如何保证空气源热泵在低温环境中稳定高效地工作；如何在确保供热效果的同时降低能耗和运行成本；如何抑制结霜并确保除霜不影响供热效果；如何保证不产生扰民的噪声；如何布置才能减小占地并且不会产生冷岛效应等。因此，一些空气源热泵项目应用效果不够理想，暴露出很多负面问题。空气源热泵的成功应用需要合理的设计、合格的产品、规范的施工和正确的运行管理，需要对空气源热泵的原理、结构和性能进行充分的了解。编者通过搜集各方面的资料、参阅大量相关的文献，并结合自身多年从事热泵技术实践的经验，对空气源热泵供热技术的相关知识进行了粗浅的介绍，并特别针对空气源热泵技术在供热应用中容易出现的问题进行了分析和阐述。本书试图用比较浅显的语言较全面地介绍各种热泵技术的应用方式及各种低品位能源的利用方法，希望不仅能为相关专业的技术人员提供参考，而且能为非专业人员提供一些借鉴和帮助。

北京华誉能源技术股份有限公司的技术人员参与了本书的编写工作，其中丁财丰完成了第二章和第六章的大部分工作，黄金龙完成了第三章的部分工作，邸灵灵完成了第四章的大部分工作，陈奎完成了第五章的全部工作，王少文完成了第七章的大部分工作，窦希华完成了第八章的大部分工作，雷艳杰完成了第九章的大部分工作，赵鹏倩参与了第七章和第九章的部分工作。书稿的审校工作主要由胡永逯、周璐、雷艳杰等完成，此外，黄智强、王建凯、赵亚东等也都参与了本书的部分工作，其余工作及统稿由张军完成。本书参考和引用了哈尔滨工业大学马最良教授、王伟教授、倪龙教授、张建利教授、鞠辰硕士、李俊硕士，湖南大学汤广发教授、刘志强硕士，重庆大学王厚华教授、王清勤教授、朱荣鑫博士，昆明理工大学罗会龙教授、陈子丹硕士，山东大学张冠敏教授、王梅荣硕士以及兰州交通大学蔡觉先教授、张维娜硕士等学者的论文、著作与研究成果，在此对他们表示衷心的感谢。本书在编写过程中还参考借鉴了很多相关文献，在此向各位作者表示深深的谢意。

　　由于编者水平有限，难免存在不足之处，欢迎读者批评指正。

编者

2020 年 5 月

目 录

第三章　空气源热泵的组成及主要部件　/ 95

绪　论

近几年，空气源热泵已经成为替代燃煤、治理雾霾最主要的方式之一，因此得到了迅速的发展。

一直以来，天然气都是替代燃煤最主要的能源。因为利用天然气的方法和煤一样，都是通过燃烧产生较高的温度，所以用天然气代替燃煤最"省事"。因此，无论是工业生产还是建筑采暖都首选用天然气代替煤。但是天然气有两个短板，一是成本高，二是资源有限。对于工业生产，可以通过两方面来消解天然气成本高和资源不足的问题。一是节能降耗，过去我国工业生产能源利用效率低，节能空间大，能源成本提高后，促使能源综合利用效率大幅度提高；二是成本与价格向下游传递，成本是工业产品定价的基础，消化不了的成本，可以通过提高价格将成本向下游传递，价格没有竞争力的企业将被淘汰，而能源利用效率高、竞争力强的企业将会获得更大的市场份额。

但是供热具有民生和公用事业属性，具有与工业生产完全不同的特点，不能像工业生产那样解决问题。

首先，供热行业无法把成本与价格向下游传递，因为供热由政府通过价格听证的方式进行定价，并不是通过市场手段由供需关系决定价格。所以现在虽然能源成本提高了，人力成本提高了，供热价格却还是原来的价格，有些地区甚至还在执行十几年前的定价，产生了能源价格倒挂的现象，上游的成本高于下游的价格，单位面积供热消耗的天然气成本大大高于供热的收费价格。这种情况致使供热企业无法正常生存，只能通过政府补贴获取利润，这不仅给政府带来了沉重负担，而且带来更多的社会问题，无法形成健康合理的能源市场机制，严重制约了社会公平和可持续发展。

同时，在节能降耗方面供热也要比工业生产复杂得多。供热系统的能耗是由多种因素决定的，建筑保温、室内末端、管网损耗、热源效率等都会对供热的能耗产生重大影响，但很多都不是供热企业负责的。因此，供热企业对于整个供热系统的节能降耗也是无能为力的。另外，市政集中供热大多由当地政府所属企业负责，不能完全通过市场机制优胜劣汰。

因此，供热体制改革是十分必要的，而最为关键的是供热价格的改革。供热价格的制定既要体现公用事业属性，又要体现市场属性；既要保障居民的供暖需求和切身利益，又要理顺能源价格，满足供需关系，建立合理的市场机制。这样，供热行业才能健康发展。

到目前为止，我国北方采暖面积已突破 200 亿平方米，而且每年都在增加，并且随着南方对采暖需求的日益提高，我国采暖面积的增加还会不断加速。已有的燃煤采暖需要逐渐改造成清洁能源，新增的采暖面积必须采用清洁能源，所以我国采暖对清洁能源的需求是十分巨大的，这将使我国乃至全世界天然气资源面临压力和挑战。全部采用天然气采暖不仅不切实际，更影响我国的能源安全。

因此，近几年，人们把供热领域替代燃煤的关注点转移到了电能上。但是，电能是一种成本高、价值高的高品位能源，直接用电加热代价大、成本高。因此，能源利用效率更高的热泵成为人们新的选择。热泵用电能作为驱动，从自然界获取免费或廉价的低品位能源，从而获得数倍于电能的能量用于供热。自 1994 年清华大学徐秉业教授研制出我国第一台地源热泵以来，热泵在我国供热领域的应用已有二十几年的历史了。早期热泵所利用的低品位能源主要来自地下水、地下土壤、地表水、污水、工业余热等，与空气比起来，这些能源的品位相对较高，来源相对较稳定，但受到资源条件的限制，只能在有限范围内加以利用，无法在解决我国清洁采暖的能源需求中起到主导作用。

空气源热泵利用的低品位能源是空气，虽然空气的品位低于其他能源，但空气到处都有，不受资源条件的限制。空气源热泵较直接电加热有更高的能源利用效率，所以是解决清洁采暖的理想方式之一。

在北方清洁取暖"煤改电"工作中，已有 1200 多万户农村用户使用了空气源热泵取暖。这些空气源热泵的使用效果从总体来看是好的，无论是采暖效果还是运行成本，基本上都达到了预期。

在城市供热方面，我们从 2011 年就开始了直接替代锅炉的大功率空气源热泵的研发。自 2015 年石家市绿朗时光小区首次采用空气源热泵进行住宅集中采暖以来，已推广了千余万平方米的建筑采用空气源热泵采暖，基本都达到了供热效果，供热成本也低于燃气锅炉。近几年东北、内蒙古等严寒地区也有不少项目采用空气源热泵采暖，效果也是不错的，说明严寒地区采用空气源热泵采暖也是可行的。空气源热泵供热虽然也暴露了一些问题，比如结霜、占地、噪声、冷岛等，但这些问题都是可以克服和解决的。后面将提出解决这些问题的方法。

当年我们刚开始推广应用水地源热泵的时候，很多人就很疑惑，地下水、地下土壤也就十几摄氏度，哪儿来的热呢？现在水地源热泵已经接近普及，不再有人怀疑了，但对于空气源热泵，人们还是会质疑，零下十几、二十几摄氏度的空气中怎么可能有热量呢？关于空气源热泵怎样从零下十几、二十几摄氏度甚至更低温度的空气中提取热量，本书第二章第二节对热泵的原理有明确的阐述。热泵主要靠蒸发器中介质的蒸发进行吸热，目前空气源热泵的蒸发温度可以做到 $-45℃$，因此，可以从不低于 $-35℃$ 的空气中吸收热量；实验室中可以把热泵系统的蒸发温度做到 $-65℃$ 以下，所以即便在严寒地区，空气源热泵正常运行也是没有问题的，可以从空气中提取热量。

采用空气源热泵采暖最大的优势是其能源成本低于除燃煤以外的其他方式。按照产生单位热量所需的能源成本作比较，几种供热方式的对比情况如表0-1所示。

表0-1 几种供热方式的对比情况

项目	生产每吉焦热量能耗	每吉焦能源成本(人民币)/元	备注
煤炭锅炉	73.26kg	58.61	锅炉效率:65% 煤价:800元/t 热值:5000kcal/kg
天然气锅炉	31.12m³	93.36	锅炉效率:90% 气价:3.0元/m³ 热值:8500kcal/m³
直热电锅炉	280.81kW·h	197.57	锅炉效率:99% 平均电价:0.7元/(kW·h)
蓄热电锅炉	292.63kW·h	99.49	锅炉效率:99% 低谷电价:0.34元/(kW·h)
空气源热泵	111.2kW·h	77.84	热泵COP:平均2.5 平均电价:0.7元/(kW·h)

注:1kcal=4.18kJ,下同。

空气源热泵供热虽然已经有了大规模的成功应用，但仍然有很多问题需要注意和解决，例如低环境温度下能否稳定高效地工作、供水温度能否适应各种供暖系统、能耗与运行成本是否可以接受、结霜与除霜是否影响热泵的正常工作、是否产生扰民的噪声、占地是否太大等。下面对影响空气源热泵应用的几个主要问题做简单的分析。

（1）低环境温度下的稳定性和供水温度与系统的匹配问题

不同的空气源热泵有不同的工作范围，所选的设备必须与所处地区的室外环境温度相适应，出水温度必须与供热或制冷的末端系统相匹配。

冬季供暖期间，室外环境温度决定空气源热泵蒸发温度的高低。室外环境温度越低，蒸发温度越低，空气源热泵的制热量和效率系数随之下降。如果蒸发温度低到超出热泵的工作范围，热泵将无法稳定工作。目前用于空气源热泵的双级压缩机能够适应的最低蒸发温度是−45℃，双级压缩的热泵设备可以在不低于−35℃的环境中正常应用。

空气源热泵面临的问题之一是制热量和效率都会随着环境温度的下降而衰减。而且，不同的空气源热泵有其一定的工作范围，当室外环境温度降低到一定程度时，普通的空气源热泵就将无法启动和正常运行。

为此，技术人员开发出不同的空气源热泵技术来适应各种不同的气候条件和使用条件；补气增焓技术就是其中最为重要的一项，在低温环境中应用空气源热泵发挥了重要作用。此外，适应低温环境的空气源热泵技术还有准二级压缩技术、单机双级压缩技术、双机双级压缩技术、双级耦合热泵技术、复叠式热泵技术等。通过这些技术，就可以解决空气源热泵在低环境温度下工作的稳定性和供水温度与系统匹配等问题。

（2）能耗问题

目前在华北地区应用空气源热泵为节能建筑采暖的能耗可以控制在每个采暖季每平方米 25kW·h 左右，运行成本较天然气有较大优势。但是由于不同厂家机组性能良莠不齐，以及系统匹配、建筑保温等因素的影响，仍有不少采用空气源热泵采暖的项目能耗偏高，供暖成本让用户无法接受。对此，一方面要看其他能源方式能耗的情况，总体来看，空气源热泵应该是除燃煤（包括燃煤热电联产）以外能源成本最低的一种方式；如果空气源热泵供热的能源成本高于燃气等其他能源方式，那可能是能源价格的问题，也可能是热泵产品性能或系统匹配的问题，应属于特殊情况，不能因此否定空气源热泵技术；另一方面，需要从技术上优化热泵产品和系统，进一步提高设备的效率系数，更重要的是做好系统的优化，降低供水温度。本书将要介绍的柔性供热能够紧贴用户需求，采用灵活精准的供能方式，非常有利于节能，有望把非严寒地区节能建筑的冬季采暖能耗降低至每个采暖季每平方米 20kW·h 以内。

（3）结霜问题

空气源热泵的室外换热器要比空气温度低 5~10℃，当换热器表面温度低于水的冰点温度时，空气中的水蒸气就会在换热器表面结霜。室外换热器结霜是空气源热泵冬季运行不容忽视的问题。空气源热泵结霜后，不仅会造成室外换热器传热热阻增大、传热效率下降，还会造成空气流动阻力增大、风量减小；使换热器换热温差增大，压缩机吸排气温差和压差增大，制冷剂质量流量降低，导致机组耗功增加，供热能力将显著降低。甚至还会造成机组停机保护的恶性事故。结霜问题会严重影响空气源热泵机组的运行性能，是制约其应用发展的关键问题。本书第四章专门介绍空气源热泵的结霜与除霜问题。

（4）噪声问题

锅炉、空调以及地源热泵等设备虽然也有噪声，但这些设备安装在机房内，只需要对机房进行噪声处理而不必对设备本身进行过多的噪声处理。空气源热泵要从空气里取能，必须置于室外空间，无法像锅炉和空调那样可以通过机房与外界隔离，噪声的控制比较困难。本书第五章专门介绍噪声控制方法。

（5）占地问题

空气源热泵室外翅片换热器体积很大、占地很大，再加上无法将其置于地下空间，因此往往占用很大的地上面积。对于寸土寸金的城市而言，这无疑也是巨大的成本。本书第七章专门介绍空气源热泵的布置问题。

空气源热泵在技术上还有很大的发展和提升空间，我们可以为未来的空气源热泵画一个画像：压缩机采用永磁电动机，采用 CO_2 自然工质，采用超声波或其他机械方式进行除霜，室外换热器采用非翅片的紧凑型换热器。永磁电动机可以提高压缩机的效率；CO_2 自然工质可以减小对环境的破坏，而且可以使空气源热泵有更好的性能；超声波除霜或其他机械除霜方式所消耗的能量只有目前常用的逆循环加热除霜方式的百分之一，而且可以使机组连续供热；非翅片的紧凑型室外换热器则可以大大减小空气源热泵的占地空间。

供热行业正在发生一场深刻的能源革命。燃煤受到严格的限制，燃气则遇到资源不足和成本高的困境。另外，按照传统热力发展方式建设大热源与大热网，存在投资大、施工难、建设周期长、热损大、经济性差等一系列问题。因此，新型能源技术将不可避免地在供热领域扮演越来越重要的角色。

然而，新型能源技术也存在投资大、运行成本高、技术不够成熟、不够稳定等一系列发展瓶颈。

为了破解上述供热发展的难题，编者在空气源热泵技术的基础上，提出了柔性供热的概念。将传统的能源站集成化、标准化、小型化、模块化、智能化，形成清洁高效的能源箱，不需要机房与管网，同时在用户端安装互联网能源输配调节控制装置（简称"智能终端"），实现精准按需供能，最大限度降低能源损耗，所有设备实现互联网云平台远程大数据智能控制。柔性供热既是一种技术，也是一种理念，其目的是紧贴用户需求，灵活方便、经济舒适。

第一章
热泵技术介绍

第一节　能源的品位

　　能量不仅有数量多少的不同，还有品质高低的差别。品质高的能源做功能力强，称为高品位能源，例如机械能、电能就可以完全转化为功，属于高品位能源；反之，品质低的能源做功能力弱，称为低品位能源，例如热能只有部分做功能力，只能部分转化为功，属于低品位能源。

　　不同状态的热能其品位是不同的，如高温高压水蒸气的品位比低温低压水蒸气的品位高。在高于环境温度的状态下，高温热能的品位比低温热能的品位高，越接近环境温度的热能，其品位越低，例如地下水、地下土壤以及江河湖海等地表水中的热能；与环境温度平衡的热能没有任何做功能力，其品位是最低的，例如空气中的热能。但如果热能的温度低于环境温度，它就又开始有了做功能力，这时温度越低的热能品位反而越高。

　　热力学有两个基本的定律，即热力学第一定律和热力学第二定律，这两个定律分别对能量在数量上和品质上的特性进行了概括。

　　热力学第一定律即能量守恒定律，它概括了能量在数量上的特有规律。在自然界里，能量的总量不变，能量既不能被创造，也不能被消灭，只能从一种形式转化为另一种形式，或者从一个地方跑到另一个地方。

　　热力学第二定律则概括了能量在品质上的特性。在自然状态下，热量只能自发地从高温物体传给低温物体，而不可能自发地从低温物体传给高温物体；进一步讲，高品位能量可以自发地转化为低品位能量，而低品位能量不可能自发地、完全地转化为高品位能量。

　　例如，机械能可以全部转化为热能，但热能却不能连续地全部转化为机械能；热能只能有一部分转化成更高品位的机械能，其余部分则要转化成更低品位（温度更低）的热能。

一、热能做功的能力

如图 1-1 所示，在利用热能做功时，热量（Q_1）由高温热源（温度为 T_1）释放出来，一部分转化为功（W），就是机械能；另一部分（Q_2）则传给低温热源（温度为 T_2）。由于 T_2 低于 T_1，因此品位变得更低了，这部分低品位的热能通常也称为冷源损失。

由于能量是守恒的，因此

$$Q_1 = W + Q_2 \qquad (1\text{-}1)$$

那么，利用温度为 T_1 的热源可以将 Q_1 这么多热量转化为机械能的数量是

$$W = Q_1 - Q_2 \qquad (1\text{-}2)$$

要把热能转化为机械能，即用热能做功，不仅要有高温热源，即热能的来源，还要有一个低温的热源，即低品位热能的去处。那么，如果高温热源和低温热源确定以后，我们最多可以将多少高温热源的热量（Q_1）转化为机械能（W）呢？或者说，最大转化效率（η）是多少呢？

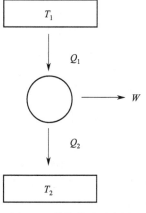

图 1-1　热能做功示意图

这个问题早在 1824 年就由法国工程师卡诺给出了答案，这就是卡诺循环的效率：

$$\eta = \frac{W}{Q_1} = 1 - \frac{T_2}{T_1} \qquad (1\text{-}3)$$

也就是说，如果从高温热源中取出热量 Q_1，那么最多只有 $\left(1 - \dfrac{T_2}{T_1}\right) Q_1$ 这么多热量用于做功，转化为机械能，其余的热量 $\dfrac{T_2}{T_1} Q_1$ 都将传给低温热源。这里面的温度指的是热力学温度，单位是 K。

不难看出，要让更多的热能转化为高品位的机械能，就要尽可能提高高温热源的温度 T_1，尽可能降低低温热源的温度 T_2。

在实践中，经常以环境大气（温度 T_0）作为低温热源，那么高温热源的温度越高，热能转化为机械能的效率就越高。

利用燃料燃烧做功也只能利用燃料所含热能的一部分，其余部分则要变成低品位的热能，这些低品位的热能最终扩散到大气环境中被浪费掉。通过热泵技术可以将这些被浪费掉的低品位热能利用起来。

二、有用能与无用能

根据能量的做功能力可以将它分为三种类型：

① 可以完全转化为功的能量，如机械能、电能等，这些能量理论上可以百分之百地转化为功或其他形式的能量，其品位是最高的。

② 可部分转化为功的能量，如热能、煤及天然气等化石燃料所拥有的化学能，这些能量只能部分转化为功或其他形式的能量。

③ 不能转化为功的能量，如大气环境温度状态下的热能以及上述电厂产生的乏汽中的热能，这种能量只有量，没有质，不能做任何功。

能量中可转化为功的部分就是有用能，热力学中称为"㶲"；能量中不能转化为功的部分就是无用能，称为"㶲"。"㶲"就是品位特别低的能源。

$$总能量＝㶲＋㶲 \tag{1-4}$$

在燃煤发电厂中，煤所拥有的化学能以及它们燃烧产生的高温热能就属于第二种能量，即可部分转化为功的能量。这些热能绝大部分（90％左右）给了锅炉中产生的水蒸气，这些水蒸气中所含有的能量也属于第二种能量。它们通过蒸汽轮机做功后，一部分转化为电能，即可以完全转化为功的第一种能量，这部分能量就是水蒸气的"㶲"；另一部分则转化为乏汽的热能，即不能转化为功的第三种能量，这部分能量就是水蒸气的"㶲"。

"㶲"虽然品位特别低，但数量却特别巨大。所有我们使用过的能量，不论是用于加热的，还是用来做功的、发电的、发光的，其实数量一点都没有少，只不过最后都变成了"㶲"。

利用热能做功时，低温热源的温度（T_2）越低越好，而在自然界中，大气环境是我们能够选择的最低温度的低温热源。这是因为大气环境是最基本的状态，所有能量在经过相关转化过程后最终都释放到大气环境中，要想得到比大气环境温度更低的热源，我们需要消耗额外的能量。为了衡量某种能量中可用能也就是㶲的多少，我们用这种能量从某一状态可逆地变化到环境温度状态时对外界所能做的最大功来表示㶲的大小。

当热源温度 T_1 高于环境温度 T_0 时，从热源 T_1 中取得热量 Q_1，通过可逆过程对外界能够做出的最大功就是热量 Q_1 中含有的㶲E_x。根据公式(1-3)，则有：

$$E_x = W = \left(1 - \frac{T_0}{T_1}\right)Q_1 \tag{1-5}$$

上述可逆变化是指从初始状态变化到最终状态后，还能从最终状态沿着原来的变化路线再回到初始状态。可逆变化不会产生任何能量损失，是一种理想状态；自然界中不存在可逆的变化过程，所有变化过程都是不可逆的。如果在能量转化过程中产生摩擦、散热、温差、压差等情况，这些过程就不可逆了。例如，如果 100℃ 的热水通过换热器将热量传给 50℃ 的热水，即使没有任何热量损失，也是不可逆的变化过程，因为 50℃ 的热水已经不可能再将热量传给 100℃ 的热水了。

三、能量贬值原理

热力学第二定律指出，在自然状态下，热量只能从高温物体传给低温物体，高品位能量只能自动转化为低品位能量；所以在使用能量的过程中，能量的品位总是不断地降低。因此热力学第二定律也称为能量的贬值原理。

在使用各种设备利用能量的过程中，无论是加热还是做功，都会不可避免地产生各种能量损失。能量的损失大体可以分为四种：设备散热、设备生热、设备排热和能量品位下降。

1. 设备散热

设备内部的热能会通过辐射、对流、热传导等传热方式从设备的表面向外散失，这些能量最后都扩散到大气环境中，成为品位最低的无用能（炕）。

2. 设备生热

这部分损失就是设备的内耗。设备的摩擦、设备内部压力和温度的波动、设备的频繁启停等都会使品位较高的机械能变成品位很低的热能，这些热能不但没有用处，有时候还要设置专门的冷却装置将它们带走。

3. 设备排热

设备产生的各种烟气、灰渣、冷却水等都会带走大量的热量，例如锅炉和工业炉的烟气、炉渣，汽轮机的排汽以及各种工业半成品和产成品等。这些热量的排出比较集中，有利于回收利用，而设备的散热和生热一般是无法回收利用的。

4. 能量品位下降

这部分损失的实质就是对能量"降格"使用。

例如，在城市集中供热的系统中，先用电厂200℃左右的蒸汽将一次热网的循环水加热至100～130℃，再用一次热网循环水将二次热网循环水加热至60～80℃，最后，由二次热网循环水向建筑室内供热。在这个过程中，如果不考虑换热设备和管道的散热，就没有其他能量损失；能量的总量没变，但是能量的品位下降了，需要的是80℃的热量，提供的是200℃的热量，热量被人们主动地降格使用，浪费了能量。

再如，在锅炉或工业炉中，如果冷空气侵入炉膛，就会使炉内烟气温度降低，热能的总量虽然没变，但热能的品位下降，烟气做功和加热的能力也随之下降。这种情况下能量是被动地"降格"，也浪费了能量。

这种造成可用能损失的过程是不可逆的过程，所以这种可用能的损失也称为不可逆损失。不可逆损失有以下几种：

① 热量从高温传向低温，直至接近环境温度。

② 液体从压力高处流向压力低处，直至接近与环境相平衡的压力。

③ 物质从浓度高处扩散转移到浓度低处，直至接近与环境相平衡的浓度。

④ 物体从高的位置降落到稳定的位置。

⑤ 电荷从高电位迁移到接近于环境的电位。

由于能量是守恒的，因此能量的品位虽然总是不断降低，但是总量并没有减少。我们无论以哪种方式利用燃料燃烧所产生的热能，这些能量都没有消失，只是温度越来越低，最终被释放到大气环境中，变成品位最低的环境温度（T_0）状态的热能了。这些热能在被释放到大气环境之前，虽然还有一定的品位，但品位很低，通常无法直接利用。要想利用它们，就要借助一定的设备和手段，例如热泵技术。热泵技术是一种典型的利用低品位能源的技术，利用它可以回收能量的各种边角料，但需要以消耗一定的高品位能源为代价。

第二节　热泵技术介绍

一、热泵的概念

自然界中有很多低品位的能源，这些能源虽然数量巨大，但都是温度很低的热源，一般只有十几或者二三十摄氏度，无法直接使用。如果能够通过某种装置将这些热能的品位加以提升，使之可以应用，就能大大扩展能量的来源，缓解目前能源供应十分紧张的局面。热泵就是这样一种能量品位的提升装置，它可以把温度较低的热能提升为温度较高的热能，使之变成可以利用的能源。它的作用与水泵有着相似之处，水泵通过消耗机械能把水由低处送到高处，提高水的势能；同样，热泵也必须消耗一定的高品位能量，如机械能、电能或高温热能等，才能将低温热能提升为较高温度的热能，用于建筑供热以及生产工艺加热等。

通常来说，如果热泵在运行过程中消耗的高品位能量为 Q_1，回收的低品位能量为 Q_2，那么热泵输出的可以利用的较高品位的能量 Q 为 Q_1 和 Q_2 之和，即 $Q=Q_1+Q_2$，如图 1-2 所示。热泵输出的能量 Q 与其所消耗的能量 Q_1 之比，即热泵的输出功率与输入功率之比，称为热泵的性能系数，即 COP（Coefficient of Performance）。

$$COP=(Q_1+Q_2)/Q_1 \tag{1-6}$$

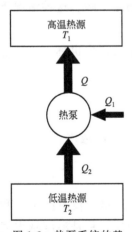

图 1-2　热泵系统的基本能量转换关系

与锅炉、电加热器等普通制热装置相比，热泵的突出特点是消耗少量的高品位的电能或燃料的化学能，即可获得大量的所需热能。也就是说，热泵的制热系数总是大于 1，用户获得的热能总是大于所消耗的电能或燃料的化学能；而锅炉等普通制热装置的制热性能系数永远小于 1，即用户获得的热能总是小于所消耗的电能或燃料的化学能。

热泵的诞生让人类利用数量巨大、分布广泛的低品位热能成为可能，特别是在利用接近环境温度的废热方面，热泵甚至成为唯一可行的技术手段。热泵的发展和推广使用对于缓解能源紧张、降低污染排放有着重大的现实意义。

制冷装置在制冷过程中使制冷对象温度降低的同时，也会产生大量的热，释放给高温热源，使高温热源的温度提高。所以热泵装置和制冷装置在热力学原理上具有相似性，很多热泵装置也是从制冷装置发展而来的。但是，在实际应用中两者仍具有较大的区别，这主要是由于两者的应用目的不一样，在性能优化的侧重点、应用温度范围、可靠性验证、零部件设计等诸多方面均存在较大差异所致。因此，很多制冷装置虽然也可以实现制热的目的，但其效果及效率不及专用的热泵装置。

二、热泵的分类

热泵装置虽然千差万别，但任何一个热泵系统都必然包括低温热源、高温热源、驱动能源和装置本身四个组成部分。因此，可以按此对热泵装置进行分类。

1. 按低温热源的来源进行分类

按照热泵利用的低温热源（低品位热源）不同，可分为地下水源热泵、土壤源热泵、地表（江、河、湖、海）水源热泵、原生污水源热泵、工业余热源热泵以及空气源热泵等。其中地下水源、土壤源及地表水源热泵利用的低品位能源都以浅层地热能为主，因此通称为地源热泵。

（1）地下水源热泵

抽取地下水，以地下水作为低温热源，利用热泵装置从中提取热量或冷量用于建筑供热或制冷，然后再将地下水回灌到地下。这种方式可以在确保水量没有损失、水质没有污染的前提下，取得较好的节能效果。我国近年来大规模推广这一技术，也随之带动了一批研究工作。开展水文地质方面的研究和相应的勘测方法的探索，以确保获得足够的地下水流量并确保全部回灌，有效地避免了工程及应用的风险；对地下水回灌状况的大范围检测技术进行研究，用于及时查处非法从地表排水的现象。目前地下水源热泵系统的国家标准也已经颁布实施，使这一技术的推广应用进一步规范化。

（2）土壤源热泵

通过地埋管形成地下热交换器，以土壤作为低温热源，通过热泵装置利用土壤中所蕴含的低品位的浅层地热能为建筑供热、供冷。围绕大量的工程需求，近年来我国在这项技术上已经取得了突破性的进展，开发出现场热物性测量的专用设备，可以较高精度地测量出土壤的热物性参数；在国际上率先提出各种埋管形式的地下不稳定传热过程的解析解，从而可以利用可靠的数学模型和计算机软件对地源热泵系统进行模拟和设计分析；形成了较好的回填工艺和防止埋管端头淤堵的工艺，保证了热泵系统的可靠性；形成了全套的设计计算与分析方法，保证系统的可靠和高效。在此基础上我国已制定和颁布了地源热泵的设计标准，保证了工程的规范化。

（3）地表水源热泵

地表水包括江、河、湖、海水及污水处理后的再生水，以地表水为冷热源的热泵技术近年来在我国也得到了快速发展。我国在地表水热能回收利用的水质指标体系和水源资源调查研究、污垢生长规律与换热器换热热阻变化规律的研究、污垢成分与化学除垢技术等方面进行了大量有成效的研究工作。

（4）原生污水源热泵

我国率先提出能够直接从污水中采集热量而不对污浊物进行任何处理的装置和工艺流程，在理论研究和实验室实验基础上开发出的转筒式污水热量采集装置已大范围用于实际工程项目，为城市污水中热能的直接利用开辟出一条全新的途径。

（5）工业余热源热泵

工业余热主要是指工业企业的工艺设备在生产过程中排放的废热、废水、废气等低品位能源。利用热泵将这些低品位能源加以回收利用，可以提供工艺热水或者为建筑供热、提供生活热水。该技术的应用不仅减少了工业企业的污染排放，还大幅度降低了工业企业原有的能源消耗。

（6）空气源热泵

以上各种热泵所利用的低温热源的资源并不是到处都有，而是受到环境条件的限制。在无法获得这些热源的情况下，就只能利用空气作为低温热源了。空气中蕴含的热能是最方便获得的一种能源，但也是品位最低的一种能源。由于空气温度变化幅度很大，因此对热泵设备的技术要求也很高。针对冬夏季压缩机在不同压缩比下运行的要求，我国率先提出在涡旋压缩机压缩过程中间补气以改变等效压缩比的方法，并得到广泛应用；针对冬季蒸发器的结霜问题，提出多种化霜方式以减少化霜能耗并避免化霜造成系统不稳定性的方法；提出智能判断化霜的算法和化霜策略，以避免无效化霜；提出空气源热泵与水环热泵的串联结构，使得系统在夏季可以单级运行而冬季可以双级串联运行。这些研究成果有力地推动了空气源热泵的技术进步和广泛推广。

2. 按高温热源进行分类

高温热源即热泵输出的可利用的较高品位的热能，一般以供热为主要用途。按照热泵输出的热能温度划分，可以分为常温热泵、中温热泵和高温热泵。

3. 按驱动能源形式进行分类

按驱动能源即热泵所消耗的高品位能源不同，热泵可分为电动热泵、燃气热泵、燃油热泵、蒸汽热泵以及热水热泵等。

4. 按热泵装置本身运行原理进行分类

按热泵装置本身运行原理，可分为压缩式热泵、吸收式热泵、吸附式热泵、化学热泵、引射式热泵、热电热泵等。

（1）压缩式热泵

压缩式热泵也称为蒸汽压缩式热泵或机械压缩式热泵，其原理与传统的电制冷机组基本相同。它由电能或蒸汽等高品位能源驱动压缩机做功，使工质的压力在冷凝器中升高，在蒸发器中降低。由于工质的蒸发温度和冷凝温度都随压力的升高而升高，随压力的降低而降低，因此它可以在蒸发器中较低的温度下蒸发，蒸发吸收低温热源的热量；在冷凝器中较高的温度下冷凝，将热量释放给高温热源。通过工质的两次相变，使热量不断从低温热源转移给高温热源。

压缩式热泵一般以电能作为驱动压缩机的能源，称为电驱动压缩式热泵。这种热泵方便灵活，效率很高，适用于利用浅层地热能和生活余热能等分布比较分散、品位比较低的热能。在具备条件的情况下，也可以用蒸汽驱动蒸汽轮机带动压缩机做功，这种热泵称为蒸汽驱动压缩式热泵。

压缩式热泵一般以氟利昂为工质，过去使用的氟利昂因为含氯，所以对臭氧层有破坏作用。现在使用的氟利昂因为氯含量很低或不含氯，所以对臭氧层的破坏作用很小或没有。

（2）吸收式热泵

吸收式热泵的原理与传统的吸收式制冷机十分相似，一般以溴化锂和水组成的二元溶液作为工质，也称为溴化锂吸收式热泵。它以热水、蒸汽或烟气等高温热能作为驱动能源，利用溴化锂的沸点远高于水的特点，加热发生器中的溴化锂水溶液，使其中的水分受热蒸发为气态水；然后进入冷凝器中冷凝向高温热源放热变成液态水，再经过节流阀节流后进入蒸发器中蒸发从低温热源吸热，又变成气态水进入吸收器被溴化锂溶液吸收；最后由溶液泵送往发生器进入新一轮循环，通过这种方式使热量从低温热源转移给高温热源。

吸收式热泵根据驱动热源不同，可分为热水型、蒸汽型和直燃型三种。它的性能系数（COP）没有压缩式热泵高，但它以运行成本（直燃型除外）远低于电能的热能作为驱动能源，并且输出功率也可以比压缩式热泵大很多，因此在数量比较集中、品位相对较高的工业余热能回收利用中应用。

（3）吸附式热泵

吸附式热泵利用固体吸附剂对工质的吸附作用，通过对固体吸附剂加热或冷却调节工质在蒸发器和冷凝器中的压力；与压缩式热泵和吸收式热泵一样，工质在蒸发器中蒸发吸热，在冷凝器中冷凝放热，使热量从低温热源转移给高温热源。

吸附式热泵可充分利用低品位的工业余热及太阳能作为驱动能源，其工质对环境没有污染，具有节能和环保两大优势，已成为国内外重点关注的新的节能技术。但这项技术还不是很成熟，尚未进入大规模应用阶段。

（4）引射式热泵

引射式热泵是利用一股高压、高能量流体的引射作用吸入另一股低压流体，以回收低压流体能量的一种热泵。

（5）热电热泵

热电热泵以珀尔帖效应为原理，又称温差热泵。1834 年法国科学家珀尔帖（Peltier）发现，在两个不同导体组成的回路中通电时，一个接头吸热，另一个接头放热，这就是珀尔帖效应。20 世纪 50 年代，由于半导体材料制造技术的突破，热电制热和制冷技术取得了较快发展。

三、压缩式热泵

图 1-3 所示为压缩式热泵的系统原理图。它主要由压缩机、高温热源换热器（冷凝器）、节流装置和低温热源换热器（蒸发器）以及连接管路等部件组成。在系统中充注制冷剂（也称为制冷工质、冷媒），由压缩机驱动制冷剂在系统中循环流动，完成压缩、冷凝、节流和蒸发四个工作过程。

冷凝器是系统用来向高温热源释放热量的换热装置，高温制冷剂气体在冷凝器中被冷凝为液体，释放热量，即冷凝放热。常用的冷凝器有翅片管式换热器、套管式换热器、板式换热器和壳管换热器等。

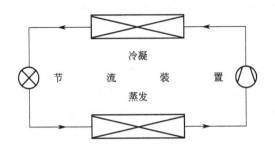

图 1-3　压缩式热泵系统原理图

蒸发器是系统用来从低温热源吸收热量的换热装置，低温制冷剂液体在蒸发器中被蒸发为气体，吸收热量，即蒸发吸热。常用的蒸发器为翅片管式换热器和壳管换热器。

节流装置是热泵系统中的重要部件，主要作用是对高压制冷剂液体进行节流降压，保证蒸发器和冷凝器间的压差；另外，还可以调节进入蒸发器的制冷剂流量，使系统高效率运行。常用的节流装置有毛细管、电子膨胀阀和热力膨胀阀等。

压缩机是热泵系统中驱动制冷剂循环流动的动力源，相当于系统的"心脏"。它将从蒸发器吸入的低温低压制冷剂气体压缩成高温高压的制冷剂气体送入冷凝器。常用的压缩机有滚动转子式热泵压缩机和涡旋式热泵压缩机等。下面将对热泵压缩机做简单介绍，第三章中还将对用于空气源热泵的压缩机做介绍。

四、热泵压缩机

热泵压缩机是决定蒸汽压缩式热泵系统能力大小的关键部件，对系统的运行性能、噪声、振动、维护和使用寿命等有着直接的影响。压缩机在系统中的作用在于，抽取来自蒸发器中的制冷剂蒸气，提高压力和温度后将它排向冷凝器，并维持制冷剂在热泵系统中的不断循环流动。由此可见，压缩机相当于热泵系统的"心脏"。

根据蒸汽压缩的原理，压缩机可分为容积型和速度型两种基本类型（图 1-4）。

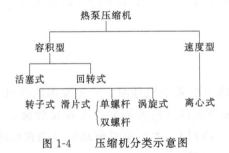

图 1-4　压缩机分类示意图

各类压缩机的常见应用及容量范围如表 1-1 所示，后续分别进行介绍。

下面通过介绍活塞式和离心式压缩机，来了解热泵压缩机的结构和工作过程。滚动转子式、涡旋式和螺杆式压缩机将在后面空气源热泵章节中介绍。

表 1-1　各类压缩机常见应用及容量范围

项目	冰箱冷藏箱	家用空调	汽车空调	户式空调和热泵	商用空调和热泵	大型空调和热泵
活塞式	100W				200kW →→→	
滚动转子式	100W			10kW →→→		
涡旋式		5 kW			70 kW →→→	
螺杆式					150 kW	1400 kW →→→
离心式						350kW 以上 →→→

（一）活塞式压缩机

活塞式压缩机曾经是应用最广泛的一种机型，但它的市场份额已被其他形式的压缩机占去一部分，这是因为后者具有比活塞式压缩机更好的可靠性、容积效率等性能。尽管如此，它仍在采用新技术来力保自身的市场范围，其方法是应用热力学和流体力学的新成果，采取计算机辅助设计的手段使压缩机的设计、气阀的改进等方面更为合理，对其整体性能的预测更加精确。不过从现行规范《民用建筑供暖通风与空气调节设计规范　附条文说明［另册］》（GB 50736—2012）的修订可以看到，水冷冷水机组的选型范围已将活塞式删除，可以看出活塞式在民用空调领域的应用将会越来越少。

1. 基本结构

活塞式单缸压缩机的主要零部件及其组成如图 1-5 所示。压缩机的机体由气缸体 1 和曲轴箱 3 组成。气缸体中装有活塞 5，曲轴箱中装有曲轴 2，通过连杆 4 将曲轴和活塞连接起来。在气缸顶部装有吸气阀 9 和排气阀 8，通过吸气腔 10 和排气腔 7 分别与吸气管 11 和排气管 6 相连。当原动机带动曲轴旋转时，通过连杆的传动，活塞在气缸内做上下往复运动，并在吸、排气阀的配合下，完成对制冷剂的吸入、压缩和传送。

2. 工作过程

如图 1-6 所示，活塞式压缩机的工作循环分为四个过程。

（1）压缩过程

通过压缩过程将制冷剂的压力提高。当活塞处于最下端位置 1—1（称为内止点或下止点）时，气缸内充满了从蒸发器吸入的低压制冷剂蒸气，吸气过程结束；活塞在曲轴-连杆机构的带动下开始向上移动，此时吸气阀关闭，气缸工作容积逐渐减小，处于气缸内的气体受压缩，温度和压力逐渐升高。活塞移动到 2—2 位置时（即气缸内气体的压力升至略高于排气腔中气体的压力时），排气阀开启，开始排气。气体在气缸内从吸气时的低压升高到排气压力的过程称为压缩过程。

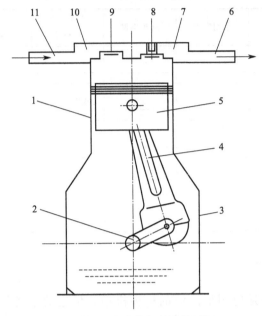

图 1-5　活塞式单缸压缩机示意

1—气缸体；2—曲轴；3—曲轴箱；4—连杆；5—活塞；6—排气管；
7—排气腔；8—排气阀；9—吸气阀；10—吸气腔；11—吸气管

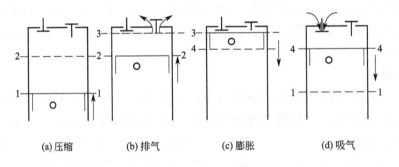

(a) 压缩　　　　(b) 排气　　　　(c) 膨胀　　　　(d) 吸气

图 1-6　活塞式压缩机的工作过程

（2）排气过程

通过排气过程，制冷剂进入冷凝器。活塞继续向上运动，气缸内的高温高压制冷剂蒸气不断地通过排气管流出，直到活塞运动到最高位置 3—3（称为外止点或上止点）时排气过程结束。制冷剂从气缸向排气管输出的过程称为排气过程。

（3）膨胀过程

通过膨胀过程将制冷剂的压力降低。活塞运动到上止点时，由于压缩机的结构及制造工艺等原因，气缸中仍有一些空间，该空间的容积称为余隙容积。排气过程结束时，在余隙容积中的气体为高压气体。活塞开始向下移动时，排气阀关闭，吸气腔内的低压气体不能立即进入气缸，此时余隙容积内的高压气体因容积增加而压力下降；直至气缸内气体的压力降至稍低于吸气腔内气体的压力，才开始吸气过程，此时活塞处于位置 4—4。活塞从位置 3—3 移动到位置 4—4 的过程称为膨胀过程。

（4）吸气过程

通过吸气过程将吸气腔中的制冷剂吸入气缸。活塞从位置 4—4 继续向下移动，气缸内气体的压力继续降低，其与吸气腔内气体的压力差推开吸气阀，吸气腔内气体进入气缸内，直至活塞运动到下止点时吸气过程结束。制冷剂从吸气腔被吸入到气缸内的过程称为吸气过程。

3. 特点

在各种类型的热泵压缩机中，活塞式压缩机是问世最早、至今还广为应用的一种机型，这无疑是因为它具有一系列其他类型压缩机所不能及的优点：

① 能适应较广阔的压力范围和热泵量要求。

② 热效率较高，单位热泵量耗电量较少，加工比较容易，特别是在偏离设计工况运行时更为明显。

③ 对材料要求低，多用普通钢铁材料，加工比较容易，造价也比较低廉。

④ 技术上较为成熟，生产使用上积累了丰富的经验。

⑤ 系统装置比较简单，相比之下，螺杆式压缩机系统中需要装设大容量油分离器；离心式压缩机系统中要配置工艺要求的增速齿轮箱、复杂的润滑油系统和密封油系统等。

与此同时，活塞式压缩机也存在不足：

① 转速受到限制。单机输气量大时，机器显得很笨重，电动机体积也相应增大。

② 结构复杂，易损件多，维修工作量大。

③ 运转时有振动。

4. 运行特性

（1）运行特性曲线

热泵压缩机的运行特性是指在规定的工作范围内运行时，压缩机的热泵量和功率随工况变化的关系。按运行特性绘制的曲线称为运行特性曲线。某开启活塞式热泵压缩机运行特性曲线如图 1-7 所示。

一台热泵压缩机在转速 n 不变时，其理论输气量是不变的。但由于工作温度的变化、使用制冷剂的不同，其单位质量制热量 q_0、单位指示功 w_i 及实际质量输气量 q_m 都要改变，因此，热泵压缩机的热泵量 Q_0 及轴功率 P_e 等性能指标就要相应地改变。

当 t_0 一定时，$t_k \uparrow$，$\phi_0 \downarrow$，$P_e \uparrow$；

当 t_k 一定时，$t_0 \downarrow$，$Q_0 \downarrow$，P_e 先 $\uparrow$ 后 $\downarrow$，有一最大值存在，最大轴功率时的压力比约等于 3。

（2）运行界限

运行界限是热泵压缩机运行时蒸发温度和冷凝温度的界限。单级半封闭活塞式热泵压缩机的运行界限如图 1-8 所示。

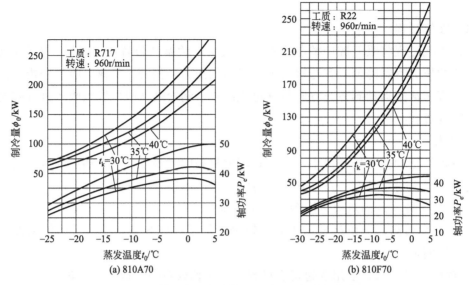

图 1-7 某开启活塞式热泵压缩机运行特性曲线

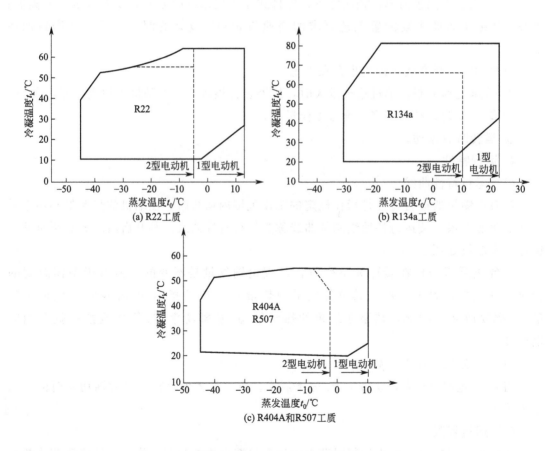

图 1-8 单级半封闭活塞式热泵压缩机的运行界限

（二）离心式压缩机

离心式热泵压缩机属于速度型压缩机，是一种叶轮旋转式的机械。它靠高速旋转的叶轮对气体做功，以提高气体的压力。气体的流动是连续的，其流量比容积型热泵压缩机要大得多。为了产生有效的能量转换，其旋转速度必须很高。一般都用于大容量的热泵装置中。

离心式热泵压缩机的吸气量为 $0.03 \sim 15 m^3/s$，转速为 $1800 \sim 90000 r/min$，吸气温度通常在 $-10 \sim +10℃$，吸气压力为 $14 \sim 700 kPa$，排气压力小于 2MPa，压力比在 $2 \sim 30$ 之间，几乎所有制冷剂都可采用。目前常用的制冷剂工质有 R22、R123、R134a 等。

1. 基本结构

离心式热泵压缩机有单级、双级和多级等多种结构形式。单级压缩机主要由吸气室、叶轮、扩压器、蜗壳及密封等组成，如图 1-9 所示。

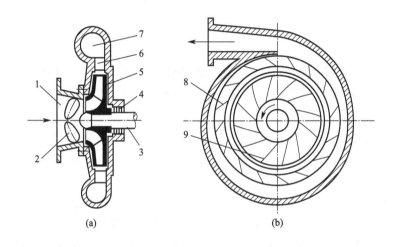

(a)　　　　　　　　　　(b)

图 1-9　单级离心式热泵压缩机简图

1—吸气室；2—进口可调导流叶片；3—主轴；4—轴封；5—叶轮；
6—扩压器；7—蜗壳；8—扩压器叶片；9—叶轮叶片

对于多级压缩机，还设有弯道和回流器等部件（图 1-10）。一个工作叶轮和与其相配合的固定元件（如吸气室、扩压室、弯道、回流器或蜗壳等）就组成压缩机的一个级。多级离心式热泵压缩机的主轴上设置着几个叶轮串联工作，以达到较高的压力比。

为了节省压缩功耗和不使排气温度过高，级数较多的离心式热泵压缩机中可分为几段，每段包括一到几级。低压段的排气需经中间冷却后才输往高压段。

离心式热泵压缩机的工作原理与容积型压缩机不同，它是依靠动能的变化来提高气体压力的。它由转子与定子等部分组成。当带叶片的转子（工作轮）转动时，叶片带动气体运动，把功传递给气体，使气体获得动能。定子部分则包括扩压器、弯道、回流器、蜗壳等，它们是用来改变气流运动方向及把动能转变为压力能的部件。制冷剂蒸气由轴向吸入，沿半径方向甩出，故称离心式压缩机。

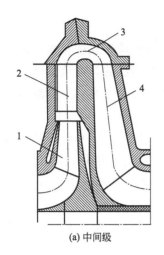
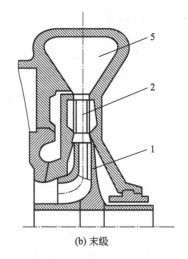

(a) 中间级   (b) 末级

图 1-10　离心式热泵压缩机的中间级和末级

1—叶轮；2—扩压器；3—弯道；4—回流器；5—蜗壳

2. 特点

① 在相同热泵量时，其外形尺寸小、质量轻、占地面积小。相同的热泵工况及热泵量，活塞式热泵压缩机比离心式热泵压缩机（包括齿轮增速器）重 5～8 倍，占地面积多一倍左右。

② 无往复运动部件，动平衡特性好，振动小，基础要求简单。目前对中小型组装式机组，压缩机可直接装在单筒式的蒸发-冷凝器上，无需另外设计基础，安装方便。

③ 磨损部件少，连续运行周期长，维修费用低，使用寿命长。

④ 润滑油与制冷剂基本上不接触，从而提高了蒸发器和冷凝器的传热性能。

⑤ 易于实现多级压缩和节流，达到同一台热泵机多种蒸发温度的操作运行。

⑥ 能够经济地进行无级调节。可以利用进口导流叶片自动进行热泵量的调节，调节范围和节能效果较好。

⑦ 对于大型热泵机组，若用经济性高的工业汽轮机直接带动，实现变转速调节，节能效果更好。尤其对有废热蒸汽的工业企业，还能实现能量回收。

⑧ 转速较高，因此用电动机驱动的一般需要设置增速器；而且，对轴端密封要求高，这些均增加了制造上的困难和结构上的复杂性。

⑨ 当冷凝压力较高或热泵负荷太低（制冷剂流量较小）时，压缩机组会发生喘振而不能正常工作。

五、压缩式热泵的工质

热泵工质是在热泵循环中依靠自身状态的变化实现能量循环运输的工作介质。实际上，热泵工质的功能与制冷剂在制冷系统中的功能相同，特别是对于机械压缩式热泵，热泵工质也可以叫制冷剂。可以说，制冷剂的发展史就是热泵工质的发展史。要获得性能良好、运转正常且符合环境友好要求的制冷或热泵装置，应了解和掌握热泵工质的相关知识。

（一）热泵对工质的要求

1. 热力学性质方面

① 制冷剂的制冷效率 η_R。η_R 是理论循环制冷系数 ε_{th} 与有温差传热的逆卡诺循环制冷系数 ε_c' 之比，即 $\eta_R = \varepsilon_{th}/\varepsilon_c'$。它标志着不同制冷剂节流损失和过热损失的大小。

② 临界温度要高。制冷剂的临界温度高，便于用一般冷却水或空气进行冷凝液化。此外，制冷循环的工作区域越远离临界点、制冷循环越接近逆卡诺循环，节流损失越小，制冷系数越高。

③ 适宜的饱和蒸气压。蒸发压力不宜低于大气压力，以避免空气渗入制冷系统。冷凝压力也不宜过高，冷凝压力太高，对制冷设备的强度要求高，而且会引起压缩机的耗功增加。此外，希望冷凝压力与蒸发压力间的比值和差值较小，这点对减小压缩机的功耗、降低排气温度和提高压缩机的实际吸气量十分有益。

④ 凝固温度低。可以对较低温度的冷源进行利用。

⑤ 汽化潜热要大。在相同制冷量时，可减少制冷剂的充注量。

⑥ 对制冷剂单位容积制冷量的要求按压缩机的形式不同区别对待。如大、中型制冷压缩机，希望制冷剂单位容积制冷量越大越好，以减小压缩机的尺寸；但对于小型压缩机或离心式压缩机，有时压缩机尺寸过小反而引起制造上的困难，此时要求单位容积制冷量小些反而合理。

表 1-2 是目前几种常用制冷剂在 $t_0 = -15℃$、$t_k = -30℃$、膨胀阀前制冷剂再冷温度为 5℃（吸气为饱和状态）时的单位容积制冷量。将该表与表 1-3 对照后可看出，一般的规律是标准沸点低的制冷剂，其单位容积制冷量就大。

表 1-2　常用制冷剂单位容积制冷量

制冷剂	R22	R717	R123	R134a	R407C	R404A	R410A
单位容积制冷量/(kJ/m³)	2160.5	2214.9	169.4	1283.5	2206.7	2320.7	3244.4
比例(以 R22 为 1)	1	1.03	0.079	0.594	1.02	1.07	1.5

⑦ 绝热指数（比热比）应低。绝热指数越小，压缩机排气温度越低，而且还可以降低其耗功量。

常见的一些制冷剂的热力学性质如表 1-3 所示。

表 1-3　制冷剂的热力学性质

制冷剂	化学名称和分子式或混合物组成(质量分数)/%	相对分子量	标准沸点/℃	凝固温度/℃	等熵指数(103.25kPa)	临界温度/℃	临界压力/MPa
R22	二氟一氯甲烷 $CHClF_2$	86.47	−40.8	−160	1.194(10℃)	96.2	4.99
R32	二氟甲烷 CH_2F_2	52.02	−51.2	−136		78.3	5.78

制冷剂	化学名称和分子式或混合物组成(质量分数)/%	相对分子量	标准沸点/℃	凝固温度/℃	等熵指数(103.25kPa)	临界温度/℃	临界压力/MPa
R123	三氟二氯乙烷 $CHCl_2CF_3$	152.93	27.7	−107		183.3	3.66
R1234yf	丙烯 CF_3CFCH_2	114	−29				
R124	四氟一氯乙烷 $CHClFCF_3$	136.48	−12			122.3	3.66
R134	四氟乙烷 CHF_2CHF_2	102.03	23			119	4.62
R134a	1,1,1,2-四氟乙烷 CH_2FCF_3	102.03	−26.1	−101.1	1.11(20℃)	101.1	4.06
R143	三氟乙烷 CH_2FCHF_2	81.04	5			156.7	5.24
R143a	1,1,1-三氟乙烷 CH_3CF_3	84.04	−47.2	−111.3		72.9	3.78
R152a	二氟乙烷 CH_3CHF_2	66.05	−25	−117		113.3	4.52
R245fa	五氟丙烷 $CHF_2CH_2CF_3$	134.05	58.8	−160		256.9	4.64
R290	丙烷 $CH_3CH_2CH_3$	44.1	−42.1	−187.1	1.13(15.6℃)	96.7	4.25
R404A	R125/R143a/R134a(44/52/4)	97.6	−46.6			72.1	3.74
R407C	R32/R125/R134a(23/25/52)	86.2	−43.8			87.3	4.63
R410A	R32/R125(50/50)	72.58	−51.6			72.5	4.95
R503	R23/R13(40.1/59.9)	87.25	−87.5		1.21(34℃)	18.4	4.27
R504	R32/R115(48.2/51.8)	79.25	−57.7		1.16(20℃)	62.1	4.44
R507A	R125/R143a(50/50)	98.86	−47.1			70.9	3.79
R600a	异丁烷 $CH(CH_3)_3$	58.12	−11.6	−160		134.7	3.64
R717	氨 NH_3	17.03	−33.3	−77.7	1.32(20℃)	132.3	11.34
R744	二氧化碳 CO_2	44.01	−78.4	−56.6	1.295(20℃)	31.1	7.38

2. 物理化学性质方面

① 制冷剂的热导率、放热系数要高，这样可提高热交换效率，减少蒸发器、冷凝器等换热设备的传热面积。

② 制冷剂的密度、黏度要小，这样可减少制冷剂在系统中的流动阻力，降低压缩机的功耗或减小管路直径。

③ 制冷剂对金属和其他材料（如橡胶等）无腐蚀和侵蚀作用。

④ 制冷剂的热化学稳定性要好，在高温下不分解。

⑤ 有良好的电绝缘性。在封闭式压缩机中，由于制冷剂与电动机的线圈直接接触，因此要求制冷剂应具有良好的电绝缘性能。电击穿强度是绝缘性能的一个重要指标，故要求制冷剂的电击穿强度要高。

⑥ 制冷剂有一定的吸水性，当制冷系统中储存或者渗进极少量的水分时，虽会导致蒸发温度稍有提高，但不会在低温下产生"冰塞"，系统运行安全性好。

⑦ 制冷剂与润滑油的溶解性，一般分为无限溶解和有限溶解，各有优缺点。有限溶解的制冷剂优点是蒸发温度比较稳定，在制冷设备中制冷剂与润滑油分层存在，因此易于分离；但会在蒸发器及冷凝器等设备的热交换面上形成一层很难清除的油膜，影响传热。与油无限溶解的制冷剂优点是压缩机部件润滑较好，蒸发器和冷凝器等设备的热

交换面上，不会形成油膜阻碍传热；其缺点是使蒸发温度有所提高，制冷剂溶于油会降低油的黏度，制冷剂沸腾时泡沫多，蒸发器中液面不稳定。综合比较，一般认为对油有限溶解的制冷剂要好些。

使用的润滑油必须与压缩机的类型及制冷剂的种类相匹配。如封闭式压缩机比开启式压缩机对润滑油的要求质量高，螺杆式压缩机一般推荐用合成类润滑油；部分 HFC 类制冷剂与矿物润滑油不相溶，与醇类（PAG）润滑油有限溶解，与酯类（POE）润滑油完全互溶。因此，大多数 CFC、HCFC 和 HC 制冷剂可使用矿物油；多数 HFC 类制冷剂使用 PAG 或 POE 合成油，一般推荐 PAG 用于 R134a 的汽车空调系统，其他场合的 HFC 制冷剂使用 POE 油。

3. 制冷剂的安全性和环境友好性

① 制冷剂应具有可接受的安全性。安全性包括毒性、可燃性和爆炸性。GB/T 7778—2017 分别按毒性定量和可燃性定量方法，将制冷剂分为 9 种安全分组类型。制冷剂安全性分类由一个字母和一个数字两个符号组成，大写字母 A、B、C 表示毒性危害程度；阿拉伯数字 1、2、3 表示燃烧性危险程度。表 1-4 是制冷剂的安全性分组类型。

表 1-4　制冷剂安全性分组类型

燃烧性	毒性		
	低毒性	中毒性	高毒性
不可燃、无火焰蔓延	A1	B1	C1
有燃烧性	A2	B2	C2
有爆炸性	A3	B3	C3

非共沸混合物制冷剂在温度滑移时，其组分的浓度也发生变化，其燃烧性和毒性也可能变化。因此，它应该由两个安全性分组类型表示，这两个类型使用一个斜杠（/）分开，如 A1/A2。第 1 个类型是在规定组分浓度下的安全分类，第 2 个类型是混合制冷剂在最大温度滑移组分浓度下的安全分类。

制冷剂在工作范围内，应不燃烧、不爆炸，无毒或低毒；同时具有易检漏的特点。

② 制冷剂环境友好性。制冷剂对大气环境的影响可以通过制冷剂的消耗臭氧层潜值 ODP（Ozone Depletion Potential）、全球变暖潜值 GWP（Global Warming Potential）、大气寿命（Atmospheric Life）等现有数据，按标准规定的计算方法进行评估，以确定其排放到大气层后对环境的综合影响。该评估结论，应符合国际认可的条件；在一定意义上讲，评估结论也会随着日益严格的排放要求而变化。

消耗臭氧层潜值 ODP 的大小表示消耗臭氧层物质 ODS（Ozone Depletion Substance）排放大气，对大气臭氧层的消耗程度，即反映对大气臭氧层破坏作用的大小；其数值是相对于 CFC-11 排放所产生的臭氧层消耗的比较指标。

③ 全球变暖潜值 GWP。GWP 是衡量制冷剂对全球气候变暖影响程度大小的指标值。它是一种温室气体排放相对于等量二氧化碳排放所产生的气候影响的比较指标。GWP 被定义为在固定时间范围内 1kg 物质与 1kg CO_2 脉动排放引起的时间累积（如

100 年）辐射力的比例。

此外，国际上近年来还采用一个整体温室效应值 TEWI（Total Equivalent Warming Impact），它是综合反映 1 台机器对全球变暖造成影响的指标值。TEWI 计算比较复杂，它包括了直接使用制冷剂产生的温室效应和制冷剂使用期内电厂发电产生的间接温室效应两部分。

④ 大气寿命。指任何物质排放到大气层被分解到一半（数量）时，所需要的时间（年），也就是制冷剂在大气中存留的时间。制冷剂在大气中寿命长，说明其潜在的破坏作用大。

常见的一些制冷剂的安全分类及环境友好性如表 1-5 所示。

表 1-5　制冷剂的安全分类及环境友好性

制冷剂	化学名称和分子式或混合物组成（质量分数）/%	安全分类	环境友好（是/否）
R22	二氟一氯甲烷 $CHClF_2$	A1	否
R32	二氟甲烷 CH_2F_2	A2	是
R123	三氟二氯乙烷 $CHCl_2CF_3$	B1	是
R1234yf	四氟丙烯 CF_3CFCH_2	A2	是
R124	四氟一氯乙烷 $CHClFCF_3$	A1	否
R134a	四氟乙烷 CH_2FCF_3	A1	是
R152a	二氟乙烷 CH_3CHF_2	A2	是
R245fa	五氟丙烷 $CHF_2CH_2CF_3$	B1	是
R290	丙烷 $CH_3CH_2CH_3$	A3	是
R404A	R125/R143a/R134a（44/52/4）	A1/A1	否
R407C	R32/R125/R134a（23/25/52）	A1/A1	否
R410A	R32/R125/（50/50）	A1/A1	否
R503	R23/R13（40.1/59.9）		否
R504	R32/R115（48.2/51.8）		否
R507A	R125/R143a（50/50）	A1	否
R600a	异丁烷 C_4H_{10}	A3	是
R717	氨 NH_3	B2	是
R744	二氧化碳 CO_2	A1	是

注：表中的安全分类、环境友好性均摘自 GB/T 7778—2017。

4. 制冷剂的经济性与充注量减少

制冷剂应易于制备或获得，生产工艺简单、价格低廉。在制冷设备中减少制冷剂充注量是既具经济性，又环保的方法。因此，降低制冷设备制冷剂充注量的研发日渐深入，如机组采用降膜式蒸发器，有的机型可使制冷剂充注量减少 30%～50%，还能强化换热。

（二）常用制冷剂的性能

1. 卤代烃及其混合物

（1）R123（HCFC-123）

R123 的 ODP＝0.02，GWP＝120，毒性属 B1 级，取代 R11 作为离心式冷水机组的制冷剂。

其优点是：

① 属高温低压制冷剂，热力性质与 R11 相近；

② 原使用的 R11 冷水机组可不做大的改动，改用 R123 比较容易，因而，对数量众多的离心式冷水机组改造获得广泛应用。

其缺点是：

① R123 的循环效率比 R11 低，但随着科技的发展，目前生产的 R123 离心式冷水机组的 COP 已接近 R11 机组；

② R123 的毒性属 B1 级，比 R11（A1）高，因此在使用 R123 冷水机组的机房设计中，应按有关规定加强通风和安全保护措施，设置制冷剂泄漏传感器和事故报警点等。

（2）R22（HCFC-22）

R22 的 ODP 和 GWP 都比 R12 小得多，属过渡性制冷剂。由于其分子组成中仍有氯的存在，因此对臭氧层仍有一定的破坏作用。按国际法规定，在我国 R22 可使用到 2040 年，目前其替代物正处于研究和应用的积极推进阶段。

水在 R22 中的溶解度很小，而且随着温度的降低，溶解度变小。当 R22 中溶解有水时，对金属有腐蚀作用，并且在低温时会发生"冰塞"现象。

R22 能部分地与矿物油溶解，其溶解度与润滑油的种类和温度有关。温度高时，溶解度大；温度低时，溶解度小。当温度降至某一临界温度以下时，便开始分层，上层主要是油，下层主要是 R22。

R22 不燃烧、不爆炸，毒性很小（A1）。它的渗透能力很强，并且泄漏难以被发现，其检漏方法常用卤素喷灯，当喷灯火焰呈蓝绿色时，则表明有泄漏；当检漏要求较高时，可用电子检漏仪。

（3）R134a（HFC-134a）

R134a 是一种新型制冷剂，其主要热力性质与 R12 相近，毒性为 A1 级（与 R12 相同）。R134a 的 ODP＝0；GWP＝1300，比 R22（1700）小，相当于 R12（8500）的 1/6.5。

R134a 气、液体的热导率高于 R12，因此在蒸发器和冷凝器中的放热系数比 R12 约分别高 35%～40% 和 25%～35%；R134a 与矿物油不相溶，必须使用 PAG（Polyolkene Glycol，聚乙二醇）醇类合成润滑油、POE（PolyoeEster，多元醇酯）酯类合成润滑油和改性 POE 油（在原 POE 油中添加了抗磨剂）。

R134a 的吸水性极强，其使用的 PAG 和 POE 润滑油比常规使用的矿物油吸水性也高得多，特别是 PAG 油。系统内有水分，在润滑油的作用下会产生酸，对金属产生腐蚀，一般 R134a 系统中的最大含水量不应超过 20×10^{-6}。因此，R134a 对系统的干燥及清洁度要求比 R12、R22 都高；系统中使用的干燥过滤器，其干燥剂必须使用与 R134a 相溶的产品，如 XH-7 或 XH-9 型分子筛等，润滑油最好使用 POE 酯性润滑油。R134a 液体密度小，故系统中充注的制冷剂质量比 R12 略小；因 R134a 中无氯原子，故其检漏应采用 R134a 专用检漏仪。

（4）R32

R32 是一种新型制冷剂，其单位质量制冷量较大，约为 R22 的 1.57 倍，循环的 COP 与 R22 相近（约为 R22 制冷效率的 94%），安全性为 A2 级，无毒、微燃。其 ODP=0；GWP=675，比 R22（1700）小。

R32 的制冷性能与 R410A 接近，且随着冷凝温度的升高，其性能及能效比明显优于 R410A。以风冷冷（热）水机组为例，环境温度高于 0℃时，R32 的制热性能优于 R410A；但在低温情况下，R32 的性能差于 R410A。由于单位质量制冷剂 R32 比 R410A 的冷量要高，因此，同样的额定冷量，R32 充注量要少于 R410A，试验验证的结果约少 30%。制冷量相当时，R32 的压力略高于 R410A，且排气温度要高。

需要注意的是，使用 R32 要解决好高排气温度和弱可燃性问题。

随着 R32 制冷剂制冷空调设备制造与使用安全技术的研究和完善，R32 已经成为 R22 的一个重要替代品。

（5）R404A

R404A 属美国杜邦公司的专利产品，代号为 SUVAHP62，系全 HFC 混合物；其组成物质及质量分数为 R125/R143a/R134a（44%/52%/4%），ODP=0，GWP=3260，属温室气体，毒性为 A1/A1。R404A 的相变滑移温度为 0.5℃，属近共沸混合物，系统内制冷剂的泄漏对系统性能影响较小。R404A 的热力性质与 R22 接近，在中温范围时的能耗比 R22 增加 8%～20%，但在低温范围时，两者相当。在同温度工况下，由于 R404A 的压缩比 R22 低，因此压缩机的容积效率比 R22 高。再冷温度对 R404A 的性能影响大，因此提倡 R404A 系统中增设再冷器。R404A 可用于−45～+10℃蒸发温度范围的商用及工业用制冷系统，也可替代 R22。由于 R404A 含有 R134a，因此其制冷系统用的润滑油、干燥剂及对清洁度的要求等与 R134a 相同。

（6）R407C

R407C 是由 R32、R125、R134a 三种工质按 23%、25% 和 52% 的质量分数混合而成的非共沸混合物，其相变滑移温度为 7.1℃。该制冷剂的 ODP=0，GWP=1530，毒性为 A1/A1。美国杜邦公司和英国帝国化学工业集团（ICI）该产品的商品名称分别为 SUVAAC9000 和 KLEA66。R407C 的热力性质在工作压力范围内与 R22 非常相似，其制冷循环的 COP 与 R22 也相近。使用 R22 的制冷设备改用 R407C，需要更换润滑油，调整制冷剂的充灌量、节流组件和干燥剂等。由于 R407C 的相变滑移温度较大，在发生泄漏、部分室内机不工作的多联机系统以及使用满液式蒸发器的场合，混合物的配比可能发生变化而影响预期的效果。另外，非共沸混合物在传热表面的传热阻力增加可能会造成蒸发、冷凝过程的热交换效率降低，这在壳管式换热器中的变温过程，制冷剂在壳侧更明显。与 R404A 一样，由于 R407C 中含有 R134a，因此系统使用的润滑油、干燥剂及对清洁度等的要求同 R134a。

（7）R410A

R410A 是由 R32 和 R125 两种工质按各 50% 的质量分数组成的，属 HFCs 混合物；其 ODP＝0，GWP＝1730，毒性为 A1/A1。R410A 的相变滑移温度为 0.2℃，属近共沸混合物制冷剂，热力性能十分接近纯工质。与 R22 相比，R410A 的冷凝压力增大近50%，是一种高压制冷剂，需提高设备及系统的耐压强度。由于 R41OA 的高压、高密度，使系统制冷剂的管路直径可减少许多，压缩机的排量也有很大降低。同时，R410A 的液相热导率比 R22 高，黏度比 R22 低，因此其传热和流动特性优于 R22。

2. 碳氢化合物（HCs 物质）

用作制冷剂的主要是 R290（丙烷）和 R6OOa（异丁烷），该类物质在欧洲和一些发展中国家被广泛用来作为冰箱的制冷剂。国内也有数家冰箱厂采用上述制冷剂，特别是 R600a。

R290 的主要特点是：①ODP＝0，GWP＝20；②属于天然有机物，溶油性好，可采用普通矿物性润滑油，吸水性小；③可以从石油液化气直接获得，价格低；④热力性能好，其 COP 值稍高于 R22，比 R134a 高 10%～15%；⑤汽化潜热大，系统流量小，流动阻力低，系统充液量少；⑥相同工况下，排气温度要比合成制冷剂的压缩机低，比 R22 可低 20℃，有利于延长压缩机的使用寿命。

使用 R290 制冷剂的主要问题是：可燃性、爆炸性，需加大安全措施；R290 在空气中的可燃极限为 2%～10%。

HCs 物质推广应用的最大障碍是可燃性问题，如选用，必需注意到其充注量一定要控制在相关法规规定的范围以内。为此，制冷系统中应尽量减少充注量，在 IEC 60335-2-24-2017 标准中规定了 R290 制冷剂的限定允注量。此外，减小制冷剂泄漏量及提高泄漏检测、应对能力，是提高 R290 安全的又一项重要措施，如在机房内设置可燃气体泄漏报警装置以及与之联动的通风装置。

必须指出，R290 易燃易爆的缺点是可以通过技术方法解决的，随着整个空调系统技术的不断发展，完全有可能将其危险性降到可以控制的范围之内。

3. 无机化合物

一般把无机化合物的制冷剂和前面介绍的 HCs 类制冷剂统称为天然制冷剂或自然制冷剂，即自然界天然存在而不是人工合成的可用作制冷剂的物质。其中无机化合物中常用的制冷剂有氨和 CO_2。

（1）氨

氨（R717）是一种应用较广泛的中压中温制冷剂，其 ODP 和 GWP 均为 0，有较好的热力学及热物理性质。其在常温和普通低温的范围内压力适中，单位容积制冷量大，黏度小，流动阻力小，传热性能好。氨制冷机的 COP 分别比 R134a、R22 高 19% 和 12% 左右，在我国冷藏行业中得到了广泛应用。

氨的吸水性强，能以任意比例与水溶解，形成弱碱性的水溶液。水一般不会从溶液中析出冻结成冰，所以氨系统不必设干燥器。但水的存在会导致制冷系统的蒸发温度提高，制冷剂的含水量（质量分数）要求不超过 0.12%。

氨几乎不溶于矿物油。因此，氨制冷系统的管道和换热器的传热面上会积有油膜，影响传热。氨液密度比油小,在储液器和蒸发器的下部会沉积油,应定期放油。氨对黑色金属无腐蚀作用,若含有水分,对铜及铜合金(磷青铜除外)有腐蚀作用。氨制冷机中除了少量部件采用高锡磷青铜外,不允许使用铜和其他铜合金。

氨的缺点是毒性大(B2级),对人体有害。当氨在空气中的含量(体积分数)达到0.5%~0.6%时,人在其中停留半小时,就会中毒;当含量达11%~14%时,即可点燃(黄色火焰);若达15%~16%,会引起爆炸。氨蒸气对食品有污染作用,氨制冷机房应保持通风,设置氨气浓度报警装置;当空气中氨气浓度达到100×10^{-6}或150×10^{-6}时,自动报警并启动机房内的事故排风机。

随着CFCs及HCFCs的淘汰步伐加快,扩大氨制冷剂使用范围的呼声高涨,各国学者为了在空调制冷领域用氨作制冷剂,做了大量的工作,如:

① 开发了与氨互溶的合成PAG润滑油,改善了其传热性能,解决了干式和板焊式蒸发器中的回油问题,简化了系统的油分离器及集油器。

② 封闭式氨压缩机电动机的有关技术已解决。

③ 用于氨的钎焊板式换热器已有大量产品,它可减少系统中氨的充注量。

④ 开启式压缩机的轴封泄漏问题已解决。目前,欧洲许多国家(特别是德国)均有空调用氨冷水机组产品,并有许多工程应用实例。

(2) CO_2 (R744)

CO_2在历史上曾一度作为普遍使用的制冷剂,20世纪30年代后,因卤代烃的出现而被抛弃,仅限用于干冰生产中。随着CFCs及HCFCs的淘汰,采用R744的制冷系统又成为比较理想的替代制冷剂使用方案。

CO_2的ODP=0,GWP=1,比任何HFC和HCFC物质都小,如果是利用原本要排入大气中的CO_2,则可以认为对全球变暖无影响。CO_2化学稳定性好,不传播火焰,安全、无毒,汽化潜热大,流动阻力小,传热性能好,易获取且价格低廉,堪称理想的天然制冷剂。其主要问题是临界温度低(31.1℃),因此能效低。又因为临界压力高(7.38MPa),所以CO_2制冷系统压力高。因此,在制冷空调中应用,系统必须具备高承压能力、高可靠性等特点,相应也导致系统的造价较高。

首先,由于其临界点低,用在制冷空调上常为跨临界过程的单级压缩机制冷系统。欧洲的研究成果认为换热器采用小孔扁管式平流换热器的高效换热器,压缩机采用往复式或斜盘式,对压缩机进行减小缸径、增大行程、增加密封环数量等措施,能满足CO_2制冷要求。

其次,因在高压侧具有较大的温度变化(约80~100℃),故CO_2的放热过程适宜于热泵的制热运行和热泵热水机的运行。有关研究表明,用作热泵热水机的试验结果比采用电能或天然气燃烧加热水,可节能75%。

最后,在复叠式制冷系统中,CO_2用作低压级制冷剂,高压级则用NH_3或HFC-134a作制冷剂,实际运行情况表明在技术上可行。该系统还适用于低温冷冻干燥。

(三) CFCs及HCFCs的淘汰与替代

臭氧层的破坏和全球气候变暖是当前全球面临的主要环境问题之一。目前制冷、热泵行业广泛采用 CFCs 及 HCFCs 类物质作制冷剂，它们对臭氧层有破坏作用或引发温室效应；CFCs 及 HCFCs 类物质的淘汰与替代已经不只是制冷、热泵行业的责任，也成了中国对世界的庄严承诺。

1. 臭氧层的破坏、《蒙特利尔议定书》及其修正案

1974 年，美国加利福尼亚大学的莫列纳（M. J. Molina）和罗兰（F. S. Rowland）教授合作发表论文指出，卤代烃中的氯或溴原子会破坏大气的臭氧层。这就是著名的 CFC 问题。为此瑞典皇家科学院将 1995 年的诺贝尔化学奖授予这两位教授和荷兰的克鲁森（P. Crutzen）教授，以表彰他们在大气化学特别是臭氧层形成和分解研究方面作出的杰出贡献。

近代的科学研究表明，CFCs 类物质进入大气层后，几乎全部升浮到臭氧层；在紫外线的作用下，CFCs 产生出 Cl 自由基，参与了对臭氧层的消耗，进而破坏了大气臭氧层的臭氧含量，使臭氧层厚度减薄或扩大臭氧层的空洞。HCFCs 物质中由于有氢，因此使 Cl 自由基对臭氧层的破坏有一定的抑制作用；加之 HCFCs 物质大气寿命均较短，所以对臭氧层的破坏较 CFCs 物质有一定的抑制作用。臭氧层的破坏，使太阳对地球表面的紫外线辐射强度增强。据测算，若 O_3 每减少 1%，紫外线的辐射量将增加 2%。紫外线辐射量的增加将使人的免疫系统遭到破坏，会使人的抵抗力下降，皮肤癌、白内障等病患增多。臭氧层的耗减，将使全世界农作物、鱼类等水产品减产；导致森林或树木坏死；加速塑料制品老化；城市光化学烟雾的发生概率提高等。

为了保护臭氧层，国际社会于 1985 年缔结了《保护臭氧层的维也纳公约》，1987 年缔结了《关于消耗臭氧层物质的蒙特利尔议定书》（以下简称《议定书》），这是保护臭氧层而进行全球合作的开端。之后，随着保护臭氧层日益紧迫的要求，《议定书》缔约方大会又先后通过了《伦敦修正案》（1992 年）、《哥本哈根修正案》（1993 年）、《蒙特利尔修正案》（1997 年）和《北京修正案》（1999 年）。这些修正案对《议定书》所列消耗臭氧层物质（ODS）的种类、消耗量基准和禁用时间等做了进一步的调整和限制。

2. 温室效应及《京都议定书》

以上讨论的 CFCs 和 HCFCs 都是从制冷剂 ODP 值的角度提出来的。实际上 CFC 的排放会加剧地球的温室效应。CFC 是产生温室效应的气体，使地球的平均气温升高、海平面上升、土地沙漠化加速，危害地球上多种生物，破坏生态平衡。在目前估计的气温变暖因素中，20%～25% 是 CFCs 类物质作用的结果。CFC 的淘汰及替代物的使用，不仅要考虑 ODP 值，还应考虑到 GWP 值，即对温室效应的影响。

1997 年 12 月，联合国气候变化框架公约缔约国第三次会议在日本东京都召开，会议通过了《京都议定书》。我国于 2002 年 9 月正式核准《京都议定书》，并承担相应的国际义务。《京都议定书》确定 CO_2、HCFCs 等 6 种气体为受管制的温室气体，并限制上述温室气体排放总量；要求各国采取高能效、降低其能源需求、调整能源结构等技术措施，降低其温室气体排放总水平。2007 年 9 月召开的《蒙特利尔议定书》第 19 次缔约方大会达成加速淘汰 HCFCs 调整案。根据调整案提出的新淘汰时间表规定，对于中国等发展中国家，其消费量与生产量分别选取 2009 年与 2010 年的平均水平作为基准线，在 2013 年实现冻结；到 2015 年削减 10%；到 2020 年削减 35%；到 2025 年削减

67.5％；到 2030 年完全淘汰 HCFCs 的生产与消费。但在 2030～2040 年间允许保留年均 2.5％的维修用量（中国工商制冷行业目前消费的 HCFCs 制冷剂包括 R22、R123、R142b）。

3.《中国逐步淘汰消耗臭氧层物质的国家方案》与进展

我国政府于 1989 年 7 月、1991 年 6 月和 2003 年 4 月先后核准加入了《蒙特利尔议定书》《伦敦修正案》和《哥本哈根修正案》；于 2010 年 5 月核准加入了《蒙特利尔修正案》和《北京修正案》。1992 年，国家组织编制了《中国逐步淘汰消耗臭氧层物质的国家方案》（简称《国家方案》），1993 年 1 月经国务院批准实施。1998 年对《国家方案》进行了修订，1999 年 11 月颁布了《国家方案》的修订稿。经过多年的艰苦努力和积极行动，中国在 2007 年 7 月 1 日实现了 CFCs 类物质消费的全面淘汰，提前两年半实现了议定书及其修正案规定的目标。

4. HCFCs 类物质的淘汰与替代

中国是全球最大的 HCFCs 类物质生产国和消费国，为了实现到 2015 年的第一阶段淘汰目标，我国的 HCFCs 淘汰管理计划准备计划已经于 2008 年 7 月获得议定书执委会的批准。在 2010 年底举行的议定书执委会上，我国政府提交了《中国 HCFCs 淘汰管理计划（摘要）》（简称《管理计划》）。根据《管理计划》，用于制冷空调的制冷剂替代技术选择具体见表 1-6，替代技术正努力推进，如以 R290 为制冷剂的房间空调器在国内已经有企业开始批量生产。

表 1-6　HCFCs 制冷剂的替代技术选择

行业	使用的 HCFCs	替代技术或行动
工商制冷空调	HCFC-22；HCFC-123；HCFC-142b	中小型制冷空调设备 HFC-32；HFC-410A 和 HFC-134a；氨/CO_2；其他环境友好型技术
房间空调器	HCFC-22	2013 年前的 HFC-410A；2013 年后的 R290 和其他低 GWP 替代物，目的是完成 2015 年的目标

5. HFCs 类物质的淘汰与替代

欧盟委员会关于某些含氟温室气体的第 842、2006 条例颁布，希望实现延缓欧盟的温室气体排放增长趋势，将欧盟 15 国的排放量维持在 2010 年的水平，约合 7500 万吨二氧化碳当量。不难看出，该条例的宗旨是要减少并控制温室气体的应用规模，其原因源于替代产品市场化还需要时日。

属于 CFCs 的制冷剂有 R134a、R410A、R407C、R404A。对于替代用 CO_2、氨和碳氢化合物等制冷剂的安全性、性能和使用成本等还需要加以改善，得到实践的检验。

众所周知，臭氧层的耗减和全球温暖化进程的加剧，已经成为日益严峻的全球环境问题。CFC、HCFC 类的工质对臭氧层有破坏作用，CFC、HCFC、HFC 类工质同 CO_2 一样也产生温室效应，这使制冷与空调热泵行业面临严重挑战，寻找高效绿色环保热泵工质已成为当前国际社会共同关注的问题。

六、热泵技术的发展与应用

热泵的工作原理虽然与制冷机相同，但热泵的发展却远不如制冷机顺利；这是因为人工制冷几乎唯一地依靠制冷机，而人工供热却有许多途径，并且它们往往比热泵更简单。因此在很长一段时间内，热泵的研究几乎是空白。

热泵的理论基础可追溯到1842年卡诺发表的关于卡诺循环的论文；1850年开尔文指出制冷装置也可用以制热；1852年威廉·汤姆逊发表了一篇论文，提出热泵的构想，并称之为热能放大器或热能倍增器。19世纪70年代，制冷技术和设备得到了迅速发展，但加热由于可以通过各种简单的方法得以实现，因此热泵的开发一直到20世纪初才展开。20世纪20～30年代，热泵逐步发展起来。热泵发展到今天，制热温度（供给用户的热能温度）低于50℃的热泵已较成熟，且由于部件和工质基本与制冷设备通用，应用也最广泛；制热温度在50～100℃之间的热泵，其工业化应用的领域正在逐步拓展，相关部件及工质体系也正在完善；制热温度大于100℃的热泵，其大规模应用还有较多技术问题需解决，应用领域也有待开拓。

回顾热泵的发展历史，热泵发展的速度主要取决于以下几个因素：

（1）能源因素

包括能源的价格（电能、煤、油、燃气等的比价）和能源的丰富性。当不同能源间价格合理或能源紧张时，热泵就具有较好的发展前景。

（2）环境因素

当出于环境保护的考虑，对其他制热方式（如燃煤制取热能）有严格的限制时，热泵就具有更大的应用空间。

（3）技术因素

包括通过热泵循环、部件、工质的改进提高热泵的效率，利用材料技术简化热泵结构、降低热泵造价。利用测控技术提高热泵的可靠性和操作维护的简易性等，可使热泵比其他简单加热方式具有更强的综合竞争优势。

（4）低温热源

热泵与其他简单加热方法的不同点之一是必须要有低温热源，且低温热源的温度越高，对提高热泵的性能和应用优势越有利，有时能否有合适的低温热源甚至是决定热泵应用的关键因素。因此利用相关领域的先进技术，拓展热泵的低温热源，也是促进热泵应用和发展的重要因素。

（5）应用领域开发

目前热泵已应用于供暖、制取热水、干燥（木材、食品、纸张、棉、毛、谷物、茶叶等）、浓缩（牛奶等）、娱乐健身（人工冰场、游泳池的同时供冷与供热等）、种植、养殖、人工温室等领域。进一步了解不同产品生产工艺中的热需求，并将热泵和工艺用热有机结合，可为热泵拓展更多的应用领域。

热泵的应用已涉及食品生物及医药、城市公用事业、农副产品种养及加工等领域。

1. 在食品、生化制品及制药工业中的应用

洗涤、杀菌、蒸发浓缩或蒸馏、干燥、冷藏食品、生化制品、药品生产中的基本环节，尤其是干燥、蒸发浓缩或蒸馏环节，热量消耗大，同时又有很多废热排出，特别适合应用热泵来提高其能源效率。

2. 在城市公用事业中的应用

热泵在城市公用事业中的应用包括供暖、制取热水或蒸汽、利用海水制取淡化水等。以热泵取暖为例，可用的低温热源有空气、地下水、土壤、海水等；用户侧输热介质有空气或水等；驱动能源有电能、燃料或其他热能等；热泵形式可为蒸汽压缩式、吸收式或吸附式等。

3. 在种植、养殖及农副产品加工储藏中的应用

由于名贵花卉及药材种植、菌类培养、动物（如水产等）养殖在冬季均需要一定的温度，而在种植、养殖现场通常又缺乏适宜的供热装置，此时可用以土壤或地下水为低温热源的热泵制热装置，为动植物的生长提供适宜的温度条件。在农副产品收获季节，往往采收时间比较集中，需同时对产品进行保鲜、干燥、冷藏处理，为此，可设计适于不同农副产品，并具有低温保鲜、低温冷藏、热泵干燥等多功能的装置，满足不同产品、不同季节的加工储藏需要。

第三节　低品位能源介绍

热泵技术常用的低品位能源主要有浅层地热能（包括地下水、地表水和地下土壤中所蕴含的能量）、工业余热能以及生活余热能（污水和再生水中所蕴含的能量）等。

一、浅层地热能

（一）浅层地热能的来源

地壳底部的"软流层"温度可达 1000℃ 以上，而地球表面的大气温度则低于 50℃，最低处甚至有可能达到 −50℃，这样大的温差就必然促使热量不断从地球内部流向地球表面。在我国近 700 个大地热流监测点上，监测到的热流平均值约为 70MW/m²；全球热流的平均值为 87MW/m²。全球散逸至空间的能量一年可达 1.4×10^{18} kJ，相当于 20 世纪 70 年代以来煤、油、气总消耗量的 3～4 倍！

由于热流的作用，从地球表面到地壳底部形成了比较稳定的温度梯度，从地表平均每下降 100m，温度就会升高 3℃ 左右。从地表以下几十米到几百米的范围内，形成了相对稳定的恒温层，温度一年四季基本保持不变，这个恒温层所含有的热能就称为浅层地热能。浅层地热能虽然储量巨大，但是温度不高，一般在几摄氏度到二十几摄氏度之间，接近常温，所以品位很低，需要借助于热泵提升其品位后才能应用。由于浅层地热能温度不高，并不"热"，通常也被称为"浅层地温能"或"浅层地能"。

由于温度不高，也有不少学者认为浅层地热能的叫法不准确。但无论物体温度高低，我们都可以称其内部的热力学能为热能，低于 0℃ 的物体也拥有热能；所以，无论温度高低，我们都可以将来自地球内部的热能称为地热能，来自浅层地下的热能当然可以称为浅层地热能了。

地球表面不仅从地球内部获得能量，还获得来自太阳的能量。地球每年向空间耗散的来自地球内部的能量达 1.4×10^{18} kJ，而每年获得的太阳能更高达 7.0×10^{21} kJ，是来自地球内部能量的 5000 倍。因此，关于浅层地热能的来源问题有三种说法：①主要来自大地热流，即地球内部；②主要来自太阳能；③是大地热流和太阳能共同作用的结果。

笔者认为，浅层地热能主要来自大地热流，即地球内部。

事实上，浅层地热能是一种"温差能"，更接近势能的特点，就如同水力能是一种高差能一样。它之所以有价值是因为它与大气环境之间存在温差，冬季温度高于大气环境温度，夏季温度低于大气环境温度，其品位始终高于大气环境；否则，我们就没有必要从地下取能了，直接利用环境大气中的能量将更为直接和便捷。所以，从浅层地热能利用的角度讲，浅层地下与大气环境之间的温差越大越好。供热时高于环境温度越多越好，制冷时低于环境温度越多越好。

这种温差的形成主要与大地热流、地表土壤的保温性能以及大气环境温度的变化这三方面的因素有关。大气环境温度的变化则主要与太阳对地球的辐射、地球对空间的辐射以及大气的流动等因素有关。太阳的作用是提高和保持地球表面和大气环境的温度，减缓地球向外散失热量。冬天，太阳的作用是缩小浅层地下与大气环境之间的温差，从这个角度讲，太阳并没有为浅层地热能做出多大的贡献，相反，它还大大减小了浅层地热能的作用。但在夏天，由于太阳的作用，浅层地下的温度低于大气环境的温度，使浅层地下具有了吸收热量的能力，可为建筑制冷提供良好的冷源。

地表土壤的保温性是保持浅层地下与大气环境之间温度差的关键因素。地表土壤的保温性越好，浅层地下的温度受大气环境的影响就越小，温度常年不变的恒温层就会越浅，对浅层地热能的利用就越有利。

浅层地下的土壤在多深时温度开始常年不变，也就是不受大气环境温度的影响了呢？这个最小深度（H）与土壤的热导率 μ 有直接关系：

$$H\approx10\mu^{1/2} \tag{1-7}$$

由此可见，地表土壤的热导率越低，其保温性越好；不受环境温度变化影响的地下土壤层越浅，浅层地热能的开发利用也就越容易。

当 $\mu=2.0$ W/(m·K) 时，$H\approx14.1$，即在大约 14m 深度以下，土壤温度基本不受大气环境温度变化的影响，这里的浅层地热能就适合开发和利用了。

浅层地热能分布广、储量大，再生迅速，利用价值大。目前中国浅层地热能主要通过地源热泵技术采集和应用。地源热泵技术不但可以满足供暖和制冷的需求，同时也直接降低了碳及污染物的排放，有利于保护环境。

（二）浅层地热能的特点

浅层地热能接近常温，品位较低，需要通过热泵技术将其品位提升后加以利用。浅层地热能既可以作为热泵的低温热源用于供热，也可以作为热泵的冷却源用于制冷。通过热泵技术将浅层地热能用于建筑的供热和制冷具有很多优势，同时也存在很多需要注意的问题。

1. 浅层地热能的优势

① 分布广泛。浅层地热能在地球表层以下接近均匀分布，到处都有，从地下水、地下土壤和江河湖海等地表水中都能采集到浅层地热能，可以根据项目的条件在周边就近提取和利用，不需要大规模集中开采和远距离输送，不需要大规模一次性投资建设。

② 储量巨大。据测算，我国近百米内的土壤每年可采集的浅层地热能是我国目前发电装机容量 $4×10^8 kW$ 的 3750 倍，而百米以内的地下水每年可采集的浅层地热能也有 $2×10^8 kW$。

③ 稳定持续。浅层地热能是一种温差势能，其温度一年四季相对稳定；冬季比环境空气温度高，夏季比环境空气温度低，是很好的热泵热源和空调冷源。

④ 清洁环保。浅层地热能作为一种清洁的可再生能源，主要通过热泵技术进行采集利用。利用浅层地热能不会像利用化石燃料那样排放大量的 CO_2、SO_x、NO_x、粉尘等燃烧产物，对环境造成严重污染，引起温室效应、酸雨、土地沙漠化等问题。因此，开发利用清洁无污染的浅层地热能资源已是社会发展的必然趋势。

2. 浅层地热能的不足

① 浅层地热能是一种品位很低的能源，不能作为独立的能源使用，必须借助热泵才能利用；运行时需要消耗一部分高品位能源，主要是电能。同时，浅层地热能的有效利用是一项系统工程，涉及能量的采集、提升、释放等三部分。

如果应用条件不合适、设计施工不合理、产品性能不合格或者运行管理不到位，都有可能造成投资过大或者运行成本过高，使用户的经济负担过重，不利于浅层地热能的推广应用。

② 浅层地热能的采集受所在地水文地质条件的影响较大。尽管浅层地热能理论上均匀分布于地球表层以下，存在于地下水、地下土壤和江河湖海等地表水中。但实际应用中，在不同的水文地质条件下利用浅层地热能的成本差异是相当大的。

对于利用地下水的情况，必须考虑到使用地的水文地质条件，确保可以通过打井获得充足的地下水资源；同时还要保证地下水在被提取温度之后可以顺利回灌至地下。

在无法得到充足的地下水源或地下水很难回灌的地区，可以采取在地下埋设换热管的方式取代地下水井。这种方法适用于土壤层或细沙层较厚的地区，在以岩石层或卵石层为主的地区使用会因钻孔成本过高而使投资大幅度增加。

③ 浅层地热能的采集受到场地的限制。采集浅层地热能最常用的方式是地下水井方式和地埋管方式，这两种方式都需要较大的场地。现在城市中建筑的密度越来越大，建筑周边的空地越来越少，这使得利用地下水方式或地埋管方式采集浅层地热能变得十分困难，尤其是地埋管方式，在城市中心地区已经很难实施。

（三）浅层地热能的存在形式

浅层地热能广泛存在于地下土壤、地下水以及江、河、湖、海等地表水中。处于地下恒温层中的土壤（包括岩石）和地下水温度稳定，是浅层地热能的主要载体，可以看成是巨大的能量储存库。如果地下恒温层中含有丰富的地下水，就可以把地下水直接提取出来作为热泵的低温热源。如果地下恒温层中没有地下水，或者地下水不方便开采和回灌，可以将换热管埋到地下土壤中，利用换热管内的水与地下土壤之间进行热交换，把浅层地热能采集上来。地表水的温度虽然会随着气温变化而变化，但是它的变化比气温小，冬季温度高于气温，夏季温度低于气温；在冬季不太寒冷的地区，如果地表水资源丰富、获取方便，也可以作为热泵的低温热源。

浅层地热能可以从地下土壤、地下水和地表水中获取，但选择哪种形式要从初投资、运行成本、资源和温度的稳定性以及对环境的影响等几方面综合考虑，本着因地制宜原则进行选择。下面分别介绍地下水、地下土壤和地表水的一些特性，以利于读者了解浅层地热能的存在形式和选择浅层地热能的利用方式。

1. 地下水

地下水是指地下含水层中的水体。地下水存在于各种自然条件下，其聚集、运动的过程各不相同，因而在埋藏条件、分布规律、水动力特征、物理性质、化学成分、动态变化等方面都具有不同特点。地下水按其埋藏条件可分为三类：上层滞水、潜水和承压水。

上层滞水埋藏在透水性较好的岩层中，夹有不透水岩层。上层滞水一般埋深较浅，范围小、储水量小，受季节性影响大，不宜作为储能含水层。

潜水是埋藏于地下第一个稳定含水层之上、具有自由表面的重力水。它的上部没有连续完整的隔水顶板，通过上部透水层可与地表相通，其自由表面称为潜水面。潜水通过包气带与地表相连通，大气降水、地表水、凝结水通过包气带的空隙通道可以直接渗入补给潜水；所以其水温受天气变化影响较大，一般情况下不作为储能介质。

承压水也叫层间水，它是指充满于上、下两个稳定隔水层之间含水层中的重力水。承压水由于有稳定的隔水顶板，水体承受静水压力，因此没有自由水面；同时承压水与地表的直接联系也被隔绝。所以承压水的水温和水质等受外界影响较小，是季节性储能的首选介质。

地下水源热泵技术是一种有效的利用浅层地热能的方式。利用地下水井将地下水抽取出来送入热泵，提取热能后再送回地下，如图 1-11 所示；既不会消耗地下水，也不会污染地下水。

图 1-11　地下水采集系统示意图

地下水直接进入热泵加以利用，利用效率高，有利于节能和降低运行成本。同时，通过地下水井提取的热能数量较大，所需水井的数量较少，有利于减少投资。所以，在利用浅层地热能的几种形式中，地下水源热泵的应用最普遍。

要保证地下水源热泵系统的正常运行，必须解决好以下几个问题：①充足的地下水水量；②地下水全部回灌；③地下水温度平衡；④水质的控制与应对。只要把这四个问题解决好，热泵系统就可以很好地为用户服务；但无论哪个问题没解决好，都会给应用带来严重的后果。为了能很好地应用地下水源热泵，应该充分了解地下水的相关特点和性质。

2. 地下土壤

利用地下水作为热泵的热源，需要解决水量和回灌等问题，只有在地下水量丰富、有稳定补给并且含水层孔隙率较大的条件下才比较适用。然而在很多地方并不具备这样的条件。这时，我们可以将一定数量的换热管埋在地下土壤中，如图 1-12 所示，让水在管内循环流动并通过管壁与地下土壤进行换热，从而把地下土壤中的能量采集上来，提供给热泵，这就是土壤源热泵。

图 1-12　地埋换热管采集系统示意图

如果不考虑造价和场地的因素，土壤源热泵在任何地区都可以使用，因为它不受地下水水量、水质和回灌等因素的限制，运行更稳定。这是土壤源热泵与地下水源热泵相比所具有的最主要的优势。

但与地下水源热泵相比，它也有一些不足：①换热管内的水与土壤之间存在温差，所含能量的品位低于地下土壤和地下水，使热泵系统的效率下降，运行成本提高，而且埋设的换热管越少，管内的水与土壤之间的温差越大，对热泵效率的影响也越大；②由于土壤的热导率小，因此能流密度小，一般在 $25W/m^2$ 左右，换热管内的水与地下土壤之间的热交换率很低，在热泵系统承担较大的供暖或制冷负荷时，换热管与地下土壤之间的换热面积必须足够大，需要在地下土壤中埋设大量换热管，不仅造价很高，而且需要较大的场地和空间。

对土壤源热泵系统影响比较大的因素主要是土壤的温度和土壤的传热性能。不同的地质条件不仅对传热性能有很大影响，对系统造价也有很大的影响。

（1）土壤的温度

土壤温度是土壤源热泵技术应用中的重要因素。原状土的温度可由计算得到，也可以测出。地下约5m以下土壤温度基本不受地面温度波动的影响，而保持一个定值。已有的研究表明，地下约10m深处的土壤温度比之全年的平均温度在多数情况下要高到1～2℃，并且几乎无季节性波动。其在地下0.3m处偏离平均温度仅1.5℃。地质学上把地面以下的土层分为变温带和常温带。常温带的地温不受太阳辐射影响而常年稳定，不随季节而改变。我们所利用的浅层地热能通常位于常温带内，地温变化虽然随纬度、位置不同有所不同，但基本上具有相同的规律，而不会受到室外气温突变或季节变化的影响。因此，从我国的土壤类型和地温分布情况来看，我国大部分地区都适合推广地源热泵技术。

（2）土壤的传热性能

影响土壤传热性能的主要因素有土壤的热导率、含水率以及地下水的流动情况等。

① 热导率。土壤的热导率直接影响土壤的传热性能，因而对土壤源热泵系统有较大影响。土壤的热导率与土壤的比热容、密度、含水率等因素都有关系。表1-7列出了几种土壤的热导率和单位井深的换热量，可供参考。

表1-7 不同土壤的热导率和单位井深换热量

岩土类型	热导率/[W/(m·K)]	热扩散率/10^{-6}(m²/s)	密度/(kg/m³)	单位井深换热量参考值
致密黏土(含水量15%)	1.4～1.9	0.49～0.71	1925	48.58～65.93
致密黏土(含水量5%)	1.0～1.4	0.54～0.71	1925	34.7～49.57
轻质黏土(含水量15%)	0.7～1.0	0.54～0.64	1285	24.29～34.9
轻质黏土(含水量5%)	0.5～0.9	0.65	1285	17.35～31.23
致密砂土(含水量15%)	2.8～3.8	0.97～1.27	1925	79.73～97.94
致密砂土(含水量5%)	2.1～2.3	1.10～1.62	1925	72.87～75.63
轻质砂土(含水量15%)	1.0～2.1	0.54～1.08	1285	34.7～72.80
轻质砂土(含水量5%)	0.9～1.9	0.64～1.39	1285	31.23～65.93
花岗岩	2.3～3.7	0.97～1.51	2650	75.63～96.77
石灰岩	2.4～3.8	0.97～1.51	2400～2800	76.63～97.94
砂岩	2.1～3.5	0.75～1.27	2570～2730	72.87～93.51
湿页岩	1.4～2.4	0.75～0.97	—	49.51～75.61
干页岩	1.0～2.1	0.64～0.86	—	35.7～65.58

② 含水率。土壤的含水率也是影响土壤传热能力的重要因素。当水取代土壤微粒之间的空气后，它减小了微粒之间的传热热阻，提高了传热能力。土壤的含水量在大于某一值时，土壤的传热能力基本是恒定的，不会再因为含水量的增加而提高，这一含水量称为临界含湿量。当土壤中的含水量低于临界含湿量时，土壤的传热性能将会下降。在夏季制冷时，换热管向土壤散热，周围土壤中的水就会受热蒸发。如果土壤的含水量低于或等于临界含湿量，由于水的减少使土壤的传热能力下降，会加大传热湿差，使地

埋换热管温度提高，从而形成恶性循环，使土壤中的水分越来越少。土壤含水量下降，使土壤吸热能力衰减的幅度比土壤传热能力衰减的幅度还要大。所以在干燥高温地区应用土壤源热泵技术要考虑到土壤的热不稳定性。在实际运行中，可以通过人工加水的方法来改善土壤的含水率。有些研究表明，传递相同热量所需的换热管管长在潮湿土壤中仅为干燥土壤中的1/3。

③ 地下水的流动。地下水的渗流对大地的热传递有显著影响。实际上，大地的地质构造很复杂，存在着黏土层、砂层、沉积岩层和含水层等。由于地球构造运动，各岩层又出现褶皱、倾斜、断裂现象。地表水及降雨渗入土质层，在重力作用下，向更深层运动，最后停留在不透水层。地下水在空隙中缓慢流动形成渗流，自然界中地下水在孔隙或裂缝中的流速一般是每日几米；地下水大多数是层流状态运动，只有当地下水流经漂石、卵石的特大孔隙时，才会出现紊流状态运动。地下水的流动是一个传热传质的过程，可以大幅度提高地埋管换热器的换热能力。若地下水渗流流速大于8cm/h，就可按水的对流传热来计算。

④ 回填的密实度。地埋管与地下土壤之间的传热能力不仅与地下土壤自身的传热特性有关，更与地埋管的施工质量有很大关系。在施工过程中，如果对换热孔回填不实，就会在地埋管和土壤之间形成空隙，使两者之间的传热热阻增大，从而使地埋管内的水与土壤之间的温差加大，使热泵的效率降低。在砂层中埋设换热管时，回填的密实度容易得到保证；但在黏土层中埋管时，回填的密实度不容易保证，需要采取有效的方法保证回填的质量，否则会影响热泵系统的运行和效率。

（3）不同地质条件对造价的影响

尽管理论上土壤源热泵在任何地区都可以使用，但不同的地质条件对造价的影响很大；在黏土和粉细砂、中粗砂等地质条件，造价较低，但对于以卵石和岩石为主的地质条件，造价会大幅度上升。

3. 地表水

如果有方便充足的地表水资源，并且地表水的温度也相对稳定，使用地表水源热泵可以降低造价。

我们通常所说的地表水包括河流、湖泊、水库、海洋、池塘、沼泽、冰川等。其水温随季节、纬度和海拔的不同而变化。一般来说，只要地表水冬季不结冰，就可作为热泵的低位热源使用。如能进行较好的水质处理，则无论是夏季作为热泵的冷却水源，还是冬季作为热泵的低温热源都是可行的。我国有丰富的地表水资源，如能作为热泵的热源，则可获得较好的经济效果和节能减排效果。

应用地表水源热泵应注意的问题：

（1）取水温度的稳定性

地表水与地下水和地下土壤相比，最大的缺点就是其温度不稳定，会随气温的变化而变化，影响热泵系统的效率，甚至使热泵系统无法正常运行。为了保证取水温度的稳定性，要注意以下几点：

① 水体或流量应该足够大。

② 安装热泵系统之前要采集水体不同位置、不同深度的温度，监测其变化。

③ 要选择合适的取水位置和深度，尽可能在水温较稳定的位置取水。

④ 回水位置要离取水点尽可能远。

（2）水质的腐蚀性

有些地表水，尤其是海水具有较强的腐蚀性，应加装防腐蚀换热器或选用抗腐蚀的热泵设备和管道材料。由于从海水中能提取的温差小，因此不建议加装换热器。目前直接利用海水的热泵设备已经很成熟了。

人类在生活和生产过程中每时每刻都要消耗大量的能量，这些能量在被利用之后，并没有消失，也没有减少，而是一部分变成了低品位的能量，即低温的热能，这就是余热。

很多低品位的余热仍有利用价值，我们借助一定的手段可以把它们变成有用的电、功和热。

根据来源的不同，余热能可以分为生活余热能和工业余热能。

二、工业余热能介绍

（一）我国工业余热的状况

2019 年我国能源消耗总量约为 39.7 亿吨标准煤，其中约 65% 投入到工业生产中。在工业生产中所形成的余热和废热，有些可以借助一些技术手段实现回收。据不完全估计，在现有合理的技术经济条件下能够回收的余热资源总量可达 10 亿～15 亿吨标准煤以上，其回收再利用的污染排放几乎等于 0，这种通过回收获得的余热能资源是可与任何清洁的可再生能源相比的真正的清洁能源。

虽然从技术上讲，回收工业余热能资源受限于余热介质、工艺条件、运输等条件；但从总体上讲，工业余热利用的技术难度及经济代价并不比耗费巨大的人力、财力和物力挖掘化石能源、利用核能及采集其他形式的能源更为高昂。

因此，工业余热是一种宝贵的、清洁的能源资源，敢于、善于和长于利用这一可再生能源，对于解决我国能源问题、社会经济的可持续发展问题至关重要，而且势在必行。

（二）工业余热资源的特点

一般来说余热资源往往有以下特点：

① 热量不稳定。不稳定是由工艺生产过程决定的。例如：有的生产是周期性的；有的高温产品和炉渣排放是间断性的；有的生产过程虽然连续稳定，但热源提供的热量也会随着生产的波动而波动。

② 烟气中含尘量大。如氧气顶吹转炉烟气中的含尘量达 $80～150 g/m^3$，沸腾焙烧炉含尘量达 $150～350 g/m^3$，闪速炉 $80～130 g/m^3$，烟气炉 $80～160 g/m^3$，含尘量大大超过一般的锅炉。同时，烟尘的物理、化学性质也特别复杂，尤其是当炉烟温度高、含尘量大时，更容易黏结、积灰，从而对余热回收的设备产生严重磨损和堵塞。表 1-8 和表 1-9 给出了几种典型工业过程中余热烟气成分、烟尘粒度和浓度

的分析数据。

表 1-8　工业过程余热烟气成分、烟尘粒度和浓度

工业过程	烟气成分含量/%					烟尘粒度	粉尘浓度
	CO_2	SO_2	O_2	N_2	H_2O		
水泥行业	2.14	2.73	43.05	1.89	0.00	<15μm 的占 94%	30~80g/m³
硅冶炼工业	4.76	0.004	16.80	76.45	2.00	<15μm 的占 92%	6~10g/m³
玻璃窑工业	9.99	0.16	6.62	74.77	9.62	<15μm 的占 99%	400mg/m³

表 1-9　工业过程烟尘化学成分

工业过程	烟尘化学成分含量/%											
	Fe_2O_3	Al_2O_3	CaO	MgO	TiO_2	SO_2	SO_3	K_2O	Na_2O	Cl^-	C	P_2O_5
水泥行业	2.14	2.73	43.05	1.89	0.00	13.25	0.10	0.47	0.21	0.00	—	—
硅冶炼工业	0.24	0.02	0.17	0	0.02	96.3	0.08	0.35	0.11	—	2.71	—
玻璃窑工业	1.32	1.64	15.46	10.28	0.10	2.43	54.31	0.68	8.34	—	—	0.41

③ 热源有腐蚀性。余热烟气中常常含有二氧化硫等腐蚀性气体，在烟尘或炉渣中含有各种金属和非金属元素，这些物质都有可能对余热回收设备的受热面造成腐蚀，参见表 1-9。

④ 受安装场地和工艺条件的限制。如各种生产工艺中有的对前后工艺设备的连接有一定要求，有的则要求排烟的温度保持在一定范围内等，这些要求与余热回收设备常发生一定的矛盾，必须认真研究、统筹解决。

（三）工业余热资源的用途

工业中可利用余热的领域有：

① 预热空气。利用加热炉高温排烟预热其本身所需空气，以提高燃烧效率，节约燃料消耗。

② 预热给水。利用生产过程中产生的余热可以预热生产工艺给水，以降低生产过程的能耗。

③ 干燥。利用工业生产过程的排气来干燥加工零部件和材料，如铸工车间的铸砂模型等；还可以干燥天然气、沼气等燃料。在医学上，工业余热还能用来干燥医用机械。

④ 生产热水和蒸汽。利用低温余热来产生 70~80℃ 或更高温度的热水和低压蒸汽，供应生产工艺和生活的不同需求。

⑤ 发电。电能品位最高，也是最方便应用的一种能量，因此利用品位较高的余热发电是工业余热利用最常见的方式。

⑥ 制冷。利用工业余热驱动溴化锂吸收式制冷机制冷，可为建筑空调或工艺冷却提供冷量。

⑦ 供热。建筑供热所需余热的品位最低，40℃ 以上的余热可以直接用于建筑供热；

40℃以下的余热可以作为热泵的低温热源，经热泵提升温度后用于供热。

城市每天都会产生大量的污废水，随着城市规模的不断扩大，城市人口的不断增多，城市污水量也越来越多。城市污水的温度一年四季都比较稳定，冬季在严寒地区也能保持10℃以上，高于大气环境温度，是热泵比较理想的低温热源；夏季基本在20～28℃之间，低于大气环境的温度，是热泵比较理想的冷却源。因此，城市污水和地下水、地下土壤、地表水相似，具有温度相对恒定的特征；其所蕴含的热能与浅层地热能一样，属于低品位的热能，通过热泵技术可以加以利用。

三、污水与再生水

城市污水主要以生活废水为主，有些城市也含有大量的工业废水，但我们通常把城市污水中的低品位热能称为生活余热能，以区别于前面介绍的完全在工业生产中产生的工业余热能。

（一）城市污水的温度

城市污水水温比较稳定，受气候影响较小，常年保持在一定范围内，具有冬暖夏凉的特点。

城市污水温度与地域及季节有关，如东北地区的长春、沈阳、哈尔滨三个城市污水处理厂排出的污水冬季最低温度为10℃左右，夏季最高温度为22℃左右。华北地区城市污水水温，冬季一般不低于10℃，夏季不超过30℃。北京高碑店污水处理厂的长期监测结果显示，城市污水水温冬季为13.5～16.5℃，夏季为22～25℃。而地处西南的重庆地区，冬季城市生活污水水温一般为15℃，最低不低于13℃；夏季污水温度一般为25～28℃，最高不超过30℃。

城市污水水温还与来源有关，据统计，城市居住区内产生的废热约有40％会进入城市污水系统中。随着住宅配套设施的完善，特别是生活热水的普及，居民生活用热增多，使冬季城市污水水温进一步提高，从而更适宜作为热泵的热源。由于城市污水中吸收了大量城市中排放的能量，因此使得城市污水相对于江河水温及气温而言，水温更加稳定，并且受气候影响较小。

（二）城市污水的资源量

城市每天消耗的水中，除了一小部分蒸发到大气中，其余大部分都变成污水排掉了，因此城市污水总量的统计并不难。根据有关部门的统计数字，2008年全国废水排放总量571.7亿吨，比上年增加2.7％。其中，工业废水排放量241.7亿吨，占废水排放总量的42.3％，比上年减少2.0％；城镇生活污水排放量330.0亿吨，占废水排放总量的57.7％，比上年增加6.4％。但每个城市能够利用的污水量到底有多少，缺乏准确的统计数字。根据2006年我国各地区城市污水排放及处置情况有关统计数据，全国31个地区及城市污水厂中排放的二级水，赋存的热量为1871～71365GJ/d，赋存的冷量为2835～108129 GJ/d，这个数字还在逐年递增。

（三）城市污水的特点

① 丰富、稳定，而且逐年增加。在污水处理厂或城市主排水管线附近采用污水源热泵技术，比地下水源热泵技术和土壤源热泵技术投资更低。由于水文地质条件的动态变化会对地下水源热泵和土壤源热泵的应用产生不确定性影响，因此应用污水源热泵风险更小。

② 城市污水的温度虽然随季节和气候变化，但也相对稳定。其水温的稳定性相较地下水和地下土壤差，但较地表水好得多。

③ 城市污水中热能的回收利用属于循环经济的范畴，限制性因素较少。而地下水、地下土壤和地表水在使用过程中需要充分考虑对自然环境与周边建筑的影响。

（四）城市污水的类型

1. 原生污水

城市原生污水就是未经任何处理的直接取自城市排水管道中的含有污杂物的污水。原生污水中的成分比较复杂，一般具有一定的腐蚀性，并含有 0.2%～0.4%左右的固体污染物。应用原生污水时需注意以下问题：

① 含有较多污杂物，需要解决堵塞问题。

② 含有腐蚀性物质，需要解决设备的防腐问题。

③ 只有在城市主排水管线周边的建筑可以利用。

④ 水温具有波动性。尤其是在雨水和污水管线没有分离的城市，雪后污水温度偏低，影响热泵系统的效率。

2. 再生水

现在我国各主要城市已经将大部分的污水输送到污水处理厂，经过处理后再排放，处理率越来越高。根据污水处理工艺的要求，经过处理的再生水全年温度一般在 10～23℃之间，温度相对稳定；并且水量充足，水质稳定可靠，基本不存在腐蚀和堵塞问题，是更为理想的热泵热源。

3. 可局部循环利用的特殊污水

洗衣房、浴池、旅馆等的废水温度较高（冬季接近日最高温度的平均值），是可利用的低品位热源。特别是近年来，随着热水器的普及率越来越高，相应的卫生热水能耗在建筑能耗中的比例越来越大。为了解洗浴废水余热回收潜力的大小，有专家学者对典型浴室和典型气候条件下洗浴废水的温度变化情况进行了详细测试，部分数据整理如图 1-13 所示。测试过程中，热水出水温度尽可能稳定在 42℃左右，温度波动不超过±1℃。从测试结果可以看出，洗浴后，废水温度仍然达 36℃左右，热回收潜力相当大。以 6L/min 流量的热水器为例，42℃标准热水出水热功率在10000～16000W，而随废水外排热功率则达 8000～12000W 左右。现有的各种热水器均无外排废水热能的回收措施，因而能源利用效率低下，而且热废水外排对环境造成一定的热污染。因此，开发带有热回收的热泵系统将有广泛的节能意义和市场商业前景。

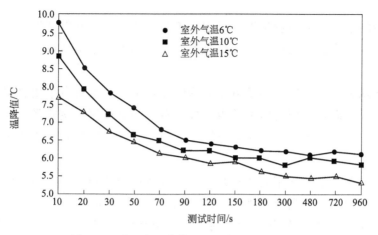

图 1-13　淋浴水温降值测试（水流量 6L/min）

第四节　热泵技术的应用形式

一、地下水源热泵

地下水位于地表以下的含水层中，温度常年稳定，水量也比较稳定，水质比地表水好；地下水的水温、水量和水质基本不受外部环境条件的影响，取水也比较容易。在几种形式的热泵技术中，地下水源热泵最为简单和实用，应用也最为普遍。在地下水比较丰富的地区，如果能够通过勘察获取准确的水文地质资料，并根据项目需求和实际条件进行合理的设计，严格按照工程规范进行施工，地下水源热泵就能取得很好的供暖制冷效果和节能效果。

（一）地下水源热泵系统的组成

地下水源热泵分为直接式和间接式两种。直接式地下水源热泵系统将地下水直接供给热泵机组；间接式地下水源热泵系统使用板式换热器把水源热泵的水源系统和地下水系统分开，地下水井与板式换热器形成地下水的回路，板式换热器与热泵机组形成中介水的回路，地下水通过板式换热器与中介水进行换热，中介水再作为低位热源进入热泵机组。

由于中介水与地下水之间存在温差，供热时其温度低于地下水，制冷时其温度高于地下水，因此间接式地下水源热泵系统的效率低于直接式；再加上中介水自身循环需要消耗一定的能量，所以间接式地下水源热泵系统的运行成本高于相同条件的直接式热泵系统，并且投资增加。但是，如果出现地下水因水质不好而引起的结垢、泥沙和腐蚀等问题，间接式系统有利于保护热泵机组，可以减少设备的维护费用和提高设备的使用寿命。

对于泥沙问题，应该尽量从地下水成井工艺上解决。只有保证地下水中的泥沙含量在规定范围以内，才能保证地下水源热泵系统长期稳定正常地运行，并且不对地质环境产生影响。

如果地下水具有腐蚀性，则既可以采用间接式系统，也可以采用直接式系统。如果选用间接式系统，需要采用抗腐蚀的板式换热器。如果选用直接式系统，必须采用抗腐蚀的热泵机组；可以根据地下水所含腐蚀性物质的成分和浓度，在生产热泵设备时选用合适的材料。

对于结垢问题，虽然利用间接式系统只需要清洗板式换热器，但是仍然会给运行维护带来不小的麻烦，并会降低系统的效率，提高运行的成本。因此，当 Fe^{2+}、Ca^{2+}、Mg^{2+} 等容易形成垢质的成分含量较高时，应安装能够满足使用要求的防结垢装置，否则应慎重选择地下水源热泵技术。

如图 1-14 所示为集中式地下水源热泵空调系统，由能量采集系统、能量提升系统和能量释放系统三个部分组成。

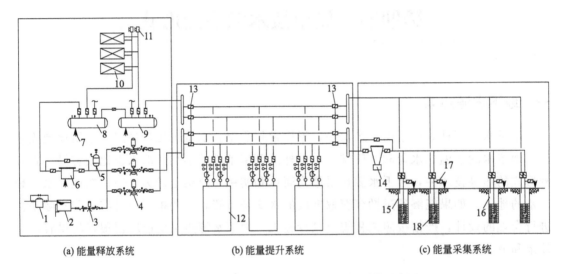

图 1-14　典型的集中式地下水源热泵空调系统示意图

1—软水装置；2—软水箱；3—补水泵；4—制冷（采暖）循环泵；5—定压罐；6—全程水处理器；
7—排污与泄水阀；8—集水器；9—分水器；10—风机盘管；11—放气装置；12—水源热泵机组；
13—制冷与采暖切换阀组；14—除砂设备；15—取水井群；16—回灌井群；
17—排污与回扬阀门；18—潜水泵

能量采集系统即地下水换热系统，主要由抽水井、回灌井、潜水泵、除砂器和管道阀门等组成；其功能是将地下水从地下含水层中提取出来，输送给热泵机组进行热交换，完成换热后再将地下水回灌到地下同一含水层中。抽水井和回灌井也称为热源井，两者均位于地下，如果出现问题很难维修和改造，对系统的运行将产生致命的影响。

能量提升系统即热泵机组，它将地下水中的能量提取出来，转移给用户。地下水源热泵机组一般都采用压缩式热泵。

能量释放系统即室内末端及其循环系统，主要由末端设备（风机盘管、暖气片、地板采暖以及空调机组等）、循环水泵、分集水器、除污器以及补水装置和定压装置组成；其功能是将热泵产生的冷或热输送到需要的地方。

热泵机组、电气控制设备及能量释放系统中的循环水泵、分集水器、除污器、补水装置、定压装置以及能量采集系统中的除砂器等设备均位于热泵机房内。

（二）地下水源热泵应用中的关键问题

地下水源热泵技术的特点是既能供热又能制冷，并且既节能又环保，投资相对于其他地源热泵方式也是最低的。但是这一技术对水文地质条件的要求较高，对施工安装的技术水平和规范程度要求也很高。如果水文地质条件不合适，或者施工安装不合格，很容易出现问题。笔者有着十几年热泵技术研究和实践的经验，经过认真总结，认为以下几方面的问题需要地下水源热泵技术的建设使用单位和设计施工单位特别注意。

1．水文地质条件与取水和回灌

地下水源热泵技术对水文地质条件的要求很高。项目所在地既要有丰富稳定的地下水资源，又要求含水层有很好的渗透性，能把抽取上来的地下水顺畅地回灌回去。回灌是目前制约地下水源热泵技术应用的主要瓶颈之一。根据表 1-10 可以初步判断一个地区是否适合应用地下水源热泵技术。

表 1-10　地下水源热泵适宜性区域判断表

分区	单项指标				综合评判标准
	单位用水量 /[m³/(d·m)]	单位回灌量 / 单位用水量	地下水位年下降量/m	特殊地区	
适宜区	＞500	＞80％	＜0.8	—	三项指标均符合
较适宜区	300～500	50％～80％	0.8～1.5	—	除适宜区和不适宜区以外的其他地区
不适宜区	＜300	＜50％	＞1.5	重要水源地保护区、地面沉降严重区	任一项指标符合

（1）地下水量的稳定性

由地下水中提取的能量在地下水源热泵系统向建筑提供的总能量中占 75％ 左右，因此充足而且稳定的地下水资源是地下水源热泵应用的先决条件。地下水量不足、地下水量不稳定以及没有足够的布置地下水井的场地等原因都会限制地下水源热泵技术的应用。而且，这些问题都取决于客观实际条件，无法从技术上和主观态度上解决。因此应用地下水源热泵技术必须尊重客观实际，因地制宜；决策前需要充分做好水文地质勘察和水资源论证，不可盲目、轻率。

浅层地下水是动态的，它和地表水一样，也不断地由高处或压力大的地方，向低处或压力小的地方流动。地下水还可以通过土壤毛细管上升到地表，蒸发到空气中。所以，一个地方地下水的流失是不可避免的，要保持这个地方的地下水量，就要有稳定的补给。地下水补给一般有两个来源，一是大气降水渗入地下，称为大气补给，大气补给可靠性小；二是外区地下水由地下透水层渗流到本区，也称泾流补给，泾流补给可靠性好。如果地下水的流失多于补给，水位就会下降，水位持续下降就会影响地下水源热泵系统的正常使用。

要应用地下水源热泵，就必须充分了解地下水的储存量、流失情况和补给情况，根据这些情况分析和判断地下水资源的稳定性。一旦地下水的水量存在不断减少的风险，就不能采用地下水源热泵。切不可麻痹大意，否则会造成热泵系统无法使用的严重后果。

（2）地下水的回灌

地下水的回灌是限制地下水源热泵技术应用最为重要的因素之一。地下水不仅是优质的热泵冷热源，更是宝贵的淡水资源，所以经热泵换热后的地下水必须回灌。一方面，回灌可以储能，可以为热泵机组提供持续充足的冷热源；另一方面，回灌可以保护地下水资源。如果回灌出现问题，不仅会造成水资源的大量浪费，而且会增加城市排水量和污水处理的成本；并且由于冬季气温往往低于 0℃，如果不能有效回灌，地下水一旦溢出，就会造成浅层土壤渗水冻结，有时候会导致非常严重的后果，这些都是在工程实践中遇到过的问题。

从技术角度讲，地下水的回灌要比地下水的抽取困难得多，要保证地下水能够长期稳定顺畅地回灌则更为困难。但在实际的工程应用中，无论是在勘察设计上还是在施工工艺上，人们对回灌的重视都远远不够，这也是很多项目出现回灌困难的主要原因。

在含水层渗透性比较好的地区（如含水层为中粗砂、卵砾石等），只要采取合理的技术，认真做好设计和施工，回灌问题就完全可以解决；但是在含水层渗透性比较差的地区（如含水层为中细砂、粉细砂、砂黏土等），则要慎重采用或不采用地下水源热泵技术。

在设计和使用中，为了保证地下水资源不被浪费，必须采取有效的回灌措施。地下水有效回灌还可保持含水层的稳定，防止地面下沉。在井水回灌过程中，要注意回灌水的水质，保证回灌后不会发生区域性地下水污染的问题。

为了防止管井堵塞影响回灌，在设计时应尽量采取抽水井与回灌井互换使用的方式。

2. 地下水的腐蚀和结垢问题

尽管大部分地下水都是没有腐蚀性的淡水，但也有不少地方的地下水受到了严重污染，不同程度地含有酸碱盐等腐蚀性物质。在这种情况下如果水井、管道、水泵、热泵机组等相关设施的材料选择达不到要求，很容易造成腐蚀，对热泵系统来说是致命的。

水中的 Ca^{2+}、Mg^{2+} 易在换热面上沉积，形成水垢，会影响换热效果，降低热泵机组的运行效率。但更严重的是 Fe^{2+}，不仅容易在换热面上凝聚沉积，而且 Fe^{2+} 遇到氧气会发生氧化反应，生成 Fe^{3+}，在碱性条件下转化为呈絮状的氢氧化铁沉积而阻塞管道，影响换热装置或热泵机组的正常运行。

如果在地下水水质不明确的地区应用地下水源热泵，必须对地下水进行取样化验，根据水质情况采取相应的措施。若井水的水质不符合热泵机组的使用要求，可以采取相应的技术措施（如系统中加装除砂器、净水过滤器、电子水处理仪、除铁设备等）进行水质处理；或采取加装板式换热器的间接供水方式，使井水与机组隔开，避免井水对机组等可能产生的腐蚀、结垢和堵塞作用。只要正确对待，地下水的水质问题和结垢问题都是可以解决的。

3. 地下水的含沙问题

这是地下水源热泵应用中常见的问题，也是一个容易被忽视的问题。如果地下水中含沙量过多，不仅会造成换热器和管道的堵塞，还会引发地质问题。只要成井工艺科学合理，地下水的含沙量是完全可以控制在规范要求的二十万分之一以内的。

4. 地下水的温度平衡问题

当建筑的冬季负荷与夏季负荷相差较大时，冬天从地下水中吸收的热量和夏天向地下水中释放的热量就会相差很大；这时如果地下水没有很好的流动性，不能把积聚的冷或热及时带走，地下水的温度就会逐步发生变化，就需要进行冷或热补偿；如果地下水的温度变低，就需要用太阳能或锅炉进行热量补偿；如果地下水的温度升高，就需要用冷却水塔进行冷量补偿。

在地质条件可行的地区，可以采用反季节储能的办法解决这一问题。

5. 冬夏转换阀门的质量问题

地源热泵系统冬季可以向建筑的末端系统供热，夏季可以向建筑的末端系统供冷；但其冬夏的转换一般不是在机组内实现的，而是在机组外靠阀门的切换实现，如图1-14中的阀门13所示。冬夏切换的阀门如果质量不好或者水中杂质较多，就会关闭不严，造成热泵机组冷凝器加热过的热水和蒸发器冷却过的冷水相互混合，即空调水和水源水相互混合；不仅造成能量的巨大损失，而且由于空调水多为软化水，含盐高，且因长期运行，含有很多铁屑等杂质，一旦进入水源水系统，就会对地下水等水源造成污染；同时水源水水质千差万别，一旦进入空调水系统也会对空调水系统造成污染。例如有些地下水源热泵项目在空调末端中发现大量沙子，就是这个原因，如果水源水是污水或海水，那危害就会更大。

6. 热泵机组输出功率随工况变化的问题

热泵的输出功率并不是一个固定的值。制热时，水源水的温度越高，末端空调系统的供水温度越低，热泵系统的效率就越高，热泵系统的制热量也越大；制冷时，正好相反。所以进行系统设计时，必须考虑实际应用时的工况。

二、土壤源热泵

采用地下水源热泵技术利用浅层地热能效率高而且成本低，但其对项目所在地的水文地质条件要求很高；需要有丰富的地下水，并且含水层的渗透性要好，这样的水文地质条件不是到处都有的。有很多地区没有丰富的浅层地下水资源，或者由于含水层渗透系数太小致使回灌很困难，在这种情况下，可以把换热管埋在地下土壤中，让循环水在换热管中流动；循环水经换热管管壁与土壤进行热交换，这种换热形式只有热量交换而没有物质的交换。夏季地埋管换热器将热泵机组产生的热量释放到土壤中，冬季从土壤吸热并将热量提供给热泵机组，这种热泵技术称为土壤源热泵。

（一）土壤源热泵系统组成

土壤源热泵系统与地下水源热泵系统类似，也由能量采集系统、能量提升系统和能量释放系统组成，如图1-15所示。

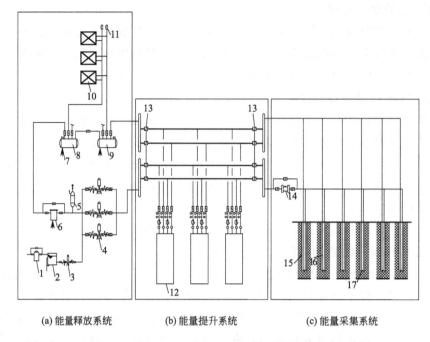

(a) 能量释放系统   (b) 能量提升系统   (c) 能量采集系统

图 1-15 典型的集中式土壤源热泵空调系统示意图

1—软水装置；2—软水箱；3—补水泵；4—制冷（采暖）循环泵；5—定压罐；6—全程水处理器；
7—排污与泄水阀；8—集水器；9—分水器；10—风机盘管；11—放气装置；12—土壤源热泵机组；
13—制冷与采暖切换阀组；14—电子水处理设备；15—地埋孔；16—地埋管；17—U 形弯

能量采集系统即地埋管换热系统，主要由地埋管换热器、循环水泵、定压补水装置和循环管路组成。地埋管换热器是由埋设在地下的高密度聚乙烯管组成的封闭循环回路；循环介质为水或含防冻剂的水溶液，冬季从周围土壤中吸收热量，夏季向土壤中释放热量；循环由水泵实现。

地埋管换热器是土壤源热泵系统中最重要的部分，通过它所获取的浅层地热能占热泵系统输出总能量的 $70\% \sim 80\%$。

能量提升系统即热泵机组。土壤源热泵系统对热泵机组的要求与地下水源热泵系统基本相同。有所不同的是，土壤源热泵系统提供给热泵机组的热源水温度制热时低于地下土壤和地下水的温度；制冷时高于地下土壤和地下水的温度；温差的大小取决于地埋管换热器的换热能力，地埋管换热器的换热能力越低，其内的循环水与地下土壤之间温差越大，进入热泵机组的水温就越低（冬季）或越高（夏季），对热泵机组效率及输出功率的影响也就越大。

能量释放系统即末端及其循环系统，与地下水源热泵系统基本一样。

（二）土壤源热泵应用中的关键问题

1. 水文地质条件

土壤源热泵降低了对水文地质的要求，原则上在任何地质条件下都可以应用，有没有地下水和地下水有没有腐蚀性都不会影响它的应用；它不再受地下水水量和水质的制约，并且不受地下水回灌、地下水含沙等问题的困扰。但是在不同的地质条件下埋设换热管的成本差异很大，在岩石层或颗粒较大的卵石层埋设换热管的造价很高，在黏土层或细砂层埋设换热管的造价就较低，总体来讲，土壤源热泵系统的造价高于地下水源热泵系统。另外在地下埋设换热管还需要很大的场地，这也限制了土壤源热泵在很多项目中的应用。根据表 1-11 可以初步判断一个地区是否适合应用土壤源热泵。

表 1-11　土壤源热泵适宜性区域判断表

分区	分区指标（地表以下 200m 范围内）			综合评判标准
	第四系厚度/m	卵石层总厚度/m	含水层总厚度/m	
适宜区	>100	<5	>30	三项指标均应满足
较适宜区	<30 或 50～100	5～10	10～30	不符合适宜区和 不适宜区分区条件
不适宜区	30～50	>10	<10	至少两项指标应符合

2. 换热管长度设计

设计换热管的长度具有一定难度。换热管长度增加就会增加系统的造价，并需要更大的场地。换热管长度不足就会影响与地下土壤的换热效果，加大换热管内循环水与土壤之间的温差，温差越大，热泵系统的效率就越低，系统的运行成本就越高；如果循环水的温度低于热泵的设计参数，热泵系统就无法正常运行。

3. 回填的施工质量

回填的质量问题是造成很多土壤源热泵项目应用效果不理想的主要原因之一，所以必须引起足够的重视。

在进行地埋管换热器的设计时，一般以热物性试验结果为依据，计算换热管的长度和换热孔的个数。在进行热物性试验时，由于只需要埋几根试验管，因此埋管和回填的质量是容易保证的。但在大面积施工时，很难保证每个孔的回填质量都能达到试验孔的标准。而一旦回填质量达不到要求，换热管和土壤之间就会形成空隙，而且会越来越大，使换热管和土壤之间的传热热阻大大增加，使地埋管换热器从土壤中获得的热量达不到设计要求，热泵系统的运行效果和节能效果当然就会受到很大影响。

换热管与土壤之间的换热能力和埋设换热管的施工质量有很大关系，尤其是与回填的密实程度关系很大。如果回填不够密实或者存在其他的施工质量问题，就会影响换热管的传热效果，形成很大的热阻，也会导致换热管内的循环水与地下土壤之间温差过大，降低热泵系统的效率，增加系统的运行成本。

4. 热平衡问题

应用土壤源热泵时另外一个需要注意的问题是地下土壤的温度恢复。如果热泵系统夏季向地下土壤释放的热量大于冬季从地下土壤吸收的热量，则有可能会导致土壤温度逐年上升，最终会影响夏季供冷时系统的能效及供冷效果，甚至导致系统不能正常运行；反之，热泵系统冬季从地下土壤吸收的热量大于夏季向地下土壤释放的热量，则有可能会导致土壤温度逐年下降，最终会影响冬季供暖时系统的能效及供暖效果，甚至导致系统不能正常运行。长时间的冷/热堆积，还会导致对土壤环境的热污染，甚至引发生态问题。《民用建筑供暖通风与空气调节设计规范　附条文说明［另册］》GB 50736

条文中明确指出，如果夏季向地下释放的热量与冬季从地下吸收的热量之比超出80%～125%，就需要在热泵系统中增加热源或冷源以调节地下土壤的温度使其保持平衡。

5. 场地问题

在应用土壤源热泵技术时，为了保证换热效果，需要埋设大量的换热管，这往往需要很大的场地。现在城市中心区域建筑密度很大，很难有足够的场地和空间去埋设换热管，这是土壤源热泵技术不能普遍应用的主要原因之一。

6. 造价问题

土壤源热泵技术不再受地下水量、水质和回灌的限制，理论上在任何地区都可以应用。但在不同的地质条件下，埋设换热管的造价差异很大。在岩石层和卵石层钻孔的难度大、成本高，一般情况下不宜采用土壤源热泵技术。

三、地表水源热泵

地表水是一种容易获得的资源，采用地表水源热泵技术不需要进行地质勘察，系统的造价也低于地下水源热泵和土壤源热泵。如果项目附近有比较好的地表水资源，水量充足、温度稳定，应该首先考虑采用地表水源热泵技术。

（一）地表水换热系统的形式

地表水源热泵系统也由能量采集系统、能量提升系统（即热泵机组）和能量释放系统（即末端及其循环系统）组成，其中能量提升系统和能量释放系统与前面两种热泵系统的一样，就不再介绍了，这里重点介绍一下能量采集系统，即地表水换热系统。

地表水换热系统的形式根据其利用水源的方式可分为闭式系统（图1-16）和开式系统，其中开式系统又可分为直接式系统（图1-17）和间接式系统（图1-18）。

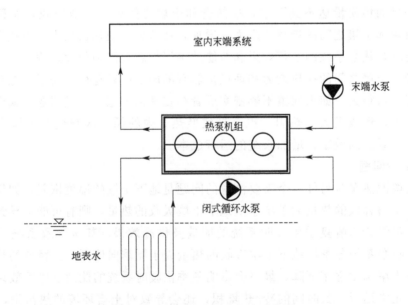

图 1-16　地表水源热泵闭式系统图

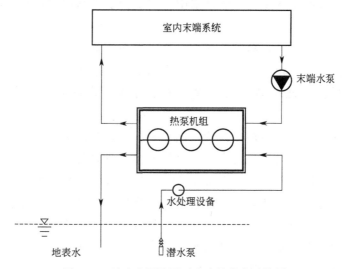

图 1-17　地表水源热泵开式直接供水系统图

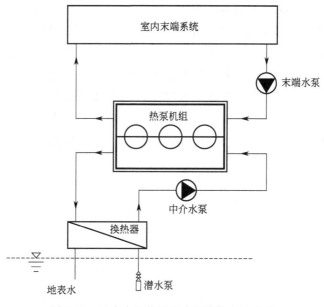

图 1-18　地表水源热泵开式间接供水系统图

1. 闭式地表水换热系统

闭式地表水换热系统将塑料盘管抛入地表水源中,以盘管作为换热器;盘管内的中介水与地表水通过盘管进行热交换,不提取地表水,故不需设置地表水取水口和排放口,对地表水不产生任何影响。

闭式系统可以采用洁净水或者含防冻液的水溶液作为换热介质,这使热泵机组结垢的可能性降低。闭式系统不需要将地表水水体提升到一定的高度,因此其循环水泵的扬程较低,水源输送能耗不大。

闭式系统换热盘管的材料常用耐腐蚀的高密度聚乙烯管,也可采用热导率大的不锈钢管、铜管或钛合金管。用金属管所需的换热面积比塑料管要小,而且比塑料管具有更高的抗冲击强度，可用于流速较高的动水中；但造价要比塑料管换热器高得多，金属管的表面也容易腐蚀。

在利用湖水及水库水时，盘管外表面完全浸泡在流速不高的水体中，其换热方式基本是自然对流，换热系数较低；且盘管的外表面受地表水水质的影响往往会结垢，使换热效率进一步降低。因此在湖水或水库水中抛管的方式只适用于小型建筑的供暖和制冷。

江水、河水则不适合采用换热盘管式热泵系统。这是因为：一方面，江河的水位通常随季节变化波动较大，为避免因水位变化而使换热盘管暴露于水面以上引起江水换热失效，应将盘管换热器置于水体内底部；另一方面，江河水中通常含有大量泥沙和杂物，且江河水泥沙含量通常随着水深而增加，如将换热盘管置于水体底部，则泥沙以及水中杂物必然要覆盖换热器表面而难以达到换热效果。这就需要随时调整换热器的位置以便与水位的变化保持同步，这在江河水水位变化大的流域可操作性比较差，因此目前在江河水源热泵系统中很少采用闭式系统。

2. 开式地表水换热系统

开式地表水换热系统直接抽取地表水，送入换热器或直接送入热泵机组进行换热。如图 1-17 所示为开式直接系统，地表水直接进入热泵机组；如图 1-18 所示为开式间接系统，地表水进入换热器先与中介水换热，中介水再进入热泵机组进行换热。

开式系统将地表水送入换热器或热泵机组以强制对流的方式进行换热，与闭式系统自然对流的换热方式相比，换热效率大大提高。但开式系统需要解决地表水中泥沙和杂物堵塞换热器的问题，并要考虑换热产生的结垢、腐蚀、微生物滋长等现象对系统的影响。尤其是对于开式直接系统，由于地表水直接进入热泵机组，需要根据其水质情况进行处理并采取有效的防堵和防腐措施。

（二）地表水源热泵应用关键问题

1. 水资源量

地表水源热泵由于利用看得见摸得着的地表水，因此它与地质条件没有过多的关系，但是它对地表水资源条件的要求很苛刻。首先是水量要充足，采用江、河水时水流要稳定，采用湖水或水库水时水体要足够大、水深要足够深。如果是没有流入流出的封闭小湖，很容易出现水温受热泵运行的影响出现大幅波动的情况。其次是水温要稳定，地表水温度不像地下水温度那样常年恒定，而是随气温的变化而波动。故《民用建筑供暖通风与空气调节设计规范 附条文说明［另册］》GB 50736 条文中明确指出，湖水水体的周平均最大温升不大于 1℃，周最大平均温降不大于 2℃。在长江流域及以南的地区，如果项目既需要供暖又需要制冷，并且项目附近有比较好的地表水资源，水量充足、温度基本稳定，就可以采用地表水源热泵技术。

2. 水质

地表水由于暴露在环境中，其水量、水温和水质都要受到外部环境的直接影响。要使地表水源热泵系统正常运行，一是要取到水量、水温和水质基本稳定并适合热泵系统应用的地表水，二是要想办法应对地表水水量、水温和水质变化可能对热泵系统的影响。保证地表水水量和水温符合热泵系统应用的要求主要应在取水环节解决，本节主要讨论地表水水质对热泵系统应用的影响及应对措施。

（1）结垢问题

地表水中的无机物、有机物和微生物在系统长时间运行后会在金属表面产生污垢物，这个过程称为结垢。通常由于不同的水质会产生不同成分的污垢。

析晶污垢：在江河水流动条件下，呈过饱和溶解状态的无机盐析出并沉淀在金属表面形成的结晶体，这种污垢通常也称为水垢。

微粒污垢：悬浮在江河水中的固体微粒在金属表面上的积聚，包括沉淀污垢（即重力污垢）和其他胶体粒子沉淀物。

化学反应污垢：由化学反应形成的金属表面上的沉积物，不包括金属材料本身参加的反应。化学反应污垢通常和有机化学联系在一起。和微粒污垢及析晶污垢不同的是，防止化学反应污垢最重要的是要弄清污垢形成的机理。化学反应通常是复杂的，并可能涉及很多机制，诸如自然氧化、化合及分解等。

腐蚀污垢：金属表面材料本身参与化学反应所产生的腐蚀物的积聚。这种污垢不仅本身污染了换热面，而且还可能促使其他潜在的污秽物质附着于换热面而形成垢层。

生物污垢：由宏观生物体和微生物体附着于金属表面上形成的污垢，生物污垢产生黏泥，黏泥反过来又为生物污垢繁殖提供条件。

凝固污垢：由纯净液体或多组分溶液的高溶解成分在过冷的金属表面上凝固而成。

实际上换热设备表面的污垢并不是单纯的一种，通常是好几种污垢协同作用的结果，尤其像江河水作为热源水时，江水中存在有机物、无机物、生物、泥沙以及其他悬浮物，使得各种污垢协同作用，形成混合污垢。

（2）堵塞问题

地表水中存在泥沙以及其他悬浮物，在换热器以及输送管道中，由于流动条件的改变，会产生一定的堵塞现象。出现和影响堵塞主要有如下几个方面：

① 由于地表水在管道中长期流动，泥沙及悬浮物黏附在管道上，长时间积累，使得管道截面积变小，甚至完全堵塞。

② 由于管道截面变化或者流动方向变化，地表水中的固体颗粒流动方向改变，接触壁面的概率增加，会加大堵塞。

③ 当换热器内流动空间较大时，水的速度变小，泥沙容易沉淀，出现泥沙堆积，堵塞流道。在壳管式换热器的封头内，地表水进入换热管前容易出现这种情况。

④ 当流动空间出现强旋流时，容易在漩涡部沉淀堵塞。

解决泥沙的堵塞和沉淀问题，可采用如下方案。

江河水在换热管外流动，换热介质在换热管内流动，具体实施如图 1-19 和图 1-20 所示。含有泥沙的江河水，由入口进入，从换热器壳体（简称壳程）由右上部向下流动（图 1-19）；经过右部挡板底部时，会继续在右部挡板和中间挡板之间向壳体上部流动，到达壳体上部时，沿着中间挡板和左部挡板之间向壳体下部流动；然后经过左部挡板底部后，折流向上，由出口流出（为增加江水流动速度，挡板可设置多个，图 1-19 中仅示出三个挡板）。在流动过程中，由于含有泥沙的江河水和管内流体存在温度差，两种流体会在整个壳体内通过换热管束表面进行热交换。被冷却或者加热的换热介质由右下部进入管箱（图1-20），然后进入下部换热管束；通过换热管束表面与含有固体杂质的流体进行热交换后，流入左侧的管箱；从管箱再进入上部管束；再次进行热交换，最后由出口流出。

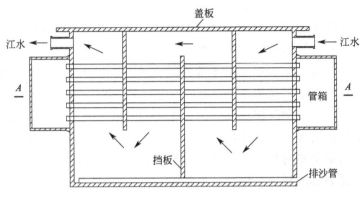

图1-19 江水源热泵换热器

含有固体杂质的江河水在壳程流动时，江河水中的固体杂质颗粒由于重量和壳体内流体流动速度较小等原因，会产生一定的沉淀；沉淀的泥沙会落在挡板、换热管束、集沙斗边壁和底部，由于重量作用，泥沙最终会滑落到集沙斗中形成堆积。可以利用集沙斗底部的排沙管将泥沙排除，排泥沙方式可以选择连续排沙和定期排沙。

为方便换热器的清洗，换热器壳体与盖板应活动连接，即将换热器盖板设计成可以拆卸的；当需要冲洗换热器时，可将盖板打开，对换热管束进行彻底清洗。

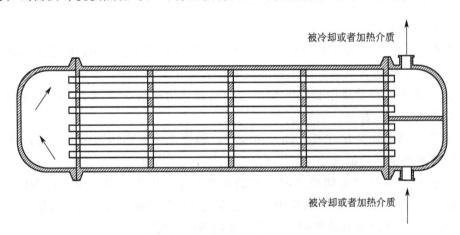

图1-20 江水源热泵换热器剖面图

（3）腐蚀问题

地表水中以海水的腐蚀性为最强，如果能应对海水的腐蚀问题，其他地表水如江、河、湖水等就都不是问题了。

海水对金属尤其是黑色金属有强烈的腐蚀作用。如何解决海水对设备和管道的腐蚀问题，而且要简单易行，成为海水源热泵技术的关键。应用海水源热泵技术时，在材料选择和结构上都要考虑海水的腐蚀性，同时应采取相应的防腐措施。

应对海水腐蚀的方案有：

① 采用耐腐蚀的材料及设备，如采用铝黄铜、镍铜、铸铁、钛合金以及非金属材料制作的管道、管件、阀件等，采用专门设计的耐海水腐蚀的循环泵等；

② 表面涂敷防护，如管内壁涂防腐涂料，采用有内衬防腐材料的管件、阀件等，涂料有环氧树脂漆、环氧沥青涂料、硅酸锌漆等；

③ 采用阴极保护，通常的做法有牺牲阳极保护法和外加电流的阴极保护法；

④ 采用强度等级较高的抗硫酸盐水泥及制品，或采用混凝土表面涂敷防腐技术。

金属钛在海水，特别是污染海水中具有良好的耐蚀性，耐海水高速冲刷腐蚀的性能尤为突出。表 1-12 列出了钛管与其他冷凝器管材腐蚀性能的相对比较。因为钛在所有浓度的硫化物中都不受腐蚀，所以钛不仅在洁净的海水中完全耐腐蚀，而且在含硫化物的污染海水中也具有良好的耐蚀性。同时钛在水流速高达 20m/s 和含沙量高达 40g/L 的条件下，均具有优良的耐腐蚀性能。

表 1-12　钛管与其他冷凝器管材腐蚀性能的相对比较

腐蚀种类	材质				
	钛	海军黄铜	B10	B30	铝黄铜
全面腐蚀	6	2	4	4	3
冲蚀	6	2	4	5	2
孔蚀	6	4	6	5	4
应力腐蚀	6	1	6	5	1
Cl^- 腐蚀	6	3	6	5	5
NH_3 浸蚀	6	2	4	5	2

注：表中数字表示相对耐腐蚀性，6 为最优，1 为最差。

采用金属钛虽然解决了腐蚀问题，但是也带来了其他问题。首先是换热性能问题。钛管的热导率约为 B30 的 58.4%，其导热性能较差。但是实验表明换热器的传热性能并不只取决于管材的热导率，它还与管壁厚度、两侧流体的对流换热系数以及运行期间管壁面的结垢状况等一系列因素有关，可以通过采用薄壁钛管和使用强化传热表面来弥补以上不足。其次是经济性问题。钛板换热器价格昂贵，造价较高，一次性投资大。但由于钛的密度小、比强度高，在设计与制造同样设备时与传统材料 B30 铜镍合金相比，投料可减少一半；且由于其使用寿命长，因而折算的年投资费用并不高。此外，钛管耐海水腐蚀能力强，在整个运行期间可以避免因换热器损坏而检修、检漏、换管、堵管和停机等引起的大量损失，大大提高了运行的安全可靠性，降低了运行成本。因此，从长期运行的经济性角度来讲，薄壁钛管换热器的综合经济效益仍优于其他管材换热器。

另外，钛管在使用过程中具有表面光洁、不易结垢的优良特性，所以在实际应用中钛管的综合性能仍优于其他管材。

除了采用钛管以外，海水换热器也可采用塑料换热器、特种合金换热器等。取水水泵的腐蚀问题也是海水源热泵的技术难点之一。海水取水泵主要的保护对象包括：

外接管（水泵泵壳）内外壁、内接管（轴套）、泵轴、叶轮、导叶体及哈夫锁环等。目前国内滨海电厂循环水泵的保护主要是：泵内采用涂层加外加电流阴极保护技术；泵外采用涂层加牺牲阳极保护方法。泵腔内比较狭小，不适宜安装牺牲阳极。另外泵腔内海水流动过程工艺参数变化大，而外加电流阴极保护法恰恰具有电压、电流可调节性，并可随工艺参数及外界条件的不同而实现自动控制；同时外加电流用的辅助阳极具有体积小、排流量大的特点，通过法兰接口将电极置入泵内，可实现对海水循环泵内壁、泵轴、导叶体、叶轮等的保护。在对泵轴、叶轮、导叶体的保护设计中，为降低泵壳、导叶体与泵轴、叶轮等的接触电阻，降低泵轴杂散电流腐蚀，提高外加电流阴极保护效果，一般于泵壳与泵轴间安装导电环、电刷装置。泵壳外壁不受空间等条件限制，而牺牲阳极具有结构简单、安装方便、可靠以及电位均匀等优点，因此常采用牺牲阳极保护。

（4）水生生物的影响

地表水中生长着大量的水生生物，其中海洋中的生物最丰富。海洋生物包括固着生物（藤壶类、牡蛎等）、黏附微生物（细菌、硅藻和真菌等）、附着生物（海藻类等）和吸营生物（贻贝、海葵等）。这些水生生物在适宜条件下都能大量繁殖，给地表水循环带来极大危害。有些水生生物极易大量黏附在管壁上，形成黏泥沉积，严重时可直接堵塞管道；同时海洋生物还会促进海水的腐蚀问题。因此控制水生生物也是地表水源热泵系统正常运行的必要措施之一。

常用水生生物控制的措施有：

① 设置过滤装置。如拦污栅、隔栅、筛网等粗过滤和精过滤设施。

② 投放药物。如氧化型杀生剂（氯气、二氧化氯、臭氧）和非氧化型杀生剂（十六烷基化吡啶、异氰尿酸酯等）。通常加氯法采用较多，效果较好。

③ 电解海水法。电解产生的次氯酸钠可杀死海洋生物幼虫或虫卵。

④ 含毒涂料防护法等。

⑤ 防污涂漆。防污涂漆的主要成分以有机锡系和硅系漆为主，涂层的主要部位包括循环水系统（水管、冷凝水室、循环水泵等）和吸水口周围设备（旋转筛网等）。防污漆法是通过漆膜中防污剂的药物作用和漆膜表面的物理作用来防止水生生物生长和附着的。

四、污水源热泵技术

污水源热泵以城市原生污水或再生水作为热泵的低位热源，冬季通过热泵把污水中的低温热能转变为更高品位的热能给用户供热；夏季通过热泵制取低温冷水以满足用户制冷空调的需求。这种装置既可用于供热采暖，又可用于制冷降温，从而实现一机两用。

（一）污水源热泵系统组成

污水源热泵系统按污水是否进入热泵机组分为直接式系统和间接式系统两种。

1. 直接式系统

污水经过初步过滤后，直接进入污水源热泵机组。如图 1-21 所示，污水从干渠引到提升井，经过潜污泵加压后，供入污水过滤装置；然后通过二级污水泵加压后供入热泵机组，经过换热后的污水连同污水过滤装置过滤掉的杂质一同排到退水井后进入干渠下游。

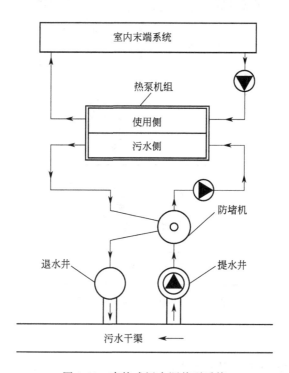

图 1-21　直接式污水源热泵系统

热泵系统的冬夏季转换通过机组内部的氟路系统完成。

优点：污水的能量能够被充分利用，可减小传热温差损失。

缺点：对污水的初步过滤和污水源热泵机组的要求非常严格，热泵机组的成本较高，热泵机组的维护工作量大、维护成本高。对污水中大块悬浮物含量有要求，如果污水中大块悬浮物含量高系统可能运行不稳定。

2. 间接式系统

污水经过初步过滤后进入污水专用换热器换热，然后退回污水干渠。换热器另一侧与热泵机组之间的循环介质为清水，清水通过换热器吸收污水的能量后传递给热泵机组。如图 1-22 所示，污水从干渠引到提升井，经过潜污泵加压后进入污水专用换热器，吸收（释放）能量后的污水通过退水井排到干渠下游。

热泵系统的冬夏季转换通过水路系统完成，如图 1-22 所示冬季运行阀门 F1 打开、F2 关闭；夏季运行阀门 F2 打开、F1 关闭。

优点：通过中间换热器实现能量传递，对热泵机组无特殊要求，机组维护量小、维护成本低。

缺点：通过中间换热器存在传热损失，中间介质的循环也需要消耗能量，对系统效

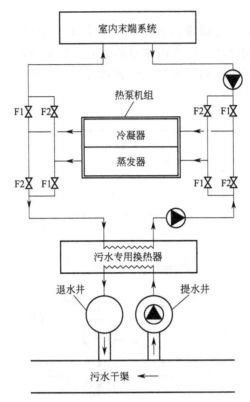

图 1-22　间接式污水源热泵系统

率有所影响。

（二）污水源热泵应用的关键问题

尽管污水、江河水、湖水、地下水、海水等都是理想的低品位冷、热源，但由于这些水源水质极不稳定，不能满足换热设备运行的要求，因此取水换热过程是利用这些水源的关键问题。这些水源以城市污水水质最差，污水源热泵系统在实际工程中遇到的问题最为突出。城市污水含有各种大尺度污杂物及小尺度悬浮固体和溶解性化合物，前者表现为对管路与设备的阻塞，后者表现为对流动换热参数的影响以及导致换热管内结垢现象，形成相当高的热阻，严重影响了热泵系统的正常运行。

下面以污水为例针对系统设计、问题及对策进行详细分析。

1. 污杂物问题

污水含有大量大尺度污杂物及小尺度悬浮固体，前者会对污水源热泵系统的管路与设备造成堵塞，后者会增大换热设备的热阻并影响流体的流动。对原生污水进行处理后再利用其热能是不可行的，因为污水处理的最低费用也要高于从污水中提取热量或冷量的价值。对污水进行过滤也不是好办法，最主要的问题是无法及时清除过滤网上的污物，很容易造成过滤网的堵塞。由于城市污水水质很差，过滤格栅上污杂物的清除量大、频率高，必须采用机械格栅。但其造价高、占地大，而且还有污杂物的处理和设备间空气洁净的保持问题；另外，从城市污水干渠到过滤格栅之间的引水段管路也存在污杂物的淤积与清理问题。因此，最好的办法是将污杂物阻隔在污水干渠中，不让大尺度杂物进入系统。

实现无堵塞连续换热是城市原生污水作为热泵冷、热源的技术关键。

(1) 防堵机

污水防堵机采集污水将污水中指定粒径以上的固体、悬浮物截留，允许该粒径以下固体悬浮物进入污水换热器或热泵机组实现无堵塞换热；换热后的污水回到污水防堵机另一通道，与被截留污杂物一起退回到污水干渠。

防堵机工作原理为滤面自身旋转，在任意时刻都有一部分滤面位于过滤的工作区，另一部分滤面位于水力反冲区。在旋转一周的时间内，每一个滤孔都有一部分时间在过滤的工作区行使过滤功能，另一部分时间在反冲洗区被反洗，以恢复过滤功能。污水经过滤后去换热设备无堵塞换热，换热后的污水回到防堵机的反冲洗区对过滤面实施反冲，并将反冲掉的污杂物全部带走排回污水干渠。如图1-23所示，用污水泵1抽吸污水干渠中的污水进入筒外供水区A，经旋转的圆筒形格栅滤网2过滤后进入筒内供水区B，此时污水中已不再含有会引起污水换热器或机组堵塞的大粒径污杂物；利用污水泵3将筒内供水区B中的污水引至污水换热器4中，换热后污水回到筒内回水区C，在压力下经过圆筒形格栅滤网2时，对在圆筒格栅外表面上已经淤积的污杂物进行反冲洗；反冲洗后的污水进入筒外回水区D，并被重新排回污水干渠中。

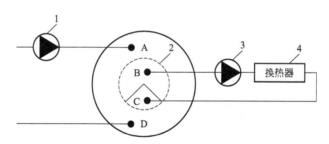

图1-23 污水防堵机原理图

1—污水泵；2—滤网；3—污水泵；4—换热器

A—筒外供水区；B—筒内供水区；C—筒内回水区；D—筒外回水区

(2) 宽流道换热器

实现无堵塞连续换热的另一种方式就是采用宽流道式污水换热器。这类换热器的特点就是污水侧流道比较宽，可以直接通过大尺度的污杂物，不会堵塞。这类换热器的体积较大，主要需要解决承压的问题、换热效率的问题。这类换热器已在实践中得到较好的应用。

2. 污垢问题

污染物会堵塞系统设备及管道，而污垢则会附着在系统设备及管道的内表面，增大热阻，影响换热。

污垢沉积是一个复杂的物理、化学过程，它是动量、能量及质量传递综合作用的结果；其理论基础除传热学外，还涉及化学动力学、流体力学、胶体化学、热力学与统计物理、微生物学、非线性科学以及界面科学等相关知识，是一个典型的多学科交叉的问题，因而形成机制的清晰理解和准确把握是一项十分重要的任务。本节将对污水取水换热过程中的污垢成分进行分析，探讨污水取水换热过程中的污垢形成机理。

当水质较差时换热器中水流速应大于 1m/s。即使如此，在污水源热泵系统的实际工程中仍然出现污垢的沉积，导致系统换热性能显著下降。研究人员通过实验方法测定了不锈钢、铜两种材质的螺旋管换热器在不同污水温度下结垢热阻随时间的变化规律，采用质量分析法和 X 射线衍射分析，得出污垢以微生物垢为主。南方某地铁冷站采用江水经三道物理过滤直接进入制冷机组的壳管式冷凝器中进行冷却，清洗时发现换热管内有约 1~2mm 厚的软垢；从污垢成分来看，有机物的含量将近 20%，其中主要以微生物垢为主，并夹杂非常细小的泥沙。大量实践与实验表明，低位冷、热源利用中堵塞换热器的污垢主要由软性物质组成；污水源热泵系统取水换热过程中出现的污垢以生物污垢为主，并夹杂少量的颗粒污垢，形成"生物膜"。

污垢对系统性能的影响主要有：

（1）换热性能下降

污水源热泵技术应用主要障碍之一就是污垢引起的换热性能下降问题。换热管与污垢物质的热导率见表 1-13。可以看出由于污垢的导热性能较差，即使较薄的一层污垢也将导致换热设备性能急剧下降。

表 1-13　一些物质的热导率

物质种类	热导率/[W/(m·K)]	物质种类	热导率/[W/(m·K)]
铜	302.4~395.4	生物黏膜	0.52~0.71
黄铜	87.2~116.3	含油水垢	0.116~0.174
混合污垢	0.8~2.33	碳酸盐水垢	0.58~5.8

（2）阻力增大

换热管流通截面积随垢层增厚而减小。在流量恒定的情况下，这必然导致平均流动速度的增加，从而引起整个换热设备流动阻力的增大，进而增大水泵的耗电功率。由泵与管道的性能曲线可知，水泵流量将减小，这将导致污垢的增长，进一步降低机组效率。

去除污垢的方法如下。

（1）防污措施

当采用未经处理的城市污水作为水源时，污水中的悬浮物可能堵塞热交换器。对此除了用格栅、防堵机拦截粗大的漂浮物，在热交换器前设置自动筛滤器，截留污水中的毛发、纸片等纤维类悬浮物外，还应做到以下两方面：

① 合理选择设备。合理选择换热器的形式和管材；为便于拆卸和清洗，换热器应留有清洗开口或拆装端头；换热器形式设计简单，设备越复杂越难清洗。采用淋激式换热器蛇形布管，形式简单、结构开放，不易结垢还易于清洗，且适于处理腐蚀性流体，结垢方面的问题相对较小，喷淋液膜薄，换热系数较高。因此，比常规的壳管式、浸没

式换热器更适合于污水环境。

② 改变污水酸碱度。可投放杀生剂、缓蚀剂、阻垢剂并控制污水的 pH 值。研究表明，污垢组分的溶解能力随 pH 值的减小而增大，因此，向污水中加酸的方法使 pH 值维持在 6.5～7.5，对抑制污垢有利。

（2）去除污垢的方法

污水源热泵的除污，可以采用物理清洗而不宜采用化学清洗。物理清洗是靠流体的流动或机械力作用，提供一种大于污垢黏附力的力而使之从设备表面上剥落的清洗方法。根据清洗时间间隔的长短，物理清洗又分为在线清洗和定期清洗。由于定期清洗浪费大量人力物力，且难以保证系统高效运行，因此下面不探讨定期清洗的除污方法。

① 胶球在线清洗法。该法清洗机理是将湿态密度与水相近的海绵胶球送入循环水入口，使湿态直径比管内径大 1～2mm 的胶球在循环水的带动下，挤压变形后进入管内，借助海绵体的弹力对管壁施加摩擦力达到除垢目的；当胶球流出管时在自弹力的作用下，恢复原状，继而随循环水流入回水管，汇集于收球网底部，然后在胶球泵作用下被送进装球室重复上述运动。采用胶球清洗系统，能及时除去聚集在换热管表面的杂物，保持管表面清洁，提高机组运行经济性。

② 小水量强力轮替冲洗部分换热管工艺法。除污法原理：在管壳换热器封头内设置在电动机带动下可以自动旋转的主轴（兼作进水管），主轴两侧通过轴承分别与管板和封头连接。高压冲污水泵吸入的非清洁水通过主轴上的接头进入主轴内腔中，再经主轴出水口进入随主轴一同旋转的冲污注水头，强力注入换热管束内进行冲污；冲污注水头随着主轴的旋转紧贴各个换热管的入口转动，从而完成轮替冲洗的过程，完成冲污后的非清洁水通过污水出口单独排出或由污水进口和污水出口共同排出。

3. 腐蚀问题

污水成分复杂、杂质含量高，直接进入热泵机组或换热器需要解决腐蚀问题，否则热泵系统将无法正常运行。经过防堵机初步处理后，污水中大尺寸杂质以及密度较大颗粒物已经消除，但依然含有小颗粒物理杂质，铵根、氯离子等化学成分，以及微生物、藻类及胶体等杂质。因此对于污水直供的污水源热泵机组要求非常高，尤其是机组换热器的设计和选型。

解决方法有：

（1）换热器

污水换热器污垢主要形式有：①污泥，由污水中物理杂质在换热器内形成的体积较大的片状物。②腐蚀产物，由污水中化学成分与换热管发生化学反应形成。③生物沉积物，由细菌、藻类以及排泄物长期积累形成。

应为换热器选择合适的换热管材料：①铜管具有换热系数高的特点，但在 Cl^-、NH_4^+ 存在时，极易腐蚀。②钛管对硫化物、氯以及氨都有很好的耐腐蚀性，可以应用于海水以及高污染污水，但价格昂贵。③镍铜管可以应用于海水及污水环境中，根据水质对镍铜比例进行调整，价格适中。

同时，改善管内水流方式，降低污垢形成速率；优化换热器布管；选择合适的污垢热阻；设置换热器清洗预警系统。

由于污水来源的不稳定性，可能出现实际运行时不到一个供暖（制冷）季就出现污垢热阻超过临界值的情况，影响机组运行效率，因此机组内应集成换热器清洗预警系统。

（2）专用机组

由于污水水质不良，制冷和供暖时采用水路切换的方式对末端不利，因此由华誉能源公司开发出氟路切换污水源热泵机组，有效解决了上述问题。

华誉能源公司生产的螺杆满液式污水源热泵机组是自主研发的专利产品，采用特殊的防腐蚀技术，实现污水或海水的直接利用，减少中间换热器的热损耗环节，提高了水源热量的利用率，提高了机组的蒸发温度从而提高热泵机组的能效，还因省掉了换热设备而大幅度减少了机房的占地面积。

第五节　新型低品位能源——空气

室外空气的热量来源于太阳对地球表面的直接或间接的辐射。前文所述的浅层地热能、工业余热能以及生活余热能等属于比较优质的低品位能源，以它们作为低温热泵的热泵系统效率较高。但这些能源的利用受到资源条件的严格限制，无法得到普遍应用。而空气由于到处都有，尽管其品位低于前述几种能源，但其意义更加重大。因此，要应用好空气源热泵，首先要了解室外空气的物理性质。其次，不同地区的气候特点差异很大，这将直接对空气源热泵的结构、性能、运行特性产生明显的影响；只有充分地了解我国的气候特点，才能设计和开发出适合我国气候特征的高效空气源热泵，才能在我国各个地区正确且合理地使用好空气源热泵。

一、湿空气的物理性质

湿空气是由干空气和水蒸气组成的。干空气是由氮（体积分数约为78％）、氧（21％）、氩、氖、二氧化碳和其他一些微量气体组成的混合气体。

湿空气的状态参数主要是湿空气的压力、温度、含湿量、相对湿度、比体积、密度和焓。

1. 湿空气的压力（B）

湿空气的压力应为干空气压力（p_g）与水蒸气压力（p_q）之和，即：

$$B = p_q + p_g \tag{1-8}$$

大气压力不是一个定值。通常以北纬45°海平面的全年平均气压作为一个标准大气压，其数值是101325Pa，或101.325kPa。海拔高度越高的地方大气压力越低。同时，在同一个地区的不同季节，大气压力也有大约±5％的变化。

2. 温度

空气的温度表示空气的冷热程度，是热泵空调中的一个重要参数。

3. 含湿量（*d*）

湿空气的含湿量为所含水蒸气的质量（m_q）与干空气质量（m_g）之比，即：

$$d = \frac{m_q}{m_g} \qquad (1\text{-}9)$$

也可导出：

$$d = 0.622 \frac{p_q}{p_g} = 0.622 \frac{p_q}{B - p_q} \qquad (1\text{-}10)$$

4. 相对湿度（*ψ*）

所谓相对湿度，就是空气中水蒸气分压力与同温度下饱和状态空气水蒸气分压力之比，用百分数表示，即：

$$\psi = \frac{p_q}{p_{q.b}} \times 100\% \qquad (1\text{-}11)$$

式中　p_q——湿空气的水蒸气分压力，Pa；

$p_{q.b}$——同温度下湿空气的饱和水蒸气分压力，Pa。

湿空气的饱和水蒸气分压力是温度的单值函数，也可用表查得。

应该注意，含湿量（*d*）与相对湿度（*ψ*）虽然都是表示空气湿度的参数，但意义却有不同。*ψ* 能表示空气接近饱和的程度，但不能表示水蒸气含量的多少；而 *d* 恰好与之相反，能表示水蒸气的含量，却不能表示空气的饱和程度。

如果近似地认为 $B - p_q \approx B - p_{q.b}$，则空气的相对湿度可近似地表示为：

$$\psi = \frac{d}{d_b} \times 100\% \qquad (1\text{-}12)$$

这样的计算结果，可能会造成 $1\% \sim 3\%$ 的误差。

5. 比体积（*v*）和密度（*ρ*）

单位质量的空气所占有的体积称为空气的比体积。而单位体积空气具有的质量，称为空气的密度。两者互为倒数，因此可视为一个状态参数。

湿空气为干空气与水蒸气的混合物，两者均匀混合并占有相同体积。因此不难理解，湿空气的密度 *ρ* 为干空气的密度 ρ_g 与水蒸气的密度 ρ_q 之和，即：

$$\rho = \rho_g + \rho_q \qquad (1\text{-}13)$$

经整理得：

$$\rho = 0.03349 \frac{B}{T} - 0.0134 \frac{\psi \rho_{q.b}}{T} \qquad (1\text{-}14)$$

由于水蒸气的密度（ρ_g）较小，因此干空气与湿空气的密度在标准条件下（压力 101325Pa，温度为 20℃）相差较小；在工程上取 $\rho = 1.2\text{kg/m}^3$，精度足够精确。

6. 湿空气的焓（*i*）

湿空气的焓等于 1kg 干空气的焓与共存的水蒸气的焓的和，即：

$$i = i_g + i_q \qquad (1\text{-}15)$$

如果取 0℃的干空气和 0℃的水焓值为 0，则湿空气的焓为：

$$i = c_{p.g} t + (2500 + c_{p.q} t) \frac{d}{1000} \qquad (1\text{-}16)$$

式中　$c_{p.g}$，$c_{p.q}$——干空气与水蒸气的比定压热容，$c_{p.g}=1.005\text{kJ}/(\text{kg}\cdot\text{℃})$，$c_{p.q}=1.84\text{kJ}/(\text{kg}\cdot\text{℃})$；

$\quad\quad\quad$ 2500——$t=0\text{℃}$时，水蒸气的汽化潜热，kJ/kg；

$\quad\quad\quad$ d——湿空气的含湿量。

在空气源热泵设计中，湿空气的状态变化过程可视为定压过程，因此，可以利用空气状态变化前后的焓差值来计算空气热量的变化。

二、我国的气候特点

气候是自然地理环境的重要组成部分，并且是一个易于变化的不稳定因素。我国疆域辽阔，气候涵盖了温带、亚热带、热带。按我国 GB 50178—93《建筑气候区划标准》，全国分为 7 个一级区和 20 个二级区。各区气候特点及地区位置见表 1-14 和表 1-15。与此相应，空气源热泵的设计与应用方式等，各地区都有所不同。

表 1-14　一级区气候特点及地区位置

区名	主要指标	辅助指标	各区范围
Ⅰ	1 月平均气温＜−10℃；7 月平均气温＜25℃；7 月平均相对湿度＞50%	年降水量 200～800mm；年日平均气温＜5℃的日数＞145 天	黑龙江、吉林全境；辽宁大部；内蒙古北部及山西、陕西、河北、北京北部的部分地区
Ⅱ	1 月平均气温−10～0℃；7 月平均气温 18～28℃	年日平均气温＜5℃的日数为 90～145 天；年日平均气温＞25℃的日数＜80 天	天津、山东、宁夏全境；北京、河北、山西、陕西大部；辽宁南部；甘肃中东部；河南、安徽、江苏北部的部分地区
Ⅲ	1 月平均气温 0～10℃；7 月平均气温 25～30℃	年日平均气温＜5℃的日数为 0～90 天；年日平均气温＞25℃的日数为 40～110 天	上海、浙江、江西、湖北、湖南全境；江苏、安徽、四川大部；陕西、河南南部；贵州东部；福建、广东、广西北部及甘肃南部的部分地区
Ⅳ	1 月平均气温＞10℃；7 月平均气温 25～29℃	年日平均气温＞20℃的日数为 100～200 天	海南、台湾全境；福建南部；广东、广西大部；云南西南部的部分地区
Ⅴ	1 月平均气温 0～13℃；7 月平均气温 18～25℃	年日平均气温＜5℃的日数为 0～90 天	云南大部；贵州、四川西南部；西藏南部一小部分地区
Ⅵ	1 月平均气温 0～22℃；7 月平均气温＜18℃	年日平均气温＜5℃的日数为 90～285 天	青海全境；西藏大部；四川西部；甘肃西南部；新疆南部部分地区
Ⅶ	1 月平均气温−5～−20℃；7 月平均气温＞18℃；7 月平均相对湿度＜50%	年降水量 10～600mm；年日平均气温＜5℃的日数为 110～180 天；年日平均气温＞25℃的日数＜120 天	新疆大部；甘肃北部；内蒙古西部

表 1-15　二级区区划指标

区名	指标	
Ⅰ A	1 月平均气温＜−28℃；	冻土性质为永冻土
Ⅰ B	1 月平均气温−28～−22℃；	冻土性质为岛状冻土
Ⅰ C	1 月平均气温−22～−16℃；	冻土性质为季节冻土
Ⅰ D	1 月平均气温−16～−10℃；	冻土性质为季节冻土
Ⅱ A	7 月平均气温＞25℃；	7 月平均气温日较差＜10℃
Ⅱ B	7 月平均气温＜25℃；	7 月平均气温日较差＞10℃

区名	指标		
ⅢA	最大风速>25m/s;		7月平均气温 26～29℃
ⅢB	最大风速<25m/s;		7月平均气温>28℃
ⅢC	最大风速<25m/s;		7月平均气温<28℃
ⅣA	最大风速>25m/s		
ⅣB	最大风速<25m/s		
ⅤA	1月平均气温<5℃		
ⅤB	1月平均气温>5℃		
ⅥA	7月平均气温>10℃;		1月平均气温<−10℃
ⅥB	7月平均气温<10℃;		1月平均气温<−10℃
ⅥC	7月平均气温>10℃;		1月平均气温>−10℃
ⅦA	1月平均气温<−10℃;	7月平均气温>25℃;	年降水量<200mm
ⅦB	1月平均气温<−10℃;	7月平均气温<25℃;	年降水量 200～600mm
ⅦC	1月平均气温<−10℃;	7月平均气温<25℃;	年降水量 50～200mm
ⅦD	1月平均气温>−10℃;	7月平均气温>25℃;	年降水量 10～200mm

　　Ⅲ区属于我国夏热冬冷地区，其范围大致为陇海线以南，南岭以北，四川盆地以东，大体上可以说是长江中下游地区。该地区包括上海、浙江、江西、湖北、湖南全境；江苏、安徽、四川大部；陕西、河南南部；贵州东部；福建、广东、广西北部及甘肃南部的部分地区。夏热冬冷地区的气候特征是夏季闷热，7月份平均气温 25～30℃，年日平均气温大于 25℃的日数为 40～100 天；冬季湿冷，1月平均气温 0～10℃，年日平均气温小于 5℃的日数为 0～90 天。

　　该地区气温的日较差较小，年降雨量大，日照偏小。该地区的气候特点适合应用空气源热泵。《民用建筑供暖通风与空气调节设计规范 附条文说明［另册］》(GB 50736—2012) 中也指出夏热冬冷地区的中、小型建筑可采用空气源热泵供冷、供暖。

　　近年来，随着我国国民经济的发展，这些地区生产总值约占全国的 48%，是经济、文化较发达的地区，同时又是我国人口密集（城乡人口约为 5.5 亿）的地区。这些地区的民用建筑中常要求夏季供冷，冬季供暖。因此，在这些地区选用空气源热泵解决供冷、供暖问题是较为合适的选择；其应用越来越普遍，已成为设计人员、业主的首选方案之一。

　　Ⅴ区主要包括云南大部，贵州、四川西南部，西藏南部一小部分地区。这些地区 1 月平均气温 0～13℃，年日平均气温小于 5℃的日数为 0～90 天。在这样的气候条件下，过去一般情况建筑物不安装采暖设备。但是，近年来随着人们对居住和工作环境的要求越来越高，这些地区的部分建筑也开始安装采暖系统。在这些地区选用空气源热泵系统也是非常合适的。

　　在室外空气温度大于−3℃的情况下，普通的空气源热泵能安全可靠地运行。因此，普通空气源热泵冷热水机组的应用范围已由长江流域北扩至黄河流域，即已进入气候区划标准Ⅱ区的部分地区内，如山东的胶东地区、济南、西安、京津地区、郑州、徐州、石家庄等地。

在我国寒冷地区（如室外气温低于－10℃），由于室外气温过低，用普通的空气源热泵有些困难，需要采用超低温的空气源热泵。

三、空气作为低温热源的特点及其对机组的影响

空气处处皆有（地点的无限制性）、时时可用（时间的无限性），是空气作为低温热泵的最大优点。这为空气源热泵的安装与使用创造许多便利的条件。

但空气温度季节性的变化影响了空气源热泵机组的制热量、制冷量和能效比等。夏季要求供冷负荷越大时，对应的冷凝温度越高；而冬季要求供暖负荷越大时，对应的蒸发温度越低，因此增大了机组的容量和运行能耗。空气源热泵运行的恶劣工况随机性出现又为机组运行的稳定性带来不利影响。空气源热泵环境温度在 5～0℃ 之间，有雾或雨雪天气里运行是最不利的工况。此时，由于机组结霜严重，蒸发压力过低，常使机组停止运行。机组结霜严重时，制冷剂蒸发量急剧减小，由于回液过多造成液击的可能性大大增加。这使机组运行的不稳定性大大增加，机组运行中容易发生故障，甚至停机。

近年来，由于城市化的发展，城市市区的气温要比郊区高，出现了城市热岛现象。城市的空气作为热泵的低位热源，热泵从城市的空气中吸取热量，向建筑物供暖，有缓解城市热岛的作用；但是，由于热泵的驱动功最终以热量的形式散发到空气中，因此，建筑物采用空气源热泵供暖时，外界空气的温度也不会降得低于城市四周空气的温度。

空气的单位容积比热容很小。常温下空气的单位容积比热容约为 $1.21kJ/(m^3 \cdot ℃)$，而水的单位容积比热容为 $4186kJ/(m^3 \cdot ℃)$。两者相差悬殊，这意味着在相同的温降下，从空气和水中吸取相同的热量所需要的空气量（m^3）是水的 3460 倍。因此，设计空气源热泵室外换热器时，空气进出口温差一般取 8～10℃，要比水大些。另外，也可以看出，由于空气单位容积比热容很小，热泵要从空气中获得足够的热量，势必需要较多的空气量，从而使风机的容量也增大。因此，在设计、安装和运行中应注意空气源热泵的噪声问题。

空气自由运动时对流换热系数大约为 $5～12W/(m^2 \cdot ℃)$，空气受迫运动时对流换热系数的数值约为 $100～200W/(m^2 \cdot ℃)$。相对于管内制冷剂沸腾换热系数或制冷剂管内凝结换热系数，管外侧空气的对流换热系数很小。因此，空气源热泵室外换热器需要在管外装设肋片以强化换热，通常采用连续整体肋片形式。为了减小室外换热器体积，空气源热泵室外换热器通常采用强迫对流，在室外换热器上设置轴流风机。

在自然界中，江、河、湖、海里的水会不断蒸发，所以大气中或多或少都含有水蒸气。因此，当室外换热器表面温度低于 0℃，且低于空气的露点温度时，空气中的水蒸气在换热器表面就会凝结成霜，致使空气源热泵的制热性能系数和运行的可靠性降低。

空气源热泵蒸发器的结霜情况取决于室外空气温湿度。在相对湿度相同的情况下（70%以上），室外空气温度在 3～5℃ 范围内，结霜最严重。空气相对湿度变化对结霜情况的影响远远大于空气温度变化对结霜的影响。当空气的相对湿度低于 65% 时，单位时间的结霜量明显减少；而相对湿度在 50% 以下时，则不会结霜。

第二章

空气源热泵技术

第一节 空气源热泵种类

1. 按照热泵输出功率大小分类

可分为户式空气源热泵（制热量＜30kW）、模块式空气源热泵（制热量在30～200kW之间）、大功率空气源热泵（制热量＞200kW）等几种。

2. 按照热泵输出温度高低分类

可分为常温热泵（出水温度不超过55℃）、中温热泵或中高温热泵（出水温度达到65℃）和高温热泵（出水温度达到80℃以上）。

3. 按照热泵驱动能源形式分类

主要有电驱动和热驱动两种。目前常用的是电驱动压缩式热泵，热驱动的燃气热泵也有应用。

4. 按照热泵装置本身运行原理分类

主要有压缩式热泵、吸收式热泵、吸附式热泵、化学热泵、引射式热泵、热电热泵等。目前实际应用的空气源热泵主要是压缩式热泵和燃气驱动的吸收式热泵。

5. 按照冷热载体分类

以水为载体：冷热水机组；以制冷剂为载体：热风机、多联机。

6. 按照功能分类

主要有热水专用热泵、采暖专用热泵、冷暖两用热泵、冷暖热水三联供热泵、干燥热泵、余热回收热泵等几种类型。

第二节 单级压缩式空气源热泵热力循环原理

目前常用的空气源热泵以压缩式热泵为主。这类热泵机组可以生产大、中、小型，以适应不同场所的需要，应用范围广泛，具有较高能效。因此，它广泛应用于工作、生活的各个领域。

压缩式热泵的工作原理是压缩机对制冷剂进行做功使制冷剂蒸气由低温低压状态变为高温高压状态排入冷凝器，在冷凝器里冷凝放热转换为液态制冷剂；液态制冷剂经过膨胀阀节流进行降温降压转换为气液两相状态进入蒸发器，在蒸发器里进行蒸发吸热转换为制冷剂气体进入压缩机，并不断重复上述循环以达到制冷或制热的目的。本节介绍的是单级压缩式热泵的热力循环原理。

一、单级压缩式空气源热泵的理论循环

单级压缩式空气源热泵是指制冷剂完成一次热力循环只被压缩机压缩一次的热泵设备，空气源热泵装置通常都采用单级压缩式热泵循环。图 2-1、图 2-2 分别给出了其理论热泵循环的 T-s 图和 $\lg p$-h 图。压缩机吸入的是以点 1 表示的饱和蒸气，1—2 表示制冷剂在压缩机中的等熵压缩过程；2—3—4 表示制冷剂在冷凝器中的冷却和冷凝过程，制冷剂在冷凝温度 T_k 和对应的饱和蒸气压力 p_k 保持不变的情况下冷凝成液态。4—5 表示节流过程，制冷剂在节流过程中压力和温度都降低，但焓值保持不变，且进入气液两相区。5—1 表示制冷剂在蒸发器中的蒸发过程，制冷剂在蒸发温度 T_0 和对应的饱和压力 p_0 保持不变的情况下蒸发成气体。

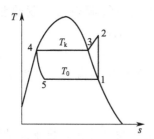

图 2-1　单级压缩式热泵循环的 T-s 图
T—温度；s—熵；T_k—冷凝温度；T_0—蒸发温度

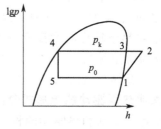

图 2-2　单级压缩式热泵循环的 $\lg p$-h 图
p—压力；h—焓；p_k—冷凝压力；p_0—蒸发压力

二、单级压缩式热泵的实际循环

由于在理论热泵循环中忽略了三个因素：①压缩机在压缩过程中，气体内部和气体与气缸壁之间的摩擦，以及气体与外部的热交换；②制冷剂流经压缩机进、排气阀的损失；③制冷剂流经管道、冷凝器和蒸发器等设备时，制冷剂与管壁或器壁之间的摩擦损失以及与外部的热交换。因此，实际循环与理论循环有一定差异。

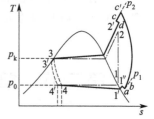

图 2-3　实际热泵循环的 T-s 图

实际循环如图 2-3 所示，过程线 1→2→3→4→1 所组成的循环是蒸发压力为 p_0、冷凝压力为 p_k 的蒸汽压缩式热泵的理论循环。如果蒸发器入口制冷剂压力仍为 p_0，冷凝器出口制冷剂压力仍为 p_k，并考虑有再冷和过热，则当采用活塞式热泵压缩机时，其实际循环应为 $1'→1''→a→b→c'→c→d→2'→3'→4'→1'$。

① 过程线 $1'→1''$：来自蒸发器的低压制冷剂过热蒸气经吸气管流至压缩机，由于沿途存在摩擦阻力、局部阻力以及吸收外界的热量，制冷剂压力稍有降低，温度有所升高。

② 过程线 $1''→a$：低压气态制冷剂通过压缩机吸气阀时被节流，压力降至 p_a。

③ 过程线 $a→b$：低压气态制冷剂进入气缸的过程，吸收外界热量，温度有所上升，而压力仍为 p_a。

④ 过程线 $b→c'$：这是气态制冷剂在压缩机中的实际压缩过程线。压缩初期，由于制冷剂内部以及与气缸壁之间有摩擦，而且制冷剂温度低于气缸壁温度，因此是吸热压缩过程，比熵有所增加。当制冷剂被压缩至高于气缸壁温度以后，则变为放热压缩过程，直至压力升至 p_2，比熵有所减少；气缸头部冷却效果越好，制冷剂比熵减少越多。

⑤ 过程线 $c'→c$：制冷剂经过压缩机排气管道，被冷却，压力基本不变，温度有所降低。

⑥ 过程线 $c→d$：制冷剂经过压缩机排气阀，被节流，比焓基本不变，压力有所降低。

⑦ 过程线 $d→2'$：制冷剂从压缩机经管道至冷凝器的过程，由于阻力与热交换的存在，制冷剂压力与温度均有所降低。

⑧ 过程线 $2'→3'$：制冷剂在冷凝器中因为有摩擦和涡流损失，所以，冷凝过程并非等压过程；根据冷凝器形式的不同，其压力有不同程度的降低，出口还有一定的再冷度。由于制冷剂在冷凝器内由气态逐渐冷凝成液态，因此上游侧流速高，压力损失较大；下游侧流速降低，压力损失变小。

⑨ 过程线 $3'→4'$：制冷剂节流过程，温度不断降低；所以在进入蒸发器前，将从外界吸收一些热量，比焓略有增加。

⑩ 过程线 $4'→1'$：蒸发过程不是等压过程，随蒸发器形式的不同，压力有不同程度的降低。与冷凝器相类似，蒸发器下游侧的制冷剂流速较上游侧高，故其压力损失也大于上游侧。

实际循环的计算一般比较复杂。随着计算技术的发展，实际循环计算可通过软件实现，推荐采用 NIST（美国国家标准与技术研究院）的循环分析软件进行计算，其精度和准度足以满足应用的需求。NIST 分析软件计算界面如图 2-4 所示。

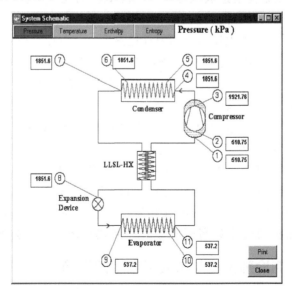

图 2-4　NIST 循环分析软件计算界面

第三节　提高空气源热泵循环效率的途径

工况条件对热泵循环的影响一般从以下几个方面进行分析。

一、冷凝温度和过冷度对循环效率的影响

为分析简单起见，假设热泵循环的过冷度和吸气过热度均为 0。从图 2-5 中可以看出，一方面，在蒸发温度恒定的条件下，冷凝温度越高，压缩机绝热压缩的单位压缩功 W_c 越大，单位制热量 q_k 越小，故其热泵性能系数 ε_{th} 也越小。因此，在选配水冷或风冷冷凝器时，必须根据冷凝负荷和冷却介质的温度条件确定冷凝器的传热面积和冷却介质的流速，以保证冷凝温度不致过高。

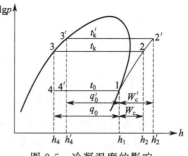

图 2-5　冷凝温度的影响

另一方面，当冷凝温度相同时，高压液态制冷剂的过冷度越大，单位热泵量和热泵系数也越大。但因冷却介质一般为常温条件下的水或空气，不可能将过冷温度冷却至水或空气温度以下，且过冷器的传热面积过大其经济性也不合理，故过冷度一般取 3~5℃为宜。

二、蒸发温度和过热度对循环效率的影响

由图 2-6 可知，当冷凝温度恒定时，蒸发温度越低，单位压缩功 W_c 越大，单位制热量越小，即降低蒸发温度会造成制热系数的降低。因此，蒸发器的面积和被冷却介质的流量应适当选择，使蒸发器的传热温差不宜过大。

从图 2-6 中可以看出，增大压缩机的吸气过热度，可以提高单位制热量；但热泵性能系数 ε_{th} 是增大还是减小则取决于单位压缩功 W_c 的大小，最终取决于制冷剂的种类和工况条件。图 2-7 给出了 NH_3、R22、R134a 等制冷剂在冷凝温度 $t_k=35℃$、蒸发温度 $t_0=-25℃$、再冷度 $\Delta t_c=5℃$ 工况条件下过热度 Δt_h 对热泵系数 ε_{th} 的影响关系。

可以看出：NH_3 的吸气过热度越大，热泵性能系数越小，且排气温度越高（会造成润滑油的劣化），故过热度应尽可能小，对于 R22、R410A 而言，过热度增大不会导致热泵系数的显著降低；在排气温度允许的范围内，适当提高 R134a 的吸气过热度，有利于提高热泵系数，但单以提高过热度来改善热泵循环性能往往是不经济的（例如，过热度增大必然使得蒸发器中气相管段长度增加、制冷剂循环量减小等），故可以采用（利用压缩机回气冷却高压液体的）回热循环来改善热泵循环性能。

三、膨胀阀前液态制冷剂再冷却对循环效率的影响

采用液态制冷剂再冷却可以减少节流损失。为使膨胀阀前液态制冷剂得到再冷却，

可以采用再冷却器。

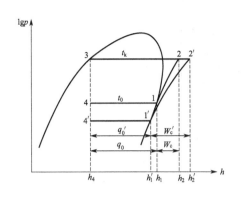

图 2-6 蒸发温度的影响

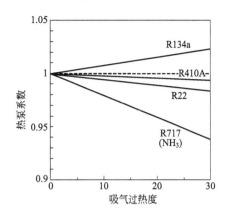

图 2-7 吸气过热度对热泵系数的影响

图 2-8 为具有再冷却器的单级压缩式热泵循环的 T-s 图。在冷凝器下游设置再冷却器，制冷剂先经过冷凝器，然后进入再冷却器，就可以实现液态制冷剂的再冷却。$3'$→3 就是高压液态制冷剂再冷却过程线（严格说液体等压线与饱和液线并不重合，但相差不大，故再冷过程线 $3'$→3 近似落在饱和液线上）。从图 2-8 中还可以明显看出，由于高压液态制冷剂的再冷却，在压缩机耗功量不变的情况下，单位质量制冷能力增加 Δq_0（面积 a—$4'$—4—b—a），因此，节流损失减少，热泵的性能系数有所提高。

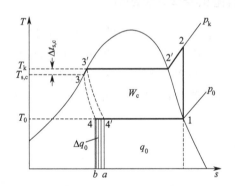

图 2-8 具有再冷却器的单级压缩式热泵循环的 T-s 图

四、膨胀功的回收对循环效率的影响

为简化结构，目前在蒸汽压缩式热泵装置中普遍采用膨胀阀作为节流装置，导致出现节流损失。然而，在大容量热泵装置中，由于膨胀机的容量较大，不会出现因机件过小导致加工方面的困难；此时采用膨胀机对高压液体进行膨胀降压，并回收该过程的膨胀功，是提高热泵系数、节省能量消耗的有效方法。

图 2-9 是采用膨胀机的蒸汽压缩式热泵循环 T-s 图。采用膨胀机后，一方面回收膨胀功 W_e（用面积 0—3—4—0 表示），使热泵循环的耗功量减少至 W_{ce}（用多边形面积 1—2—$2'$—3—4—1 表示）；另一方面，单位制冷量增加了 Δq_0（用多边形面积 4—$4'$—b'—b—4 表示），使其增大至 q_{0e}（用面积 4—1—a—b—4 表示）。两方面的有益影响，热泵循环系数得到提高：

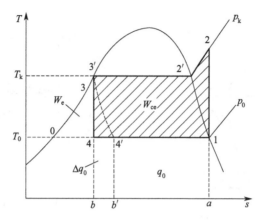

图 2-9　使用膨胀机的蒸汽压缩式热泵循环 T-s 图

$$\varepsilon_{the}=\frac{q_{0e}+W_{ce}}{W_{ce}}=\frac{q_0+\Delta q_0}{W_c-W_e}+1>\frac{q_0}{W_c}+1=\varepsilon_{th} \tag{2-1}$$

式中，q_{0e}、W_{ce} 和 ε_{the} 分别表示采用膨胀机时热泵循环的单位制冷量、单位压缩功和理论热泵系数；q_0、W_c 和 ε_{th} 则分别表示采用膨胀阀时的单位制冷量、单位压缩功和理论热泵系数。由此可见，采用膨胀机回收高压液体膨胀、降压时产生的膨胀功，热泵循环的单位制冷量与理论热泵系数均比采用热力膨胀阀时有明显的改善。

五、压缩腔中间补气对循环效率的影响

使用补气式压缩式热泵系统相较于常规的系统而言往往较为复杂。压缩机压缩的过程中通入中温中压的制冷剂与压缩腔中原有的制冷剂进行混合，随后进行再压缩。其需要在常规系统的基础上额外增设补气回路，补气回路除去所用管路外，还需包含截止阀、膨胀阀以及经济器或闪发器等部件。如图 2-10 所示，为采用经济器形式的中间补气系统压焓图。

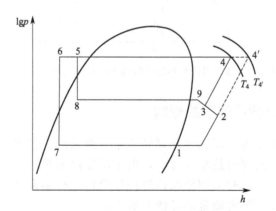

图 2-10　喷气增焓空气源热泵压焓图

$q_c(h_4-h_3)-q_e(h_{4'}-h_2)$ 为补气空气源热泵与常规空气源热泵相比增加的压缩机耗功量；$q_e(h_5-h_6)$ 为补气空气源热泵与常规空气源热泵相比在过冷器处增加的补气制冷剂蒸发吸热量。其中，q_c 为冷凝器内制冷剂质量流量；q_e 为蒸发器内制冷剂质量

流量。增设喷气增焓支路后，涡旋压缩机耗功有所增加；但通过国内外学者研究分析，采用中间补气，热泵在低温环境下制热量的增加幅度大于涡旋压缩机耗功的增加幅度，热泵的制热性能系数仍然得到提高。

六、采用多级压缩热泵的热力循环

多级压缩式热泵系统是指通过多台压缩机串联压缩，在每级中提供冷却降温的一种多级压缩热泵循环系统。低压饱和蒸气 1 从压力 p_0 先被压缩至中间压力 p_1，经冷却后再被压缩至中间压力 p_2，然后再经冷却，最后被压缩至冷凝压力 p_k。多级压缩系统在压比较大时不但降低了压缩机的排气温度，而且可以减少过热损失，减少压缩机的总耗功量；高低压差越大，或者说蒸发温度越低，节能效果越明显。

多级压缩热泵循环的压缩级数一般为二级，常采用闪发蒸气分离器（经济器）和中间冷却器两种形式；虽然可以提高循环的热泵系数，但要增加压缩机等设备投资，故一般只在压缩比 $p_k/p_0 > 8$ 的设备中采用。

第四节　供水温度对空气源热泵的影响

根据热泵的热力学原理，热泵的性能系数 COP 在理想状态下为：

$$COP = \frac{1}{1 - \dfrac{T_c}{T_a}} \tag{2-2}$$

式中　T_c——低温热源，即室外空气温度；

T_a——高温热汇，即热泵机组的出水温度。

上式表明：①在恒温热源和热汇之间工作的机组，其性能系数只与热源和热汇温度有关，与热泵机组使用的制冷剂性质无关；②COP 的值与热源和热汇温度有关，当低温热源不变时，机组出水温度越高，其 COP 值越小。

文献［20］设置环境温度分别为 -12°C、-6°C，初始水温为 20°C，开启热泵进行加热，研究了不同供水温度对空气源热泵制热量、系统功耗、能效、排气温度、压缩比等的影响。结果表明：在相同初始水温下，随着加热的进行，压缩机的制热量先增加后降低，供水温度为 40°C 时制热量最大；当环境温度为 -12°C，供水温度从 25°C 增至 55°C 时，系统功耗从 11905W 增至 24417W，增加了 105％，系统能效从 4.03 降至 2.11，下降了 47.6％。

一、供水温度对热泵系统制热量的影响

图 2-11 所示为系统制热量随供水温度的变化。可知，当外界环境温度相同时，低温空气源热泵将水从 25°C 加热至 55°C，制热量呈先升高后降低的趋势，即制热量存在一个最大值。这是因为随着加热过程的进行，热泵系统内流过的制冷剂流量不断增加，压缩机的吸排气温度和压缩比逐渐升高，制热量增加；当加热至约 40°C 时，制热量达

到最大值（环境温度-12℃时，约为额定制热量的 0.6 倍），且能满足用户对供热的需求。继续加热，在蒸发温度不变的情况下，冷凝温度不断增加，冷凝压力增加，压缩机的排气温度和压缩比增加，超过正常范围值，压缩机容积效率降低，制热过程开始恶化，导致热泵系统的制热量减小，系统制热量将不能满足用户需求。

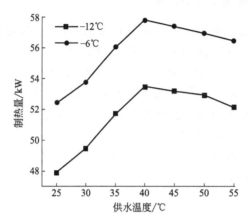

图 2-11　系统制热量随供水温度的变化

此外，对于环境温度-12℃和-6℃两种工况，当供水温度接近 40℃时，制热量均存在一个最大值。这是因为同一环境温度下，热泵在加热水的过程中，系统的质量流量呈先增加后减小的趋势，在供水温度接近 40℃时，系统质量流量达到最大值，即系统的制热量也达到一个最大值；但不同的环境温度所对应的最佳供水温度也不同，在工程实际应用中，应根据不同环境温度确定对应的最佳供水温度，以确定最佳运行工况点。由图 2-11 还可知，在相同的供水温度下，提高环境温度，热泵系统的制热量增加。这是因为提高环境温度，系统的蒸发温度上升，压缩比下降，热泵制热性能改善。当供水温度为 40℃时，将环境温度从-12℃升至-6℃，制热量从 53469W 升至 57816W，增幅为 8.1%。

二、供水温度对热泵系统功耗的影响

图 2-12 所示为系统功耗随供水温度的变化。由图 2-12 可知，当外界环境温度相同时，低温空气源热泵加热水的过程中，热泵系统的总功耗呈上升趋势。这是因为环境温度不变时，蒸发压力不变，而冷凝压力受供水温度变化的影响；当供水温度增加时，冷凝温度、冷凝压力、压缩比、压缩机的输入功率均增加，最终导致系统的总功耗 W（包括压缩机输入功率和风机的功率等）也随之增加。

热泵在环境温度-12℃工况下运行，供水温度从 25℃增至 55℃，系统总功耗从 11905W 增至 24417W，增加 105%；因此，热水被加热的过程中，总功耗增加十分迅速。由图 2-12 还可知，在相同的供水温度情况下，提高环境温度，热泵系统功耗增加。这是因为在冷凝温度不变的情况下，环境温度、蒸发温度、蒸发压力均增加，压缩比下降，吸气比体积减小，制冷剂的质量流量增加，引起压缩机的输入功率增加，而风机等设备的功率基本不变。当供水温度为 40℃时，将环境温度从-12℃提高至-6℃，热泵系统功耗从 18887W 升至 19495W，增幅为 3.2%。

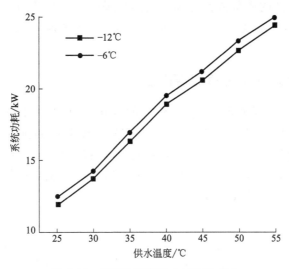

图 2-12　系统功耗随供水温度的变化

三、供水温度对热泵系统 COP 的影响

图 2-13 所示为系统 COP 随供水温度的变化。可知，当外界环境温度相同时，低温空气源热泵加热水的过程中，COP 不断下降。这是因为当蒸发温度不变时，随着供水温度的升高，冷凝压力不断增加，压缩比增加，制热量的增加速率＜输入功率的增加速率，制热效率下降。环境温度为−12℃时，将水从 25℃加热至 55℃，系统能效从 4.03降至 2.11，整个系统能效下降 47.6％。因为水被加热到 40℃时，制热量最大，且能满足人们的供热需求；若继续加热，能效下降，制热恶化，供热不足。所以，环境温度−12℃时，供水温度 40℃为最佳供水温度点。

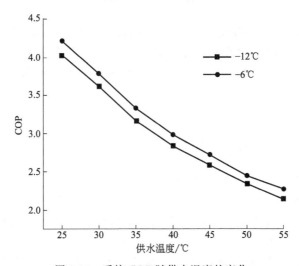

图 2-13　系统 COP 随供水温度的变化

由图 2-13 还可知，在相同的供水温度下，提高环境温度，热泵系统 COP 增加。这是因为当冷凝温度不变时，提高环境温度，蒸发温度和蒸发压力增加，压缩比下降，吸

气比体积减小，制冷剂的质量流量增加，制热效果改善，系统的制热能效增加。当供水温度为40℃时，将环境温度从−12℃提高至−6℃，系统能效从2.83升至2.97，增幅为4.9%。

四、供水温度对热泵系统排气温度的影响

图2-14所示为系统排气温度随供水温度的变化。由图2-14可知，当外界环境温度相同时，低温空气源热泵将水从25℃加热至55℃，压缩机的排气温度不断增加。这是因为在蒸发温度不变时，水温增加，冷凝温度、冷凝压力、压缩比均增加，引起压缩机的吸气比体积增加，流经整个回路的制冷剂流量减少，单位质量的制冷剂需要带走的热量增加，最终导致系统的排气温度上升。

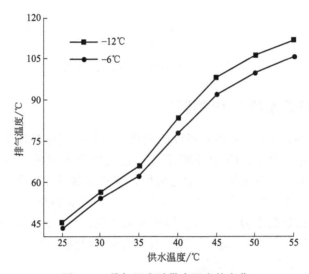

图2-14 排气温度随供水温度的变化

由图2-14还可知，供水温度不变时，提高环境温度，压缩机的排气温度下降。这是因为当冷凝温度不变时，提高环境温度，蒸发温度和蒸发压力上升，压缩比下降，流经整个回路的制冷剂流量增加，单位质量的制冷剂需要带走的热量减少，最终排气温度下降。当供水温度为40℃时，环境温度从−12℃升至−6℃，排气温度从83℃降至78℃，降幅为6.0%。

五、供水温度对热泵系统压缩比的影响

图2-15所示为系统压缩比随供水温度的变化。由图2-15可知，当外界环境温度相同时，低温空气源热泵将水从25℃加热至55℃，压缩机的压缩比不断增加。这是因为当环境温度不变时，蒸发压力不变，随着供水温度的升高，对应的冷凝温度升高，压缩机的排气温度和冷凝压力升高，引起系统的压缩比增加。

由图2-15还可知，供水温度不变时，提高环境温度，压缩机的压缩比下降。这是因为供水温度不变时，冷凝压力不变，提高环境温度，蒸发温度和蒸发压力上升，引起压缩比下降。当供水温度为40℃时，将环境温度从−12℃升至−6℃，压缩比从7.66降至6.91，降幅为9.8%。

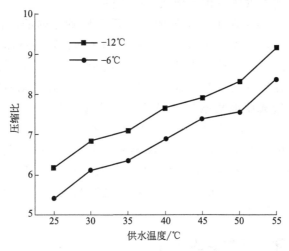

图 2-15　系统压缩比随供水温度的变化

第五节　环境温度对空气源热泵性能的影响

在运行过程中影响空气源热泵制热性能的主要参数除了供水温度外，还有室外温度和湿度。供水温度由冷凝温度决定，提高供水温度就要提高冷凝温度；室外环境温度的高低决定蒸发温度的高低；湿度大小决定了空气源热泵结霜的多少与快慢，也对空气源热泵制热性能有很大影响。

当室外温度降低时，蒸发温度降低，一方面吸气比体积会变大，另一方面压缩机的容积效率会降低；这使得空气源热泵在较低的温度下运行时制冷剂的质量流量明显减小，因此会造成制热量的衰减。当相对湿度上升时，机组的结霜速率就会增加，机组霜层的加厚会使蒸发器空气流动阻力加大，空气流量降低；这样会使得室外换热器的换热温差增大，蒸发温度降低，导致制冷剂质量流量减小，同样也会造成制热量的衰减。

室外环境温度对空气源热泵性能的影响有以下几个方面：

① 随室外环境温度的降低，热泵制热量衰减，而建筑的热需求却在增加，存在热量供需矛盾问题。

例如，定频单级空气源热泵型空调器在室外环境温度为－15℃时的制热量仅为额定制热量的40%～50%。因此，普通空气源热泵型空调器在室外低环境温度下制热时，一般需要增加电辅热以弥补热泵制热量的不足。

② 热泵的 COP 随室外环境温度降低而下降，运行经济性降低。

③ 当维持冷凝温度不变时，压缩机排气温度随室外环境温度降低而升高。当室外环境温度较低时，排气温度将超出压缩机正常工作范围，从而导致压缩机过热，系统无法正常工作，严重时还可能导致电动机烧毁。

④ 蒸发器结霜导致热泵制热量衰减和 COP 下降。采用逆循环除霜方法时空气源热

泵在除霜期间不再向室内供热，相反会从室内吸热。

⑤ 随着室外环境温度的降低，空气源热泵低压侧管路内的润滑油与制冷剂互溶性变差且润滑油黏度增大，导致回油困难；大量的润滑油积存在低压侧管路等部件内，容易造成压缩机缺油而损坏。长时间停机时，由于制冷剂迁移，大量的液态制冷剂进入压缩机，稀释润滑油，容易造成压缩机启动时润滑不良，并且启动时压缩机内部的制冷剂沸腾将润滑油带出会造成压缩机缺油。另外，在除霜过程中，液态制冷剂回到压缩机内；除霜结束恢复制热时，制冷剂沸腾也会将润滑油带出压缩机。低温环境下长时间停机后启动以及除霜结束恢复制热这两个时段容易发生压缩机损坏现象。

⑥ 空气源热泵系统在室外低环境温度下工作时，易发生蒸发器中制冷剂蒸发不完全，即部分液态制冷剂进入压缩机的现象，导致过度湿压缩（润滑油被严重稀释）甚至液击，加速压缩机运转零部件的磨损甚至损坏。

一、环境温度对热泵制热性能的影响

准确描述制热性能与室外温度和供水温度的关系，有助于应用者定量地掌握不同室外温度和供水温度条件下空气源热泵的制热性能，方便空气源热泵的选型。如何将结霜对制热性能的影响用损失系数来定量化，将在后面第四章中专门介绍。

文献 [21] 收集了多个空气源热泵厂家多个型号热泵产品的变工况测试数据并集成汇总，以额定制热性能为基础，在进行测试数据的回归分析之后，通过对多种数学函数关系的分析比较，在可接受的误差范围内，可以采用幂函数关系式将制热量、消耗功率以及性能系数等制热性能指标的变工况规律进行定量关联。在特定进风温度 t 和出水温度 T 条件下的制热性能指标，相对于额定条件下的制热性能指标，可以建立关联式 (2-3)～式(2-5)。

$$\frac{f_i(t,T)}{f_i(t_r,T_r)}=\theta_{it}\theta_{iT} \tag{2-3}$$

$$\theta_{it}=\frac{f_i(t,T)}{f_i(t_r,T_r)}=\left(\frac{t}{t_r}\right)^m \tag{2-4}$$

$$\theta_{iT}=\frac{f_i(t,T)}{f_i(t_r,T_r)}=\left(\frac{t}{t_r}\right)^n \tag{2-5}$$

式中　t——进风温度，K；

　　　T——出水温度，K；

　　　t_r——额定进风温度，K；

　　　T_r——额定出水温度，K；

　　　θ_{it}——进风温度为 t 时的环境因子；

　　　θ_{iT}——出水温度为 T 时的需求因子；

　　　m——环境因子指数；

　　　n——需求因子指数。

环境因子等于进风温度为 t 时制热性能指标与进风温度为额定温度 t_r 时额定制热性能指标的比值，需求因子等于出水温度为 T 时制热性能指标与出水温度为额定温度 T_r 时额定制热性能指标的比值。在文献 [21] 中，额定进风温度为 7℃/6℃（干球温度/湿球温度），额定出水温度以产品厂家提供的为准，环境因子指数 m 和需求因子指数 n

根据厂家提供的产品制热特性曲线图表，用数学回归的方法确定。

对于制热量来讲，实际制热量可以用式(2-6) 表示。

$$Q(t,T)=\theta_{Qt}\theta_{QT}Q_r \qquad (2-6)$$

式中 $Q(t,T)$ ——进风温度为 t、出水温度为 T 时的制热量，kW；

$\qquad\theta_{Qt}$ ——制热环境因子；

$\qquad\theta_{QT}$ ——制热需求因子；

$\qquad Q_r$ ——额定制热量，kW。

在出水温度为额定温度的情况下，制热需求因子为1，空气源热泵机组制热量随室外温度变化的表达式如式(2-7) 所示。

$$Q=Q_r\theta_{Qt}=Q_r\left(\frac{t}{t_r}\right)^m \qquad (2-7)$$

为了确定环境因子指数 m，确定空气源热泵制热量和环境温度的关系，文献［21］搜集了各大常规空气源热泵和超低温空气源热泵厂家的产品性能具体指数，绘制成图表形式如图 2-16 所示。

将六个厂家空气源热泵产品在额定出水温度下的制热环境因子与环境温度关系曲线汇总，见图 2-17（额定工况的环境温度为 7℃，出水温度为 45℃）。

将图 2-17 中的六条曲线分别进行幂函数关系式拟合，拟合出来的环境因子指数如表 2-1 所示。

表 2-1　不同空气源热泵产品的幂函数关系式拟合结果

空气源热泵	环境因子指数 m
AAFM 系列风冷热泵机组	9.6189
RSJ-Y380/MSNI-H 空气源热泵机组	6.888
GD 系列 40hp NERS-G40D 空气源热泵机组	8.197
LSQWRFE70M/AN1-H 风冷热泵模块机组	6.8126
PHNIX 超低温空气源热泵产品系列	7.517
GN-R155ML/NaAs 商用暖冷一体机组	6.2965

由表 2-1 可见，不同厂家空气源热泵产品的环境因子指数是不同的。RSJ-Y380/MSNI-H 空气源热泵机组、LSQWRFE70M/ANI-H 风冷热泵模块机组和 GN-R155ML/NaAs 商用暖冷一体机组等产品的环境因子指数在 6～7 之间，数值较小，表示制热量随环境温度的衰减相对较慢。AAFM 系列风冷热泵机组和 GD 系列 40hp NERS-G40D 空气源热泵机组等产品的环境因子指数在 8 以上，其制热量随着环境温度衰减幅度相对较大。但各大厂家的环境因子指数都比较接近，一般在 6～8 之间，若用一条拟合曲线来拟合各大厂家的制热性能状态点是可行的，拟合结果见图 2-18。

拟合结果用公式表达为式(2-8)，制热环境因子指数为 6.9214。

$$Q=Q_r\theta_{Qt}=Q_r\left(\frac{t}{t_r}\right)^{6.9214} \qquad (2-8)$$

在已知一台空气源热泵机组名义或额定工况条件制热量的情况下，由式(2-8) 可以估算出不同环境温度下的制热量。

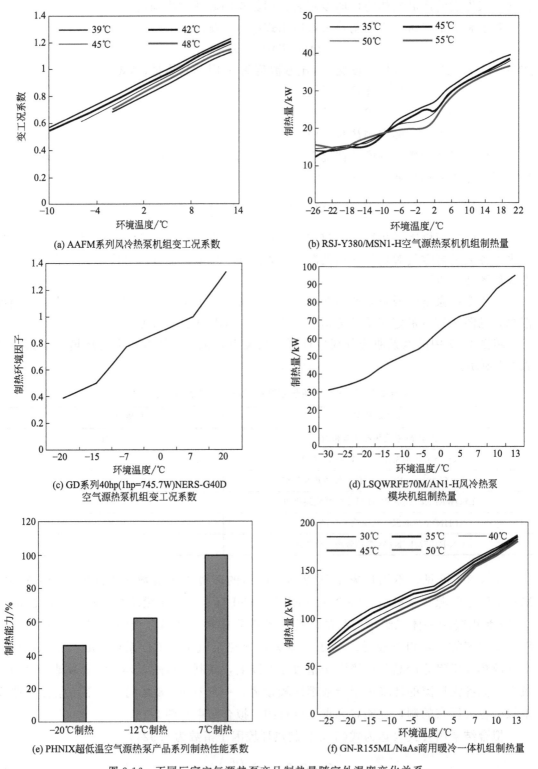

(a) AAFM系列风冷热泵机组变工况系数

(b) RSJ-Y380/MSN1-H空气源热泵机机组制热量

(c) GD系列40hp(1hp=745.7W)NERS-G40D
空气源热泵机组变工况系数

(d) LSQWRFE70M/AN1-H风冷热泵
模块机组制热量

(e) PHNIX超低温空气源热泵产品系列制热性能系数

(f) GN-R155ML/NaAs商用暖冷一体机组制热量

图 2-16　不同厂家空气源热泵产品制热量随室外温度变化关系

定义制热量衰减系数 ε_Q 为额定出水温度下，室外空气温度为 T_a 时的制热量相对于室外空气干球温度为 7℃（名义工况）时的名义制热量所损失的比例（该制热量为无

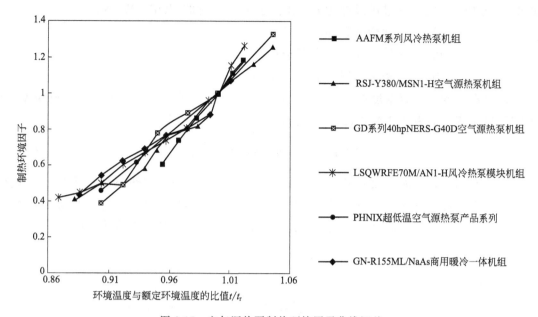

图 2-17　空气源热泵制热环境因子曲线汇总

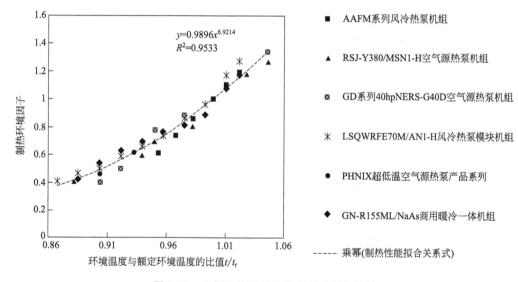

图 2-18　空气源热泵制热量关系式拟合结果

霜制热量,不考虑结霜的影响),制热量衰减系数 ε_Q 的表达式如式(2-9)所示。

$$\varepsilon_Q = 1 - \left(\frac{273.15 + T_a}{280.15}\right)^{6.9214} \tag{2-9}$$

式中　T_a——干球温度,℃。

二、环境温度对热泵性能系数的影响

对于性能系数 COP,机组实际运行时的 COP 可以用式(2-10)表示。

$$\mathrm{COP}(t, T) = \theta_{Et} \theta_{ET} \mathrm{COP}_r \tag{2-10}$$

式中 $COP(t, T)$——进风温度为 t、出水温度为 T 时的 COP，W/W；

$\qquad\theta_{Et}$——性能系数环境因子；

$\qquad\theta_{ET}$——性能系数需求因子；

$\qquad COP_r$——额定工况下的 COP，W/W。

在出水温度为额定温度的情况下，性能系数需求因子为 1，空气源热泵机组 COP 随室外温度变化的表达式如式（2-11）所示。

$$COP = COP_r \theta_{Et} = COP_r \left(\frac{t}{t_r}\right)^m \tag{2-11}$$

和上文同理，性能系数环境因子也需要根据各大常规空气源热泵和超低温空气源热泵厂家的产品性能具体指数拟合而定。将各厂家空气源热泵产品在额定出水温度下的性能系数环境因子与环境温度关系曲线汇总，见图 2-19（额定环境温度为 7℃）。

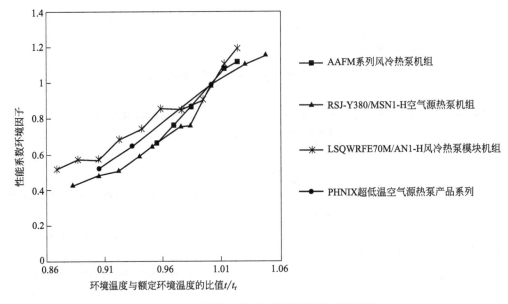

图 2-19 空气源热泵性能系数环境因子曲线汇总

同样，用一条拟合曲线来拟合各厂家的制热性能系数状态点，拟合结果见图 2-20。拟合结果用公式表达为式（2-12），制热环境因子指数为 5.65。

$$COP = COP_r \theta_{Et} = COP_r \left(\frac{t}{t_r}\right)^{5.65} \tag{2-12}$$

由于目前大部分的空气源热泵在室外空气干球温度为 7℃ 时 COP 普遍在 3.5 左右，因此式（2-12）中的 COP_r 可取 3.5。

$$COP = COP_r \theta_{Et} = 3.5 \left(\frac{t}{t_r}\right)^{5.65} \tag{2-13}$$

由式（2-13）可以估算出不同环境温度下空气源热泵的性能系数。

三、制热量随环境温度衰减分析

空气源热泵制热量随室外环境温度下降而衰减的原因归纳如下：

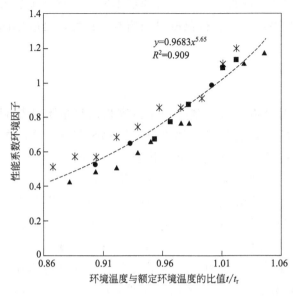

图 2-20　空气源热泵性能系数关系式拟合结果

① 蒸发温度下降会导致压缩机吸气压力下降，吸气比体积增加，从而导致制冷剂单位容积的制热量下降；当压缩机理论输气量（体积流量）不变时，制热量下降，这是空气源热泵制热量衰减的主要原因。

② 吸气压力下降会导致压缩机压力比增加，润滑效果变差，压缩机容积效率下降，从而导致实际输气量减小，制热量下降。

③ 吸气比体积增加和压缩机容积效率下降均会导致制冷剂质量流量减小，从而导致蒸发器和冷凝器的制冷剂侧传热系数下降，蒸发器吸热量和冷凝器放热量（等同于制热量）减小。

④ 吸气压力下降会导致蒸发器入口干度增加、液态制冷剂动力黏度增加和低压侧气态制冷剂密度减小，蒸发器和吸气管路中流动压降增加。如维持压缩机吸气压力不变，则蒸发压力及其对应的饱和温度有所升高，蒸发器有效换热温差减小，蒸发器吸热量减小，也将导致制热量下降。

⑤ 当蒸发器翅片表面温度低于湿空气露点温度且低于0℃时，蒸发器表面结霜，霜层增长速度随湿空气含湿量的增加和蒸发温度的下降而增加。霜层厚度增加将导致蒸发器热阻和风阻均增加，制热量迅速衰减。空气源热泵必须进行周期性除霜才能正常运行，而除霜期间制热量为零甚至为负，从而导致平均制热量下降。

第六节　适应低温环境的热泵技术

针对空气源热泵制热量和 COP 随室外环境温度降低出现的衰减问题，众多学者及工程技术人员对其进行了深入研究和实践，取得了较大进展和技术成果；空气源热泵的制热性能和可靠性均有较大的提升和改善，制热运行范围得到拓宽。目前，已应用的低温空气源热泵技术主要包括以下几个方面。

一、变频技术

由上述空气源热泵制热量衰减原因分析可知，制冷剂单位容积制热量下降是制热量衰减的主要原因，因此增大压缩机的实际输气量是解决空气源热泵制热量衰减的有效措施。压缩机变频（变转速）技术能够在压缩机气缸工作容积不变的情况下，通过提高压缩机的运行频率来达到增大压缩机实际输气量的目的，从而有效减缓制热量衰减幅度。变频技术已成为空气源热泵制热量衰减的重要解决措施之一，在实际应用中根据室外环境温度和室内设定温度来调节压缩机运行频率以缓解热量供需矛盾。

20 世纪 90 年代初我国开始变频技术的研究工作，2005 年前后逐步有变频空调产品推出，2010 年后变频技术在空调行业得到广泛应用，取得了良好的经济效益和社会效益。据产业在线统计，变频房间空气调节器年销量占房间空气调节器总销量的国内市场份额在 2016 年达到 49.2%，2017 年达到 55.4%。

二、准二级压缩技术

准二级压缩技术最早应用于螺杆压缩机。苏联学者 A. B. bbIKOB 于 1976 年首次提出螺杆压缩机准二级压缩循环这一概念，经分析得出经济器和中间补气过程的能量平衡方程；并将压缩机中间补气过程假定为"先等容混合，后绝热压缩"的过程，由此得到了反映该循环主要特征的一系列数学模型。

在国内，20 世纪 80 年代中期就有学者进行了带经济器的准二级压缩系统研究，并在螺杆机组中得到成功应用。研究指出，这种系统在低温环境下的节能效果显著，在 $-30℃$ 的低温环境下，该系统完全可以取代双级压缩系统。由于螺杆机组容量一般较大，同时这种系统相对于单级压缩系统的优势随着蒸发温度的上升逐渐下降；因此这种准二级压缩的研究长期以来一直局限于低温制热，其制冷工况的可行性一直未能得到足够的关注。

采用带中间补气口的涡旋式制冷压缩机的准二级压缩空气源热泵系统提高了低温制热量和 COP。图 2-21 所示为采用涡旋式制冷压缩机的准二级压缩空气源热泵循环系统图。系统循环如下：带中间补气口的涡旋式制冷压缩机排出的高温高压制冷剂气体，经冷凝器冷凝放热后变成中温高压的制冷剂液体，在冷凝器出口分为主路和辅路，辅路制冷剂液体经节流装置 2 节流降压后变为中压的制冷剂两相混合物进入中间换热器，吸热蒸发为气体后进入压缩机的中间补气口；主路制冷剂经中间换热器过冷后经节流装置 1 节流降压变为低温低压的制冷剂两相混合物进入蒸发器，吸热蒸发为气体后进入压缩机吸气口，经压缩机压缩后与辅路的制冷剂气体在压缩机工作腔中混合，再进一步压缩后排出压缩机，形成一个完整的循环。

与普通空气源热泵机组相比，准二级压缩空气源热泵系统机组具有以下两个突出特点：

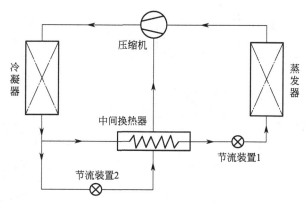

图 2-21　采用涡旋式制冷压缩机的准二级压缩空气源热泵循环系统图

① 压缩机上设有中间补气口，通过辅路补入中温中压制冷剂，既增加了流经冷凝器的制冷剂循环流量，又降低了蒸发器入口的制冷剂比焓，从而提升低环境温度下的系统性能。

② 通过关/开辅路上的节流装置，可以实现单级压缩热泵系统和准二级压缩热泵系统的切换，既能够确保常温工况下的系统性能，又能够确保在室外低环境温度下的安全、可靠运行。

采用涡旋式制冷压缩机的准二级压缩技术已成功应用于低温空气源热泵系统中，其低温制热性能相比于单级压缩系统提升幅度明显，在−15℃室外环境温度下制热量提升20％以上。

除了在涡旋式制冷压缩机和螺杆式制冷压缩机上实现准二级压缩之外，在单级滚动转子式制冷压缩机上也可以实现准二级压缩，这种类型的压缩机称为二级滚动转子式制冷压缩机。它通过在单级滚动转子式制冷压缩机的气缸上增加中间补气口，由中间补气口吸入中压气体，并通过设置在补气口上的补气阀来控制中间补气口气流的通断。

当中间补气口制冷剂气体压力高于气缸内制冷剂气体压力时，补气阀打开，中压制冷剂气体流入气缸，压缩机处于补气运转过程；当气缸内制冷剂气体压力高于中间补气口制冷剂气体压力时，补气阀关闭，停止补气过程，但压缩机继续完成压缩和排气过程。图 2-22 所示为准二级滚动转子式制冷压缩机局部结构示意图。

三、单机双级压缩技术

目前，在小型单机双级压缩空气源热泵系统中，大多使用滚动转子式制冷压缩机。双缸双级滚动转子式制冷压缩机的气体压缩机构由低压级气缸和高压级气缸串联组成，在两个气缸之间的气体通道中设置中间腔体、中间补气管与中间腔相连。经中间补气管进入的中压制冷剂气体在中间腔内与低压级气缸排出的制冷剂气体混合，再由高压级气缸吸入。

双级压缩热泵循环系统的实现方式有多种，图 2-23 所示为双级压缩空气源热泵循环系统的一种实现方案——双级压缩二级节流中间不完全冷却循环系统。它由压缩机

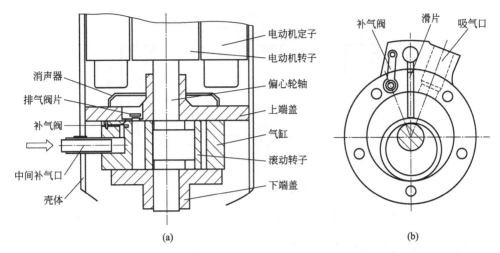

图 2-22　准二级滚动转子式制冷压缩机局部结构示意图

（图 2-23 中虚框内，由低压级气缸和高压级气缸组成）、冷凝器、一级节流装置、闪发器、二级节流装置和蒸发器等组成。

　　与采用准二级涡旋式制冷压缩机和准二级滚动转子式制冷压缩机的空气源热泵系统相比，双缸双级滚动转子式制冷压缩机空气源热泵系统具有以下优势。

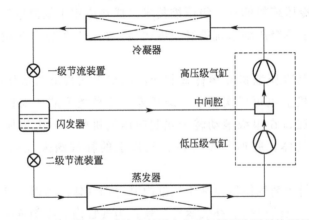

图 2-23　双级压缩二级节流中间不完全冷却循环热泵系统原理图

　　① 中间补气量大于准二级系统，有利于提高制热量和降低排气温度。实际结果表明，在室外环境温度为 −15℃ 时，设计良好的双级压缩空气源热泵系统的制热量与常规单级压缩空气源热泵系统相比提升幅度可达 40%，高于准二级压缩空气源热泵系统制热量的提升幅度。

　　② 压缩机的总压力比由低、高压级气缸分担，使得每级气缸的压力比显著减小，提高了压缩机的容积效率和等熵效率，有利于提高热泵制热量和 COP。

四、双机双级压缩技术

　　为了实现空气源热泵在不采用电辅热等情况下满足寒冷地区冬季供热需求，采用两个压缩机串联的双机双级压缩空气源热泵系统应运而生。

图 2-24 所示为双机双级压缩变频空气源热泵系统原理图。该系统采用两个变频压缩机串联形成双级压缩一级节流中间不完全冷却循环，可以按照工况条件变换不同的工作方式，其工作原理如下。

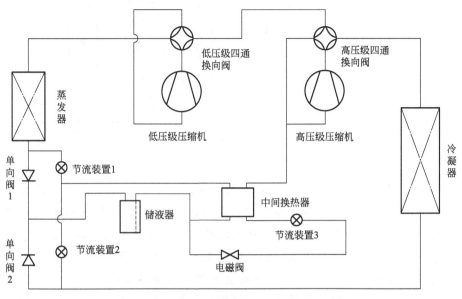

图 2-24 双机双级压缩变频空气源热泵系统原理图

在室外环境温度较高时，低压级压缩机排出的制冷剂直接通过高压级四通换向阀进入冷凝器，高压级压缩机不工作，这时该系统为普通单级压缩空气源热泵系统。

在室外环境温度较低时，高压级压缩机排气经高压级四通换向阀进入冷凝器冷凝液化，经单向阀 2 进入高压储液器后分为主路和支路，支路制冷剂经电磁阀、节流装置 3 节流降压后进入中间换热器蒸发；同时主路制冷剂进入中间换热器被进一步过冷后经节流装置 1 节流降压进入蒸发器蒸发，再经低压级四通换向阀进入低压级压缩机，经压缩后依次进入低压级四通换向阀和高压级四通换向阀，然后再与从中间换热器出来的支路制冷剂气体混合后进入高压级压缩机，进一步压缩后排出，完成制热循环。

采用双机双级压缩的空气源热泵可以切换为普通单级压缩运行模式，也可以切换为双级压缩运行模式，这样既可以满足常温工况下的制热运行要求，又能在−18℃的低温环境中稳定、可靠地长期运行；压缩机排气温度始终低于 130℃，能够在没有电辅热等条件下满足寒冷地区冬季供热需求，且具有较高的 COP。

五、双级耦合热泵技术

双级耦合热泵系统由空气-水热泵系统与水-水热泵系统组成，系统原理如图 2-25 所示。空气源热泵系统和水-水热泵系统分别为一级和二级。

在室外环境温度较高时，二级（水-水）热泵系统不工作，一级（空气-水）热泵系统工作，制取的热水由水泵 1 输送到末端（风机盘管或地板供热），在末端放热后返回到一级热泵系统的冷凝器中。

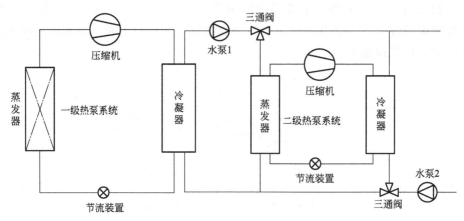

图 2-25　双级耦合热泵系统原理图

在室外环境温度较低时，一级（空气-水）热泵系统和二级（水-水）热泵系统均工作，两个三通阀均换向，一级热泵系统制取的 10%～20% 低温热水由水泵 1 输送至二级热泵系统的蒸发器中；二级热泵系统从低温热水中吸收热量后制取高温热水，并由水泵 2 输送至末端，在末端放热后返回到二级热泵系统的冷凝器中。

在低温及超低温工况下，图 2-25 所示双级耦合热泵系统降低了每一级的压缩机压力比，相比于普通单级压缩热泵系统，双级耦合热泵系统制热运行时具有较高的制热量和 COP 以及较低的排气温度。但与图 2-24 所示的双机双级压缩热泵系统相比，由于增加换热环节会导致换热损失增加，且无中间补气过程，因此，双级耦合热泵系统制热量和 COP 均相对较低，排气温度相对较高，但系统运行控制相对简单。

六、双热源热泵技术

双热源热泵系统是由两个相对独立的蒸发器和共用的冷凝器组成的压缩式热泵循环系统，系统原理如图 2-26 所示。

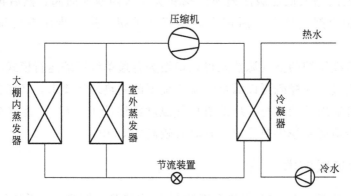

图 2-26　双热源热泵系统原理图

这是一种专门用于农业温室大棚的热泵系统。在大棚内环境温度较低时，大棚内蒸发器不工作，由压缩机、冷凝器、节流装置、室外蒸发器组合，完成压缩-冷凝-节流-蒸发的热力循环，这是普通空气源热泵系统的循环过程。

在大棚内环境温度较高时，室外蒸发器不工作，由压缩机、冷凝器、节流装置、大棚内蒸发器组合，完成压缩-冷凝-节流-蒸发的热力循环。在制热运行时，制冷剂经过大棚内蒸发器，一方面吸收大棚内的热量，防止大棚内温度持续上升，危害棚内的农作物；另一方面，和普通空气源热泵相比，利用大棚内较高的温度，有相对较高的蒸发温度，提升了机组的制热能力和 COP。

七、复叠热泵技术

复叠热泵系统由两个相对独立的单级压缩热泵子循环（分别为高温级循环和低温级循环）通过冷凝蒸发器耦合而成，系统原理如图 2-27 所示。一般而言，高温级循环使用中温制冷剂，低温级循环使用低温制冷剂。

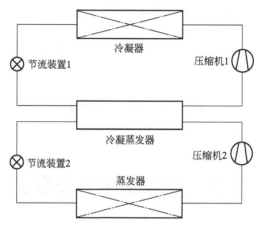

图 2-27　复叠热泵系统原理图

在低温级循环中，经节流装置 2 节流降压后的制冷剂进入蒸发器蒸发，然后经压缩机 2 压缩后进入冷凝蒸发器冷凝液化，最后进入节流装置 2 节流，完成整个循环。在高温级循环中，经节流装置 1 节流降压后的制冷剂进入冷凝蒸发器蒸发，然后经压缩机 1 压缩后进入冷凝器冷凝液化，最后进入节流装置 1 节流，完成整个循环。

在复叠循环热泵系统中，冷凝蒸发器是低温级循环与高温级循环两个子循环相互耦合的关键换热部件，既作为低温级循环的冷凝器，又作为高温级循环的蒸发器，将热量从低温级向高温级传递。

与普通单级压缩热泵系统相比，复叠热泵系统低温级循环和高温级循环压缩机的压力比显著降低，同时低温级循环冷凝器出口的制冷剂温度明显降低，因此低温制热运行时具有较高的制热量和 COP 以及较低的排气温度。与准二级或双级压缩热泵系统相比，由于增加了冷凝蒸发器换热环节因此会导致不可逆损失的增加，制热量和 COP 相对较低，排气温度相对较高。

八、复合型热泵

空气源热泵可以与其他热源相结合，充分发挥空气源热泵的优势，如空气源热泵与太阳能热水器相结合就是一种典型的复合型热泵。

图 2-28 所示为一种空气源热泵和太阳能热水器的复合系统。在该系统中，太阳能热水系统和空气源热泵热水系统都可以独立运行。当环境温度低和太阳辐射强度不足时，太阳能热水系统制取的低温热水作为空气-水热泵系统的低温热源，水-水热泵在冷凝侧制取高温热水。该复合系统在一定程度上解决了太阳能热水系统不能全天候运行以及空气源热泵结霜的问题。

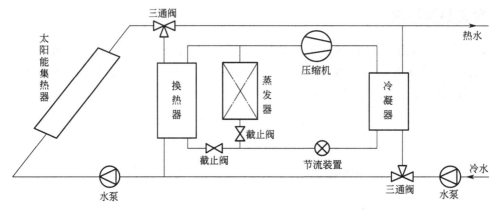

图 2-28 一种空气源热泵和太阳能热水器的复合系统

第七节 双级压缩式热泵循环

若将压缩过程分为两级完成，并将一级排气冷却至饱和蒸气附近，则可降低每级的压缩比，防止二级排气温度过高；同时热泵性能得到改善。双级压缩热泵循环广泛应用于低温冷冻装置，目前也在空调用热泵装置中得到应用，以改善装置性能。

双级压缩式热泵循环，根据高压液体到达蒸发器过程中所经过的节流元件个数不同可分为一级节流和二级节流；同时又根据压缩机一级排气被冷却的状态，分为中间完全冷却（冷却至饱和蒸气状态）和中间不完全冷却（冷却至饱和蒸气附近，但仍为过热蒸气）两种形式。由此可以构造出一级节流中间完全冷却、一级节流中间不完全冷却、二级节流中间完全冷却、二级节流中间不完全冷却双级压缩式热泵循环。其中，双级压缩可以采用一台（或一组）低压级压缩机和一台（或一组）高压级压缩机构成，也可以采用单机双级压缩机来实现。下面对几种典型的双级压缩式热泵循环进行分析。

1. 一级节流中间完全冷却双级压缩式热泵循环

在一级节流中间完全冷却双级压缩式热泵循环中采用中间冷却器以实现低压级压缩机排气的冷却降温，中间冷却器中设有液体冷却盘管，使来自冷凝器的高压液体获得较大的再冷度，既有节能作用，又有利于热泵系统的稳定运行。图 2-29 是一级节流中间完全冷却双级压缩式热泵循环示意图。

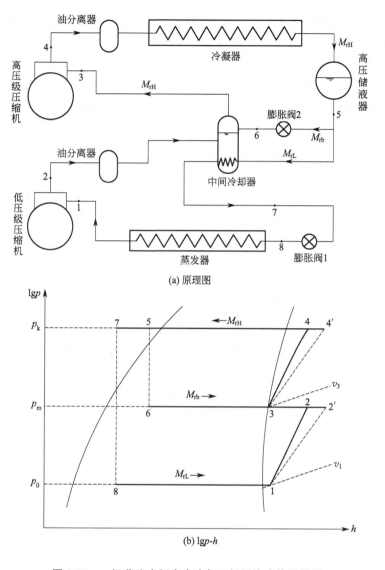

图 2-29　一级节流中间完全冷却双级压缩式热泵循环

从蒸发器流回的低压制冷剂蒸气 1 经低压级压缩机绝热压缩成中间压力的过热蒸气 2 (实际为 $2'$)，在中间冷却器中，被少部分 (流量为 M_{rb}) 旁通 (通过膨胀阀 2) 节流成中间压力的两相制冷剂冷却至饱和蒸气状态 3；同时旁通节流部分吸收低压级排气和未被旁通部分 (流量为 M_{rL}) 液态制冷剂热量，蒸发成状态 3。两路制冷剂一同 (流量 M_{rH}) 进入高压级压缩机，被压缩成高压过热状态的制冷剂 4 进入冷凝器，冷凝成高压液体状态 5 (可能有一定的过冷) 并储存在高压储液器内；从高压储液器流出的大部分制冷剂经中间冷却器冷却成过冷液体 7，再经膨胀阀 1 节流降压后进入蒸发器。

2. 一级节流中间不完全冷却双级压缩式热泵循环

图 2-30 是一级节流中间不完全冷却双级压缩式热泵循环，在中小型氟利昂热泵系

统中广泛采用。它与一级节流中间完全冷却双级压缩式热泵循环的主要区别是：低压级压缩机排气 2 不进入中间冷却器，而与中间冷却器中被旁通部分高压液体蒸发后的状态点 9 混合成过热蒸气 3，即低压级压缩机排气 2 被中间冷却器流出的低过热度蒸气 9 冷却至过热度较小的过热蒸气 3（故称中间不完全冷却），然后再进入高压级压缩机被压缩；被旁通部分（流量为 M_{rb}）仅对进入蒸发器主回路的高压液态制冷剂（流量为 M_{rL}）进行再冷，而不承担使一级排气冷却至饱和状态的负荷。

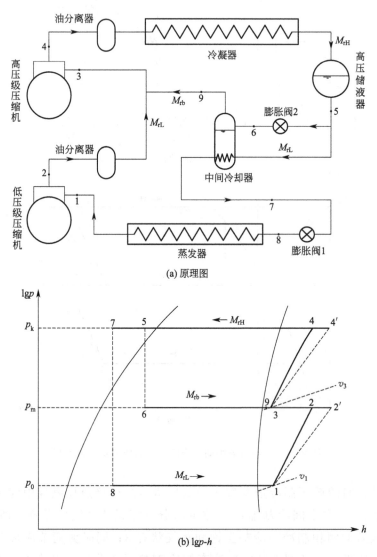

(a) 原理图

(b) lgp-h

图 2-30　一级节流中间不完全冷却双级压缩式热泵循环

3. 二级节流中间补气热泵循环

在上述两种一级节流双级压缩式热泵循环中均采用了中间冷却器，而在二级节流双级压缩式热泵循环中则采用闪发蒸气分离器（图 2-23）。二者虽然都是利用中压（中温）制冷剂冷却来自低压级压缩机的蒸气，但闪发蒸气分离器只能使其温度稍有下降，仍保持过热蒸气状态，故也是不完全中间冷却；而且，也不能实现主回路高压液态制冷剂的再冷。图 2-31 示出了二级节流中间不完全冷却双级压缩式热泵循环，该循环常用于离心式或螺杆式热泵机组。

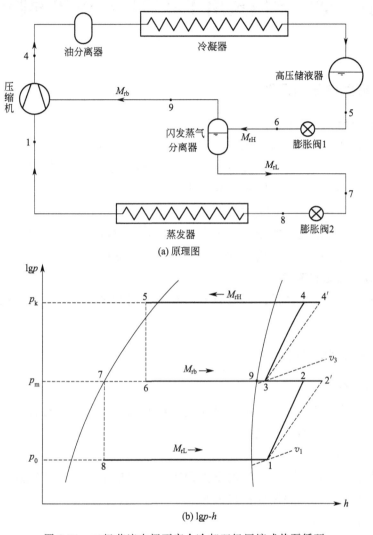

(a) 原理图

(b) lgp-h

图 2-31　二级节流中间不完全冷却双级压缩式热泵循环

　　来自冷凝器的高压液态制冷剂 5 先经过膨胀阀 1，降压至状态 6，再进入闪发蒸气分离器；在分离器中只要蒸气上升速度小于 0.5m/s，就可使因节流闪发的气态制冷剂从液态制冷剂中充分分离出来。这样，饱和液 7 再经膨胀阀 2 节流至状态 8 进入蒸发器；来自蒸发器的低压饱和蒸气 1，经一级压缩至状态 2；而来自闪发蒸气分离器的饱和蒸气 9 与状态 2 的气态制冷剂混合，呈过热蒸气状态 3（故称为中间不完全冷却），再经二级压缩至状态 4，进入冷凝器被冷却、冷凝。由于有了闪发蒸气分离器，既降低了二级压缩机排气温度，又降低了二级压缩机进口的蒸气温度和比体积，从综合性能上看降低了压缩机的功耗，故也称闪发蒸气分离器为"经济器"；对于离心式、螺杆式压缩机而言，因其可以比较方便地进行中间抽气，实现双级循环，故这类循环也被称作中间补气热泵循环。

第八节　空气源热泵用于寒冷地区供热面临的问题

一、空气源热泵自身的问题

1. 压缩机超出工作范围

空气源热泵的关键部件压缩机有一定的工作范围，不同类型的压缩机适应不同的气候条件和供水温度，如果技术人员不够专业，设备选得不合适，气温下降后热泵就不能正常工作，这种情况在严寒地区很容易出现。

2. 热泵产品的性能达不到标准

热泵产品性能价格之间的矛盾比较突出，如果用户以比价的方式去采购设备，一般都会选择价格较低的产品；价格低往往配置低，配置低就造成效率低。

3. 不能抑制结霜和高效除霜

有些空气源热泵产品在设计时没有专门考虑抑制结霜的问题，大量结霜会使运行成本增加甚至无法正常运行。

二、供热系统设计的问题

1. 系统不匹配

对于替代燃煤锅炉的项目，由于燃煤锅炉供回水温差大，原有管道较细，与空气源热泵不匹配，因此会影响运行效果。

2. 热泵配置不足

空气源热泵的制热量随着气温的下降而减小，如果不能准确掌握热泵出力的变化情况，一旦配置不足，也无法保证供热效果。

3. 水力系统不平衡

我国北方地区基本还是以大型热电联产、集中区域供热为主，这种区域供热中，供暖面积大、热用户多，达不到室温要求会影响用户的生活质量，而室温过高的用户采用开窗户方式散热；水力平衡问题不解决，也会影响供热效果。

上述问题有些是由于企业不专业造成的，有些是由于企业不负责任造成的。因此只管卖设备，不关心用户供热效果如何，供热成本高不高是不可取的。华誉能源不仅具有热泵设备的研发和生产能力，而且特别注重技术的整合和系统的优化，使供热系统在达到良好供热效果的同时，尽可能降低运行成本和投资成本，以提高供热系统的经济性和投资收益。

第三章
空气源热泵的组成及主要部件

第一节　空气源热泵系统的组成

图 3-1 所示为空气源热泵的系统原理图，它主要由压缩机、冷凝器、蒸发器、节流装置以及连接管路和其他制冷辅助部件组成。在系统中充注制冷剂（也称为制冷工质、冷媒），由压缩机驱动制冷剂在系统中循环流动，完成压缩、冷凝、节流和蒸发四个工作过程。

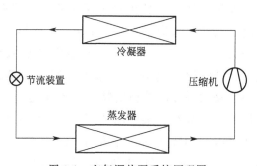

图 3-1　空气源热泵系统原理图

冷凝器是系统用来向高温热源释放热量的换热装置，高温制冷剂气体在冷凝器中被冷凝为液体，释放热量，即冷凝放热。常用的冷凝器有翅片管式换热器、套管式换热器、板式换热器和壳管式换热器等。

蒸发器是系统用来从低温热源吸收热量的换热装置，低温制冷剂液体在蒸发器中被蒸发为气体，吸收热量，即蒸发吸热。常用的蒸发器为翅片管式换热器和壳管式换热器等。

节流装置是热泵系统中的重要部件，主要作用是对高压制冷剂液体进行节流降压，保证蒸发器和冷凝器间的压差；另外，还可以调节进入蒸发器的制冷剂流量，使系统高效率运行。常用的节流装置有毛细管、电子膨胀阀和热力膨胀阀等。

第三章　空气源热泵的组成及主要部件　　95

压缩机是空气源热泵系统中驱动制冷剂循环流动的动力源，相当于系统的"心脏"，它将从蒸发器吸入的低温低压制冷剂气体压缩成高温高压的制冷剂气体送入冷凝器。常用的压缩机有滚动转子式热泵压缩机和涡旋式热泵压缩机等。

由于工作温度范围与水、地源热泵等常规的压缩式热泵不同，空气源热泵机组还要配置一些辅助部件，并对热泵压缩机、冷凝器和蒸发器等提出特殊要求。例如：

① 空气源热泵机组冬季按制热模式（热泵工况）运行，夏季按制冷模式运行。空气作冷源或热源时，无法像水源热泵那样通过水系统上阀门的开闭实现制热模式与制冷模式的转换。为此，空气源热泵机组要设置四通换向阀，通过四通换向阀实现制热模式与制冷模式的转换。

② 空气源热泵机组在热泵工况下运行时存在融霜问题，通常采用逆循环除霜。在逆循环除霜时，冷凝器将转换为蒸发器。冷凝器内存在过多的液体制冷剂，在转换为蒸发器时有可能被吸回压缩机，过多的液体制冷剂被吸入到压缩机会出现"液击"现象造成压缩机损坏。为了避免出现此问题，空气源热泵机组在回气管设置了气液分离器。

③ 因为空气源热泵机组通过四通换向阀实现制热模式与制冷模式的转换，所以空气/制冷剂换热器既是蒸发器又是冷凝器。众所周知，蒸发器和冷凝器各有不同的设计要求和性能特点，而且机组中蒸发器和冷凝器各自负荷大小也不一样。为此空气源热泵机组的空气/制冷剂换热器（或水/制冷剂换热器）要尽可能同时能满足冬夏两季的工作条件，并且两器（冷凝器和蒸发器）还要保证空气源热泵机组在所有的运行工况下达到用户的要求。

④ 空气源热泵机组以室外空气为冷/热源，在制热模式下机组从室外空气吸热，并向温度较高的室内放热。因此，其压缩机在制热模式的蒸发温度要低于室外空气温度，冷凝温度要高于室内温度（或热水供应温度）。而机组在制热模式下运行时，其室外空气温度变化范围较大，约为−25～15℃。由此导致空气源热泵机组在制热模式下运行时，其压缩比大、压差大、排气温度高等，不同于普通制冷模式。正是基于这点的不同，其压缩机应具有不同于普通制冷压缩机的特点。也就是说一般情况下，空气源热泵机组不能直接选用制冷压缩机；只有在某些场合下，热泵的工作条件不超过制冷用压缩机所规定的工作条件，才可以选用普通的制冷压缩机。

⑤ 由于空气源热泵机组冬夏两季（夏季供冷、冬季供暖）运行工况有较大的差异，因此在制热与制冷模式下，其系统的质量流量不同。为此，系统上设置高压储液器，储存系统循环中多余的制冷剂。

⑥ 空气源热泵机组按制热模式运行时冷凝压力与蒸发压力的压力差与制冷模式运行时冷凝压力与蒸发压力的压力差不同，且相差甚大。而在两种工况下，工质的流动方向也正好相反。因此，机组节流装置的选择与在系统中的设置要满足上述要求。

上述各种情况充分表明，空气源热泵机组的组成部件既具有制冷系统组成部件的基本属性，又具有其特殊性。同时，还应注意到在空气源热泵系统中，压缩机、冷凝器、膨胀装置和蒸发器等每一个零部件都有独特的作用，但每个零部件的工作条件又都受其他零部件工作条件的影响。因此，单靠现有制冷部件是造不出理想的热泵的，需要进行新的开发以改进现有制冷部件在制热工况下的性能，才能满足空气源热泵的特殊要求。

第二节　压　缩　机

一、空气源热泵中压缩机的作用

压缩机是空气源热泵机组中最重要的部件，它决定着空气源热泵机组的工作特性（制热量、耗功、性能系数等）、寿命、噪声、振动以及维护修理等。它在空气源热泵机组中的作用有：

① 从蒸发器中不断地吸出汽化的制冷剂蒸气，使蒸发器内保持较低的蒸发压力和较低的蒸发温度，使蒸发器内制冷剂的温度低于室外空气的温度，为从室外空气中吸取热能提供条件。

② 压缩机将吸入的制冷剂蒸气压缩，将低压的制冷剂蒸气变为高压的制冷剂蒸气，为冷凝器提供一个高温、高压的环境。对于空气源热泵而言，冷凝器中的制冷剂蒸气温度要比室内空气温度高，这为热用户采暖、日常热水供应等提供了可直接利用热能的条件。

③ 在空气源热泵系统中，压缩机吸排气压力差作为动力起到输送制冷剂的作用。由于制冷剂在系统中不断循环，工质在热泵机组中经历着汽化→压缩→冷凝→节流→汽化的状态循环变化，从而使热泵机组不断地吸取室外空气中的热能，并不断地由低位热源端传递给用户端，以达到空气源热泵供暖的目的，而实现这种热量由低温到高温传递的代价是压缩机的能耗（如电能）。

二、空气源热泵中压缩机的工作温度范围

对于同一台压缩机采用同一种制冷剂，其制热量、制冷量、耗功等都随着运行工况的变化而变化。

图 3-2 给出某台往复式压缩机制热量特性曲线。由图可看出压缩机制热量同冷凝温度 t_c、蒸发温度 t_e 的变化规律，压缩机的制热量随着蒸发温度 t_e 升高或冷凝温度 t_c 下降而增加。

对于空气源热泵机组，在风量一定的条件下，其运行工况 t_c、t_e 与空气源热泵的工作温度条件密切相关。空气源热泵向室内供给的热媒（热空气或热水）温度越低，其冷凝温度越低；室外空气温度越高，其蒸发温度 t_e 越高。因此，应该先了解和掌握空气源热泵的工作温度范围，以便在空气源热泵设计中确定合理的设计工况，选择合适的压缩机容量、性能等。在运行中优化运行工况，让热泵机组尽量在节能工况下运行，对于降低空气源热泵的能耗、延长空气源热泵的使用寿命都是很有必要的。

对于空气/空气热泵，与冷凝器发生热交换的介质就是室内空气。按规范舒适性空调冬季室内温度为：热舒适度等级 I 级为 22～24℃；II 级为 18～22℃。采暖设计的室内计算温度为：民用建筑的主要房间宜采用 16～24℃，冷凝器进出口空气温差一般为

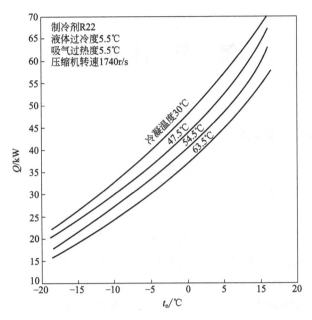

图 3-2 某往复式压缩机制热量同运行工况（t_{e}、t_{c}）的关系

5～10℃，冷凝器温度与空气进口温差取 10～16℃。对于热泵，一定要按最低可能的温差来设计冷凝器。空气/空气热泵冷凝器温度取 40～45℃为宜。

对于空气/水热泵，热泵冷凝器供水温度为热用户末端装置所要求的温度。通常风机盘管系统热水温度为 50～40℃，供回水温差为 5～10℃；地板辐射供暖系统热水温度为 35～45℃，供回水温差为 5℃。毛细管网辐射系统供水温度为：顶棚毛细管网为 25～35℃，墙面毛细管网 25～35℃，地面毛细管网为 30～40℃，供回水温差为 3～6℃，日常热水供应温度为 50～60℃。空气源热泵系统冷凝温度的高低同所选的热用户末端系统形式密切相关。为了提高空气源热泵系统能效比，在冬季尽量采用低温热水；同样道理，在夏季尽量采用高温冷冻水。这是提高空气源热泵系统能效比的有效措施，也是降低空气源热泵机组中压缩机压缩比的有效措施。

对于空气源热泵，冬季进蒸发器的空气温度取决于各应用地区室外空气温度，通常按各地区的室外空气采暖计算温度考虑。我国夏热冬冷地区和寒冷地区是应用空气源热泵的适宜地区。这些地区主要城市的冬季供暖室外计算温度为：上海－0.3℃，南京－1.8℃，杭州0℃，合肥－1.7℃，武汉－0.3℃，北京－7.6℃，天津－7.0℃，石家庄－6.2℃，太原－12.8℃，郑州－3.8℃，济南－5.3℃。同时，在同一个地方，一个采暖期室外空气温度变化也很大，采暖开始时气温较高，约为 10～15℃；而最冷的天气，可达－15℃，甚至更低。由此可以断定，空气源热泵机组的蒸发温度不仅随地区不同而变化，而且在同一地区也随着室外气温的变化而变化。据经验，室外空气/制冷剂换热器（制热模式时作蒸发器）的蒸发温度比被冷却空气出口温度低 6～8℃。

基于上述原因，设计空气源热泵机组时，应合理分析机组的运行温度范围，以便选用满足要求的压缩机。例如，空气源热泵热水器的冷凝温度高达 65℃，用于北方寒冷地区时，其蒸发温度低至－25℃，若选用普通压缩机，只能运行在蒸发温度大于－10℃

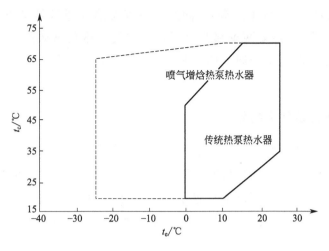

图 3-3　空气源热泵热水器压缩机运行范围对比

范围内，而此时冷凝温度为 50℃，这限制了出水温度；若选用喷气增焓压缩机，可将蒸发温度扩展到－25℃，此时冷凝温度可高达 65℃，大大提高了出水温度，如图 3-3 所示。需要注意的是，用于采暖的空气/空气热泵和空气/水热泵的蒸发温度一般为－15～15℃，冷凝器温度一般为 30～65℃；空气源热泵热水器的蒸发温度一般为－15～25℃，冷凝温度一般为 20～70℃。由于空气源热泵热水器压缩机的工作温度范围变得更宽，将使压缩机最大压比、最大压差、最大供热、最大质量流量变大。图 3-4 说明了此问题，空气源热泵热水器压缩机运行范围 $ABCDEFA$ 比热泵空调机压缩的运行范围 $A'B'C'D'E'F'A'$ 要宽得多。

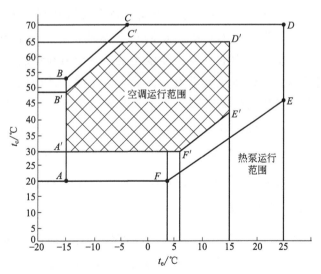

图 3-4　热泵热水器与热泵空调器运行范围对比

t_e—蒸发温度；t_c—冷凝温度；$A'B'C'D'E'F'A'$—空调运行范围；$ABCDEFA$—热泵运行范围

三、空气源热泵对压缩机的特殊要求

空气源热泵压缩机要能适应空气源热泵机组较大的工况变化，运行条件比普通空调用压缩机恶劣（高压比、高压差等）。同时，空气源热泵通常是冬季制热（热泵工况）夏季制冷（制冷工况），冬夏两季都要使用，而空气源热泵热水器又要全年使用，其机组每年累计运行时间相对于普通空调压缩机要长。所以，空气源热泵压缩机应具有如下特点和要求。

（一）在高压比条件下高效化

众所周知，空气源热泵压缩机为了满足空气源热泵工作温度的要求，常处在高压比条件下运行。高压比将导致压缩机的容积效率 η_v、绝热效率 η_s、热泵循环效率 η_H（热泵实际制热性能系数同卡诺循环制热性能系数之比）、制热性能系数 COP_h 等下降，因此高压比使压缩机运行效率降低。为了提高空气源热泵压缩机在高压比条件下的效率，可采取以下措施。

① 优先选用在同样压比条件下容积效率高的涡旋式压缩机、螺杆式压缩机等。涡旋式压缩机和螺杆式压缩机单向压缩，没有余隙容积；无吸排气阀；吸气、压缩和排气过程基本连续进行，吸入气体无预热造成的有害过热度等，故涡旋式压缩机和螺杆式压缩机容积效率较高，常用于空气源热泵。

② 对于活塞式压缩机，要选用相对余隙容积较小的压缩机。压缩结束吸气前的时刻，余隙内残存的高压蒸气按多变过程膨胀，而导致气缸吸气容积减小，甚至压比（p_1/p_2）增大到一定值时，指示容积效率 η_{vL} 趋于零。因此，余隙高压蒸气膨胀前应采取一定的技术措施使之泄漏回低压端，以减少余隙损失。中小型活塞式压缩机的相对余隙为 $2\% \sim 6\%$。

③ 增加涡旋压缩机和螺杆压缩机的内压比，减少欠压功耗。内压比是指压缩终了压力和进口压力的比值。当被压缩介质总是同一气体时，这个比值不取决于运行工况，而是取决于压缩机本身提高压力的程度。外压比是冷凝压力和蒸发压力的比值，是空气源热泵机组的系统压缩比。外压比大于内压比称为欠压缩；外压比小于内压比称为过压缩，这两种情况都会导致机组效率下降。由于空气源热泵的运行温度范围大，在低温情况下常处于欠压缩状态，为此增加内压比减小欠压耗功，可以提高热泵的效率。

④ 减少间隙泄漏再膨胀和优化润滑油循环量，减少泄漏等。

（二）在高压比、高压差、高冷凝压力、大负荷等条件下，保证压缩机有足够的机械强度，保证部件的可靠性

通常，许多热泵用的压缩机是对已经成批生产使用的制冷用压缩机在原有的结构工艺基础上加以改造而成的，故在空气源热泵的高压比、大压差、高冷凝压力、大负荷等条件下要重新进行受力分析，校核其强度，保证部件的可靠性；机械结构方面要加大轴承的支撑面积和改进轴承材料，保护轴承中的承载油膜，降低磨损程度；全年运行时间长，导致部件配合间的摩擦、磨损加剧，甚至出现摩擦面的异常摩擦，这对压缩机运动部件的抗磨损能力是一种考验。为此，空气源热泵压缩机应选用高耐磨及储油性好的材料。

（三）抗液击能力更强

① 空气源热泵在冬季运行过程中经常进行逆循环除霜，逆循环除霜过程开始和结束时，系统要换向运行。这时在原冷凝一侧中所积聚的液体工质，由于其压力突然降低至吸气压力，可能会导致大量液体制冷剂涌入压缩机内，引起压缩机的湿压缩，十分危险。为此，空气源热泵压缩机在吸气端要设置气液分离器。

② 目前，空气源热泵机组通常采用整体结构形式，并设置在室外。

机组在冬季供暖时，压缩机处于低温环境下，若停机时间过长则会引起制冷剂的冷迁移，即制冷剂不断冷凝在压缩机内，与油混合在一起。当热泵重新启动时，压缩机内压力突然下降，曲轴箱内或机壳内制冷剂-润滑油混合物沸腾发泡，容易引发压缩机液击等故障。

目前常见的技术措施是压缩机的曲轴箱或机壳中装设适当功率的润滑油电加热器，以使压缩机润滑油的温度高于系统中的最低温度，并使油中的制冷剂汽化，沿吸气管回到系统，减少制冷剂的溶解量，以保持润滑油的黏度。但应该注意：一是为了防止润滑油过热和炭化，曲轴箱加热器的功率必须加以限制；二是压缩机启动前必须对润滑油进行长时间充分的加温（谷轮压缩机要求加热 4h 以上）；三是要在运行中进行监测，如美国泰康公司规定，机壳底部中心的温度在任何情况下都要比系统中任何一部件的温度至少高出 6℃，这是热泵运行中的明确规定和必要操作。在运行中应注意监测此温度，使之保持在比吸气压力所对应的饱和温度高约 28℃ 的水平。

另一个有效的解决方法是采用分体式结构，将压缩机放在有采暖的机房内，可以较好地解决压缩机的制冷剂冷迁移、润滑变差、冷启动困难等问题。

③ 在空气源热泵压缩机运行中，吸气中可能带液滴的概率会大于常规水地源热泵压缩机。因此，要对活塞式压缩机舌簧阀中的阀片强度、吸气孔大小作专门设计，以确保其能承受一定液击的能力。

基于上述，空气源热泵用压缩机宜选用抗液击能力强的涡旋压缩机和螺杆压缩机。

（四）要求空气源热泵压缩机的防过热能力更强

空气源热泵机组在冬季供暖时，由于运行工况的特殊性，压缩机承受的工况较为恶劣，常处在高压比、低蒸发温度、吸气比体积大、质量循环流量小、回气过热度大等状态下运行，由此导致压缩机过热。所谓过热是指压缩机排气温度过高和电动机高温。过热对压缩机和电动机具有很大危害，其危害主要有：

① 排气温度过高的危害很多，会使润滑油变稀，降低润滑油的润滑能力；会引起润滑油炭化，生成积炭，这将引起压缩机运动的磨损，在阀片和阀板上结炭，引起阀片泄漏和断裂；会引起润滑油酸化，酸类物质会腐蚀电动机绕组漆包线，降低绕组的绝缘性能，酸性润滑油还会引起镀铜现象；会降低压缩机的容积效率，耗功增加，系统能效降低等。因此，通常认为排气温度超过 135℃ 为压缩机已处于严重过热状态；排气温度低于 120℃，压缩机温度正常。

② 电动机长期在过热条件下运行，会使绝缘材料加速老化，降低压缩机电动机绝缘性和可靠性，缩短电动机寿命。一般认为工作温度每升高 10℃，绝缘材料的寿命就

缩短为原来的一半。在采用吸气冷却电动机时，如果机组在低负荷下长期运行，电动机温度就会快速上升；制冷剂流经电动机后，其过热度（有害过热度）急剧提高，增大了吸气比体积，导致制热量下降、压缩机性能降低。如果空气源热泵在夏季高温过负荷工况下长期运行，会因工作温度超过热保护设定的安全限定而导致热保护停机，且动作后的复位比较困难。

基于上述分析，用于空气源热泵的压缩机要有更强的防过热能力，目前常采取如下措施：

① 空气源热泵压缩机普遍采用回气冷却型电动机，对于回气冷却型压缩机，应考虑如何优化回气冷却效果。为此，上海汉钟精机股份有限公司在低温用半封闭螺杆式压缩机上设计了一种导流罩，使得制冷剂流向改变，弥补了冷却效果不足的缺点；江森自控空调冷冻设备（无锡）有限公司在低温用半封闭螺杆压缩机上设计了具有双层结构的电动机座，使得冷却电动机的制冷剂流动更均匀，改善了电动机冷却效果。上述二例说明，从制冷剂流道结构布置上考虑电动机回气冷却的优化是十分重要的技术措施。

② 提高压缩机电动机的绝缘等级，延长电动机使用寿命。以室外气温 35℃ 为例，电动机绝缘等级提高至 F 级（F 级允许工作温度为 155℃）后，电动机绕组温度低于其所允许的工作温度，保证了电动机、压缩机的使用寿命。电动机绕组宜选用改进后的高强度绝缘线和环氧浸渍工艺，并在其内设置温度传感器或继电器，以达到可靠地保护电动机的目的。

③ 喷液冷却。典型的常规全封闭压缩机不宜作为空气/空气热泵用，在低温下使用会因温度过热而损坏。为了能让全封闭压缩机在低温环境中运行，必须抛开大多数低温制冷的设计经验，故意让压缩机回液来保证压缩机的冷却。基于此理念，目前在空气源热泵机组中常采用过冷液体喷液旁通法来冷却电动机和降低排气温度。如美国泰康公司在空气源热泵中的全封压缩机蒸发温度低于 -4℃ 时，特意将一定控制量的液态制冷剂喷入压缩机，以达到冷却内置电动机的目的。又如美国谷轮公司对半封闭压缩机采用喷液冷却技术，称为"按需冷却"的方法；用排气温度控制喷液冷却，在 137℃ 停止喷液。第三例，德国比泽尔公司对半封闭螺杆压缩机排气温度最高限定温度设定在 80～100℃，当排气温度传感器传来信号达到限制温度时，立即打开温控喷液阀，让液体制冷剂从喷油入口喷入压缩机，以降低排气温度。

④ 补气冷却技术。目前空气源热泵压缩机常用闪发蒸气喷射技术，即闪发蒸气喷射制热循环。它是双级节流、中间不完全或完全冷却的准双级压缩形式。

喷射回路将经过中间冷却后的闪发蒸气引入压缩机的中间压缩腔内，与压缩中途的蒸气混合成过热蒸气或饱和蒸气，再被继续压缩排入冷凝器。其作用为：降低排气温度；改善空气源热泵在低温工况下的运行性能；维持排气的高比焓值，增大冷凝器进出口焓差，故国内又称其为喷气增焓技术。实际上"补气增焓"这种称谓不准确，也不规范。

由前面的分析可知，空气源热泵每年累计运行时间长，在其最高负载下的工作小时数要比制冷机和空调装置多出许多。由于压缩机是空气源热泵机组主要运动部件，因此，要求压缩机无故障的运行时数要长。在空气源热泵系统中压缩机的平均使用寿命为 14.5 年左右，一套空气源热泵系统的平均寿命大致为 19 年。但应该注意平均寿命是指其中 50% 的装置已被更换，其余 50% 还在使用。

四、空气源热泵机组常用压缩机类型

制冷压缩机的种类很多，根据工作原理可分为容积型和速度型两类。容积型又分为往复式压缩机和回转式压缩机。回转式压缩机中主要有滚动转子式压缩机、涡旋式压缩机、双螺杆式和单螺杆式压缩机。速度型压缩机有离心式压缩机和轴流式压缩机。空气源热泵选用的压缩机种类见表 3-1，优先选用涡旋式压缩机和螺杆式压缩机。

表 3-1　空气源热泵机组常用压缩机的种类

分类		结构简图	类型	功率范围/kW	主要用途	工作原理简介
容积型	往复式 活塞式		开启式	0.4～120	制冷装置、热泵、汽车空调	①往复式压缩机主要由活塞、曲轴连杆、气缸、气阀组合件、机体等组成。②当曲轴被原动机驱动而旋转时，通过连杆的传动，活塞在气缸内部做往复运动，并在吸排气阀的配合下，完成对制冷剂的吸入、压缩、排气和膨胀四个过程
			半封闭式	0.75～45	制冷装置、热泵、汽车空调	
			全封闭式	0.1～15	电冰箱、空调器	
	回转式 滚动转子式		开启式	0.75～2.2	汽车空调	①滚动转子式压缩机主要由气缸、滚动转子、偏心轴和滑片等组成。②偏心轴带动转子在圆形气缸内沿内壁转动，滑片在转动时上下移动，将月牙形工作腔分为两部分，滑片左侧吸气，右侧蒸气被压缩、排气。主轴旋转一周，完成一个吸气过程和上一循环的压缩、排气过程
			全封闭式	0.1～5.5	电冰箱、空调器	
	涡旋式		开启式	0.75～2.2	汽车空调	①涡旋式压缩机主要由静涡盘、动涡盘、偏心轴等组成。②随着偏心轴的旋转，在动涡盘回转平动过程中，静、动涡盘涡旋叶片相互啮合形成的多个封闭容积从外向里移动，且容积不断缩小，实现了吸气、压缩、排气过程
			全封闭式	2.2～7.5	空调器	
	双螺杆式		开启式	6 左右	大型汽车空调	①双螺杆式压缩机主要由阳转子(凸形齿，主动转子，又称阳螺杆)、阴转子(凹形齿，从动转子，又称阴螺杆)、气缸、端盖等组成。②气缸轴有一对转子相互啮合形成齿间容积，当转子旋转时，啮合曲线吸气端向排气端推移，完成其吸气、压缩和排气过程
			半封闭式	20～1800	制冷装置、空调、热泵	
	单螺杆式		开启式	100～1100	制冷装置、空调、热泵	①单螺杆式压缩机主要由螺杆转子、星轮等组成。②由于星轮两侧对称配置，螺杆转子的齿向凹槽、星轮和气缸内壁分别构成双工作容积。随着转子和星轮不断移动，双工作容积的大小发生周期性变化，各自完成吸气、压缩和排气过程；螺杆旋转一周，一个工作容积完成两个吸气、压缩和排气过程
			半封闭式	22～90	制冷装置、空调、热泵	

那么为什么空气源热泵机组很少选用离心式压缩机呢？其原因有二：一是离心式压缩机适用的工作范围比较窄。即一台结构一定的压缩机只能适应一种制冷剂在某一些较窄的工况范围内工作。因此，不宜用于冬夏季都使用并且工况差异较大的空气源热泵机组中。二是空气源热泵使用四通换向阀实现制热模式与制冷模式的转换，四通换向阀的容量一般来说比离心式压缩机的容量要小，二者很难匹配。

压缩机的结构特性、热力性能、运动机构的受力分析等可详见相关的专著。这里仅对空气源热泵各类压缩机的特征和容量调节问题做了简略的归纳总结。

(一) 滚动转子式压缩机简介

滚动活塞压缩机也称滚动转子式热泵压缩机，是一种容积型回转式压缩机。它的功率范围是 $100W\sim10kW$，适合于户式小型空气源热泵。

滚动转子式压缩机是依靠偏心安设在气缸内的旋转活塞在圆柱形气缸内作滚动运动和一个与滚动活塞相接触的滑板往复运动实现气体压缩的热泵压缩机，这类压缩机广泛应用于小型热泵中。它从结构上看主要是因为不需用吸气阀而显得可靠性更高。同样的原因亦使它适用于变速运行，在小型热泵中其变速比可达 10∶1（从 10～15Hz 到 100～150Hz）。机器的零件少、尺寸紧凑、质量轻也是它的优点。但是也有其受限制的一面，即这种压缩机一旦在其轴承、主轴、滚动活塞或是滑板处发生磨损，间隙增大，会对其性能产生明显的不良影响，因而它通常用于在工厂中整体装配的冰箱、空调器中，因为这样可以使系统内具有较高的清洁度。滚动活塞压缩机有单缸和双缸两种典型结构。

1. 基本结构

滚动转子式热泵压缩机主要由气缸、滚动活塞（亦称滚动转子）、滑板、排气阀等组成，如图 3-5 所示。

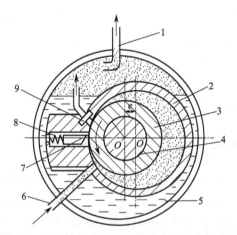

图 3-5　滚动转子式热泵压缩机主要结构示意图

1—排气管；2—气缸；3—滚动活塞；4—曲轴；5—润滑油；6—吸气管；7—滑板；8—弹簧；9—排气阀

2. 工作过程

由图 3-6 工作过程可以看出：

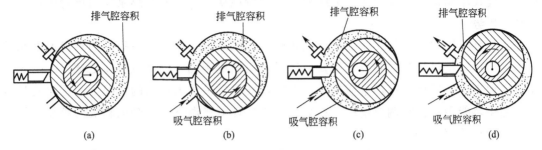

图 3-6 滚动转子式压缩机工作过程示意图

① 一定量气体的吸入、压缩和排出过程是在活塞旋转两周中完成的，但在滑板两侧的空腔中却同时进行着吸气与压缩、排气过程。即活塞旋转一周，将完成上一工作循环的压缩过程和排气过程以及下一工作循环的吸气过程。

② 由于不设吸气阀，吸气开始时机和气缸上吸气孔口位置有严格的对应关系，不随工况的变化而变动。

③ 由于设置了排气阀，压缩终了的时机将随排气管中压力的变化而变动。

3. 特点

从结构及工作过程来看，小型滚动转子式热泵压缩机具有如下优点：

① 结构简单，零部件几何形状简单，便于加工及流水线生产；

② 体积小、质量轻、零部件少，与相同制热量的往复活塞式热泵压缩机相比，体积减小 40%～50%，质量减少 40%～50%，零件数减少 40% 左右；

③ 易损件少、运转可靠；

④ 效率高，因为没有吸气阀故流动阻力小，且吸气过热小，所以在制热量为 3kW 以下的场合使用尤为突出。

滚动转子式热泵压缩机也有其缺点，那就是气缸容积利用率低，因为只利用了气缸的月牙形空间；转子和气缸的间隙应严格保证，否则会显著降低压缩机的可靠性和效率。因此，加工精度要求高；相对运动部位必须有油润滑；用于热泵运转时则制热量小。

（二）涡旋式压缩机

涡旋式热泵压缩机目前是模块式空气源热泵用得最多的一种压缩机。

涡旋式压缩机是指由一个固定的渐开线涡旋盘和一个呈偏心回转平动的渐开线运动涡旋盘组成的可压缩容积的热泵压缩机。涡旋式热泵压缩机是 20 世纪 80 年代才发展起来的一种新型容积式压缩机，数控加工工艺的发展使涡旋式压缩机得以制成并进入市场。随着这种加工工艺生产率的提高，这类压缩机的价格更具有竞争力。尽管它需要有一平动传动机构而使其结构有所复杂化，但它却具有许多潜在的技术优势。机器中没有吸气阀，也可以不带排气阀，从而提高了可靠性，转速变化范围可增大；还有动力平衡性能好，轴的扭矩较均匀，压力波动小以及较小的振动和噪声。进一步看其性能特点，涡旋式压缩机的容积效率在给定的吸气条件下几乎与工况的压力比无关，这是因为它没有如往复式压缩机余隙容积损失的缘故。这种特性使它在空调和热泵应用场合中比往复式更有优势。

在热泵应用中，涡旋式压缩机可以用较小的压缩机工作容积在很低的蒸发温度和较高的压力比下提供足够的制冷剂流量，这样，压缩机用同一电动机可在更宽广的工况下高效率地工作。同理，在热泵应用中，在环境气温低及压力比高的情况下，压缩机具有较高的供热能力；在空调应用中，亦会在宽广的环境气温下，减轻电动机的负荷，提高了系统的总效率。

同转子式压缩机一样，相同制热量的涡旋式压缩机尺寸要比往复式小。采用了柔性传动机构后可使其忍受液体压缩和杂质侵入的能力有所加强，不致产生过大的性能损失或失效。轴承和其他部件的磨损对压缩机的性能影响很小，工作可靠性提高。

1. 基本结构

涡旋式热泵压缩机主要由静涡旋盘、动涡旋盘、机座、防自转机构十字滑环及曲轴等组成，如图 3-7 所示。

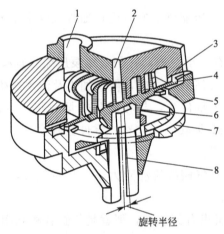

图 3-7　涡旋式热泵压缩机结构简图

1—吸气口；2—排气口；3—静涡旋盘；4—动涡旋盘；
5—机座；6—背压腔；7—十字滑环；8—曲轴

动、静涡旋盘的型线均是螺旋形，动涡旋盘相对静涡旋盘偏心并相错 180°对置安装。动、静涡旋盘在几条直线（在横截面上则是几个点）上接触并形成一系列月牙形空间，即基元容积。

动涡旋盘由一个偏心距很小的曲轴 8 带动，以静涡旋盘的中心为旋转中心并以一定的旋转半径作无自转的回转平动；两者的接触线在运转中沿涡旋曲面不断向中心移动，它们之间的相对位置借安装在动、静涡旋盘之间的十字滑环 7 保证。该环上部和下部十字交叉的突肋分别与动涡旋盘下端面的键槽及机座上的键槽配合并在其间滑动。

吸气口 1 设在静涡旋盘的外侧面，并在顶部端面中心部位开有排气口 2。压缩机工作时，制冷剂气体从吸气口进入动、静涡旋盘间最外圈的月牙形空间；随着动涡旋盘的运动，气体被逐渐推向中心空间；其容积不断缩小、压力不断升高，直至与中心排气口相通，高压气体被排出压缩机。

2. 工作过程

利用动涡旋盘和静涡旋盘的啮合，形成多个压缩腔；随着动涡旋盘的回转平动，使各压缩腔的容积不断变化来压缩气体，如图 3-8 所示。

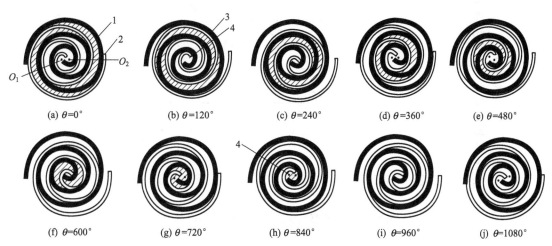

(a) $\theta=0°$ (b) $\theta=120°$ (c) $\theta=240°$ (d) $\theta=360°$ (e) $\theta=480°$

(f) $\theta=600°$ (g) $\theta=720°$ (h) $\theta=840°$ (i) $\theta=960°$ (j) $\theta=1080°$

图 3-8　涡旋式热泵压缩机工作过程示意图
1—静涡盘；2—动涡盘；3—压缩室；4—排气口

在涡旋式热泵压缩机中，吸气、压缩、排气等过程是同时和相继在不同的月牙形空间中进行的，外侧空间与吸气口相通，始终进行吸气过程。所以，涡旋式热泵压缩机基本上是连续地吸气和排气，并且从吸气开始至排气结束需经动涡旋盘的多次回转平动才能完成。

3. 特点

涡旋压缩机具有下列特点：

① 运行效率高；

② 力矩变化小、振动小、噪声小；

③ 结构简单、体积小、质量轻、可靠性高；

④ 对液击不敏感；

⑤ 采用一种背压可自动调节的可控推力机构，这样可保持轴向密封，减少机械损失，防止异常高压，确保压缩机安全；

⑥ 便于采用气体注入循环；

⑦ 制造需要高精度的加工设备及方法以及精确的调心装配技术，并且成本也较高。

4. 运行特性

常规热泵涡旋式压缩机运行范围如图 3-9 所示。

（三）螺杆式压缩机

螺杆式热泵压缩机是指用带有螺旋槽的一个或两个转子（螺杆）在气缸内旋转使气体压缩的热泵压缩机。螺杆式热泵压缩机属于工作容积作回转运动的容积型压缩机，按照螺杆转子数量的不同，螺杆式压缩机有双螺杆、单螺杆及三螺杆三种。双螺杆式压缩机简称螺杆式压缩机，由两个转子组成，而单螺杆式压缩机由一个转子和两个星轮组成。

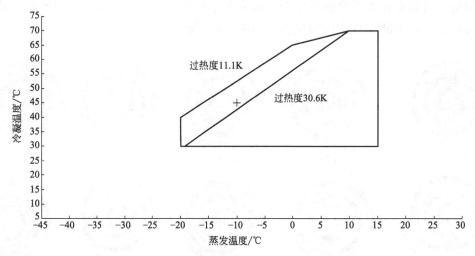

图 3-9 常规热泵涡旋式压缩机运行范围（R22）

1. 基本结构

螺杆式压缩机是依靠容积的改变来压缩气体的，开启式结构如图 3-10 所示。它由机壳、阳转子、滑动轴承、滚动轴承、调节滑阀、轴封、平衡活塞、调节滑阀控制活塞、阴转子等零件组成。

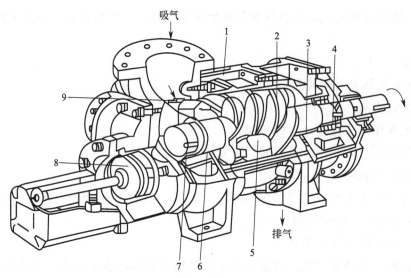

图 3-10 开启式螺杆热泵压缩机的结构

1—机壳；2—阳转子；3—滑动轴承；4—滚动轴承；5—调节滑阀；

6—轴封；7—平衡活塞；8—调节滑阀控制活塞；9—阴转子

2. 工作过程

螺杆式压缩机工作过程如图 3-11 所示。

（1）吸气过程

阴、阳转子各有一个基元容积共同组成一对基元容积。当该基元容积与吸入口相通时，气体经吸入口进入该基元容积对。因转子旋转，转子的齿连续地脱离另一转子的齿槽，使齿间基元容积逐渐扩大，气体不断地被吸入，这一过程称为吸气过程；当转子旋转一定角度后，齿间基元容积达最大值，并超过吸入孔口位置，与吸气孔口断开，吸气过程结束（压缩过程开始），此时阴、阳转子的齿间容积彼此并未相通。

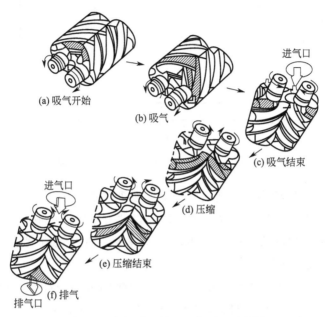

图 3-11　螺杆式压缩机工作过程示意图

（2）压缩过程

转子继续转动，两个孤立的齿间基元容积相互连通；随着两转子相互啮合，基元容积不断缩小，气体受到压缩，该压缩直到转子旋转到使基元容积与排气孔口相通的一瞬间为止。

（3）排气过程

当基元容积和排气孔口相通时，排气过程开始，该过程一直进行到两个齿完全啮合、基元容积对的容积值为零时为止。

依靠啮合运动着的一对阴、阳转子，借助它们的齿、齿槽与机壳内壁构成的呈"V"字形的一对齿间容积呈周期性大小变化，来完成制冷剂气体吸入—压缩—排出的工作过程。

3. 运行特性

热泵压缩机的制热量和轴功率随着不同的工况而变化，因此说明制热量和轴功率时，必须说明这时的工况。在热泵压缩机的铭牌上记有名义工况制热量及其轴功率。我国国家标准 GB/T 19410—2008《螺杆式制冷压缩机》规定了螺杆式热泵压缩机名义工况及设计和使用条件。常规热泵螺杆式压缩机运行范围如图 3-12 所示。

4. 特点

（1）优点

① 与活塞式热泵压缩机相比，螺杆式热泵压缩机的转速较高（通常在 2000r/min

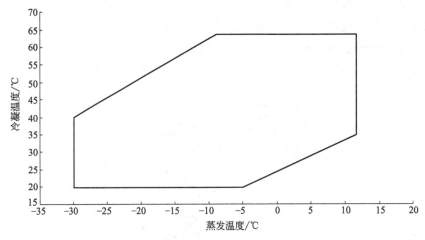

图 3-12 常规热泵螺杆式压缩机运行范围

以上），又有质量轻、体积小、占地面积小等一系列优点，因而经济性较好；

② 螺杆式热泵压缩机没有往复质量惯性力，动力平衡性能好，故基础可以很小；

③ 螺杆式热泵压缩机结构简单紧凑、易损件少，所以运行周期长、维修简单、使用可靠，有利于实现操作自动化；

④ 螺杆式热泵压缩机对进液不敏感，可采用喷油或喷液冷却，故在相同的压力比下，排气温度比活塞式热泵压缩机低得多，因此单级压力比高；

⑤ 与离心式热泵压缩机相比，螺杆式热泵压缩机具有强制输气的特点，即输气量几乎不受排气压力的影响，在较宽的工况范围内，仍可保持较高的效率。

（2）缺点

① 由于气体周期性地高速通过吸、排气孔口及通过缝隙的泄漏等原因，使压缩机有很大的噪声，需要采取消音或隔音措施；

② 要求精度较高的螺旋状转子，这样就需要有专用设备和刀具来加工；

③ 由于间隙密封和转子刚度等的限制，目前螺杆式热泵压缩机还不能像活塞式热泵压缩机那样达到较高的终了压力；

④ 由于螺杆式热泵压缩机采用喷油方式，需要喷入大量油而必须配置相应的辅助设备，从而使整个机组的体积和质量加大。

第三节 蒸发器和冷凝器

蒸发器和冷凝器是热泵机组四大件中的两大件，它们的传热效果直接影响热泵机组的性能以及运行经济性。

蒸发器的作用是让制冷剂蒸发吸收热量。冬季供热时，蒸发器从室外空气中吸取热量，起提取热量的作用；夏季制冷时，蒸发器从室内空气中或室内末端循环的水中吸取热量，实现制冷目的。冷凝器的作用是将压缩机排出的高压制冷剂蒸气冷凝成液体。冬季供热时，冷凝器加热室内空气或室内末端中循环的水，实现制热目的；夏季制冷时，冷凝器将制冷剂冷凝产生的热散到室外空气中去。

蒸发器和冷凝器都是换热器，空气源热泵的换热器分为外换热器和内换热器。外换热器位于室外，用于制冷剂与室外空气之间的换热，冬季用于蒸发器，夏季用于冷凝器，目前最常用的是带翅片的管式换热器，简称翅片管换热器；内换热器位于室内，用于制冷剂与室内空气或室内末端中循环水之间的换热，冬季用于冷凝器，夏季用于蒸发器，目前常用的主要有壳管式换热器、套管式换热器、板式换热器等。

热泵装置的换热设备与其他热力装置中的换热设备相比，具有以下特点：

① 热泵装置的压力、温度范围比较窄。

② 介质之间的传热温差较小。小温差换热导致设备的热流密度小、传热系数低，换热面积增大，设备体积增加；而提高传热温差则加大热泵循环的不可逆损失，整机运行不经济。因此，强化换热、改进结构形式和加工工艺，是设计和制造换热设备的正确途径。

③ 要与热泵压缩机匹配。换热设备性能的优劣，不仅要考虑传热系数、流动阻力、单位材料耗量和单位外形体积等，同时还要考虑导致热泵压缩机所耗功率的变化。

冷凝器和蒸发器等换热设备在热泵系统中具有比较重要的作用。换热设备的选用与其用途、传热介质的类型、流动方式和传热特性有关，同时不同形式的热泵装置使用的换热器多种多样，本节只着重介绍氟利昂蒸气压缩式热泵装置涉及的典型制冷剂/水换热用冷凝器和蒸发器。

由表 3-2 可见，空气源热泵系统所选用的换热器为室外空气/制冷剂换热器、室内空气/制冷剂换热器和水/制冷剂换热器。通常，空气/制冷剂换热器形式为铜管与铝翅片组成的翅片管换热器。水/制冷剂换热器形式为水冷壳管式换热器、套管式换热器和钎焊板式换热器。本节将简单归纳总结几种典型换热器的结构特点和性能特点。

表 3-2　空气源热泵的蒸发器与冷凝器

空气源热泵种类	冬季供热运行情况		夏季制冷运行工况	
	蒸发器	冷凝器	蒸发器	冷凝器
空气/空气	室外空气/制冷剂换热器	室内空气/制冷剂换热器	室内空气/制冷剂换热器	室外空气/制冷剂换热器
空气/水	室外空气/制冷剂换热器	水/制冷剂换热器	水/制冷剂换热器	室外空气/制冷剂换热器

一、室外翅片管换热器

（一）室外翅片管换热器的结构特点

图 3-13 给出了空气源热泵机组一种典型的室外侧翅片管换热器结构。冬季供热情况运行时，室外空气在风机的作用下从管外肋片流过而被冷却，制冷剂在管内流动并蒸发吸热，因此，又称为直接膨胀式盘管。夏季制冷模式运行时，室外空气在风机的作用

下从管外肋径向流过而带走冷凝热，制冷剂气体在管内冷却、冷凝甚至过冷，因此又称风冷冷凝器。

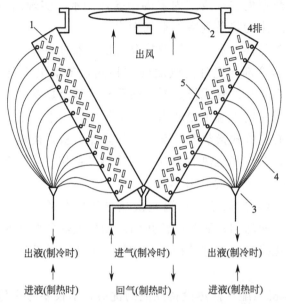

图 3-13　空气源热泵室外侧翅片管换热器
1—翅片管；2—轴流风机；3—分液器；4—毛细管；5—集液管

目前，空气源热泵机组室外翅片管换热器基本上都采用在铜管上套整张铝翅片的结构。美国资料认为，铜管管径 10～16mm（3/8～5/8in，1in＝2.54cm），片厚为 0.15mm（0.006in），片间距为 1.5～2.3mm（12～18 片/in）。德国资料认为铜管管径最好在 12～18mm 之间，管间距 25～50mm，肋片间距 2.5～5mm。但国内一些资料给出铜管管径为 8～16mm，片间距通常为 2～3mm；蒸发温度低于 0℃时，为避免因肋片结霜堵塞空气流动，片距需要加大。在一般结霜区（如上海、杭州等）建议翅片间距 2.5mm、3mm；在重结霜区（如成都、长沙等）建议取 3.5mm、4mm；在轻结霜区（如桂林等）建议取 2mm。

(二) 强化换热的方法

翅片管式换热器换热效率的提升有助于提高系统整体性能。室外机需要在干工况、湿工况、结霜工况下工作，管内换热介质为制冷剂，管外换热介质为空气。对于干工况，管内走制冷剂，因为存在相变，其换热系数远大于空气；对于湿工况，空气侧热阻约占翅片管式换热器总热阻的 50%～85%，其传热过程不可逆损失的影响远大于管内制冷剂侧；对于结霜工况，与湿工况相差了一个液固相变潜热，与水蒸气的液化潜热 2506kJ/kg 相比，液固相变潜热仅为水蒸气的 13.3%（334kJ/kg），故与湿工况的情况类似，空气侧热阻占主导。综上，无论在什么工况下工作，翅片管式换热器的主要热阻均存在于管外的空气侧；需要采取措施来增加换热面积或强化翅片表面空气扰动，从而提高空气侧传热效率。

为了强化翅片管换热器的蒸发与冷凝换热，提高翅片管换热器的传热系数，通常采取的技术措施有：

1. 采用高性能铝翅片

室外侧的翅片管换热器在空气流动的一侧，往往要加上翅片，以扩大传热面积。这是因为空气侧的表面换热系数比制冷剂在管内蒸发或冷凝时的表面换热系数小得多。同时，提高空气侧翅片的换热特性也是十分重要的技术措施。其方法一般有两种，一是增加空气侧的扰动，铝翅片都冲压成波纹片；二是将翅片表面沿气流方向逐渐断开，以阻止表面流动边界层的发展，使气流在各冲条部分形成新的边界层，即不断利用冲条前缘效应。

2. 用内肋管换热器代替光管换热器

所谓的内肋管是指铜管内表面开有多条螺旋槽的传热管。如图 3-14 所示，根据槽面的齿形不同，分为普通内肋管、EX 内肋管、HEX 内肋管等多种。内肋换热管表面面积比同样内径的光管内壁管面积大，同时内壁的螺旋槽强化了管内的蒸发与冷凝换热，基于上述两原因，内肋管蒸发与冷凝时的表面放热系数要比光管大得多。由图 3-15（a）可看出：当制冷剂在管内的质量流量为 $200\text{kg}/(\text{m}^2 \cdot \text{s})$ 时，光管、普通内肋管、EX 内肋管、HEX 内肋管蒸发时的内表面换热系数之比为 $1:2:2.5:3.2$；由图 3-15（b）可看出：当制冷剂在管内的质量流量为 $200\text{kg}/(\text{m}^2 \cdot \text{s})$ 时，光管、普通内肋管、EX 内肋管、HEX 内肋管冷凝时的内表面换热系数之比为 $1:2:2.3:2.7$。

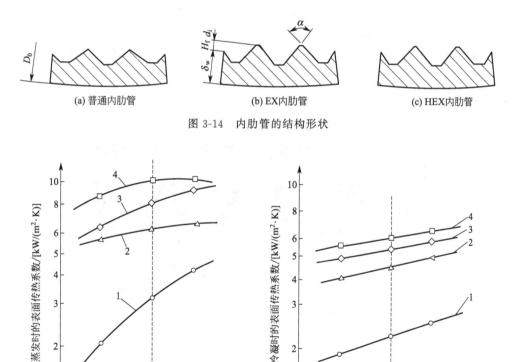

(a) 普通内肋管　　　(b) EX内肋管　　　(c) HEX内肋管

图 3-14　内肋管的结构形状

(a) 蒸发换热系数　　　(b) 冷凝换热系数

图 3-15　光管和三种内肋管蒸发与冷凝时的表面换热系数

1—光管；2—普通内肋管；3—EX 内肋管；4—HEX 内肋管

3. 室外侧的翅片管换热器上设置分液器和毛细管

室外侧的翅片管换热器中制冷剂分为若干个通路，每个通路制冷剂分配是否均匀直接关系到室外侧翅片管换热器的换热效果。为此，室外侧翅片管换热器上设置分液器和毛细管，如图 3-13 所示。在冬季室外侧翅片管换热器作为蒸发器用，经节流后制冷剂气液混合物通过分流器和毛细管分配到每一通路中，以保证每一路的制冷剂质量流量相等、气液比例相同。在夏季室外侧翅片管换热器作为冷凝器用，分液器和毛细管增加了其换热器每一通路的出口阻力，使每一路的阻力损失基本相同。因此，压缩机排气经集液管（图 3-13）均匀分配到每一通路中，进行冷凝。

4. 采取技术措施，改善室外侧翅片管换热器迎面风速的均匀性

室外侧翅片管换热器迎风面风速均匀性的优劣直接影响其换热器的换热性能。因此，应注意下述问题。

空气源热泵机组室外侧翅片管换热器应选用大直径、小叶片扭角、低转速的轴流风机，既要保证足够大的室外空气量，又要降低噪声。足够大的风量是保证其换热器迎风面风速均匀的因素之一。根据经验，空气源热泵机组所配轴流风机风量与标准制冷量（环境 35℃，出水 7℃）之比（称风冷比）为 $0.071\sim0.095\text{m}^3/\text{kg}$。

室外侧翅片管换热器的轴流风机大部分安装在其换热器的顶部，小型机组安装在侧面；无论哪种安装方式，翅片管盘管总是位于轴流风机的吸气端，以保证室外空气均匀地通过翅片管盘管，从而确保换热效果良好。

空气源热泵机组室外侧翅片管换热器的排列方式有直立式、V 形、L 形和 W 形。对于 W 形排列方式常因内侧回风面积小，导致内侧回风不均匀，因此，在新型结构设计中，加大了内侧回风面积，从而改善了内侧气流分布的均匀性，如图 3-16 所示。该结构采用专利 W 形全新换热器结构，气流分布均匀，换热效率提高 18%。

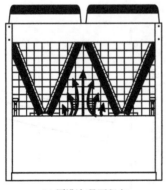 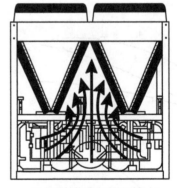

(a) 原设计(见面积小)   (b) 新型结构设计(回风面积大)

图 3-16 W 形排列改善内部气流分布示意图

5. 过冷段翅片管换热器有助于提高空气源热泵机组性能系数

众所周知，节流损失、过热损失是蒸汽压缩式热泵循环性能系数偏离逆卡诺循环的主要原因。要提高循环效率，必须从减少节流损失和过热损失着手。使高压的制冷剂冷凝液体在节流前进一步冷却成过冷液体是减少节流损失的有效措施。为此，空气源热泵机组室外侧翅片管换热器带有过冷盘管，如图 3-17 所示，通过单向阀或单向阀组实现制冷和制热两种工况下的节流前再冷却。实验结果表明，在制热模式下，过冷段翅片管换热器可使系统性能系数（COP 值）提高约 19%，并具有有效延缓结霜功能。

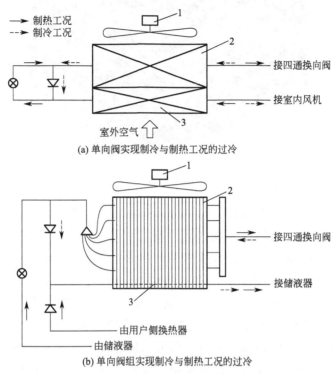

(a) 单向阀实现制冷与制热工况的过冷

(b) 单向阀组实现制冷与制热工况的过冷

图 3-17　过冷段翅片管换热器原理图

1—轴流风机；2—室外侧翅片管换热器；3—过冷盘管

6. 变间距翅片管换热器

哈尔滨工业大学热泵技术研究所于 20 世纪末至 21 世纪初开展了有关霜在翅片管换热器不同管排之间积累量的研究，其研究结果见表 3-3。由表可见，无论何种工况，换热器在单位时间的总结霜量都主要集中在前面的第一、第二排管子上，因此，目前设计的空气侧翅片管换热器等片距结构形式与结霜规律不符合，会导致除霜频率大，除霜次数增多。可喜的是，在 2014 年第 25 届"中国制冷展"上，美的、德州亚太集团、顿汉布什等产商展出了变片距翅片管换热器，如图 3-18 所示。

表 3-3　每排管单位时间内结霜量占总结霜量的百分比

工况\排数	第一排	第二排	第三排	第四排
工况 A	41.67%	36.11%	19.44%	2.78%
工况 B	40.74%	37.04%	18.52%	3.70%
工况 C	39.47%	32.35%	25.36%	2.82%

注：工况 A：空气温度 0℃，空气湿度 60%，$t_e = -13$℃，$t_c = 50$℃；工况 B：空气温度 -4℃，空气湿度 65%，$t_e = -17$℃，$t_c = 50$℃；工况 C：空气温度 -4℃，空气湿度 75%，$t_e = -17$℃，$t_c = 50$℃。

7. 冷热兼顾

在室外侧翅片管换热器的实际设计中，除了要采取上述的强化换热器技术措施外，

图 3-18　空气源热泵系统变片距翅片管换热器

还要注意同时兼顾制冷和制热两种不同工况对室外侧翅片管换热器提出的不同要求。一般情况下，可按照夏季标准制冷模式风冷冷凝器计算，进出口空气温差可取 8～10℃；迎面风速可取 2.0～3.5m/s；管排数除热泵型房间空调器（空气/空气热泵）和小型空气源热泵冷热水机组（空气/水热泵机组）可取 2～3 排外，一般对于大型空气源热泵冷热水机组的室外侧翅片管换热器可取 3～5 排。每分路制冷剂在管内的压力损失一般要求不超过 0.03～0.04MPa。根据经验，按夏季风冷冷凝器设计的空气源热泵冷热水机组室外侧换热器在冬季按制热模式运行，作为蒸发器使用，室外侧翅片管换热器面积是比较富裕的。但为了安全，建议再按冬季制热模式蒸发器进行校核计算，取其大者作为选用室外侧翅片管换热器的依据。

8. 开孔翅片

为强化空气侧传热，研究人员对平直翅片的片型进行了大量改进，研发了多孔翅片、锯齿翅片、波纹翅片、钉状翅片、百叶窗翅片、开缝翅片、带涡旋发生器翅片以及开孔翅片等。研究表明，开孔翅片能够增强扰动翅片表面气流流动，破坏边界层的发展，在阻力增加不大的情况下，有效强化换热，尤其是结霜工况下仍能保持良好的强化换热特征。

（三）翅片片型

为强化传热，研究人员对室外翅片换热器的翅片进行了大量改进，例如通过波纹翅片延长空气的流线，通过间断翅片（如开缝翅片、百叶窗翅片等）破坏流体的边界层，通过带涡流发生器翅片产生纵向和横向的涡流等形式强化翅片管式换热器的换热性能。到目前为止，翅片片型主要包括以下几种：平直翅片、多孔翅片、锯齿翅片、波纹翅片、钉状翅片、百叶窗翅片、开缝翅片、带涡旋发生器翅片以及开孔翅片等。空气源热泵室外换热器常用的翅片类型主要包括：平直翅片、波纹翅片、百叶窗翅片和开缝翅片等，如图 3-19 所示。

1. 平直翅片

如图 3-19(a) 所示，平直翅片是最早开发出来的翅片形式；因其结构简单、持久耐

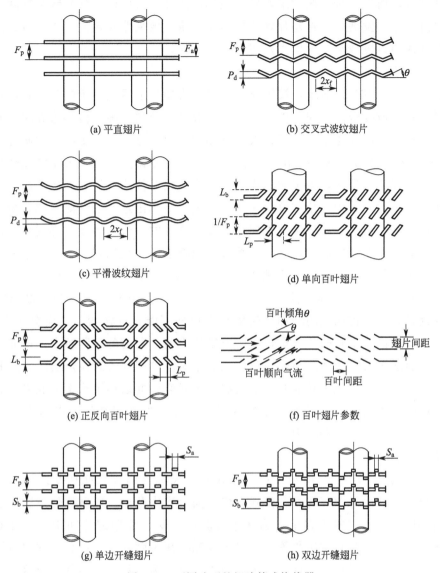

(a) 平直翅片   (b) 交叉式波纹翅片

(c) 平滑波纹翅片   (d) 单向百叶翅片

(e) 正反向百叶翅片   (f) 百叶翅片参数

(g) 单边开缝翅片   (h) 双边开缝翅片

图 3-19　不同片型的翅片管式换热器

用、适用范围广，至今仍是使用率最高的片型。为获得最大换热的同时，尽量减少摩擦阻力，人们对翅片间距、翅片厚度、基管排列方式以及基管形状等参数进行了大量研究。针对翅片间距和翅片厚度对换热效果和摩擦阻力的影响存在不同的观点：翅片间距和翅片厚度对换热效果和摩擦阻力的影响不显著，甚至可以忽略不计，这得到 Rich、Wang 等人的研究成果支持；翅片间距和翅片厚度可以显著影响换热器的换热效果和摩擦阻力，翅片间距与对流换热系数、摩擦阻力呈反相关，翅片厚度与对流换热系数也呈反相关，Abu-Madi 等人、Gray 等人、Yan 等人的研究成果为该观点提供了证据。经分析可发现，造成这些研究成果不一致，甚至相互矛盾的主要原因在于试验的不确定性和试件几何结构的差异等因素。目前主流观点是，换热因子与翅片间距相互独立，摩擦因子与翅片间距呈负相关。对于基管排列方式来说，叉排能够有效降低层流情况下换热效果较弱的区域，所以叉排换热效果要好于顺排。此外，人们还对管排数和管间距进行了研究。经过多年的发展，平直翅片管式换热器的研究成果非常丰硕，也相对成熟，流动和换热关联式精确度较高，可以直接用于工程计算。

2. 波纹翅片

如图 3-19(b) 和(c) 所示，波纹翅片是在平直翅片上压成一定的波形，使得流体在弯曲流道中不断改变流动方向，以促进流体的湍动，分离和破坏传热边界层；其效果相当于翅片的折弯，波纹越密、波幅越大其传热性能就越好。对波纹翅片的研究可追溯到1987 年 Beecher 的研究，随后 Kim 等人在 Beecher 的基础上首次拟合了波纹翅片换热和流动特性的关联式。后来，关于波形通道和波峰形状对换热特征和摩擦系数的影响，人们展开了大量研究。其中三角波纹和正弦波纹翅片表现出最好的性能，成为最具有代表性的两种波纹翅片形式。相比于平直翅片，波纹翅片的对流换热系数得到显著提升，但是因为波形通道和波峰的影响，其摩擦系数或压降也随之大幅增加，由此带来的换热性能提升量甚至不足以弥补额外的机械耗功量。例如，Ali 等人的试验结果表明，换热性能提升了 $140\%\sim240\%$，而摩擦系数却增加了 $130\%\sim280\%$。波纹翅片摩擦阻力增大的主要原因是，随着雷诺数的增加，流体在拐角处不能充分转弯，从而会产生横向涡，使得其阻力明显高于平直翅片。可视化研究结果表明，通道的间距越大，横向涡的发展越充分，会引起更大的压降。与此同时，人们还对波纹翅片管式换热器的传热和阻力关联式，翅片间距、管排数等其他几何参数展开了研究，并取得了丰富的成果。波纹翅片以后主要的研究方向在于继续改进波纹通道或者翅片的几何结构，以消除横向涡的影响，降低其翅片表面的流动阻力。

3. 百叶窗翅片

如图 3-19 中 (d)~(f) 所示，百叶窗式翅片又称为鳞片式或切断式翅片，其特点是在平直翅片上冲出等距离的百叶窗式栅格，向流道内凸出，以破坏传热边界层，强化翅片的传热性能。人们的研究重点为基于试验的方法，采用翅片间距、百叶间距、角度、基管管径、管间距和雷诺数等参数对流动和换热关联式进行拟合，并取得了较好的成果。此外，模拟技术和理论计算也被广泛用于百叶窗翅片几何参数以及这些参数组合（例如翅片间距与百叶间距的比值、翅片间距与翅片厚度的比值等）对百叶窗翅片管式换热器换热和流动特性影响的研究，取得了大量的成果。对于百叶窗翅片，在翅片尺寸相同的情况下，栅格越多传热效果越好，但阻力也越大。

4. 开缝翅片

如图 3-19(g) 和(h) 所示，开缝翅片属于间断翅片的一类。Nakayama 等人于 1983年首先对开缝翅片管式换热器展开研究。相比于平直翅片管式换热器，开缝翅片管式换热器对流换热系数提升了 78%，优化后，对流换热系数的提升幅度可达 150% 以上。与波纹翅片、百叶窗翅片的情况相同，开缝翅片的强化换热效果突出，但是流动阻力也是制约其应用的重要因素之一。为此，人们对开缝方式、不同片型组合、翅片间距、管排数等进行了优化研究；Yun 等人通过采用正交试验法对开缝翅片管式换热器的对流换热系数和压降进行了试验研究，并拟合出开缝翅片换热和流动的关联式。

5. 开孔翅片

针对平直翅片开孔的目的是，在干/湿工况下具有比平直翅片优越的强化换热性能；在结霜工况下，霜层不易堵塞小孔，在除霜周期内仍能维持优良的强化换热特征。分析现有研究成果可知，开孔位置、孔型、孔径对翅片的强化换热效果影响显著。李大伟对不同的孔型（圆孔、椭圆孔、三角孔）进行了数值模拟和试验研究，强化换热效果差别较大；其中圆孔和椭圆孔的强化换热效果较好，而三角形孔的换热效果较差。方赵嵩提出的三对称开圆孔方案，即基管前后分别开两个孔，基管中间开一个孔，强化换热效果较好。李腊芳分别对圆孔和椭圆孔的两种孔型进行了研究，孔径越大强化换热效果越好，但未得到实验验证。

开孔翅片也属于间断翅片，其主要强化换热思想是在平直翅片上冲出许多孔洞（例如圆形、椭圆形、三角形等），翅片上的小孔能够不断吞吐空气，引起二次流频繁破坏换热和流动边界层的发展，以较小的阻力增加代价获得翅片管换热性能较大幅度的提高。对于开孔翅片的研究主要集中在孔型、孔径、开孔位置、开孔密度等方面。张来等人发现扰流孔尺寸比孔位置对换热效果的影响更大。Karabacak等人在圆形翅片管上开6mm直径的圆孔，并对圆孔的位置进行了优化设计。Li等人在翅片表面开三角形孔，采用场协同理论对开孔翅片的强化传热进行了解释。王厚华等人对冷风机上使用的大矩形平直翅片开孔进行了大量试验和理论分析，取得了丰富的科研成果。相比于波纹翅片、百叶窗翅片、开缝翅片等，开孔翅片的强化换热幅度较小，未能引起人们的广泛关注；但是它的优势在于强化换热的同时可有效控制阻力的增加，尤其是在不同工况下均表现出较优的性能，值得进一步开发利用。

（四）室外翅片管换热器的换热特性

1. 普通平直翅片的换热特性

机组冬季供热能力的大小与变化主要由室外侧翅片管换热器从室外空气中吸取热量的多少与变化决定。因此，了解室外侧翅片管换热器吸热能力随室外空气温度的变化规律十分重要。

某空气源热泵机组室外侧翅片管换热器面积为 $A(\text{m}^2)$，进出口空气的干球温度为 t_{a1}、t_{a2}，蒸发温度为 t_e，则其换热器（蒸发器）从室外空气吸取的热量 $Q_e(\text{W})$ 为：

$$Q_e = AK\Delta T = AK\left(\frac{t_{a1}+t_{a2}}{2}-t_e\right) \tag{3-1}$$

低温下室外侧翅片管换热器从室外空气吸取的热量可用于计算干工况下进出换热器的室外空气的算术平均温度，流过换热器迎面风速在 3m/s 左右时，传热系数 K 值约为 $29\text{W}/(\text{m}^2 \cdot \text{℃})$。

由热量热平衡关系可得流经室外侧翅片管换热器的室外空气量 $G(\text{kg/s})$ 为：

$$G = \frac{Q_e}{C_p(t_{a1}-t_{a2})} \tag{3-2}$$

由式（3-2）求出 t_{a2}，将 t_{a2} 代入式（3-1），经整理得：

$$Q_e = \frac{KA}{1-\dfrac{KA}{2C_p G}}(t_{a1}-t_e) \qquad (3-3)$$

式(3-3) 说明，当室外侧翅片管换热器（作蒸发器）的面积 A、风量 G、传热系数 K 值为定值时，从室外侧空气中吸取的热量 Q_e 仅随 $t_{a1}-t_e$ 变化而变化，并可画出分别以室外空气温度 t_{a1} 和蒸发器热量 Q_e 为横坐标和纵坐标的室外侧翅片管换热器（蒸发器）特性线簇，如图 3-20 所示。

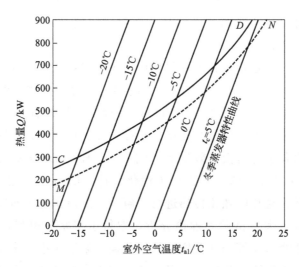

图 3-20　空气源热泵室外侧翅片管换热器（蒸发器）特性曲线

为了获得不同室外空气温度下空气源热泵能力的变化，可以先在图 3-20 中给出制冷机供冷量线，即根据所采用的制冷机产品性能曲线，按不同蒸发温度和冷量 Q 在图中画出等冷凝温度线 MN，该线说明了在固定的冷凝温度 t_c 下，不同 t_{a1} 的制冷机冷量；然后根据不同蒸发压力 p_e 和冷凝压力 p_c 条件下 $Q_c=AQ_e$ 的关系，可画出空气源热泵随室外空气温度变化的供热能力（Q_c）变化曲线 CD。

2. 翅片片型的影响

上文中提到除了平直翅片，相关研究者还设计了很多特殊片型用以强化制冷剂和空气之间的换热。但是通过研究也发现，强化换热的同时会导致空气阻力的增加，空气阻力的增加又会影响空气源热泵运行的效率。强化换热的目标不仅仅要使其换热增强，而且要使其阻力增加较小，这样其综合性能才会提高。为评估不同片型和设计形式对空气源热泵性能的影响，Kayes 等人提出采用 j-f 因子分析翅片管式换热器性能。j 因子代表对流换热性能，f 因子代表流体的阻力代价，使用 j 和 f 因子随 Re 的分布曲线表示某一换热器的综合性能。

强化换热技术的有效性可用综合性能评价指标 j/f、$j/f^{1/2}$、$j/f^{1/3}$ 进行判断。采用 $j/f^{1/2}$ 作为综合性能评价指标，是根据多数情况下压降和速度的平方成正比的特点，定性地判断在相同压降条件下换热能力的增加是否大于阻力的增加；采用 $j/f^{1/3}$ 作为综合性能评价指标，是根据功耗和速度的三次方成正比的关系，定性地判断在相同热泵功率条件下换热能力的增加是否大于阻力的增加。

j/f 因子的计算公式具体如下：

平均当量换热系数 h_a：

$$h_a = \frac{Q}{A_{ft} \Delta T_{1m}} \tag{3-4}$$

式中　A_{ft}——换热总面积，为基管面积与翅片面积之和，m^2。

　　　ΔT_{1m} 对数平均温差，公式如下：

$$\Delta T_{1m} = \frac{T_{out} - T_{in}}{\ln \dfrac{T_{wall} - T_{in}}{T_{wall} - T_{out}}} \tag{3-5}$$

式中　T_{in}——模型进口空气温度，K；

　　　T_{out}——模型出口空气温度，K；

　　　T_{wall}——基管壁温，K。

　　　换热量 Q：

$$Q = C_p A_{in} \rho_a \mu_{in} \Delta T \tag{3-6}$$

式中　C_p——干空气比热容，kJ/(kg·K)；

　　　A_{in}——气流入口截面积，m^2；

　　　ρ_a——进出口空气的平均密度，kg/m^3；

　　　μ_{in}——进口空气速度，m/s；

　　　ΔT——进出口空气温差，$\Delta T = T_{out} - T_{in}$，K。

　　　雷诺数：

$$Re = \frac{U_m D_0}{v} \tag{3-7}$$

式中　U_m——最小流通面空气速度，m/s；

　　　v——空气运动黏度，m^2/s。

　　　其中，翅片和基管采用胀管的方式连接，翅片的翻边会增加基管的直径，故定型尺寸 D_0 定义为：

$$D_0 = D + 2\delta \tag{3-8}$$

式中　D——基管外径，m；

　　　δ——翅片厚度，m；

　　　努塞尔特数 Nu：

$$Nu = \frac{h_a D_0}{\lambda} \tag{3-9}$$

式中　λ——热导率，W/(m·K)。

　　　传热因子 j 和摩擦因子 f 分别由式(3-10) 和式(3-11) 计算：

$$j = \frac{Nu}{RePr^{1/3}} \tag{3-10}$$

$$f = \frac{A_{in}\rho_{in}}{A_t \rho_m} \left[\frac{2\Delta p}{G_{in}^2 \rho_{in}} - (1 + \sigma^2)\left(\frac{\rho_{in}}{\rho_{out}} - 1 \right) \right] \tag{3-11}$$

式中　j——传热因子；

　　　Pr——空气普朗特数，本文取 $Pr=0.7$；

　　　f——摩擦因子；

ρ_{in}，ρ_{out}——模型进出口空气密度，kg/m^3；

　　　G_{in}——最窄流通面空气质量流量，$kg/(m^2 \cdot s)$；

$$\sigma = \frac{A_m}{A_{in}} \tag{3-12}$$

式中　σ——横截面收缩比；

　　　A_m——最小流通面面积，m^2。

$$\Delta p = p_{in} - p_{out} \tag{3-13}$$

式中　Δp——进出口压力降，Pa；

　　　p_{in}——进口压力，Pa；

　　　p_{out}——出口压力，Pa。

文献 [64] 采用数值模拟的方法，利用综合性能指标 $j/f^{1/2}$ 和 $j/f^{1/3}$ 对开孔翅片在相同压降和相同泵功条件下的强化换热性能进行了分析。通过分析发现，开孔翅片的换热能力优于平直翅片。

二、微通道换热器

图 3-21 给出空气源热泵采暖系统的微通道换热器。它由铝材制成，重量轻、单位比面积大、换热效率高。2014 年第 25 届"中国制冷展"展示出的微通道换热器单位换热量重量比常规翅片管式换热器降低 60%左右，体积减小 50%以上，风机功率和制冷剂充注量大约减少了 50%。但是目前还存在排液困难、流道内制冷剂分配不均、没有妥善解决室外侧换热器的融霜问题等缺点。

图 3-21　空气源热泵采暖系统中的微通道换热器

三、卧式壳管换热器

大型空气源热泵的内换热器常用卧式壳管换热器。卧式壳管换热器有满液式和干式两种，如图 3-22 所示。满液式壳管换热器由于传热管与制冷剂液体充分接触，传热性能优于干式壳管换热器。但满液式制冷剂充注量多；受液柱的影响，下部蒸发温度略高一些；当润滑油与制冷剂溶解时，润滑油难以返回压缩机；水容量小，冻结危险性大。卧式壳管冷凝器结构与壳管蒸发器类似，都采用壳管与管束结构的设计。而在空气/水热泵中，壳管换热器交替用作蒸发器（制备冷冻水）与冷凝器（制备热水），因此，空气/水热泵所用壳管换热器要求既具有蒸发器的特点又要同时具有冷凝器的特点。干式壳管换热器具有此特点，因此，经常将干式壳管换热器用在即可供冷又可供热的空气/水热泵冷热水机组中。但是，在应用时还应注意由于换热器交替用作蒸发器或冷凝器时的许多不同因素，如回油问题、液滴与油滴的分离、循环辅助装置等。

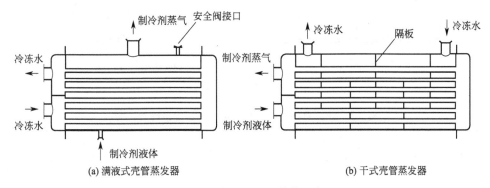

(a) 满液式壳管蒸发器   (b) 干式壳管蒸发器

图 3-22 壳管式换热器结构示意图

在空气/水热泵机组中的壳管换热器制成干式壳管蒸发器的形式。机组按制冷模式运行时，制冷剂由前端盖下部进入管内，经几个流程（如 2、4 流程等）后全部变为蒸气，并由上部引出。由于制冷剂在蒸发过程中比体积（蒸发的气体越来越多）逐渐增大，因此每个行程的管数也依次增多。而水在壳体内空间流动，为了提高水流速及换热效果，在壳体内装有多块折流板，见图 3-22(b)。机组按制热模式（热泵工况）运行时，气态制冷剂由前端盖上部进入管内，经几个流程后全部变为液体，由下部引出。这样，每个行程的管数变化正符合制冷剂气体不断冷凝为液体后，其比体积不断减小对流通断面的需求，而且上进下出有利于回油。

表 3-4 各种高效传热管的参数

管子形式	管子外径 d_0/mm	管壁厚 δ_g/mm	管子内螺纹特性			外螺纹特性	
			底壁厚 δ_d/mm	齿高 H_f/mm	螺旋角 β/(°)	波纹节距 P_h/mm	波纹深 H_c/mm
光管	16	0.9	0.9	—	—	—	—
波纹管	16	0.9	—	—	—	0.8	0.7
内螺纹管			0.8	0.3	18	0.8	0.7
波纹状内螺纹管							
铝芯内翅片管	5 翅铝芯内翅片管						

为了强化换热，壳管式换热器的换热管常用高效传热管（波纹管、内螺纹管、波纹状内螺纹管等）替代传统的光管。日本的日立公司研究所对图 3-23 所示的 4 种传热管和光管进行了 R22 在管内蒸发、管内冷凝时的传热系数 K 和压力损失 AP 试验。进行

试验管的参数见表 3-4，试验结果和比较见表 3-5 和表 3-6。

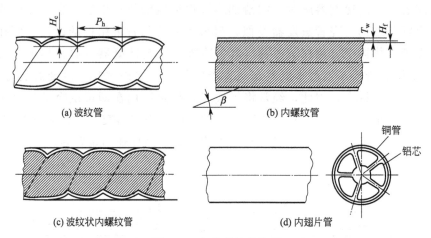

图 3-23　各种高效传热管

表 3-5　水换热器中各种高效传热管的传热性能比较

传热管名称	R22 管内冷凝		R22 管内蒸发	
	$g=180\text{kg}/(\text{m}^2 \cdot \text{s})$时的传热系数 /[kW/(m² · K)]	传热性能比	$g=180\text{kg}/(\text{m}^2 \cdot \text{s})$时的传热系数 /[kW/(m² · K)]	传热性能比
光管	1.23	0.49	1.70	0.71
波纹管	2.00	0.80	2.30	0.96
5 翅铝芯内翅片管	2.49	1.00	2.40	1.00
内螺纹管	2.53	1.02	3.00	1.25
波纹状内螺纹管	3.14	1.26	3.40	1.42

表 3-6　水换热器中各种传热管的压力损失比较

传热管名称	R22 管内冷凝		R22 管内蒸发	
	$g=180\text{kg}/(\text{m}^2 \cdot \text{s})$时的 压力损失/kPa	压力损失比	$g=180\text{kg}/(\text{m}^2 \cdot \text{s})$时的 压力损失/kPa	压力损失比
光管	0.87	0.56	4.4	0.61
波纹管	1.50	0.97	5.4	0.75
5 翅铝芯内翅片管	1.55	1.00	7.2	1.00
内螺纹管	0.93	0.60	4.4	0.61
波纹状内螺纹管	1.50	0.97	5.4	0.75

对于空气/水热泵机组中的壳管式换热器采用波纹状内螺纹比较合适，其特点是：

① 与铝芯内翅片管比较，R22 在管内蒸发时表面传热系数 α_r 提高约 42%，在管内冷凝时表面传热系数 α_c 提高约 26%。

② 制冷剂在管内蒸发和冷凝时的压力损失与波纹管差不多，但与铝芯内翅片管相比，管内蒸发时压力损失减小约 20%，管内冷凝时压力损失减少约 3%。

③ 加工和制造费用比铝芯内翅片管更便宜。

④ 在任何部位都可不压波纹以便于加工（如扩管和弯曲等）。

目前，管侧走水、壳侧走制冷剂的壳管式换热器（如满液式蒸发器）在热泵冷热水机组中也常被采用，但对于壳侧管束外蒸发、冷凝换热尚缺乏深入的研究。

四、套管式换热器

小型空气/水热泵机组常用套管式换热器作为制冷剂/水换热器用。它的结构如图 3-24 所示。其结构特点是用一根大直径的金属管（一般为无缝钢管），内装一根或几根小直径铜管（光管或低肋管），然后再盘成圆形或椭圆形。水在小管内流动，其流动方向自下而上。制冷剂在大管内小管外的空间流动，机组制热模式运行时，制冷剂气体由上部进入，凝结后的制冷剂液体由下部流出；机组制冷模式运行时，节流后的低压液体制冷剂由下部进入，而蒸发后的气态制冷剂由上部流出。

套管式换热器与壳管式换热器相比，其优点是结构简单、紧凑、易于制造，占地少、传热性能好；它的缺点是水的流动阻力大，金属耗量大。这类换热器适用于 1～180kW 范围内的小型空气源冷热水机组。

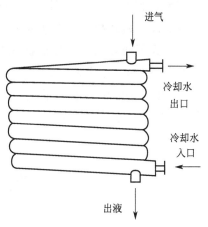

图 3-24　套管式换热器结构热泵
工况（作冷凝器用）

五、焊接板式换热器

焊接板式换热器是一种高效、节能、紧凑的换热器，它通常有两类，一是半焊接板式换热器，二是全焊接板式换热器。

半焊接板式换热器的结构是每两张波纹板片用激光焊接在一起，构成完整密封的板组，然后将它们组合在一起，彼此之间用密封垫片密封。这种半焊接板式换热器是由焊接形成的板间通道和密封垫片密封的板间通道交替组合而成的。高压的制冷剂走焊接的板间通道，而水走密封垫片密封的板间通道。

全焊接板式换热器的结构是将板片钎焊在一起，故又称为钎焊板式换热器。由于采用焊接结构，可使其工作压力最高达到 3.0MPa，而工作温度高达 400℃；但制造困难，板片破损也无法修理。

焊接板式换热器的优点：

① 结构紧凑性高。与壳管式换热器相比，焊接板式换热器的重量几乎可减轻 70%，安装空间可减小 25%～50%。

② 充注量小。通常制冷剂的充注量只有壳管式换热器的 25%～40%。

③ 传热特性高。在板式换热器中，由于受迫紊流和小的水力直径，它的传热效率很高、传热系数大。

在小型空气/水热泵机组中，焊接板式换热器交替作为冷凝器与蒸发器用。由于焊接板式换热器的结构特点对作为蒸发器与冷凝器时将会有不同的特殊要求，因此，在系统设计中应注意：

① 焊接板式换热器作为冷凝器使用时（机组按照制热模式运行时），制冷剂上进下出，水下进上出；作为蒸发器使用时（机组按制冷模式运行），制冷剂的流动方向相反，

下进上出，而水流方向不变。

② 因为焊接板式换热器的内容积很小，所以制冷剂蒸气在其中冷凝后必须及时排出，否则冷凝液可能淹没其中一部分传热面，影响换热效果。因此，使用焊接板式换热器作为冷凝器时一般都要设置储液器。

③ 焊接板式换热器必须竖直安装，否则将导致制冷剂分配不均匀。

④ 为了防止板式蒸发器被冻结，常采取的技术措施有：在进水管上装 16～20 目的过滤器，以防水中杂质堵塞板式换热器而引起冻结；选用换热面积较大的焊接板式换热器，可在较小的传热温差下运行，以提高蒸发温度，减小结冰的危险；在可能的情况下，适当加大水流量等。

第四节　其他部件

一、节流装置

（一）节流装置的功能

本章开始已指明，空气源热泵机组的流程与组成基本同于风冷的蒸气压缩式制冷系统。因此，除了压缩机、蒸发器和冷凝器外，还必须有节流装置。其功能有：

① 节流降压。对高压液体制冷剂进行节流降压，保证冷凝器与蒸发器之间的压力差。机组按制热模式运行时，由于节流装置的节流降压，实现了空气源热泵从室外空气中吸取热量的功能。

② 控制流量。调节供入蒸发器的制冷剂流量以适应机组蒸发器负荷变化的需要，即随着蒸发器热负荷的变化，节流装置供液量也要相应地变化，使其流量与蒸发器的负荷相匹配。机组按制冷模式运行时，若供液量小了，会使制冷量不足；若供液量多了，会引起湿压缩。基于节流装置有控制进入蒸发器制冷剂质量流量的功能，故有时也将它称为流量控制机构。

③ 控制过热度。膨胀阀（热力式、电子式、热电式）还具有控制蒸发器出口制冷剂过热度的功能，既保证蒸发器传热面积的充分利用，又防止压缩机湿压缩的发生。

（二）常用的节流装置形式

空气源热泵机组常用的节流装置框图如图 3-25 所示。

（三）节流装置在空气源热泵中的设置方式

众所周知，空气源热泵机组是用四通换向阀实现制热模式与制冷模式转换的，也就是说热泵循环是四通换向阀使制冷循环反向循环而实现的。这导致系统中室外侧换热器（或用户侧换热器）交替作为蒸发器与冷凝器使用，这将使节流装置处的制冷剂流动方向相反，如图 3-26 所示（制冷模式时，制冷剂流向为 $A \to B$，制热模式时 $B \to A$）。并且其压力条件也随工况的不同而变化。因此，在空气源热泵机组中对节流装置的设置与选择应给予相应的考虑。现将通用做法归纳总结如下。

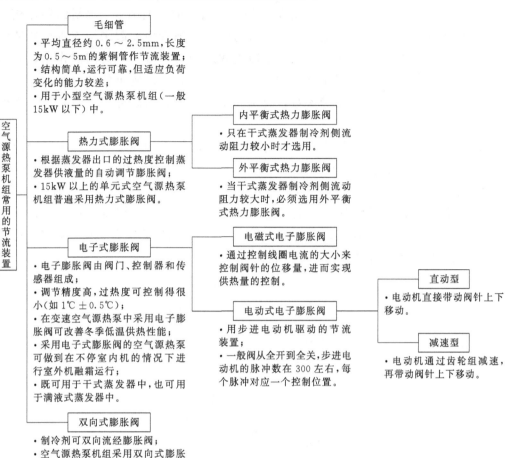

图 3-25　空气源热泵机组常用节流装置框图

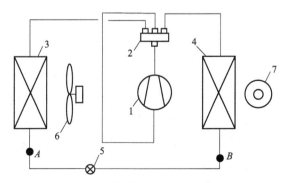

图 3-26　空气源热泵原理图

1—压缩机；2—四通换向阀；3—室外侧换热器；
4—室内侧换热器；5—节流机构；6—轴流风机；7—贯流风机

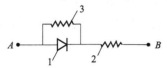

图 3-27　毛细管控制（1）

1—单向阀；2—主毛细管；

3—辅助毛细管

（A、B 与图 3-26 对应）

空气源热泵机组按制热模式运行时，其蒸发压力比制冷模式时要低，而冷凝压力还有变高的可能性。因此，需要加长制热时的毛细管长度。为此，通常的做法有：

如图 3-27 所示，增设辅助毛细管，当机组制热模式运行时，主毛细管与辅助毛细管串联起来构成机组的节流系统。反之，制冷模式运行时，由于单向阀的作用，主毛细管节流来改变节流参数。此种设置可使节流系统具有两个节流参数，分别满足制热模式与制冷模式对节流参数的不同需求。

如图 3-28 所示，当机组制冷模式运行时，由单向阀 5 和毛细管 4 构成制冷流程的节流系统。当机组制热模式运行时，由两组并联的毛细管（2 和 3）与高压毛细管 1 串联起来构成制热流程的节流系统。当室外温度较低（如低于或等于 0℃）时，电磁阀 6 关闭，高压制冷剂通过毛细管 1 与毛细管 2 节流。当室外温度较高（如高于 0℃）时，电磁阀 6 开启，高压制冷剂先由毛细管 1 节流，再经并联的毛细管 2 和 3 节流。这种组合方式可以适应较大室外环境温度的变化。

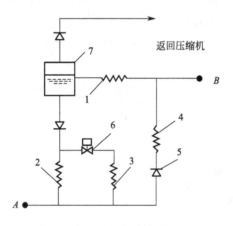

图 3-28　毛细管控制（2）

1—热泵工况高压毛细管（主毛细管）；2—热泵工况低压毛细管①（辅助毛细管①）；

3—热泵工况低压毛细管②（辅助毛细管②）；4—制冷工况毛细管；

5—单向阀；6—电磁阀；7—经济器（闪发器）（A、B 与图 3-27 对应）

采用两个膨胀阀和两个单向阀控制制冷剂的流动方向。如图 3-29 所示，制冷、制热循环均用单向阀将高压制冷剂引入高压储液器中。当机组制热模式运行时，由高压储液器出来的制冷剂经膨胀阀 1 供给室外侧换热器；但应注意，没有工作一侧的膨胀阀 2 低压侧承受着高压。当机组制冷模式运行时，由高压储液器出来的制冷剂经膨胀阀 2 供给室内；膨胀阀 1 的低压侧承受着高压。

采用单个膨胀阀和 4 个单向阀控制制冷剂的流动方向。如图 3-30 所示，它是用 4 个单向阀组成制热、制冷回路进行控制的方法。此时膨胀阀 5 是制热、制冷共用的，所以膨胀阀的感温包应设置在四通换向阀和压缩机之间的吸气管路上。当机组制热模式运行时，制冷剂流动方向为：B→单向阀 1→储液器 6→膨胀阀 5 节流→单向阀 2（因低压制冷剂无法流向高压端，所以单向阀 4 不工作)→A。当机组制冷模式运行时，其制冷剂流动方向为：A→单向阀 3→储液器 6→膨胀阀 5→单向阀 4→B。

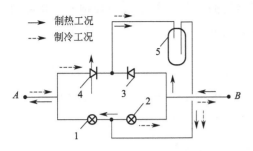

图 3-29　两个膨胀阀控制

1—制热用膨胀阀；2—制冷用膨胀阀；

3、4—单向阀；5—高压储液器

（A、B 与图 3-26 对应）

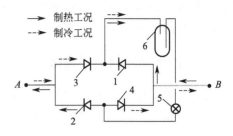

图 3-30　单个膨胀阀控制

1~4—单向阀；5—膨胀阀；6—高压储液器；

（A、B 与图 3-27 对应）

选用双向膨胀阀，以解决制冷剂反向流动问题。这样空气源热泵机组的制冷剂管路系统大大简化。

热力式膨胀阀、电子式膨胀阀等结构、工作原理及设计选择计算等问题详见参考文献 [15，16，18]。

二、四通换向阀

四通换向阀是空气源热泵机组实现功能转换和逆循环融霜的一个关键部件，通过切换制冷剂循环回路，达到制冷或制热、逆循环融霜的目的。

（一）四通电磁换向阀工作原理

四通换向阀工作原理如图 3-31 所示。电磁线圈装在先导阀上，先导阀的两根毛细管分别与排气管和回气管相连。制冷时，四通换向阀不通电，先导阀的排气管毛细管与四通阀活塞腔的右腔相通，低压部分的毛细管（回气管毛细管）与四通阀活塞腔的左腔相通；因此左右腔就存在压差，把活塞推到左边，于是压缩机的排气管与右边的连接管

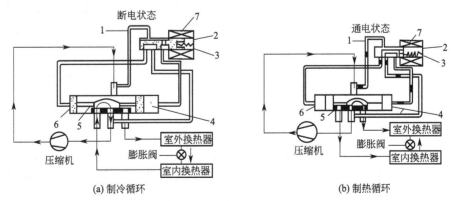

(a) 制冷循环　　　　　　　　　　(b) 制热循环

图 3-31　四通换向阀工作原理

1—毛细管；2—先导滑阀；3—弹簧；4，6—活塞腔；5—主滑阀；7—电磁线圈

连通，回气管与左边的连接管连通；制热时电磁线圈通电，在电磁力的作用下，先导滑阀向右边移动，排气管毛细管与四通阀的活塞腔左腔相通，回气管毛细管与活塞腔右腔相通；在压差的作用下，把活塞推向右边，压缩机的排气管与左边的管相通，压缩机的回气管与右边的管相通，从而完成制冷剂流动方向的变换。

（二）四通换向阀型号规格

四通换向阀标准推荐的型号规格见表 3-7。美国 ALCO 公司生产的 R22 四通换向阀扩展容量见表 3-8。冷凝温度不是 37.8℃时，可按表 3-9 进行修正。

表 3-7　标准的四通换向阀型号规格

型号	接管外径尺寸/mm		名义容量/kW	型号	接管外径尺寸/mm		名义容量/kW
	进气	排气			进气	排气	
DHF5	8	10	4.5	DHF28	19	22	28
DHF8	10	13	8	DHF34	22	28	34
DHF10	13	16	10	DHF80	32	38	80
DHF18	13	19	18				

表 3-8　美国 ALCO 公司的 R22 四通换向阀扩展容量表　　　　　　　　　　　kW

型号	蒸发温度/℃									
	+4.4					-6.7				
	通过阀的压力降/0.1MPa									
	0.07	0.14	0.21	0.28	0.35	0.07	0.14	0.21	0.28	0.35
401RD1	3.5	5.25	5.95	6.65	7.35	2.8	3.85	4.55	5.25	5.95
401RD2	6.3	9.1	10.5	11.9	13.3	4.9	7.0	8.4	9.45	10.5
401RD3	1.35	10.85	12.25	14.0	15.75	5.95	8.05	9.8	11.2	12.25
401RD4	9.8	14.7	16.8	19.25	21.35	8.05	11.2	13.3	15.4	16.8
401RD6	14.7	21.7	24.85	28.35	31.5	11.9	16.45	19.6	22.4	24.85
401RD10	27.3	40.25	45.85	52.85	58.45	22.05	30.8	36.75	41.65	46.2

型号	蒸发温度/℃									
	-17.8					-28.9				
	通过阀的压力降/0.1MPa									
	0.07	0.14	0.21	0.28	0.35	0.07	0.14	0.21	0.28	0.35
401RD1	2.28	2.98	3.5	4.2	4.55	1.72	2.08	2.7	3.01	3.29
401RD2	4.2	5.25	6.65	7.35	8.05	3.05	4.2	4.9	5.6	5.95
401RD3	4.9	6.3	7.7	8.75	9.45	3.5	4.9	5.6	6.3	7.0
401RD4	6.3	8.4	10.5	11.55	12.95	4.9	6.65	7.7	8.75	9.45
401RD6	9.45	12.6	15.4	17.5	19.25	7.35	9.8	11.55	12.95	14.0
401RD10	17.85	23.45	28.7	32.2	35.35	13.3	17.85	21.5	23.8	25.9

表 3-9　不同冷凝温度时容量值的修正系数等线

冷凝温度/℃	21.1	26.7	32.2	37.8	43.3	48.9	54.4	60
修正系数	1.15	1.10	1.05	1.00	0.95	0.90	0.85	0.80

（三）四通换向阀在运行中的问题及改进措施

1. 预防四通换向阀发生液击的措施

空气源热泵机组在实际使用中，当四通换向阀换向（改变制冷或制热运行模式、逆循环除霜等）时，如果四通换向阀阀腔内部存在液态制冷剂或气液混合制冷剂，使其流速突然发生变化引起压强大幅度波动现象，则称为液击。液击引起压力升高，可达到四通换向阀正常工作压强的几十倍，甚至更高。压强大幅度的波动有很大的破坏力，可导致四通换向阀破坏（如螺钉脱落、密封碗外翻、支架变形等故障现象）。

通过研究四通换向阀液击发生的原因及影响因素，可找到防止四通换向阀液击危害的措施。例如：

① 避免四通换向阀换向时有液态制冷剂流过。

② 增大四通换向阀阀芯材料强度。

③ 液击压强与阀口流速成正比，减小其流速可减小液击压强，因此应限制阀口流速，减小阀口开度变化和阀口前后压差。

④ 控制四通换向阀换向时间，延长其动作时间是十分有效的措施。

2. 预防四通换向阀运行中制冷剂倒流的措施

当四通换向阀处于中间位置时，冷凝器液体制冷剂倒流于压缩机排气管至四通阀部位的现象，称为制冷剂倒流。可能使四通换向阀处于中间位置的原因有：热泵除霜四通阀换向可能使四通阀滑阀处于中间位置；室内机安装高于室外机，机组停机，四通阀失电，滑阀移动处于中间位置；如果制冷剂质量流量不足或室外环境温度过低，也会导致滑阀停在中间位置，而使制冷剂倒流。文献［67］提出的改进措施有：

① 压缩机排气管高于四通阀至气液分离器的回气管，避免有液时，制冷剂回流至压缩机排气管。

② 建议在压缩机排气管上加装消声器，在降噪的同时也能缓冲冲击力。

③ 安装四通阀时，四通阀接压缩机排气管的接管朝上，其余在下，有利于减小冲击力。

三、气液分离器

目前，空气源热泵机组中常用的气液分离器有不带换热器的气液分离器［图 3-32(a)］和带换热器的气液分离器［图 3-32(b)］。气液分离器通常安装在空气源热泵四通换向阀与压缩机吸气口之间的回气管上，并要尽量靠近压缩机吸气管，故又称低压气液分离器。其结构如图 3-32 所示，由壳体（压力容器，亦可视为低压储液器）、进气短管、U形出气管（U形管底部设有限流孔和上部的平衡孔）、制冷剂换热盘管和易熔塞等组成。气液分离器最佳结构应保证在最大制冷（制热）负荷下出口处蒸气干度不小于 0.9

（表明其分离效果好），蒸气速度 2～6m/s，以保证油在系统中的正常循环；在这种情况下，吸气管压力损失不应超过 5～10kPa。

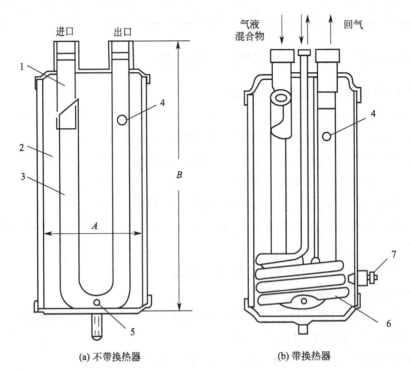

(a) 不带换热器   (b) 带换热器

图 3-32　低压气液分离器

1—进气短管；2—壳体；3—U 形出气筒；4—平衡孔；5—限流孔；6—换热器；7—易熔塞

（一）低压气液分离器在空气源热泵中的作用

低压气液分离器在空气源热泵中的作用有：

① 储存空气源热泵系统内的部分制冷剂，防止压缩机液击和制冷剂过多而稀释润滑油。众所周知，空气源热泵在逆循环除霜开始时，室内换热器由冷凝器突然变为蒸发器，其中的液体制冷剂可能意外回液；除霜结束时，室外侧换热器又由冷凝器突然变为蒸发器，也有可能导致意外回液；环境温度降低时，制冷剂蒸发量的减少，也有可能引起压缩机回液。气液分离器利用惯性原理分离液体，气液混合物进入分离器后速度突然降低并改变流动方向，使质量较大的液体或油分离下来。因此，空气源热泵在不利工况下运行时，气液分离器应能容纳可能回到压缩机的最大制冷剂液体量，以防止过多的液体制冷剂进入压缩机，使其空气源热泵机组运行可靠性提高。

② 气液分离器能输送足够的制冷剂和油回到压缩机，保持系统的运行效率和曲轴箱内的油位。气液分离器中回到压缩机的制冷剂和油多少取决于 U 形管的蒸汽流；U 形管上的限流孔大小；限流孔上方制冷剂和油溶液静压头的大小等因素。因此，应注意限流孔的作用是使适量的液体制冷剂和油随着 U 形管内蒸气流返回到压缩机；平衡孔的作用是在压缩机停机后使气液分离器与压缩机吸气腔压力平衡，以防止液体制冷剂和油通过限流孔送入压缩机和吸气腔内，在压缩机重新启动时发生液击。

③ 在有换热器的气液分离器中，由于其换热盘管对分离器内制冷剂液体的加热作用，使其液体产生沸腾，有利于制冷剂返回压缩机；同时，换热盘管内的高压制冷剂放热后而过冷，实现了节流前过冷，减少了节流损失，提高了循环效率。

(二) 气液分离器设计中应考虑的问题

气液分离器容积的选择原则是气液分离器应能容纳可能回到压缩机的最大制冷剂量。但一些文献对其理解不同，而提出不同的气液分离器容积确定方法。

建议对于 R22 制冷系统，气液分离器容积的选择不应小于蒸发器容积的 0.4～0.55。分析日本、意大利和联邦德国一些商号资料表明，对于 R22 和 R502 制冷系统气液分离器容积与其制冷量的比值平均为 1～1.5L/kW。

为了保证规定的制冷剂和油能回到压缩机，气液分离器应装一个防保护性流量控制装置。如带限流孔（或限流管）和平衡孔的 U 形管，限流孔的大小主要按气液分离器的高度和对大小不同系统所作的一系列试验确定。2.2L 气液分离器设一个平衡孔，孔径为 3mm。

在进出口阀大小一定的情况下，通过气液分离器的压力损失应尽量小。如果气液分离器的阻力损失大，将导致压缩机吸气口处吸气压力过低，吸气比体积变大，使压缩机的质量循环流量变小，制热量也随之变小。

气液分离器应有很多种型号，以满足不同容量的各种空气源热泵系统。表 3-10 给出不同型号不带换热器的气液分离器尺寸和性能参数。表 3-11 给出不同型号带热交换器的气液分离器尺寸和性能参数。

表 3-10 不带热交换器的气液分离器性能参数

型号	直径 A /mm	高度 B /mm	吸气管内径 /mm	液体管内径 /mm	最大 R22 储液量 /kg		不同吸气蒸发温度下推荐制冷量(R22)/kW				
							+4.4℃	-6.6℃	-17.7℃	-28.87℃	-40℃
RA204	101.6	203.2	12.7	9.52	1.50	最大容量	3.17	2.20	1.57	0.98	0.70
						最小容量	0.52	0.45	0.38	0.31	0.24
RA205	101.6	269.2	15.8	9.52	1.81	最大容量	7.0	4.42	3.03	2.05	1.32
						最小容量	0.97	0.77	0.66	0.56	0.42
RA206	139.7	228.6	19.05	9.52	3.08	最大容量	10.46	7.32	5.23	4.19	2.44
						最小容量	1.22	0.94	0.84	0.70	0.56
RA207	139.7	304.8	22.2	12.7	4.08	最大容量	15.00	10.46	8.02	5.23	3.14
						最小容量	1.78	1.57	1.36	1.15	0.94
RA208	165.1	381.0	28.5	15.8	6.03	最大容量	31.7	22.6	15.0	9.77	6.28
						最小容量	2.96	2.51	2.16	1.78	1.43
RA209	165.1	508.0	34.9	15.8	9.30	最大容量	56.5	38.4	26.8	17.4	10.46
RA210	165.1	558.8	41.3	19.05	10.25	最大容量	95.9	66.9	45.3	27.9	17.3

注：1. 最大容量表示压降相当于饱和温度下降 2.28℃时的制冷量，最小容量表示保证正常回油时的制冷量；

　　2. 最低蒸发温度为 -40℃，最低吸气温度为 +12.22℃。

表 3-11 带热交换器的气液分离器性能参数

型号	直径 A /mm	高度 B /mm	吸气管内径 /mm	液体管内径 /mm	最大 R22 储液量 /kg		不同吸气蒸发温度下推荐制冷量(R22)/kW				
							+4.4℃	−6.6℃	−17.7℃	−28.87℃	−40℃
SAV2404	101.6	177.8	12.7	9.52	1.22	最大容量	6.28	4.01	2.44	1.57	1.05
						最小容量	0.59	0.52	0.42	0.35	0.28
SAV2405	101.6	269.2	15.8	9.52	1.81	最大容量	6.97	4.36	2.96	1.92	1.22
						最小容量	0.63	0.56	0.45	0.38	0.31
SAV2406	139.7	254.0	19.05	9.52	2.72	最大容量	10.46	7.32	5.23	3.84	2.09
						最小容量	0.77	0.63	0.56	0.45	0.35
SAV2407	139.7	330.2	22.2	12.7	3.54	最大容量	13.9	10.46	8.02	5.23	3.14
						最小容量	1.26	1.08	0.91	0.73	0.59
SAV2411	165.1	355.6	28.5	15.8	5.44	最大容量	31.4	21.6	15.0	9.76	6.28
						最小容量	2.65	2.27	1.95	1.64	1.32
SAV2413	171.4	508.0	34.9	15.8	7.48	最大容量	59.3	38.4	26.9	17.44	10.05
SAV2415	171.4	609.6	41.3	19.05	9.53	最大容量	97.6	66.3	45.3	27.9	17.4

注：1. 最大容量表示压降相当于饱和温度下降 2.28℃时的制冷量，最小容量表示保证正常回油时的制冷量；

2. 最低蒸发温度为−40℃，最低吸气温度为+12.22℃。

四、气液分离器对热泵机组启动的影响

气液分离器使空气源热泵机组启动时间延长 10min 后，机组的运行参数仍未达到稳定值。在启动时间内，由于气液分离器内暂时存在一定的制冷剂，导致空气源热泵系统的质量循环流量很小。因此，在启动时间内压缩机耗功较小。但是由于较长的启动时间内机组处于制冷剂"不足"状态下运行，其制热量也变小。综合结果是导致机组在启动时间内的性能系数 COP 值下降了 10%。

五、储液器

空气源热泵机组夏季按制冷循环运行，而冬季按制热循环运行，因此机组是个折中系统。制冷和制热循环中都使用相同的换热器，但是制冷和制热时其运行参数相差很大。通常，冬季制热循环时，蒸发温度相对很低，压缩机的能力会下降。这样夏季制冷循环所需的制冷剂要远远多于制热循环，并且在制热循环中随着室外环境温度的下降，蒸发温度也下降，过剩的制冷剂就会更多。如何处理好多余的制冷剂是热泵系统中一个很重要的问题。为此，在空气源热泵冷热水机组中要设置高压储液器，储存多余的制冷剂，以避免液体淹没冷凝器传热面；同时对热泵系统中流量的不平衡性起到调节作用，以适应负荷、工况变化的需要。另外，系统中的气液分离器还可以起到暂时储存低压液体制冷剂的作用。

图 3-29 和图 3-30 中设置的高压储液器，均有固定入口接管和出口接管。图 3-33 给出带有热交换器的双向高压储液器的空气/空气热泵结构。带有热交换器的双向高压储

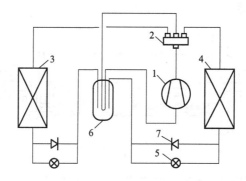

图 3-33　带有双向高压储液器的空气/空气热泵

1—压缩机；2—四通换向阀；3—室内侧换热器；4—室外侧换热器；

5—膨胀阀；6—带有热交换器的双向高压储液器；7—单向阀

液器实际上是高压液体与压缩机吸气进行热交换的回热器和双向高压储液器结合在一起的集成设备。此高压储液器无固定的进、出口接管，其接管均可进液或出液。由于采用了回热循环，系统又可省去气液分离器。

六、油分离器

油分离器的功能是阻止压缩机排气夹带的润滑油进入冷凝器甚至是蒸发器而不能及时回到压缩机。若系统中不设置油分离器，蒸发器和冷凝器中就会出现厚油膜而影响传热性能；压缩机也可能因缺少润滑油而出现故障。油分离器装于压缩机和冷凝器之间的排气管上。其工作原理基于：利用过滤、阻挡的办法，使油阻挡下来；利用惯性原理分离，如使气流速度突然降低或改变气流方向，使油分离下来；利用旋转气流离心力的作用使油分离下来；利用冷却的办法将油雾冷凝成油滴，再分离下来。一种油分离器通常是集上述某种方法一起对油进行分离的。

用螺杆式压缩机的空气源热泵冷热水机组工作时，为了冷却、密封、润滑需要在气缸喷油，其排气中夹带的油更多，而且温度升高。为此，一定要设置高效的油分离器，回油时还要冷却，如图 3-34 所示。

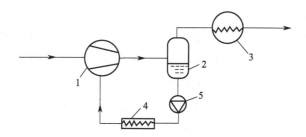

图 3-34　油分离器与油冷却器设置示意图

1—螺杆压缩机；2—油分离器；3—冷凝器；4—油冷却塔；5—油泵

七、干燥过滤器

过滤干燥器实际是过滤器与干燥器集成在一起的设备。空气源热泵机组常选用

图 3-35 所示的干燥过滤器。

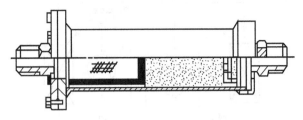

图 3-35　干燥过滤器

干燥过滤器通常装在冷凝器高压出液管上。其功能有：

① 防止杂质堵塞节流阀等阀孔或损坏机件。

② 吸收制冷剂中含有的游离水，以避免水在 0℃ 以下结冰，出现节流阀冰堵。

③ 在 0℃ 以上，制冷剂水分超标，也要对制冷剂干燥。水与制冷剂接触会产生化学反应，产生强酸。在强酸长期作用下，易导致压缩机电动机损坏。同时，会与制冷剂中空气产生镀铜现象，从而破坏气缸或曲轴的配合间隙以及吸排气阀片的密封性，使压缩机寿命缩短。

八、空气源热泵系统的特性分析

组成空气源热泵系统的各个设备（如压缩机、冷凝器、节流装置、蒸发器等）不是单独工作的，而是组成一个系统，因而每个零部件的工作特性是相互影响的。因此，目前系统特性分析常用两种方法：工程上的图解法和系统模拟分析法。

工程上用的传统系统分析方法，都是从确定平衡点入手的。这种方法是用相同的变量在图上标绘出两个相关设备的工作特性。对应曲线的交点就是能同时满足两个设备工作特性的状态，只有在这个平衡点上两个设备组成的系统才能工作。

近年来，又常用系统模拟分析方法。系统模拟分析实际上就是表示系统中所有设备工作特性的方程以及能量平衡、质量平衡和状态方程的联立解。为模拟稳态的性能，所有方程都是代数方程；而模拟动态的性能，则必须用微分方程。

本节以工程的图解法，简单分析空气源热泵的特性，通过分析了解室外空气温度变化对空气源热泵系统供热量与供冷量的影响。

当室内工况一定时（冬季室内空气温度为 16～20℃，夏季室内空气温度为 26～28℃），空气源热泵机组在全年范围内的供热量、供冷量变化基本上取决于室外空气温度。如果冬季用室外换热盘管蒸发温度 t_e、夏季用室外换热盘管冷凝温度 t_c 来代表其工况条件，则空气源热泵机组全年的供热量、供冷量变化用图 3-36 所示的曲线表示。图 3-36 中对于冬季制热模式给出 3 个不同的冷凝温度 t_{c1}、t_{c2}、t_{c3}（$t_{c1} < t_{c2} < t_{c3}$），分别画出在固定冷凝温度 t_{c2} 下，不同蒸发温度 t_e 时的机组供热量曲线（虚线）；同时还给出在 t_{c2} 下，不同蒸发温度 t_e 时机组从室外空气吸取热量的曲线。对于夏季制冷运行工况，给出 3 个不同蒸发温度 t_{e1}、t_{e2}、t_{e3}（$t_{e1} < t_{e2} < t_{e3}$），分别画出在固定蒸发温度下，不同冷凝温度时的机组供冷量曲线（虚线）；同时还给出在 t_{e2} 下，不同冷凝温度时机组向室外空气释放的冷凝热量曲线（实线）。

由图 3-36 可以看出：

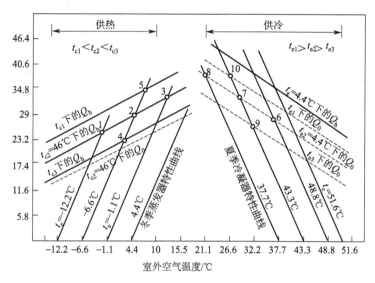

图 3-36　空气源热泵全年工作特性曲线

在冬季制热模式运行时，当 t_c 固定不变时，其机组的供热量随着 t_e 升高而增加。如 $t_{c2}=46℃$ 时，t_e 由 $-12℃$ 升至 $-6.6℃$，其供热量由 24.65kW 增加至 29.0kW（由 1 点变到 2 点）；t_e 由 $-6.6℃$ 升至 1.1℃，其供热量由 29.0kW 增加至 34.8kW（由 2 点变到 3 点）。在夏季制冷模式运行时，当 t_e 固定不变时，其机组的供冷量随着 t_c 降低而增加。如在 $t_{e2}=4.4℃$ 时，t_c 由 48.8℃ 降至 43.3℃，其供冷量由 34.9kW 增加至 37.12kW（由 6 点变到 7 点）；t_c 由 43.3℃ 降至 37.7℃，其供冷量由 37.12kW 增加至 39.44kW（由 7 点变到 8 点）。

在实际工程中，应充分注意上述特性。例如：

室外空气温度在多少摄氏度以上，空气源热泵使用是有意义而且经济上是合算的呢？这个问题经常有人会问。联邦德国的经验表明，如果室外空气温度适中，采暖度日值（Heating Degree Day，HDD）不超过 3000，冬季虽长却比较暖和，那么空气源热泵是一种经济的热源。日本学者也提出，当采暖度日数（HDD）<3000 时，用空气源热泵是可行的。国外常用"采暖度日数"来反映该地区冬季采暖的需求。采暖度日数（HDD）是采暖期间室温与室外空气日平均温度之差的累计值。

从上述可知，空气源热泵性能受室外空气温度的影响较大，特别是冬季室外气温较低（如室外采暖计算温度）时；此时热泵的蒸发温度较低，热泵的供热量下降，且建筑物的热损失又较大，按此工况选取空气源热泵容量时，必导致选用的机组容量很大。这不仅增加设备费用，而且由于低温天气出现的概率很低，使机组又要长期在部分负荷下运行而影响其运行效率。因此，在实际工程中应按平衡点温度确定空气源热泵的容量。空气/水热泵平衡点温度常取在 $-3\sim3℃$ 以上，在此平衡点时，建筑物热负荷约为建筑物采暖计算温度下热损失的 1/2。因此，热泵按建筑物热负荷 50%~60% 进行的设计，由于低温天气的出现概率并不大，空气源热泵可以满足 2/3 采暖热量的需求。在室外气温低于平衡点温度时，则由辅助加热装置或蓄热装置承担供热。

在冬季制热模式运行时，当 t_e 固定不变时，其机组的供热量随着 t_c 降低而增加。如 $t_e = -6.6℃$，$t_{c1} < t_{c2} < t_{c3}$ 时，则 $Q_{h5} > Q_{h2} > Q_{h4}$。在夏季制冷模式运行时，当 t_c 固定不变时，其机组的制冷量随着 t_e 增加而增加。如 $t_c = 43.3℃$，$t_{e1} > t_{e2} > t_{e3}$ 时，则 $Q_{c10} > Q_{c7} > Q_{c9}$。

在空气源热泵实际运行中，应充分注意上述特征。在相同的天气情况下，在冬季尽量采用低温热水，在夏季尽量采用高温冷冻水。建议空气/水热泵在冬季制热模式时，热水温度控制在 30（最小热负荷时）～40℃（最大热负荷时）；在夏季供冷工况时，冷水供水温度控制在 10（最大冷负荷时）～20℃（最小冷负荷时）。但应注意用户热分配系统应随供水温度的变化而变化。

空气源热泵机组的供热量和供冷量何者为大，应按冬、夏实际工况来比较；只有在相同工况下比较，才可说热泵的供热量（出力）必大于制冷量。

第四章
结霜与除霜

第一节　概　述

空气源热泵的室外换热器表面温度要比空气温度低 5～10℃，当室外换热器表面温度低于周围空气的露点温度，高于水的冰点温度（一般为 0℃）时，空气中的水蒸气就会在室外换热器表面凝结成水滴，即结露；当换热器表面温度低于水的冰点温度时，空气中的水蒸气会在换热器表面以固态凝结，即结霜。

室外换热器结霜是空气源热泵冬季运行时不容忽视的问题。结霜主要从两个方面对空气源热泵室外机造成不良影响。一方面，霜层的形成增大了室外换热器表面导热热阻，降低了传热系数；另一方面，霜层的存在堵塞了翅片间通道，增大了空气侧的流动阻力，大幅度减少了空气流量，使换热器换热温差增大，压缩机吸排气温差和压差增大，制冷剂质量流量降低，导致机组耗功增加，供热能力显著降低。更有甚者，将造成机组出现停机保护的恶性事故。可见，结霜问题会严重影响空气源热泵机组的运行性能，是制约其应用发展的关键问题。

第二节　结霜及影响结霜的因素

一、结霜过程

湿空气在冷表面上结霜是一个极其复杂的传热传质过程，并且伴随着气液、液固、气固非平衡相变以及移动边界问题。水蒸气在冷表面上的霜晶多种多样，因为试验条件不同，研究人员观察到了霜晶的不同形式。如图 4-1 所示，利用显微摄像对不同工况下冷铜表面上的结霜过程观察可知，冷表面温度在－20～0℃的初始霜晶形状大致划分为羽毛状、针柱状、片状以及无规则状四类。Mason对低温水蒸气在玻璃上的结晶进行观测发现霜晶形貌由板状变到棱状，再由棱状变化到板状，呈周期性变化；张新华观测铜表面初始霜晶生长过程，霜晶形态有盘状、柱状、针柱状、针叶状、羽毛状、片状、树枝状和无规则状等；Sahin指出霜晶外在宏观结构形式有柱状、平板状和枝状三种。

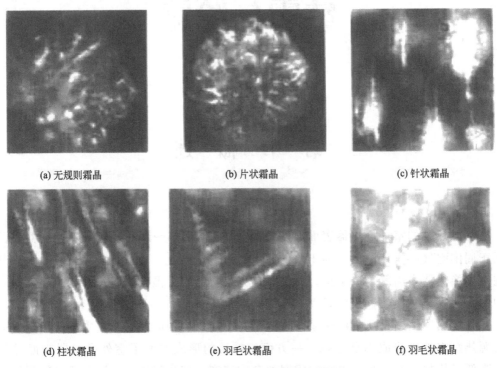

(a) 无规则霜晶   (b) 片状霜晶   (c) 针状霜晶

(d) 柱状霜晶   (e) 羽毛状霜晶   (f) 羽毛状霜晶

图 4-1 结霜初期四类代表性霜晶形状

研究表明，在冷表面上结霜之前的水滴处于过冷状态，并不是达到0℃就马上结霜。Wu等人把冷表面上的结霜初期划分为结露、水珠冻结、霜晶生成和霜层成长等四个阶段。刘耀民对环境温度 $T_\infty=28℃$、相对湿度 $RH=35\%$、冷表面温度 $T_w=-10℃$ 自然对流条件下水平铜板表面上结霜的过程进行了微观研究，液滴从出现到最后发生冻结，共经历254s，约4分多钟。但实际上，由于风机的作用，风速很高，因此空气源热泵翅片管换热器的翅片表面并不是自然对流，而是强制对流。所以空气源热泵翅片表面结霜的速度要比上述试验中自然对流条件下水平铜板表面上液滴的结冰速度快得多。

Hayashi等人和Tao等人根据试验观测结果，将冷表面结霜过程划分为霜晶生长期、霜层生成期和霜层成熟期三个阶段，如图4-2所示。在第一阶段霜晶生长期，空气中的水蒸气凝结，产生单个独立的凝结核；随后这些凝结核长大，并与附近的凝结核合并，同时在凝结核表面有冰晶形成。这一阶段霜层厚度变化是最为明显的，且易于在霜层表面观察到粗糙不平的现象。结霜初始阶段对后期霜层的生长有着至关重要的影响。在第二阶段霜层生成期，冰晶向不同方向生长，形成针状冰柱，冰柱之间的水蒸气凝结成小液滴或冰滴；一段时间以后，霜层形成，它是由冰柱、液滴和空气组成的多孔介质。在第二阶段霜层生成期中，湿空气向霜层的大部分质量传输导致了霜层密度的增加，而霜层厚度的变化并不明显。霜层表面温度达到冰点，意味着进入第三阶段霜层成熟期。在霜层形成后的继续生长过程中，水蒸气在霜层表面凝固，释放的潜热会导致霜层表面温度升高，进而可能导致霜部分融化，并向多孔霜层中渗透，最终到达冷表面，又被冻结成冰。这样冷凝、融化、再冻结的循环过程持续进行，直到达到热平衡。这个过程中霜层的密度和热导率不断增加，霜层表面变得平滑。

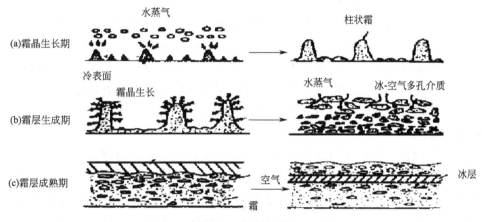

图 4-2 霜生长过程

由上述研究可知，湿空气流经冷表面的结霜过程可划分为凝结水析出、水珠冻结、霜晶生长、霜层生长和霜层成熟等五个阶段；对任意一个阶段进行干扰均会影响最后的结霜情况，干扰的阶段越靠前其影响也越大。

二、影响结霜的因素

在实际运行中，空气源热泵室外机翅片管式蒸发器结霜受到环境因素（空气温度、相对湿度、壁面温度、风速或雷诺数）、翅片几何结构（片型、面积、翅片间距、翅片类型等）、表面特性（未处理表面、憎水表面、亲水表面）等多种因素的影响，同时这些因素又存在交叉影响，国内外学者对此做了大量研究。

（一）环境因素

1. 空气温度

空气温度不仅对结霜速度产生影响，还对结霜密度有很大的影响，许多学者就空气温度对霜层生长的影响进行了理论分析和试验研究。有一种观点认为，入口空气温度越低，结霜量越小，结霜速度也越慢。Yao 等人的理论分析表明，相对湿度一定时，温度越低，空气中所含的水分越少，温度降低（由 0℃ 降到 −4℃）使结霜量减少。另一种观点认为，入口空气温度越低，结霜速度也越快。Yang 等人根据紊流状态下的霜层生长模型，发现随着空气温度的降低，霜层厚度反而增大，霜层密度减小。吴晓敏等人、Qin 等人的试验结果为该观点提供了支持。此外，Cheng 等人的试验表明，在冷壁面温度和相对湿度都相同时，湿空气温度对霜层的生长影响并不明显。Hacker 通过试验研究总结出了液体表面张力随温度的变化关系，发现液体表面张力随着温度的升高而减小。当环境温度在冰点之下时，随着温度的升高，表面张力减小。一方面，相应需要克服的成核能障也降低；另一方面，表面张力越小，液核之间越容易合并。当环境温度较低时，冷壁面上成核和水珠冻结过程主要受液滴表面张力的影响；温度越高，表面张力越小，相应的冻结所需要的时间也短。当环境温度在冰点之上时，随着温度的升高，水珠的粒径越大，水珠冻结越晚。

2. 相对湿度/空气含湿量

霜层厚度和密度均随空气湿度的增加而增加，结霜量明显增加，这是因为相对湿度大，空气中所含的水分较多。Lee 等人、Cheng 等人通过试验证实了这一结论。研究人员还通过试验研究了相对湿度对结霜速度的影响，其结论没有大的分歧，即相对湿度越大，结霜速度越快。但是相对湿度对结霜的初始阶段影响并不显著，结霜速率的增长趋势并不是线性增长关系，在相对湿度较高时有所减弱。

3. 壁面温度

壁面温度越低，湿空气与壁面的自由能差越大，相变驱动力越大，所以壁面温度越低，结霜越快、越严重。侯普秀通过观察发现，壁面温度对冰晶的形状产生显著影响；冷表面温度为-5℃时冰晶体为柱状，冷表面温度为-10℃以及-15℃时冰晶体呈树枝状。Wu 等人对水平冷铜面上结霜过程进行了显微试验观察，发现在结霜初期，冷壁面温度越低，过冷水珠冻结粒径越小，过冷水珠冻结开始的时间也越早。Qin 等人指出翅片表面温度对结霜的初始形态及霜层增长均有影响，温度越低，霜层增长越快；温度较高时，结霜初期霜的粒径较大，随着蒸发温度降低，初期霜的粒径逐渐变小。Yao 等人的计算结果表明，越靠近制冷剂入口的管子，结霜越多，主要是因为制冷剂入口处的温度较低。

4. 风速/雷诺数

风速/雷诺数对霜层生长速度、密度等有非常显著的影响，但其并不直接对结霜行为造成影响，而是与空气温度、相对湿度、壁面温度交叉在一起，对霜层生长造成影响。目前，针对风速/雷诺数对霜层生长的影响存在较大争议。

观点之一：风速/雷诺数越大，冷表面结霜越严重。Kondepudi 等人、Rite 等人通过试验，Seker 等人、Yao 等人通过数值计算对该观点进行了证实。Cheng 等人对空气流速为 0m/s、1m/s 和 3m/s 的冷平板表面结霜现象进行了微观观察，随着风速的增加，霜层厚度和密度均变大。在较低空气流速时，冷平板表面的霜晶像是森林中的树一样，以各种形状随机地生长；这时的霜层可以被看作多孔介质，与 Meng 等人假设的情况（风速小于 3m/s）较为一致。

观点之二：风速/雷诺数越小，冷表面结霜越严重。Senshu 等人及 Yan 等人通过试验得到该结论。郭宪民等人对不同迎面风速工况下空气源热泵系统室外换热器表面霜层生长特性进行了试验研究，结果表明迎面风速的降低使得空气源热泵机组室外换热器表面霜层厚度加速增长，结霜周期随迎面风速的下降近乎线性地减小。尹从绪等人的试验结果表明，结霜量随风速的增加不是成线形增长，在风速为 1.3m/s 时结霜量最小；霜层厚度随着风速的增加反而减小，翅片管式换热器的最大换热量随着风速的增加而增加。因此，不少学者提出适当增大室外风速可以减小换热温差，延缓结霜。

观点之三：风速/雷诺数与霜层生长无关。O'neal 等人研究表明，存在一个临界雷诺数，当 $Re<15900$ 时，霜的生长随雷诺数的增大而增大；当 $Re>15900$ 时，与雷诺数无关。根据霜层生长模型，只有在层流状态下，风速才会对霜层生长产生影响；而在紊流状态时（$Re \geqslant 2 \times 10^5$），风速对霜层的影响很小，几乎可以忽略不计。Kondepudi 等人认为，风速低时，冷板前端的霜层生长比后端快；风速高时，霜层的生长比较均匀。Kwon 等人试验研究了层流状态下铝表面上的结霜情况，观察到上游区域的霜层厚度和质量要大于下游区域，且上游区域的热流量是下游区城的近 2 倍。

（二）翅片几何结构

1. 翅片片型

在干工况下，与平直翅片相比，波纹片、百叶窗翅片、开缝翅片等强化换热效果明显；但是在结霜工况下，因其强化换热性能和复杂翅片间通道带来的较大阻力，造成了结霜速度较快，较宜堵塞翅片间通道，从而丧失强化换热特征。Kondepudi 等人的研究结果表明，百叶窗翅片的结霜速率远大于波纹型翅片和平直翅片。郭宪民等人试验结果显示，与平直翅片相比，条缝翅片管式蒸发器热泵机组的制热量及性能系数随环境空气相对湿度的升高而大幅度降低。黄东等人通过试验研究了室外换热器采用平直、波纹、波纹/开缝翅片对热泵空调器动态结霜性能的影响，在结霜工况下，波纹/开缝翅片的系统制热量、COP 和压缩机功率峰值、平均值比平直翅片分别减小了 14.57%、8.26% 和 7.11%。波纹/开缝翅片的性能参数最早开始衰减且衰减幅度也最大，其次是波纹翅片，平直翅片最晚开始衰减且幅度最小。故在结霜工况下，平直翅片结霜速度较慢，结霜/除霜周期较长，表现出了较优的换热性能。

为在强化平直翅片换热的同时，并延缓结霜/除霜周期，王厚华等人提出在结霜工况下采用圆孔翅片。方赵嵩通过试验得出，在其研究 Re 范围内，与平直翅片相比，圆孔翅片有效平均制冷量高出 6.02%，表面平均对流换热系数高出 18.84%，平均可节能 6.39%；在风机连续运行 7h 后，大部分圆孔仍未被霜层堵塞，仍能长久地维持其强化传热特征。随后，张杰在方赵嵩研究的基础上制作了平直翅片冷风机及三对称圆孔（SK 型）翅片冷风机各一台，并在人工气候室对两台样机的节能性进行了对比性试验。在制冷剂量和迎面风速相等的情况下，SK 型翅片样机的制冷量比平直翅片平均提高了 7.7%～10%，耗电量平均降低了 12.1%～10.4%，而压缩机能效比平均提高了 22.5% 以上。根据目前的文献，只有王厚华课题组对结霜工况下开孔翅片的换热和流动阻力开展了研究，且主要集中于冷风机使用的大翅片管式换热器，对空气源热泵用的小尺寸片型翅片管式换热器的研究还未见报道。

2. 翅片间距

翅片间距越小，单位基管长度的翅片密度越大，湿空气流过时的换热量越多，结霜越严重。适当增加翅片间距可以减小空气侧压力损失，改善结霜状况，延缓除霜时间；但是增加翅片间距意味着单位长度上的翅片数量减少，进而减少换热器的换热量。为此，研究人员对变翅片间距换热器在结霜工况下的总体换热性能开展了研究。Niederer 的研究结果表明，随着翅片间距增大，换热器结霜工况下的性能变好；并指出相对于固定翅片间距的换热器而言，变翅片间距（前排大后排小）换热器的总体换热性能下降较为缓慢。Ogawa 等人为了改善翅片管式换热器前排翅片结霜较快的问题，提出了翅片分段改善结霜工况下换热器性能的方法，证实换热器前排采用较大翅片间距对减小压降及增加换热量非常有效。方赵嵩利用风洞试验装置试验研究变间距对称圆孔翅片管式换热器在结霜工况下的制冷性能，在同等试验条件下，变间距对称圆孔翅片管式制冷换热器的制冷量在低风速下比非变间距圆孔翅片管式制冷换热器换热量提高 7.6%，平均传热系数提高 18.26%，阻力减小 48.85%。

（三）表面特性

冷表面上霜层的生长不仅与环境因素和几何结构有关，还与表面特性密切相关。侯普秀对亲水表面和憎水表面进行了对比研究，得出它们都具有抑制霜层生长的能力。目前，人们普遍认为具有特殊结构的亲水表面、憎水表面均能抑制霜层生长，但有关表面特性对水滴生长、霜层结构及厚度的影响并没有形成完整系统的理论，研究者们的观点也不尽相同。

亲水材料能够延缓结霜的机理在于：亲水涂层可以吸附大量的水，储存部分潜冷，使吸附的水达到 −20℃ 而不结冰。研究人员开发出多种亲水涂料，试验结果表明亲水涂层能够减缓结霜速率和降低霜层厚度，具有较好的抑霜效果。2004 年，Liu 等人开发出一种强吸水性涂料，在抑霜效果和使用寿命等方面都取得了重大突破。以上可知，特殊处理后的亲水表面能够抑制霜层生长；但亲水涂层的厚度一般在 0.7mm 以上具有较大的热阻，制约了其应用，且亲水表面的重复使用效果差也是制约其应用的一个重要方面。

对不同特性冷面上结霜现象的可视化研究发现，憎水性表面和亲水表面的霜晶形态及分布都有所不同，亲水表面上的霜晶分布均匀，而憎水表面上的霜晶呈现一簇簇的团状分布；亲水表面上的霜晶融化后形成水膜，而憎水表面上的霜晶融化后形成水珠黏附在壁面上。潘晴等人对蒸发器换热表面进行了高憎水有机涂层处理，适当增加风速或采用压缩空气吹霜时，蒸发器外表面只有一层薄霜而不必进行化霜。费千等人对高憎水性空冷器和普通空冷器的对比试验表明，憎水表面凝水呈珠状，比较容易吹落。Jhee 等人研究了表面改性对翅片管式换热器结霜的影响，发现亲水表面上的霜层密度大；憎水表面上的霜层密度小，分布稀疏，融霜过程快。但是当表面接触角达到 180° 时，憎水表面会失去抑制结霜能力。此外，和亲水表面一样，憎水表面也存在附加热阻和重复利用效果变差的问题。

（四）其他因素

除以上因素之外，还有一些学者发现外加电场、磁场、超声波和机械振动等对结霜也有一定的影响，可以用来抑制结霜。但是这些技术还不成熟，离实际应用仍有一段距离。

三、霜层生长预测模型

研究不同因素对翅片管式换热器结霜影响的目的之一就是对霜层生长进行有效预测。根据现有研究，霜层生长预测模型可分为三类：

第一类，把霜层看作多孔介质，根据霜层的多孔性和水分子扩散作用，水蒸气在蒸发器表面结霜时，一部分水分在已有的霜层表面凝结来提高霜层的厚度；另一部分水蒸气扩散到霜层内部以增加霜层的密度。

$$M_{fr} = M_p + M_\delta \tag{4-1}$$

式中　M_{fr}——累计结霜质量，kg；

　　　M_p——用于增加霜层密度的结霜质量，kg；

　　　M_δ——用于增加霜层厚度的结霜质量，kg。

通过多孔介质内的分子扩散理论计算得出导致霜层密度增加的质量传递部分，总质量传递通过试验获取，两者的差值即为导致霜层厚度增加的质量传递部分。该模型引起了广大研究人员的注意，他们针对这一预测模型的不足，结合各自的研究基础提出了不同的改进方法。例如，Na 等人把霜层表面水蒸气看作过饱和状态，建立了一个多孔介质为理论基础的霜层生长模型；通过试验验证了模型预测的霜层平均厚度和生长速率，误差在 15% 以内。Lee 等人通过纯理论计算，得到了霜层厚度、密度以及表面温度的关联式，关联式包括把气流影响考虑在内的边界层微分方程和修正后的霜层质量扩散方程；与试验结果相比，该预测模型误差在 10% 以内。

第二类，由 Lenic 等人在第一类基础上进行简化得到。他们在对结霜三个阶段研究的基础上，提出将结霜初期的霜层厚度和霜层密度值作为初始条件，采用有限体积法和数值计算中速度-压力耦合的 simpler 算法相结合预测霜层生长期和霜层成熟期的霜层生长。该模型能够较为精确地计算霜层周围和内部的风速、温度和湿度变化情况。虽然结霜初期的时间比较短暂，但是会对整个结霜过程产生重要影响，这种直接给出结霜初期的霜层厚度和霜层密度值会带来较大的误差，限制了该模型的适用性。

第三类，首先由 Padki 等人提出，根据 Lewis 类比理论，由传热速率导出传质速率。传热速率由试验测定，其表述如下：

$$h_m = \frac{h_c}{\rho_a C_{pa} L_e^{2/3}} \tag{4-2}$$

Lee 等人利用其关联式分别对霜层表面上空气中水蒸气饱和与过饱和模型进行了计算，与试验结果对比表明，过饱和模型对孔隙率较高的情况应用效果较好，能够很好地描述扩散阻力不均匀的现象。Na 等人在计算质量传输系数时，也使用了热量传输与质量传输类比的方法。但由于传热速率的计算大多通过经验关联式获取，具有一定的局限性。

此外，王皆腾在晶体生长的相场法理论基础上，建立了通过微分方程来描述霜晶生长过程的物理机制，深入地研究冷表面上霜晶生长的机理。Liu 等人采用分形理论建立了霜晶形成和生长的二维平面模型，与试验结果对比表明二者在霜晶生长图像上基本一致。Cui 等人采用相变成核理论对结霜初期和成长期的过程进行了 CFD 模拟计算，结果与前人的试验结果取得较好的一致性。这些研究为结霜模型的建立提供了新的思路。

要准确预测结霜量 M_{fr} 并不是一件容易的事，尤其是空气源热泵在低温高湿工况下运行时，对室外蒸发器的结霜量预测。表4-1对近年来有代表性的翅片管式换热器霜层预测关联式进行了汇总。这些数学模型无法对霜层初始阶段进行预测，也没有考虑几何结构对霜层的影响，采用了大量的简化性假设，对霜层表面水蒸气是处于饱和状态还是过饱和状态也存在较大争议等，在同一个工况下不同模型的结果相差很大。

表4-1　霜层预测关联式总结

研究人员	几何结构	测试工况	结霜关联式
Barrow	平直翅片管式换热器		$M_{fr}=\sqrt{\dfrac{h_a}{k_{fr}\delta_{fr}+k_f\delta_f}}$
Tokura 等人	竖直平板	$T_a \leqslant 20℃$、$25℃$；自然对流；$4.77g/kg \leqslant w \leqslant 13.9g/kg$；$-20℃ \leqslant T_p \leqslant -6℃$；$0min \leqslant t \leqslant 540min$	$y_f=f(h_f,k_a,x,t,h_m)$ $\rho_f=0.001\rho_{ice}\left[(h_mt/x)(h_fx/k_{air})\right]^{0.5}$ $(h_mt/x)(h_fx/k_{air})>5\times10^3$
Silva	波纹翅片管式换热器	$T_a=2.5℃$、$7℃$；$V=0.762m/s$；$w \leqslant 3.38g/kg$、$3.89g/kg$、$5.33g/kg$；$T_p=-5℃$、$-10℃$；$0min \leqslant t \leqslant 120min$	$\rho_f=a\exp(bT_p+cT_{dew,1})$
Breque	百叶窗翅片管式换热器	$T_a=1.8℃$；$V=0.78m/s$、$0.86m/s$；$w=3.24g/kg$、$3.36g/kg$；$T_p=-10.4℃$；$0min \leqslant t \leqslant 100min$	$M_{\rho fr}=-\dfrac{2D_{eff}A_0\rho_{dryair}}{\delta_{fr}}(w_{fr,surf}-w_{wall,ext})$
Yao 等人	平直翅片蒸发器	$0℃ \leqslant T_a \leqslant -4℃$；$V=1m/s$；$1.77g/kg \leqslant w \leqslant 3.24g/kg$；$-17℃ \leqslant T_p \leqslant -13℃$；$0min \leqslant t \leqslant 60min$	$M_\rho=\dfrac{Q_t}{i_{sv}+\dfrac{\lambda_{fr}RT_s^2(v_v-v_f)}{D_s[i_{sv}-p_v(v_v-v_f)]\left(1-\dfrac{\rho_{fr}}{\rho_i}\right)\Big/\left[1+\left(\dfrac{\rho_{fr}}{\rho_i}\right)^{0.5}\right]}}$
Gong 等人	平直翅片、波纹翅片蒸发器	$-10℃ \leqslant T_a \leqslant 10℃$；$V=1.65m/s$；$1.07g/kg \leqslant w \leqslant 7.64g/kg$；$t=0\sim60min$	$M_{fr}=1.298t^{0.9233}\left(\dfrac{T_a}{T_w}\right)\left(\dfrac{l}{d_{eq}}\right)X_a^{1.228}$

考虑到现有霜层生长预测模型和CFD模拟技术的不足，例如误差大、适用范围窄、计算复杂、花费时间长等，不利于工程的实际应用，研究人员探讨了采用人工智能算法对冷表面上霜层生长预测的可能性。Cao 等人提出采用支持向量机（Support Vector Machine，SVM）对冷表面上霜层生长进行预测，与试验数据相比，结霜量和霜层厚度的预测值平均相对误差分别为 2.65% 和 5.15%。Tahavvor 等人采用了人工神经网络（Artificial Neural Network，ANN）的方法对水平圆管外表面霜层的厚度和密度进行了预测，输入参数为空气温度、相对湿度、圆管直径、壁面温度、时间，结果表明 ANN 能够快速、准确地预测不同管径水平圆管在不同工况下的霜层厚度和密度。Zendehboudi 等人利用壁面温度、空气温度、相对湿度、结霜时间作为输入量，分别采用多元线性回归（Multiple Linear Regression，MLR）、最小二乘支持向量机（Least Squares Support Vector Machine，LSSVM）、人工神经网络（Artificial Neural Network，ANN）、自适应神经模糊推理系统（Adaptive Neuro Fuzzy Inference System，ANFIS）等方法对自然环境下冷表面霜层厚度生长预测进行了研究；其中自适应神经模糊推理系统的预测性能

最佳，相关系数 R^2 和均方差 MSE 分别为 0.9967 和 0.0233。ANFIS 结合了模糊逻辑系统和神经网络的优点，通过试验数据训练，能够自动产生模糊规则和隶属度函数。这对于预测空气源热泵室外机霜层生长特性等非线性、复杂的问题十分有效。

四、结霜图谱

霜的形成条件与露是相似的，都是空气遇到冷表面时，冷表面附近空气的饱和蒸汽分压力降低，相对湿度增大，水分从空气中析出所致。它们的区别在于这两种现象发生时冷表面温度不同。对于空气源热泵而言，当其室外侧换热器表面温度 T_p 低于周围空气的露点温度 T_{dew}，而高于水的三相点温度 T_{tp} 时，空气中的水蒸气将在其表面液态凝结，并以液态附着，即发生结露现象；而当 T_p 既低于周围空气的露点温度 T_{dew}，又低于水的三相点温度 T_{tp}，即 0℃ 时，空气中的水蒸气将在其表面以固态凝结，即发生结霜现象，如图 4-3 所示。对于以上物理现象，有两个临界条件：$T_p = T_{dew}$ 是结露的临界条件；$T_p \leqslant T_{dew}$ 且 $T_p = T_{tp}$ 是结霜的临界条件。

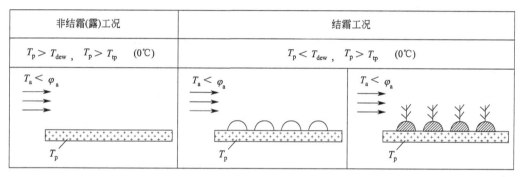

图 4-3　结霜与结露条件

目前已有学者对霜的形成条件做了更加深入的研究，并绘制出了结霜图谱。结霜图谱能够反映不同地域、不同气象条件下，空气源热泵的结霜情况；它是指导开发适用于不同地域、不同气象条件下除霜控制方法的基础，是评估空气源热泵结霜程度的主要依据。相对湿度是除了空气温度外另一显著影响空气源热泵机组制热性能的气象因素，在相同的干球温度下，相对湿度越高，空气源热泵结霜越严重。因此将空气的相对湿度综合考虑到结霜图谱中，能使结霜图谱更完善。

(一) 供暖期相对湿度的计算

《中国建筑热环境分析专用气象数据集》数据给出了干球温度和含湿量，从《建筑节能气象参数标准》(JGJ/T 346—2014) 附带光盘中导出的数据给出了干球温度和露点温度。由于两本数据集的典型气象年数据都缺少相对湿度的气象参数，因此在进行相对湿度分析之前，需要根据已有的数据对相对湿度数值进行推算。

相对湿度 φ 是实际水蒸气分压力 p_q 和该干球温度下饱和水蒸气分压力 $p_{q,b}$ 的比值，计算公式见式(4-3)。

$$\varphi = \frac{p_q}{p_{q,b}} \times 100\%　\qquad (4-3)$$

因此，若要计算相对湿度，需要分别求出实际水蒸气分压力 p_q 和饱和水蒸气分压力 $p_{q.b}$ 的值。本节主要依据文献［211］给出的空气状态参数计算法，在已知干球温度的情况下推导饱和水蒸气分压力，在已知含湿量或露点温度的情况下推导实际水蒸气分压力。具体计算方法如下。

1. 已知干球温度计算饱和水蒸气分压力的方法

文献［211］给出的 $p_{q.b}=f(T)$ 经验式如式（4-5）和式（4-6）所示，其中 T 是原干球摄氏温度 t 按式（4-4）换算后的热力学温度。

$$T=273.15+t \tag{4-4}$$

当 $t=-100\sim0℃$ 时

$$\ln p_{q.b}=\frac{c_1}{T}+c_2+c_3T+c_4T^2+c_5T^3+c_6T^4+c_7\ln T \tag{4-5}$$

式中，$c_1=-5674.5359$；$c_2=6.3925247$；$c_3=-0.9677843\times10^{-2}$；$c_4=0.622157\times10^{-6}$；$c_5=0.20747825\times10^{-18}$；$c_6=-0.9484024\times10^{-12}$；$c_7=4.1635019$。

当 $t=0\sim200℃$ 时

$$\ln p_{q.b}=\frac{c_8}{T}+c_9+c_{10}T+c_{11}T^2+c_{12}T^3+c_{13}\ln T \tag{4-6}$$

式中，$c_8=-5800.2206$；$c_9=1.3914993$；$c_{10}=-0.9677843\times10^{-2}$；$c_{11}=0.41764768\times10^{-4}$；$c_{12}=-0.9484024\times10^{-12}$；$c_{13}=4.1635019$。

由式（4-5）和式（4-6）得出干球温度 T 的饱和水蒸气分压力 $p_{q.b}$ 计算公式，分别见式（4-7）和式（4-8）。

当 $t=-100\sim0℃$ 时

$$p_{q.b}=\exp\left(\frac{c_1}{T}+c_2+c_3T+c_4T^2+c_5T^3+c_6T^4+c_7\ln T\right) \tag{4-7}$$

当 $t=0\sim200℃$ 时

$$p_{q.b}=\exp\left(\frac{c_8}{T}+c_9+c_{10}T+c_{11}T^2+c_{12}T^3+c_{13}\ln T\right) \tag{4-8}$$

2. 已知含湿量计算水蒸气分压力的方法

由含湿量公式（4-9）可很快推导出含湿量 d 对应的实际水蒸气分压力 p_q 计算公式，见式（4-10）。

$$d=622\frac{p_q}{B-p_q} \tag{4-9}$$

式中，B 为大气压力，Pa，通常取一个标准大气压，即 101325Pa。

$$p_q=\frac{Bd}{622+d} \tag{4-10}$$

3. 已知露点温度计算水蒸气分压力的方法

文献［211］中虽然已给出露点温度和水蒸气分压力换算的经验式 $t_1=f(p_q)$，但当露点温度大于 0℃ 时，经验式极为复杂，计算极不方便，所以需要换一种方法求得。

在焓湿图上，干球温度为 T、露点温度为 T_d 的湿空气和干球温度为 T_d 的饱和湿空气具有相同的水蒸气分压力，因此将露点温度 T_d 代入式（4-7）或式（4-8）中的 T，得到的饱和水蒸气分压力 $p_{q,b}$ 的值，就是实际所求湿空气的水蒸气分压力 p_q。

在已知露点温度的情况下，计算水蒸气分压力的公式见式（4-11）和式（4-12）。

当 $t_d \leqslant 0℃$（或 $T_d \leqslant 273.15K$）时

$$p_q = \exp\left(\frac{c_1}{T_d} + c_2 + c_3 T_d + c_4 T_d^2 + c_5 T_d^3 + c_6 T_d^4 + c_7 \ln T_d\right) \tag{4-11}$$

当 $t_d > 0℃$（或 $T_d > 273.15K$）时

$$p_q = \exp\left(\frac{c_8}{T_d} + c_9 + c_{10} T_d + c_{11} T_d^2 + c_{12} T_d^3 + c_{13} \ln T_d\right) \tag{4-12}$$

（二）空气源热泵供暖的结霜图谱

本节引入的结霜图谱来自文献 [85，86] 的成果——新型分区域结霜图谱。该结霜图谱在 $-15 \sim 11.5℃$ 的温度范围内，详细划分出空气源热泵在不同气象条件下的结霜和结露区域，并能准确方便地定位出任一空气温度和相对湿度条件下机组的结霜情况。

1. 结霜图谱的假定条件和使用范围

由于结霜是一个以动态传热和传质为特征的复杂瞬态过程，受六大主要因素影响，因此需要建立假定条件来简化和忽略影响相对较小的因素。假定条件如下：

① 由于空气清洁度和室外换热器盘管表面的湿润度不容易量化，因此忽略这两个因素的影响。

② 空气源热泵装置室外换热器表面风速通常在 $1.5 \sim 3m/s$ 之间，该结霜图谱中假定迎面风速为 $2m/s$。

③ 假定制冷剂是平均流过室外换热器盘管，无分液不均现象。

在划定温度范围时，需要确定使用结霜图谱的温度上、下限。目前空气源热泵的主要适用范围在 $-15℃$ 以上，而且空气温度越低，机组越不容易结霜，因此结霜图谱仅考虑 $-15℃$ 以上的结霜情况。另外，1 月份平均温度高于 $11.5℃$ 时，可不需要空气源热泵供暖，因此结霜图的温度上限是 $11.5℃$。综上，结霜图谱的空气温度范围为 $-15 \sim 11.5℃$，相对湿度范围为 $0\% \sim 100\%$。

2. 等露点温度线和临界结露线的确定

露点温度 T_d 可以通过空气干球温度 T_a 和相对湿度 RH 来计算。通过联立式（4-3）、式（4-7）、式（4-8）和式（4-11），给定任一固定的露点温度，便可在以空气温度为横坐标、相对湿度为纵坐标的坐标图上作出等露点温度线。等露点温度线的方程为式（4-13）和式（4-14）。

$$RH = \begin{cases} K_d \exp\left[-\left(\frac{c_1}{T_a} + c_2 + c_3 T_a + c_4 T_a^2 + c_5 T_a^3 + c_6 T_a^4 + c_7 \ln T_a\right)\right], T_a > 273.15K & (4\text{-}13) \\ K_d \exp\left[-\left(\frac{c_8}{T_a} + c_9 + c_{10} T_a + c_{11} T_a^2 + c_{12} T_a^3 + c_{13} \ln T_a\right)\right], T_a \leqslant 273.15K & (4\text{-}14) \end{cases}$$

式中，$K_d = \exp\left(\frac{c_1}{T_d} + c_2 + c_3 T_d + c_4 T_d^2 + c_5 T_d^3 + c_6 T_d^4 + c_7 \ln T_d\right)$。等露点温度线上，

露点温度 T_d 恒定，因此 K_d 也是固定值〔式中 $c_1 \sim c_{13}$ 按式(4-15) 和式(4-16) 中规定的数值取值，空气温度 T_a 和露点温度 T_d 取热力学温度值〕。将露点温度 T_d 设置为不同值，可以得到一簇不同露点温度的等露点温度线，如图4-14所示。

盘管换热温差 ΔT 与空气温度 T_a（摄氏温度）的关系由王伟等人用现场实际测试测得的数据经过线性回归的方法拟合而成。换热温差 ΔT 与空气温度 T_a 的关联式如式(4-15)所示。

$$\Delta T = k_1 + k_2 T_a \quad (k_1 = 10.26, k_2 = 0.17; R^2 = 0.69) \tag{4-15}$$

因此，盘管温度 T_w 与空气温度 T_a 的关系可表达为式(4-16)。

$$T_w = T_a - \Delta T = (1 - k_2)T_a - k_1 \quad (k_1 = 10.26, k_2 = 0.17) \tag{4-16}$$

在绘制临界结露线时，在有效温度范围内任意选取一空气温度 T_a，代入式(4-16)可计算出盘管温度 T_w；过横坐标轴上的 T_a 点向上作垂线与等露点温度线 $T_d = T_w$ 相交，该交点即为临界结露点；将不同空气温度下的临界结露点用平滑的曲线连接起来就得到了临界结露线，如图4-4横（最为平缓的）线所示。在临界结露线的下方，$T_w > T_d$，室外换热器盘管不会结露或结霜；在临界结露线的上方，$T_w < T_d$，室外换热器盘管会发生结露或结霜现象。

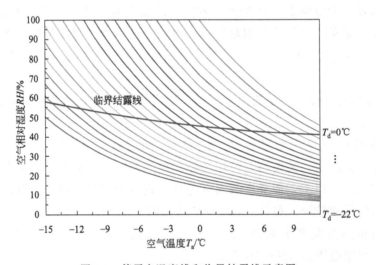

图 4-4　等露点温度线和临界结露线示意图

3. 结霜区域的划分

当盘管温度 $T_w < 0℃$ 时，会发生结霜现象。定义临界结霜线的表达式为 $T_w = 0℃$，代入式(4-16)得空气温度 $T_a = 12.36℃$，所以理论上空气温度低至12℃时即可结霜；然而考虑到换热器翅片温度高于盘管温度，实际运行时当空气温度 $T_a = 6℃$ 才会在换热器翅片上观测到明显的结霜现象，因此临界结霜线的位置在 $T_a = 6℃$。当然，临界结霜线的位置不是绝对的，需根据不同机组在不同环境下的实际情况确定。

这样，临界结露线和临界结霜线将结霜图谱分成了三个区域，分别是非结霜区、结露区和结霜区三部分。

除此之外，为了进一步判断结霜程度，根据冷平板结霜特性预测模型，在结霜图谱上将结霜速率相同的点拟合成曲线，形成四条不同结霜速率的等结霜速率曲线，将结霜区细分为 A、B、C、D、E 五个区域。四条等结霜速率曲线所代表的结霜速率从下到上分别为 0.2mm/h、0.5mm/h、0.9mm/h 和 1.3mm/h。根据结霜程度，将 A 区称为重霜区；B 区和 C 区称为一般结霜区；D 区和 E 区称为轻霜区。完整的结霜图谱如图 4-5 所示。

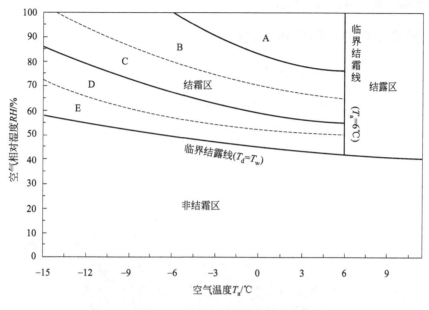

图 4-5　新型分区域结霜图谱

① 若温度超过 11.5℃（供暖初期或末期时可能达到的温度），则将临界结露线向 11.5℃ 以上的范围延伸；临界结露线以上会结露，临界结露线以下不会结露。

② 若温度低于 −15℃（严寒地区最冷月可能达到的温度），由于空气温度极低，机组更不容易结霜，因此视作非结霜区。

将结霜速率分别为 1.3mm/h、0.9mm/h、0.5mm/h 和 0.2mm/h 的等结霜速率曲线分别命名为曲线 A、曲线 B、曲线 C 和曲线 D，临界结露线命名为曲线 E，则曲线 A～E 的方程可表达为式(4-17)的形式。

$$f_i(T_a) = k_{1i} + k_{2i}T_a + k_{3i}T_a^2 \tag{4-17}$$

式中　　　i——曲线名称，$i = A \sim E$；

　　　$F_i(T_a)$——等结霜速率线在空气温度 T_a 时的相对湿度函数值；

k_{1i}、k_{2i}、k_{3i}——分别为常数项、一次项系数和二次项系数。

第三节　结霜对空气源热泵性能的影响

空气源热泵的结霜在实际运行中是不可避免的。当室外换热器结霜并随着霜层的厚度增加时，空气流过翅片管的阻力加大，降低了空气流量，从而导致翅片管内制冷剂蒸发不充分、蒸发温度降低、压缩比增大、排气温度升高、蒸发器出口过热度降低、制热量衰减、制冷剂流量降低等问题，严重时甚至会导致机组停机及压缩机损坏等事故，因此抑制、延缓结霜的技术措施十分重要。本节主要从空气源热泵制热量与结霜程度的关系和抑制结霜的方法等方面进行介绍。

一、空气源热泵制热量与结霜程度的关系

（一）结除霜过程的制热量损失

在讨论空气源热泵制热量与结霜程度的关系之前，需要对一个完整的结除霜过程掌握透彻。空气源热泵结霜和除霜时制热量的变化过程如图 4-6 所示，在图中包括两个结除霜循环。

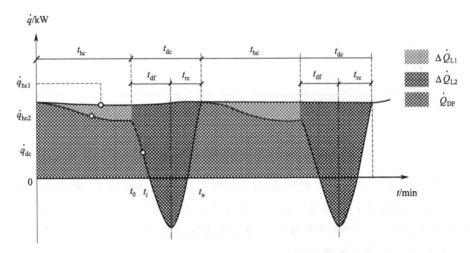

图 4-6　空气源热泵机组结-除霜过程示意图

t_0—除霜开始时刻，s；t_i—除霜时刻（含恢复），s；t_n—除霜结束时刻，s；t_{hc}—结霜时间，s；

t_{dc}—总除霜时间，s；t_{df}—除霜时间，s；t_{rc}—恢复时间，s；$\dot{q}_{hc1}$—瞬间供热能力（无霜过程中），kW；

$\dot{q}_{hc2}$—瞬间供热能力（结霜过程中），kW；$\dot{q}_{dc}$—瞬间制热能力（除霜过程中），kW

在图 4-6 中，$\dot{q}_{hc1}$ 表示假定室外换热器表面无霜时的制热量，在干球温度一定时是一个相对稳定的数值。如果换热器表面结霜，机组的实际制热量 $\dot{q}_{hc2}$ 相对于无霜制热量 $\dot{q}_{hc1}$ 存在一定程度的衰减，而且随着结霜时间增长，制热量的衰减程度加大。

除霜循环 t_{dc} 分为两个阶段：第一个阶段是除霜阶段 t_{df}，这个阶段制冷剂处于逆循环流动状态，空气源热泵将从供暖系统和室内环境中取热除霜，实际制热量 $\dot{q}_{hc2}$ 会急速衰减到负值（负值表示取热）；第二个阶段是恢复阶段 t_{rc}，这个阶段内制热量会迅速恢复到正常水平。

在一个结除霜循环中，制热量的损失分为两部分：第一部分为结霜过程中的制热量损失 Q_{L1}，称为结霜损失；第二部分为除霜过程中的制热量损失 Q_{L2}，称为除霜损失。

结霜损失 Q_{L1} 在图 4-6 中相当于瞬时无霜制热量曲线 $\dot{q}=\dot{q}_{hc1}(t)$、瞬时结霜制热量

曲线 $\dot{q}=\dot{q}_{hc2}(t)$、直线 $t=0$ 和直线 $t=t_0$ 围成的面积，表示在结霜过程（0 时刻～t_0 时刻）中因结霜而损失的制热量，可用式(4-18) 表示。

$$Q_{L1}=\int_0^{t_0}\left[\dot{q}_{hc1}(t)-\dot{q}_{hc2}(t)\right]\mathrm{d}t \tag{4-18}$$

式中　Q_{L1}——结霜损失，kJ；

$\quad\quad\dot{q}_{hc1}$——机组无霜过程中的瞬时制热量，kW；

$\quad\quad\dot{q}_{hc2}$——机组结除霜过程中的瞬时制热量，kW；

$\quad\quad t_0$——除霜开始时刻，s。

同理，除霜损失 Q_{L2} 在图 4-6 中相当于瞬时无霜制热量曲线 $\dot{q}=\dot{q}_{hc1}(t)$、除霜制热量曲线 $\dot{q}=\dot{q}_{hc2}(t)$、直线 $t=t_0$ 和直线 $t=t_n$ 围成的面积，表示在除霜过程（t_0 时刻～t_n 时刻）中因除霜而损失的制热量，可用式(4-19) 表示。

$$Q_{L2}=\int_{t_0}^{t_1}\left[\dot{q}_{hc1}(t)-\dot{q}_{hc2}(t)\right]\mathrm{d}t \tag{4-19}$$

式中　Q_{L2}——除霜损失，kJ；

$\quad\quad t_0$——除霜开始时刻，s；

$\quad\quad t_n$——除霜结束时刻，s。

因此结除霜损失 $\sum(\dot{Q}_{L1}+\dot{Q}_{L2})$ 的表达式为式(4-20)。

$$\sum(\dot{Q}_{L1}+\dot{Q}_{L2})=\int_0^{t_n}\left[\dot{q}_{hc1}(t)-\dot{q}_{hc2}(t)\right]\mathrm{d}t \tag{4-20}$$

（二）结除霜损失系数和名义制热量损失系数

为了定量衡量结除霜对空气源热泵制热量的衰减程度，文献［87］提出了"结除霜损失系数"和"名义制热量损失系数"的概念。

结除霜损失系数 ε 的定义是机组在一个结除霜周期内因结除霜而损失的制热量与相同工况下无霜过程中制热量的比值，表示机组结除霜过程相对于相同工况无霜制热量的损失，用公式表达如式(4-21) 所示。

$$\varepsilon=\frac{\int_0^{t_n}\left[\dot{q}_{hc1}(t)-\dot{q}_{hc2}(t)\right]\mathrm{d}t}{\int_0^{t_n}\dot{q}_{hc1}(t)\mathrm{d}t} \tag{4-21}$$

式中　ε——结除霜损失系数；

$\quad\quad\dot{q}_{hc1}$——机组无霜过程中的瞬时制热量，kW；

$\quad\quad\dot{q}_{hc2}$——机组结除霜过程中的瞬时制热量，kW；

$\quad\quad t_n$——除霜结束时刻，s。

名义制热量损失系数 ε_{NL} 的定义是机组在一个结除霜周期内因环境温度降低和结除霜两方面的综合影响而损失的制热量与机组名义制热量的比值，它同时反映了环境温度和结除霜过程对机组制热性能的影响，用公式表达如式(4-22) 所示。

$$\varepsilon_{NL}=\frac{\int_0^{t_n}\left[\dot{q}_{hc}-\dot{q}_{hc2}(t)\right]\mathrm{d}t}{\int_0^{t_n}\dot{q}_{hc}\mathrm{d}t} \tag{4-22}$$

式中　ε_{NL}——名义制热量损失系数；

　　　$\dot{q}_{hc}$——机组名义制热量，kW；

　　　$\dot{q}_{hc2}$——机组结除霜过程中的瞬时制热量，kW；

　　　t_n——除霜结束时刻，s。

制热量衰减系数 ε_Q 为额定出水温度下，室外空气温度为 T_a 时的制热量相对于室外空气干球温度为名义工况温度（本文按干球温度 7℃ 选取）时的名义制热量所损失的比例（该制热量为无霜制热量，不考虑结霜的影响），制热量衰减系数 ε_Q 的表达式如式（4-23）所示。

$$\varepsilon_Q = 1 - \left(\frac{273.15 + T_a}{280.15}\right)^{6.9214} \tag{4-23}$$

制热量衰减系数 ε_Q 相当于机组无霜制热量相对于机组名义制热量所损失的比例，则一个结除霜周期内制热量衰减系数 ε_Q 可用类似于式（4-21）和式（4-22）的积分表达形式，用式（4-24）表示。

$$\varepsilon_Q = \frac{\int_0^{t_n} \left[\dot{q}_{hc} - \dot{q}_{hc1}(t)\right] \mathrm{d}t}{\int_0^{t_n} \dot{q}_{hc} \mathrm{d}t} \tag{4-24}$$

式中　ε_Q——制热量衰减系数；

　　　$\dot{q}_{hc1}$——机组无霜过程中的瞬时制热量，kW；

　　　$\dot{q}_{hc}$——机组名义制热量，kW；

　　　t_n——除霜结束时刻，s。

结除霜损失系数 ε、名义制热量损失系数 ε_{NL} 和制热量衰减系数 ε_Q 三者之间的关系可以用式（4-25）表示。

$$1 - \varepsilon_{NL} = (1 - \varepsilon_Q)(1 - \varepsilon) \tag{4-25}$$

结除霜损失系数 ε 是量化结霜程度的重要指标，名义制热量损失系数 ε_{NL} 是量化环境温度和结霜程度对机组制热性能综合影响的重要指标。对于这两个系数的确定，文献［88］和文献［89］基于 GRNN 神经网络预测方法，建立了名义制热量损失系数模型，以损失系数最小化为目标确立空气源热泵机组在不同工况下的最佳除霜控制点；在确定名义制热量损失系数 ε_{NL} 与环境温度和相对湿度等两个重要因素有关后，依次经过一元曲线回归、逐步回归分析以及主成分分析等方法，最终得到最小名义制热量损失系数的最终模型表达式（4-26），在该模型中定义结霜区域内除霜控制点的范围在 20～60min 之间。

$$\varepsilon_{NL}(T_a, RH) = -0.311T_a - 0.043T_a^2 - 0.005T_a^3 +$$
$$(0.783 - 1.072 \times 10^{-4}T_a^3)(RH \times 100)^{0.846} + 2.647 \tag{4-26}$$

式中　T_a——室外空气温度，℃；

　　　RH——相对湿度。

联立式（4-23）、式（4-25）和式（4-26），可得出结除霜损失系数 ε 的表达式为式（4-27）。

$$\varepsilon(T_a, RH) = 1 - \{1 - 0.01 \times [-0.311T_a - 0.043T_a^2 - 0.005T_a^3 +$$

$$(0.783-1.072\times10^{-4}T_a^3)(RH\times100)^{0.846}+2.647]\}-\left/\left(\frac{T_a+273.15}{280.15}\right)^{6.9214}\right.$$

(4-27)

该最小名义制热量损失系数模型已在$-3\sim6$℃范围内的结霜区内经过可靠性检验，结果表明该模型的预测值与机组实际运行表现十分接近，因此在$-3\sim6$℃的范围内有一定的可靠性，然而该模型却缺乏低温环境下的可靠性检测。为检测模型在低温范围内是否适用，将不同气象参数下的结除霜损失系数 ε、名义制热量损失系数 ε_{NL} 和制热量衰减系数 ε_Q，在散点图上描绘，检验模型是否符合合理的规律。下面取锡林浩特市的气象参数进行制热量损失系数的散点图描绘，结果如图 4-7 所示。

由图 4-7 可见，在-8℃以上的温度区间范围内，结除霜损失系数 ε 和名义制热量损失系数 ε_{NL} 符合正常规律。即相对湿度一定时，温度越高，结霜速率越快，机组的结除霜损失系数 ε 就越高；而温度的升高促进了机组本身的制热性能，因此在环境温度和结霜的综合影响下，名义制热量损失系数 ε_{NL} 随着温度的升高而逐渐降低；于是结除霜损失系数散点和名义制热量损失系数散点随着环境温度的升高分别呈上升和下降趋势。因此，式(4-26)和式(4-27)适用于$-8\sim6$℃温度范围。

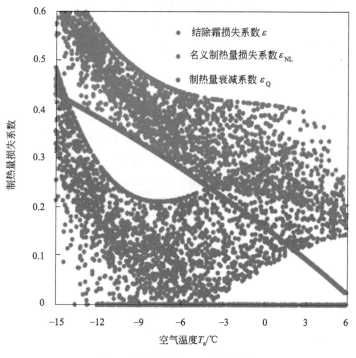

图 4-7　制热量损失系数散点图

然而在$-15\sim-8$℃的区间内，该名义制热量损失系数模型并不可靠，具体体现在当温度低于-8℃时，结除霜损失系数随着温度的降低而呈加速上升趋势；而根据机组正常运行规律，低温环境下温度越低，机组越不容易结霜，这与散点图呈现的趋势相违背。这说明该名义制热量损失系数模型在-8℃以下的温度范围内不适用，需要另行建立模型。

查图 4-7 得，干球温度为-8℃的饱和湿空气（相对湿度100%）结除霜损失系数为

0.21。临界结露线（曲线 E）处的相对湿度为 51%，临界结露线的结除霜损失系数为 0，当温度降低时，临界结露线逐渐接近饱和湿空气线（RH＝100%）。根据温度越低越不容易结霜的规律，可设定在 $-15 \sim -8 ℃$ 的范围内；当温度递减时，饱和湿空气的结除霜损失系数随着临界结露线和饱和湿空气线垂直距离的拉近而逐渐减小。干球温度 $-15 \sim -8 ℃$ 的饱和湿空气结除霜损失系数如式(4-28) 所示，式中临界结露线 $f_E(T_a)$ 表达式见式(4-17)。

$$\varepsilon_{RH100}(T_a) = \frac{0.21 - 0}{1 - 0.51}[1 - f_E(T_a)] \tag{4-28}$$

式中　　T_a——干球温度，℃；

$\varepsilon_{RH100}(T_a)$——干球温度为 T_a 时饱和湿空气结除霜损失系数；

$f_E(T_a)$——干球温度为 T_a 时临界结露线处相对湿度。

结除霜损失系数随相对湿度的变化规律是：在干球温度一定时，相对湿度越小，结霜速率越慢，结除霜损失系数越小。由于结霜图谱内等结霜速率线几何关系接近平行，而且分布均匀，因此设定在固定干球温度下，结除霜损失系数从饱和湿空气状态点沿着相对湿度递减的方向按线性递减规律变化，直至临界结露线处递减至 0。在 $-15 \sim -8 ℃$ 的结霜区内任意空气状态的结除霜损失系数表达式见式(4-29)。

$$\varepsilon(T_a, RH) = \varepsilon_{RH100}(T_a)\frac{RH - f_E(T_a)}{1 - f_E(T_a)} = 0.21 \times \frac{RH - f_E(T_a)}{1 - 0.51} \tag{4-29}$$

式中　　T_a——干球温度，℃；

　　　　RH——相对湿度；

$\varepsilon(T_a, RH)$——干球温度为 T_a、相对湿度为 RH 时的结除霜损失系数。

将式(4-29) 运用到 $-15 \sim -8 ℃$ 范围内的结除霜损失系数模型中，并对图 4-7 中 $-15 \sim -8 ℃$ 的部分进行修正，修正结果如图 4-8 所示。

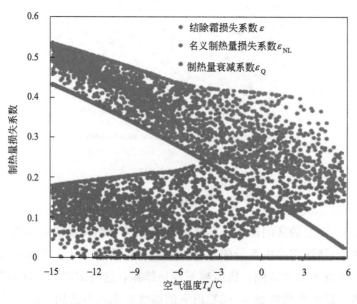

图 4-8　制热量损失系数散点图（已修正）

可见，在−8℃以下时，结除霜损失系数总体随着室外空气温度的降低而减小，修正后的模型在−15～−8℃内符合空气源热泵机组的运行规律。

联立式（4-23）、式（4-25）和式（4-29），得出当室外空气温度在−15～−8℃时，名义制热量损失系数表达式，见式（4-30）。

$$\varepsilon_{NL}=1-\left(\frac{273.15+T_a}{280.15}\right)^{6.9214}\left[1-0.21\frac{RH-f_E(T_a)}{1-0.51}\right] \qquad (4-30)$$

另外，当室外空气温度低于−15℃或高于6℃时，机组可视作不结霜运行，因此结除霜损失系数 ε 为0，名义制热量损失系数 ε_{NL} 与制热量衰减系数 ε_Q 相等。

当所有温度范围内的结除霜损失系数 ε、名义制热量损失系数 ε_{NL} 和制热量衰减系数 ε_Q 表达式都讨论完毕后，严寒寒冷地区各典型城市逐时气象参数所对应的三种损失系数就都可以通过表达式计算确定。这样不仅方便从量化角度评估机组的结霜严重程度，还能在已知机组名义制热量的情况下，给定任意一组空气温度和相对湿度，计算出机组无霜制热量和结除霜制热量。

二、抑制结霜的方法与无霜热泵

结霜现象降低热泵效率，影响热泵机组性能，而除霜又是一个耗能的过程。因此抑制、延缓结霜技术措施的应用显得十分重要。下面将对抑制结霜方法进行介绍，并结合国内外科研人员对空气源热泵无霜及除霜技术的研究结果，概述不同方法原理与特点，尤其是近年来兴起的相变蓄热在热泵系统除霜技术中的应用。

（一）抑制结霜的方法

研究发现，只有在以下两个条件同时满足时，空气源热泵室外机换热器表面才会结霜：其一是换热器表面温度低于室外空气所对应的露点温度；其二是换热器表面温度低于凝结水的凝固温度，即0℃。因此有学者从抑制结霜的思路出发，提出了多种抑霜技术方案。目前主要可以归结为提高室外换热器入口空气温度、降低入口空气湿度、提高冷表面温度和换热器表面处理等几种方法。

1. 提高入口空气温度

在相对湿度不变的情况下，室外侧换热器入口空气温度的提高可以抑制、延缓结霜。目前提高室外侧换热器表面温度的方法主要是应用太阳能空气复合热源热泵和改变换热器结构，以下分别对两种方法进行介绍。

（1）平板太阳能集热系统与空气源热泵的复合

该系统主要由太阳能集热环路与热泵循环系统两部分组成，左侧太阳能集热环路吸收的热量为蒸发器提供热源。蒸发器侧增加的空气-水换热器，将太阳能集热环路与热泵循环系统通过蒸发器串联，如图4-9所示。空气-水换热器相当于一个空气预热器，利用太阳能集热装置中高于室外环境的中温水对室外空气进行预热，因此提高蒸发器入口空气温度，有效抑制、延缓结霜。

（2）改变换热器结构

这里介绍一种采用特殊结构的新型复合热源换热器。它是由管翅式换热器改进而来

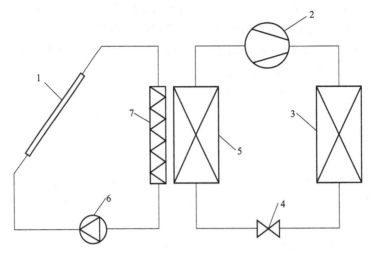

图 4-9　传统太阳能复合热源热泵原理图
1—平板太阳能集热器；2—压缩机；3—室内侧换热器；
4—膨胀阀；5—室外侧换热器；6—水泵；7—空气预热器

的，如图 4-10 所示；主要由三个部分组成：制冷介质蒸发回路、太阳能热介质回路和若干顺次排列的换热翅片。制冷剂流道与太阳能热水流道相互交错排列，并通过共用翅片增强换热，可以实现制冷介质同时与空气和太阳能热介质进行换热，实现复合热源换热的目的。它既可以利用太阳能集取的热量抑制结霜，又可以在空气源热泵正常工作的情况下，有效利用太阳能提供的热量，提高热泵制热能力。

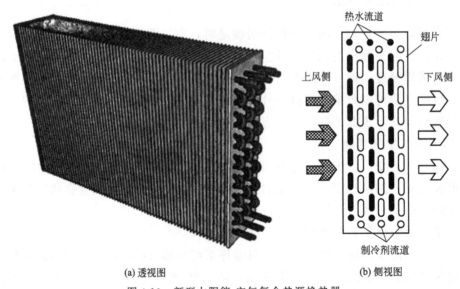

(a) 透视图　　　　　　　　　　　　　(b) 侧视图
图 4-10　新型太阳能-空气复合热源换热器

2. 降低入口空气湿度

降低蒸发器入口空气湿度可以通过在蒸发器外侧增设吸附床装置实现。图 4-11 为吸附床和蒸发器示意图。吸附床固定在热泵蒸发器外侧，由加热层和带活性炭涂层的沸石板构成，厚度约 10cm。活性炭具有吸附除湿作用，蓄热层可吸收太阳光储存热量。

由此进入蒸发器的室外空气先经过活性炭固体吸附剂除湿，而后通过蓄热层被加热，经过除湿加热的空气进入蒸发器可以有效抑制、延缓结霜。但是随着干燥剂中水蒸气分压力的增大，吸附能力会逐渐降低。这时利用两板中间的加热装置板和储存在蓄热层中的热量来为吸附剂解吸，达到吸附剂的多次利用目的。

吸附床的优点是安装简单方便、成本小。但是，吸附剂在多次吸附和解吸之间，利用率必然会降低，吸附效果会受到影响。

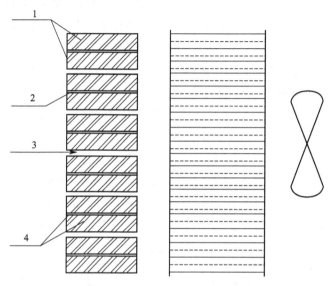

图 4-11　吸附床和蒸发器示意图

1—活性炭涂层；2—加热层；3—室外空气；4—沸石板

3. 提高冷表面温度

（1）增大室外侧换热器面积

室外侧换热器面积的增大使空气源热泵的蒸发温度升高，意味着室外蒸发器的表面温度也将随着升高，这样可减少热泵除霜次数和结霜融霜的热损失，有利于延缓空气源热泵机组的结霜。

试验分析得出这项抑制、延缓结霜的措施应用在不同地区效果相差甚远，根据效果的差异可将我国应用空气源热泵的地区分为以下三类：①效果显著地区：主要是华东、中南和西南的大部分地区，代表城市有上海、南昌、杭州、桂林、长沙和成都等。这些地区冬季气候比较温暖又有供暖需要，相对湿度很高，空气源热泵运行结霜时间较长。蒸发器面积增大 1 倍后，结霜时间可减少约 57.77%～82.96%。上述地区采用增大蒸发器面积的方法来延缓空气源热泵结霜，效果显著，应积极采用，以改善机组的结霜特性。②效果良好地区：主要是华北、华东和华中的部分地区，代表城市有济南、南京、武汉等。这些地区冬季空气温度较高，相对湿度较大，蒸发器面积增大 1 倍，空气源热泵的结霜时间可减少约 20.04%～40.59%。在这些地区用增大室外蒸发器面积的方法来延缓空气源热泵的结霜，效果较好。③效果一般地区：主要指东北、西北和华北的部分地区。这些地区冬季气候寒冷，温度较低，相对湿度也比较低，结霜现象本来就不太严重，增大蒸发器面积对机组的结霜时间影响不大；蒸发器面积增大 1 倍，结霜时间可减少约 5.21%～17.23%。在这些地区，用增大蒸发器面积的方法来减少空气源热泵的除霜热损失、提高机组的制热性能效果一般，是否值得采用需作进一步的经济分析。

当然，增大室外蒸发器的面积，意味着空气源热泵机组成本和用户初投资增加，是否采用此措施还应综合权衡。

(2) 在空气源热泵机组上增设旁通管

在热泵机组压缩机出口与蒸发器入口之间加一旁通管，如图 4-12 所示；室外换热器为普通翅片圆管换热器，由四排制冷剂分配管路组成，每一个管路都有一个针型阀控制制冷剂流量；通过注入一部分从压缩机出来的高温制冷剂到蒸发器的入口，提高蒸发器冷表面温度。具体试验条件如下：根据 ISO 1994 除霜试验条件将室外设定为干球温度 2℃和湿球温度 1℃，室内侧设置为干球温度 20℃和湿球温度 12℃。在人工环境下，使用 R22 做制冷剂，采用针型阀调节旁通管中制冷剂的流速，通过试验了解不同流速（0.0kg/min、0.2kg/min、0.3kg/min、0.4kg/min）条件下霜层的形成、增长以及热泵 COP 值。试验时间为 210min，每过 20min 向室外盘管持续注入 5min 由压缩机流出的高温制冷剂，相应传感器每隔 2s 做一次记录，依据热泵 COP 瞬时值和霜层形成生长的情况选出最佳流速。结果表明增加旁通管内的制冷剂流量可以抑制结霜，旁通管最佳制冷剂流速为 0.2kg/min，与不旁通制冷剂相比，可以延缓结霜 110min。

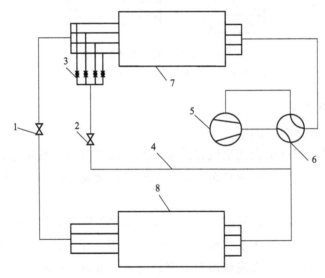

图 4-12　带旁通管的空气源热泵示意图

1—膨胀阀；2—阀门；3—针型阀；4—旁通管；5—压缩机；
6—四通换向阀；7—室外侧换热器；8—室内侧换热器

4. 换热器表面特性处理

换热器表面特性处理的途径主要分为亲水化处理和疏水化处理，下面分别介绍。

(1) 亲水化处理

亲水化处理是一种普遍应用的换热器表面特性处理方式，即在换热器表面加亲水涂层。亲水性涂料以高分子羧酸盐负离子作亲水基团效果为佳，或用氢氧化钾作中和剂并将中和度控制在90%左右。此外，有学者通过向紫铜表面上喷涂一定质量的亲水涂料自制强吸水低能表面，即超亲水表面；试验证明在低于冰点的一定温度范围内，室外换热器翅片具有保持不结霜的能力，涂层越厚，吸水能力越强，抑霜功能越明显。还有学者通过试验证明普通铝箔表面发生的是珠状凝结，而亲水铝箔是膜状凝结；亲水铝箔表面的凝结水略早于普通铝箔开始冻结；两种表面霜层初期的生长速率基本相同，但霜层生长后期，亲水铝箔表面霜层的生长速率略低于普通铝箔；普通铝箔表面的霜层以液态脱落；亲水铝箔表面的霜层则以液固混合状态脱落；亲水铝箔表面残留化霜水的"蒸干率"明显快于普通铝箔，即使出现结霜现象，亲水换热器表面的霜层也更容易在除霜过程中被完全除掉，而普通铝箔表面的残留水珠进入相邻结霜循环时将"二次成霜"，并且在之后的结霜过程中一直高于周围霜层的高度。

（2）疏水化处理

疏水化处理即在换热器表面加疏水涂层。目前普遍采用的疏水涂层材料为硅油或硅脂、四氯乙烯（TPEF）、车蜡、改性SiO_2等，此外含有氟元素的材料也是抑制、延缓结霜的很好选择。目前，有学者通过磁控溅射镀膜系统沉积薄膜并经等离子氟化获得类似荷叶表面形貌的超疏水表面，接触角可高达162°。这种仿生超疏水表面初始霜晶的出现要比普通紫铜表面晚55min以上，并且在国内外首次观测到了菊花状和麦穗状的霜晶团。试验证明，疏水表面上即使出现结霜现象，也要比普通蒸发器壁面霜层稀疏、霜厚增长慢，风阻和热阻增大速度显著降低，融霜间隔时间可以大幅度延长。试验证明，有疏水涂层的蒸发器其不融霜的时间比平均普通蒸发器高30%～40%。

两种表面处理途径相比而言，亲水涂层较疏水涂层的抑霜效果更为明显。这是因为亲水表面能够降低空气压力，形成的霜晶分布均匀，霜晶融化后形成的水膜分布均匀；而疏水面上霜晶融化后呈大水滴状，抑霜效果仅限于结霜初始阶段，对霜层生长期的影响不大。且疏水性表面制备过程烦琐，未能批量生产。对紧凑型换热器等表面复杂的换热器来讲，在多次缓霜后亲水面上水滴的残留率明显少于疏水面。以上原因造成疏水表面的应用不如亲水表面范围广。

（二）空气源热泵无霜化的方法

空气源热泵无霜化的方法，是从破坏上述结霜条件出发，调节流经室外换热器表面的空气温度和湿度。改变空气湿度主要是为了降低空气的露点温度，常用方法有：

1. 固体干燥剂

利用沸石和活性炭构成固体干燥剂吸附床，或在传统翅片管换热器的表面涂干燥剂（硅胶）。这类方法的主要缺点是：干燥剂吸水能力会随时间逐渐削弱，必须采用有效的方法对干燥剂进行再生。

2. 溶液除霜

利用液体除湿原理，室外环境温湿度处于结霜区时，向室外换热器的翅片管喷洒低凝固点的吸水性防冻溶液；通过调节喷淋液温度，还可提高换热器表面温度。由于喷淋系统的附加能耗，根据该方法的实验结果，其COP略低于常规系统的COP。

此外，还有压缩除湿、冷却除湿、热管除湿和转轮除湿等技术，但因各自的技术特点和应用限制，未能有效用于实现空气源热泵系统的无霜化。如空气压缩-冷却析水-再加热的压缩除湿，除湿过程有较高的能耗，不仅会导致系统庞大复杂、增加初投资，还会降低系统的 COP。

针对固体干燥剂的再生，可用的方法有：

① 室外设置双换热器，其中一个主要对空气预除湿，另一个对吸附剂进行再生。

② 将蓄热装置引入双室外换热器的热泵系统，如图 4-13 所示。热水箱放热后的气、液两相制冷剂进入蓄热装置继续释放热量变为过冷液体，一次节流后进入除湿换热器，二次节流后进入室外换热器吸热蒸发；当干燥剂需再生时，热水箱流出的气、液两相制冷剂则直接进入除湿换热器和室外换热器内冷凝放热，对固体干燥剂进行再生，随后制冷剂液体经膨胀阀进入蓄热装置吸热蒸发。结果表明，该系统具有较高的 COP，但干燥剂再生率仅为 72.7%。

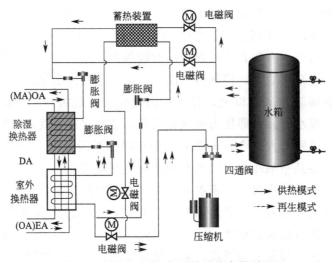

图 4-13　新型无霜空气源热泵热水器原理

为提高流经换热器表面的空气温度，K. Kwak 等将原用于室内机的辅助电加热器置于室外换热器进风口。实验结果表明：该方法可避免换热器表面结霜，并能改善系统制热量及性能。此外，还可通过换热器结构设置（图 4-14）让制冷剂周期性流入各换热管内，利用由风机产生的风破坏霜层的形成过程，进而避免换热器表面结霜。

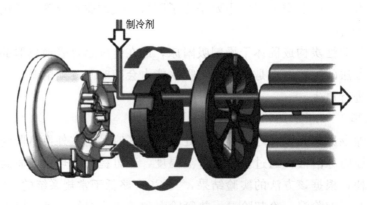

图 4-14　无霜型空气源热泵室外换热器

第四节　除霜方法

对于常规空气源热泵，为保障在低温、高湿度环境下的工作性能，必须进行周期性除霜。除霜方法主要有两大类，一是加热融霜法，另一类是非加热融霜法。加热融霜法有：逆循环除霜法、热气旁通除霜法、蓄能除霜法、电加热除霜法等；非加热除霜法有：高压电场除霜、超声波除霜等。

一、逆循环除霜方法

逆循环除霜是现在被广泛应用的最主要的一种除霜方法。其通过四通换向阀换向，循环系统从制热运行切换为制冷运行，室内外风机停转，压缩机高温排气进入室外换热器进行除霜。除霜结束后，通过四通换向阀换向切换回制热运行。一般在进入除霜前和退出除霜后，压缩机需要停机几分钟再开启以确保压缩机、四通换向阀等零部件可靠使用。在除霜期间和除霜前、后压缩机停机期间，热泵停止向室内供热，室内温度下降，特别是空气-空气热泵，室内温度下降明显。在整个结霜工况制热运行期间和逆循环除霜过程中无法制热运行，存在固有的室内温度波动和室内舒适性下降问题。另外切换四通换向阀时噪声较大，对系统管路也会有一定的冲击，从而影响机组的可靠性和使用寿命。

二、热气旁通除霜方法

热气旁通除霜是指压缩机高温排气直接旁通至室外换热器进行除霜。如图 4-15 所示为热气旁通除霜热泵系统原理图。除霜期间，室内外风机停转，旁通电磁阀打开，压缩机高温排气依次经四通换向阀、旁通电磁阀进入室外换热器进行除霜，热泵停止供热，室内温度仍然会下降。由于除霜前、后无需压缩机停机和四通换向阀换向，热泵停止供热的时间相对逆循环除霜显著缩短，因此室内温度波动幅度相对较小。热气旁通除霜所需热量来自压缩机耗功。

在热气旁通除霜的基础上增加电加热器作为低温热源可以实现除霜期间连续制热。图 4-16 所示为辅助加热热气旁通除霜热泵系统原理图。具体工作原理简介如下：热气旁通除霜运行时，室外风机停转，室内风机低速运转，旁通支路上的电磁阀 2 打开，压缩机高温排气的一部分经旁通支路进入室外换热器进行除霜；辅助加热支路上的电磁阀 1 打开，主路节流装置 1 关闭，电加热器开启，压缩机高温排气的另一部分进入室内换热器冷凝液化后依次经电磁阀 1 和节流装置 2 节流降压后进入电加热器蒸发汽化，与室外换热器出来的制冷剂混合后进入压缩机，经压缩后排出。除霜和制热所需热量来自电加热器和压缩机耗功。在电加热器功率一定的情况下，除霜和制热所需热量的分配通过节流装置 2、3 的调节来实现。

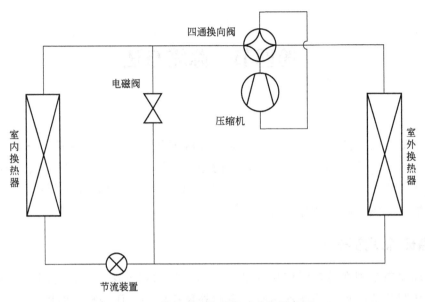

图 4-15 热气旁通除霜热泵系统原理图

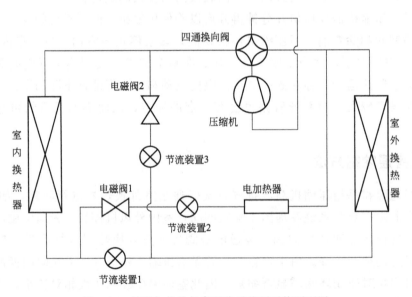

图 4-16 辅助加热热气旁通除霜热泵系统原理图

　　辅助加热热气旁通除霜方法与常规逆循环除霜方法相比,除霜周期明显缩短,除霜过程中压缩机无需停转,可以连续制热,室内温度波动幅度显著减小,室内舒适性得到明显改善。但该方法增加了电磁阀、节流装置、电加热器及管路和控制成本,实际应用较少。

　　热气旁通除霜方法同样是利用压缩蒸气的热量进行除霜,与逆循环除霜法不同,无需切换四通换向阀,而是在压缩机排气与室外换热器之间增设一旁通管路,压缩气体流过室外换热器释放热量后直接进入气液分离器。根据逆循环和热气旁通除霜方法的原理可知,逆循环除霜法中除霜热量来自室内换热器表面余热和压缩机做功,而热气旁通除霜方法中除霜热量仅来自压缩机做功,所以其除霜时间比逆循环除霜法长;但整个运行周期内系统的 COP 优于逆循环除霜,且压缩机的吸、排气压力波动范围小。此外,逆循环除霜还存在四通换向阀切换导致的噪声问题及高低压部分切换后容易出现"奔油"现象。两种除霜方法除霜过程中，室内换热器的风机均需停机，除霜结束后室内换热器表面温度达到一定值后才能开启风机恢复供热。为了提高逆循环及热气旁通除霜法的除霜效率，缩短除霜时间，保障热泵系统的制热性能，学者们提出了不同的改进措施。

逆循环除霜法的改进是在四通换向阀和室外换热器之间增设一个制冷剂补偿器，通过增大除霜模式下循环制冷剂流量，进而增加压缩气体的放热量。如图 4-17 所示，制热循环时会有部分制冷剂液体从室内换热器流入补偿器的储液腔内；除霜模式时，这部分制冷剂将从补偿器流入室内换热器。

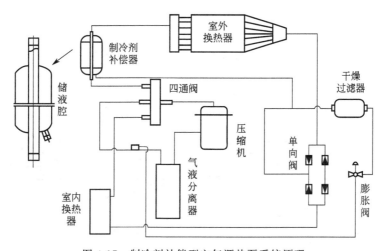

图 4-17　制冷剂补偿型空气源热泵系统原理

热气旁通除霜的综合性能优于逆循环除霜，其研究工作主要集中于如何通过系统改进来缩短除霜时间。图 4-18 所示为一种能持续供热的空气源热泵系统，将电加热与热气旁通相结合，除霜时，使压缩后的制冷剂气体一部分经旁通管路节流后进入室外换热器除霜，另一部分继续进入室内换热器实现不停机供暖；同时开启电加热器作为临时蒸发器，提供制冷剂蒸发的吸热量。这种方法虽然有效，但仅适用于制热量＜5kW 的系统，否则电加热设备尺寸加大，热气旁通除霜效果也会下降。另一种有效的方法是将室外换热器分段控制使用，结合热气旁通除霜法实现不停机制热循环。若将图 4-18 中的电加热器看作室外换热器中的一段，便是一个两段式室外换热器的系统；实际运行时每次仅一段换热器处于除霜状态，其他部分仍参与制热循环，每部分除霜旁通路进口由单独的电磁阀进行控制。

为了克服除霜状态下参与循环的制冷剂流量降低、系统制热量不足问题，可在除霜模式下通过调节室外机风扇转速来调节除霜用气体压力或提高压缩机转速。该方法主要缺点是：结构复杂，可靠性差。热气旁通除霜方法除霜时间长的缺点源于除霜后的制冷剂会积聚在气液分离器中，除霜中后期，压缩机的吸气只能来源于分离器内制冷剂闪蒸得到的饱和蒸气。为此，梁彩华等提出了图 4-19 所示的显热除霜法。压缩后的气体经热气电磁阀后进入电子膨胀阀节流降压，随后流入室外换热器，放热除霜后流入气液分离器并最终进入压缩机。显热除霜的关键是通过电子膨胀阀调节进入室外换热器的制冷

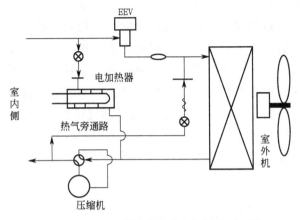

图 4-18　一种能持续供热的空气源热泵系统

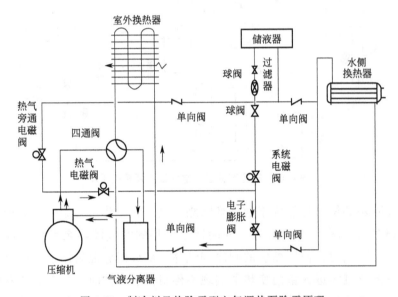

图 4-19　制冷剂显热除霜型空气源热泵除霜原理

剂气体压力，使其达到不凝结的条件：制冷剂气体压力低于正常制热运行时的制冷剂压力（蒸发压力）。该方法的主要缺点是对控制系统要求较高。

三、蓄热除霜方法

（一）蓄热除霜介绍

蓄热除霜是将空气源热泵除霜技术与蓄热技术相结合所提出的改进除霜方法。因其节能、可靠、除霜效果好而成了近些年本领域研究人员的研究热点，近十年有大量的文献报道相关研究。蓄热除霜技术被认为是有效解决空气源热泵除霜问题的有效技术手段之一，其基本原理为利用蓄热材料蓄存热泵系统在正常供热时的部分制热量或过冷热或压缩机在运行过程中产生的废热，除霜时作为低温热源用于除霜和供热。蓄热除霜方法在空气源热泵型空调中已有少量应用。

根据蓄热材料的不同可分为水（显热）蓄热和相变材料（潜热）蓄热，相变材料又可分为有机和无机化学材料，下面分别展开介绍。

1. 水蓄热除霜技术

由于水具有廉价易得、安全环保、传热性能好、物理化学性质稳定、易于和采暖/生活热水相结合等优点，因此有许多学者对水蓄热除霜技术展开了研究。

刘学来等将蓄能罐与冷凝器并联，如图 4-20 所示；制热时蓄能罐蓄存部分冷凝热，除霜时作为蒸发器。实验结果表明该技术方案节能效果可达 32.8%，除霜时不从室内吸热，除霜之后能马上恢复供热。刘合心在多联机上进行了蓄热水箱与室内机并联的实验研究，结果表明蓄热除霜时室内机的制冷剂入口盘管温度基本稳定在 20℃，而逆循环除霜（所有室内风机均开启）的室内机制冷剂入口盘管温度基本稳定在−10℃，表明该除霜方式同样适用于多联机机组。韩志涛进行了 1P 空调的热水蓄热除霜实验，结果表明除霜效果良好；但除霜结束后水温降到 7℃以下，蓄热盘管中会存有部分液态制冷剂，影响系统恢复供热。林灿洪在室外换热器上面增加一个蓄热水箱，利用电加热棒产生的热量加热水，除霜时机组依然供热，水箱里的热水在重力的作用下均匀地流到换热器的表面进行化霜；实验结果表明，除霜期间室内机的出风温度最多下降 3℃，可以保证室内的舒适性。王少为将冷凝器与蓄热槽串联，如图 4-21 所示；系统制热时，蓄热

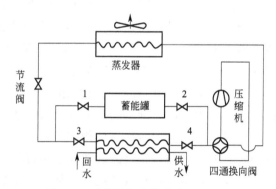

图 4-20　冷凝器与蓄能罐并联原理图

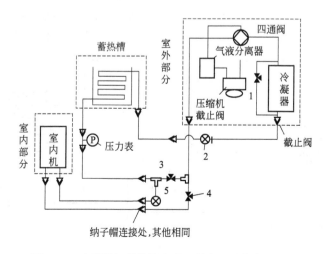

图 4-21　冷凝器与蓄热槽串联＋制取生活热水原理图

槽蓄存制冷剂的过冷热，除霜时，制冷剂先供热（四通阀不换向），然后被节流进到蓄热槽中吸收热水的热量，温度升高后进到室外换热器融霜。实验结果表明，除霜期间新系统的制热量为3.3kW，除霜时间为3min，而普通热泵的制热量为0.7kW，除霜时间为9min；同时该系统还能直接提供生活热水，提高蓄能装置全年利用率。秦红将蓄热水箱与地暖盘管并联，除霜时蓄热水箱作为蒸发器；相对于逆循环除霜，该系统具有较好的热舒适性，同时在非采暖季节可提供生活热水。文献［125］设计了一套热泵供热水兼利用热水除霜的装置，将蓄热水箱分为两部分，除霜时位于水箱上部的热水不与位于下部的除霜用热水混合，可防止提供的热水温度下降，同时提高除霜效率。文献［126～128］也设计出热水供应兼顾补充除霜热量的系统。李念平在供暖水循环回路上增加了一个储能水罐，如图4-22所示。在正常供热时，从地板出来的低温热水经冷凝器加热后，再经储能罐进到地板中供热；除霜时四通阀换向，从地板出来的低温热水经冷凝器降温后，进到储能罐中与里面的高温热水混合，温度升高后再进到地板供热。实验结果表明，除霜时间为6～8min，室内1.1m高处温度维持在20.5～22.9℃，PMV维持在－0.53～0.15，室内舒适性良好；而且系统在间歇性运行（夜间低谷电）时，相比VRV系统更加节能，舒适性更好；在夏季储能罐还能蓄冷，从而充分发挥了储能罐的优势。曲明璐进行了复叠式系统边供热边除霜的实验研究，结果表明，除霜效果较好，同时能够保证一定的制热量，机组除霜运行更稳定、可靠。关于不间断制热蓄能除霜模式的高低温级能量匹配问题还需进一步研究。白韡利用防冻液蓄存压缩机的废热，除霜时，制冷剂先供热，然后利用过冷热除霜；结果表明，除霜期间室温下降3.1℃，较传统逆循环除霜下降8.1℃相比，室内舒适性有较大提高。由于水不仅能作为蓄热介质，还能作为传热介质（具有流动性），因此王文君利用太阳能（或工业余热）产生的热水作为除霜热源，设计了一种由走制冷剂管路和水（或防冻液）管路交叉排列组成的蒸发器，除霜时较高温度的热水经水泵加压后进到相应的管路中融霜；该方式融霜速度较快，且热泵系统运行稳定，但会增加蒸发器的制造成本和占地空间。徐俊芳等用电加热器产生的热水作为除霜热源，在蒸发器空气的进口处加了一排盘管，除霜时盘管里走热水，空气被加热后用于融霜；实验结果表明，该方式可实现热泵系统除霜过程制热连续，但会有部分热量被空气带走散入环境中，增加了热损。热水在向霜层传热时，除了通过管壁或空气间接传热外，还可以直接与霜层接触发生传热传质作用。邱国栋提出一

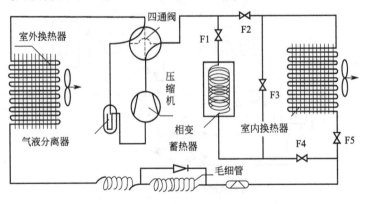

图4-22　空气源热泵储能除霜系统原理图

种收集和利用化霜水蓄热除霜的系统，除霜时通过向霜层表面喷洒温度较高的化霜水来直接融霜，除霜速度较快；同时多余的化霜水还能为室内加湿，夏季的冷凝水用来冷却冷凝器，大大节约了水资源，提高了系统的能效比，所以该系统具有很高的性价比。林灿洪等也进行了类似的研究。

水蓄热是显热蓄热，蓄热密度较低，需要的蓄热水箱容积较大，为了减小蓄热器的容积，使之与热泵系统，尤其是结构紧凑的家用空调器或多联机系统相匹配，所以有很多研究人员对相变（潜热）蓄热除霜的原理、除霜期间是否供热及其对室内舒适性的影响、相变材料的选择与研制、蓄热器在系统中的位置、强化传热措施、蓄热热量的来源等展开了一系列研究，尤其是哈尔滨工业大学的姚杨、姜益强等人，对相变蓄热除霜展开了系统而又深入的研究，下面分别进行介绍。

2. 相变蓄热除霜技术

陈超将填充了 DX40 相变材料板的蓄热装置与空气源热泵机组连接，机组制热时也向蓄热装置蓄热，除霜时，蓄热装置向空调房间及系统放热以补偿除霜热损失；与逆循环除霜相比，该除霜方式能大幅提高出风温度，缩短除霜时间。韩志涛使用 $CaCl_2 \cdot 6H_2O$ 作为相变材料，进行了室内机与蓄热器串联、并联和余热（室内风机关闭）蓄热的实验研究，如图 4-22 所示；结果表明，不管哪一种蓄热模式和除霜模式，都能大幅提高室内的舒适性和机组运行的可靠性。曲明璐等通过计算蓄能除霜和逆循环除霜期间的 PPD（Predicted Mean Vote）和 PMV（Predicted Percentage of Dissatisfied）值，也证明了蓄能除霜的优越性。胡文举在此基础上，论证了不同蓄热和除霜模式对机组性能及室内舒适性的影响；实验表明，蓄热器和室内机串联蓄热（制冷剂先蓄热再供热），蓄热器单独除霜模式是最佳运行模式。曲明璐提出并联供热可以使用在部分负荷工况下，串联供热可以使用在全负荷工况下。宋孟杰和董建锴提出一种过冷蓄能除霜系统，相变材料选择质量比为 34％十酸和 66％十四酸的混合物，蓄热器采用翅片管型换热结构，提高蓄热材料的传热性能；正常供热时蓄热器蓄存制冷剂的过冷热，除霜时蓄热器作为低温热源，实验表明该系统具有很好的除霜效果。马素霞将过冷蓄热除霜系统和喷气增焓系统结合起来，选用 $Na_2SO_4 \cdot 10H_2O$ 作为相变材料，并加入了少量的增稠剂、成核剂和悬浮剂，蓄热器选用双螺旋盘管换热结构；结果表明，该系统不仅解决了除霜问题，还大大提高了系统的低温制热效果。张龙将相变材料包裹在压缩机周围用以蓄存压缩机在运行中产生的热量，如图 4-23 所示，除霜时分为室内不供热和部分供热两种模式；实验结果表明，除霜过程中室内持续供热模式具有最好的除霜及供热效果。王海胜使用相变温度为 22℃ 的石蜡作为蓄热材料，进行了过冷蓄热、边供热边除霜的研究；测试结果表明，除霜期间室内机的最低出风温度为 30℃，而逆循环除霜的最低出风温度达到 0℃。田浩在多联机上进行了并联蓄热，蓄热器单独除霜的研究；结果表明相变蓄能除霜方式同样适用于多联机系统，而且不管是蓄热还是除霜方面，翅片管结构均优于螺旋管结构。宋强等人进行了多联机边供热边除霜的研究，研究结果表明，相比常规逆循环除霜，室内机盘管温度要高 20～25℃，出口平均风温要高 13～17℃，室内舒适性大大提高。日本松下电器公司已经开发出了相应的产品。游少芳进行了利用冷凝器过冷热除霜的研究，实验结果表明，蓄热除霜系统的制热量、制冷量和供热系数均比热气

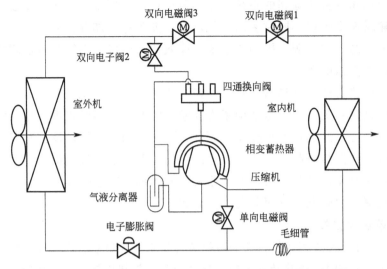

图 4-23　利用压缩机废热的空气源热泵储能除霜系统原理图

旁通的高。张红瑞将蓄热器（相变材料为 $FeCl_3 \cdot 6H_2O$）置于压缩机和四通阀之间，同时结合双级耦合系统，能够实现多种模式。结果表明，系统只需 $1 \sim 5min$ 就可除霜完全且能保证供热，而传统除霜需要 $12 \sim 25min$；同时作者还通过实验测试给出了 $FeCl_3 \cdot 6H_2O$ 的热物性参数，并建立了直管型蓄热装置的数学模型。董建锴建立了翅片管型换热结构的数学模型，并模拟了有机（质量比为 34％十酸和 66％十四酸的混合物）和无机（$CaCl_2 \cdot 6H_2O$）相变材料的蓄放热过程；模拟结果表明，在相同容积和换热条件下，有机相变材料的蓄放热时间均小于无机相变材料，但无机相变材料的蓄热量要比有机相变材料大。胡文举建立了螺旋盘管型蓄热器的数学模型，模拟了 $CaCl_2 \cdot 6H_2O$ 的蓄放热过程。张龙进行了摩尔比为 65％癸酸和 35％月桂酸混合物的热稳定性测试，经过 4000 次的加速热循环实验后，相变温度和相变潜热较初始时刻分别降低了 $0.8℃$ 和 $7.92％$，证明了该混合相变材料具有较好的热稳定性。宋孟杰通过实验研究给出了步冷曲线和差示扫描量热法（DSC 法）测量相变温度的优缺点，并利用 DSC 法测量了质量比不同的十酸和十四酸混合物相变温度和焓值，最终确定了二者 1∶1 的混合物作为相变材料。黄挺也进行了不同 PCM（RT31、A32、癸酸、$Na_2SO_4 \cdot 10H_2O$、$CaCl_2 \cdot 6H_2O$）蓄放热过程的模拟研究。这些研究成果为蓄热器换热结构的设计和相变材料的选取提供了很好的参考。

相变蓄热除霜因蓄热器体积小，易与热泵系统结合，主要适用于家用空调器或多联机等制冷剂-热风型供暖系统；但是目前蓄热器采用的相变材料容易出现性能不稳定、对换热器有腐蚀性等问题，还难以大规模应用。因此研究潜热大、传热好、物理化学性能稳定、无腐蚀的相变材料是未来的研究方向，也是该技术应用的关键。

可以实现蓄热除霜的热泵系统方案有很多种，图 4-24 所示为其中一种蓄热除霜空气源热泵系统原理图，相变蓄热器包裹压缩机（高背压压缩机和排气冷却电动机）壳体并与之紧密接触。制热运行时，压缩机壳体温度高于蓄热器中相变材料的温度，对蓄热器进行充热。除霜运行时，室内外风机停转，四通换向阀换向，节流装置 1 关闭，电磁阀开启，压缩机高温排气经四通换向阀进入室外换热器进行除霜；部分液化的制冷剂经电磁阀和节流装置 2 节流降压后进入蓄热器中蒸发汽化（蓄热器放热），经四通换向阀进入压缩机压缩后排出。

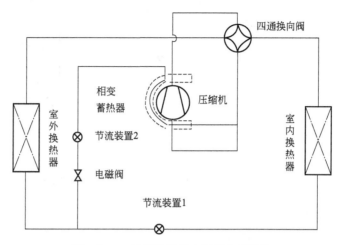

图 4-24　一种蓄热除霜空气源热泵系统

与逆循环除霜方法相比，蓄热除霜方法在除霜期间所需热量来自蓄热器的蓄热量和压缩机的耗功，供除霜用的热量显著增加，除霜时间显著减少，有利于减小室内温度波动幅度；但同样存在除霜前后压缩机停机再启动的等待时间，以及除霜期间热泵停止供热等导致室内温度下降的因素。蓄热除霜方法可有效利用压缩机的漏热量，提高能量利用率。

（二）蓄热除霜系统设计

蓄热热力除霜方法主要是针对逆循环及热气旁通除霜法因除霜热量不足导致除霜时间长、制冷剂循环量小等问题，将蓄热装置应用于热泵系统而提出的改进型除霜方法。蓄热装置除了用于系统除霜，还能平衡系统制热量与用户用热需求，延缓室外空气温度对系统制热量的影响，且能调节电力负荷，因而不断得以研究发展。蓄热装置除了与非热力除霜方法相配合（图 4-20），更多是用于改善热力除霜方法的除霜效率和系统性能。本文就不同的蓄热热力除霜方法进行概括。

1. 蓄热除霜系统

图 4-23 所示为空气源冷热水机组的一种间接蓄热除霜及供暖系统。冬季制热时，阀 1 关闭，阀 2 和阀 3 开启，流出机组的热水部分经阀 2 到风机盘管给室内供热，部分经蓄热装置进行蓄热，温度降低后经阀 3 与风机盘管的回水汇合继续进入热水机组加热。除霜时，阀 1 开启，阀 2 和阀 3 关闭，热水机组采用逆循环或热气旁通除霜，由机组流出的水经过蓄热装置吸热升温，用于补偿机组除霜需要的热量及室内所需的供热量。

蓄热装置也可直接接入热泵系统，根据其与室内换热器相对位置的不同可以实现不同功能的蓄热，如图 4-13 和图 4-25 所示的并联至室内换热器与节流元件之间的管路上，

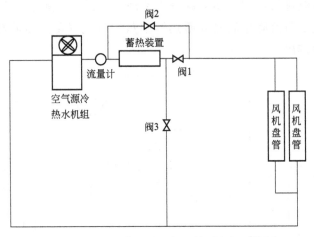

图 4-25　带有蓄热装置的空气源热泵空调系统原理

蓄热的同时还能增加制冷剂节流前的过冷度。

　　图 4-26 为典型的过冷蓄热除霜系统：正常工作时，F1 关闭，F2 和 F3 开启，室内换热器流出的制冷剂液体进入蓄热器内释放显热并过冷；除霜时，系统切换至制冷模式，进行逆循环除霜，毛细管节流后的制冷剂流经蓄热器吸收储蓄的热量蒸发，然后流经室内换热器并最终回到压缩机。

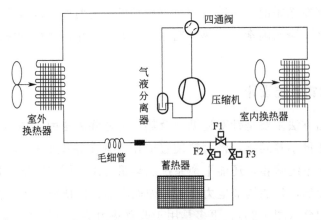

图 4-26　空气源热泵过冷蓄能除霜系统原理
F1~F3—截止阀

　　蓄热装置也可与室内换热器并联，如图 4-27 所示，通过阀的开关实现不同的蓄热模式：

　　① 串联蓄热（F1、F3 开，F2、F4 关），蓄热装置串联至压缩机与室内换热器之间；

　　② 并联蓄热（F1、F2、F4 开，F3 关），即蓄热器与室内换热器并联；

　　③ 余热蓄热（F1、F4 开，F2、F3 关），室内换热器风机关闭，流出室内机的制冷剂流入蓄热器进行蓄热。

　　除霜时，系统逆循环运行，通过阀门的开关设置，相应地有 3 种模式：

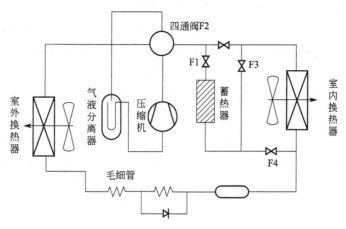

图 4-27　一种空气源热泵蓄能热力除霜系统原理

F1～F3—电磁阀

① 蓄热器除霜（F1、F4 开，F2、F3 关），除霜热量来自压缩机做功和蓄热器的蓄热量；

② 串联除霜（F1、F3 开，F2、F4 关），除霜热量来自压缩机做功、蓄热器的蓄热量以及少量室内换热器的热量；

③ 并联除霜（F1、F2、F4 开，F3 关），除霜热量来源与串联除霜热量来源相同。

另一种蓄热除霜系统是将蓄热装置设置为双换热管路形式，串联在压缩机与室内换热器之间，如图 4-28 所示。系统制热运行时电磁阀 F2 开启，F1、F3 和 F4 关闭，压缩后的制冷剂气体在蓄热器及室内换热器内冷凝，随后经毛细管及室外换热器回到压缩机。该系统除霜方法有两种：①F1、F2 开启，F3、F4 关闭，制冷剂气体先经蓄热器吸热，然后流至室外换热器除霜，并最终回到压缩机；②开启 F3、F4，关闭 F1、F2，压缩后的制冷剂先经室外换热器，然后进入蓄热器吸热升温，再回到压缩机。对比两种除霜方法可知：方法①是用蓄热量强化除霜，方法②是利用蓄热量提升压缩机吸气温度进而提升压缩机的排气温度来强化除霜；方法①可能导致压缩机的湿压缩，但方法②不

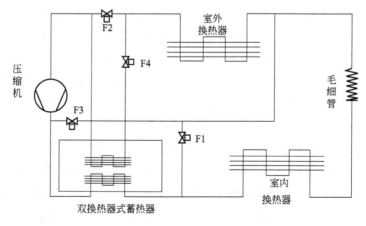

图 4-28　采用双换热管路蓄热热力除霜原理

F1～F4—电磁阀

会，实验结果也表明方法②的除霜效果更优。如图 4-24～图 4-26 所示带蓄热装置的热泵系统，虽然解决了除霜时低位侧热源问题，实验结果也验证了其除霜的高效性和稳定性，但除霜时均需逆循环运行热泵系统，仍未解决室内换热器无法持续供热的问题。Zhang Long 等提出了一种包裹压缩机的蓄热器，如图 4-29 所示，用于存储压缩机工作时释放的热量；除霜时室内换热器风机不停机，四通换向阀也不换向。该系统的除霜方法属于蓄热装置和热气旁通除霜法的结合：制热运行时，电磁阀 F1、F3 关闭，F2 开启，蓄热器进行蓄存。除霜时，电磁阀 F2 关闭，F1、F3 开启，压缩机排气分两路，一路进入室内换热器继续供热，然后由毛细管节流降压；另一路则通过 F1 旁通至室外换热器进行除霜，然后由电子膨胀阀节流后与毛细管流出的制冷剂混合，经过 F3 流入包裹压缩机的蓄热器，此时蓄热器作为蒸发器，制冷剂吸收蓄存的热量蒸发后经过气液分离器再回到压缩机。

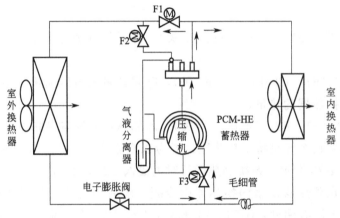

图 4-29 压缩机散热蓄热型空气源热泵系统原理
F1～F3—电磁阀

  虽然冬季制热运行时上述除霜方法能同时实现除霜和持续供热，但除霜运行时的供热量也因供热制冷剂流量的减小而下降。该系统的另一问题是夏季制冷运行时，包裹压缩机的蓄热装置会影响压缩机的散热，导致压缩机排气温度过高。作为改进，Liu Zhongbao 等提出了图 4-30 所示的压缩机散热蓄热及冷却系统。制热模式下，F1、F3、F4 关闭，F2 开启；除霜运行时，F1、F3 开启，F2、F4 关闭，制冷剂流程如图 4-30 所示，其原理也是将蓄热器作为蒸发器使用；制冷运行时，可同时运行热水模式，即打开 F2、F4，关闭 F1、F3，开启水泵，将冷水泵入蓄热器，吸收蓄热器蓄存的热量，升温后变成热水回水箱。

  此外，寒冷地区使用的复叠式空气源热泵，当室外温度低于某临界值（－12～－9℃）时，传统的低温级热气旁通除霜法将无法除尽其蒸发器表面的霜，进而 Qu Minglu 等提出了图 4-31 所示的蓄能复叠空气源热泵系统。常规复叠制热模式运行时，F5、F7～F10 开启，其余阀门关闭；运行一段时间后便可开启蓄热模式，F2、F4～F6、F11 关闭，其余阀门开启，让低压压缩机出来的制冷剂先经过蓄热器蓄热，再流入蒸发冷凝器，蓄热结束后系统可切换回常规制热模式。除霜运行分为间断供热除霜和不间断

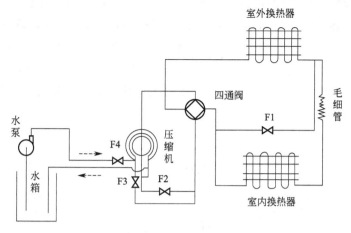

图 4-30　一种压缩机散热蓄热型空气源热泵空调系统
F1～F4—电磁阀

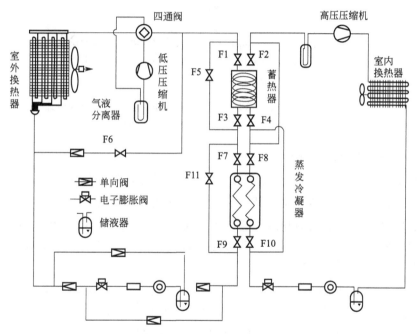

图 4-31　带蓄热装置的复叠型空气源热泵系统原理
F1，F3，F5，F9，F11—球阀；F2，F4，F6，F7，F8，F10—电磁阀

供热除霜，间断供热除霜是使高温级机组停机，开启 F1、F3、F11，低温级系统逆循环运行除霜，将蓄热器作为蒸发器来提供除霜运行时的低温热源；不间断供热除霜即高温级机组持续供热的除霜过程，F1～F4、F11 开启，其余阀门关闭，使蓄热器兼作低温级逆循环除霜和高温级制热运行的低位热源。两种除霜模型下，蒸发冷凝器均不发挥作用。

图 4-32 所示为一种在蓄热装置内设蓄/放热管路的除霜系统。当 F1、F2 开启，F3、F4 关闭时，为供热-蓄热运行模式，制冷剂气体在冷凝器和蓄热管路内冷凝后经膨胀阀

2 流入室外蒸发器。当室外温度降低、系统制热量不足时，开启 F1～F3，关闭 F4，使系统运行供热-放热模式，将蓄热装置作为经济器，冷凝器出来的制冷剂一路经 F2、蓄热管路和膨胀阀 2 进入室外蒸发器，另一路经 F3 和膨胀阀 3 进入蓄热器的放热管路和 G2，之后进入压缩机补气口。除霜运行时，F1～F3 均关闭，F4 开启，系统进行逆循环除霜，室外机冷凝后的制冷剂经膨胀阀 1 进入蓄热管路吸收蓄存的热量蒸发，然后回到压缩机。

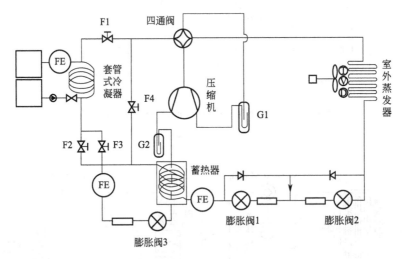

图 4-32　带取热管路的蓄热器应用于空气源热泵系统除霜的原理

F1～F4—电磁阀；G1，G2—气液分离器

2. 蓄热材料及蓄热器结构

蓄热装置的引入，能有效解决逆循环及热气旁通除霜的低位热源问题。上述各类蓄热型热力除霜方法的实验结果均验证了其优于传统热力除霜方法的性能，具备实际应用的可行性。但该类系统最大的缺点为蓄热材料需保证一定的体积才能存储足够的热量，对蓄热装置的安装空间有一定要求，所以要进行实际的产品开发，必须对高效的蓄热材料及蓄热器结构进行选择与研发。

主要的 3 种蓄热方法为：显热蓄热、潜热（相变）蓄热和化学反应蓄热。潜热蓄热是一种相对高效且可靠的蓄热方法。根据采用的相变材料不同，相应的相变过程包含气液相变和液固相变两种；考虑到气相与液相的体积变化，实际应用时液固两相相变的蓄热材料应用更为普遍，上述蓄热热力除霜系统实验研究采用的也均为该类蓄热材料。

空气源热泵系统用蓄热材料的选取基本原则为：相变潜热高，热导率大，体积变化系数小，相变稳定，过冷度小，无腐蚀、化学稳定性好，价格低廉，无毒、不易燃、不挥发，固、液密度大。此外，还需根据不同的蓄热温度要求，确定蓄热材料的相变温度范围，然后进一步对相变材料进行筛选。通常情况下，相变材料的相变温度应介于蒸发和冷凝温度之间且偏上，比冷凝温度低约 10℃。根据目前关于采用相变蓄热的空气源热泵系统的研究报道，所使用的蓄热材料包括：①DX40；②物质的量浓度为 65% 的癸酸 +35% 的十二酸；③质量分数为 80% 的 $Na_2SO_4 \cdot 10H_2O$ +20% 的 $Na_2HPO_4 \cdot 12H_2O$，解决蓄热材料的分层与过冷问题；④$CaCl_2 \cdot 6H_2O$＋质量分数为 2% 的 $SrCl_2 \cdot 6H_2O$ 和 $Ba(OH)_2 \cdot 6H_2O$ 添加剂解决过冷问题；⑤质量分数 66% 的癸酸＋34% 的十四酸混合物；⑥石蜡。在这些相变材料中，$CaCl_2 \cdot 6H_2O$ 和石蜡的使用频率较高，主要是因为 $CaCl_2 \cdot 6H_2O$ 有较大的相变潜热和热导率，密度也较大，有利于换热器的小型化设计。石蜡的优势在于：可通过调节充注的固态与液体石蜡比例，适应蓄热系统的不同相变温度要求。

　　除选择合适的相变材料外，相变蓄热器的结构设计也对蓄热除霜系统的性能有重要影响，而目前研究较为缺乏。图 4-33 所示为文献中提及的几种典型蓄热器结构。

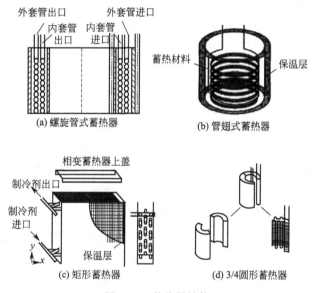

图 4-33　蓄热器结构

3. 新蓄热除霜系统

　　由上述综述可以看出，现有的蓄热除霜系统中，蓄热器主要用于除霜，其除霜效果虽然比逆循环除霜有显著提高，但蓄热器功能单一，其增加的初投资相对于其带来的收益而言显得偏高，导致其难以大规模推广应用。因此，赵洪运等人在现有蓄热除霜技术的基础上，提出一种新的带有快速制热功能的蓄热除霜系统，如图 4-34 所示。新系统具有如下几种运行模式。

　　正常制热模式由普通供热（以下简称"普热"）蓄热和快速制热（以下简称"速热"）过程组成，具体如下：

　　普热蓄热过程：F1 打开、F2 关闭，膨胀阀关闭；制冷剂的流程为：压缩机→四通阀→室内机→F1→蓄热器（蓄存过冷热）→毛细管→室外换热器→四通阀→气液分离器→压缩机。速热过程：F1 关闭、F2 打开，膨胀阀起节流作用；制冷剂的流程为：压缩机→四通阀→室内机→膨胀阀→F2→蓄热器（作为低温热源）→气液分离器→压缩机。

　　新系统的除霜模式由除霜前的快速制热、除霜过程和除霜后的快速制热过程组成，具体如下：

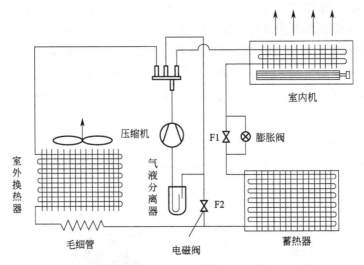

图 4-34　带快速制热功能的蓄热除霜系统原理图

除霜前的速热过程：当系统发出除霜指令后，系统运行速热过程；当室温升高接近1℃后（该过程仅用掉蓄热器的少量热量），开始除霜过程。

除霜过程：四通阀换向，F1打开、F2关闭；制冷剂的流程为：压缩机→四通阀→室外换热器（除霜）→毛细管→蓄热器（作为低温热源）→F1→室内机→四通阀→气液分离器→压缩机，该过程用掉蓄热器的大部分热量。

除霜结束后，系统运行速热过程（室内风机可根据盘管温度确定是否运转）；当蓄热器的热量用完后，系统切换为正常制热模式的普热蓄热过程。

关机快速蓄热模式：当系统收到关机指令后，室内风机关闭，其余与制热蓄热模式一致，蓄热器蓄存冷凝热直至热量蓄满，然后关机。

开机快速制热模式：该模式运行速热过程，当蓄热器的热量用完后，系统切换为普热蓄热过程。

新系统与现有蓄热除霜的不同之处主要有如下几点：

① 新系统的蓄热器热量蓄满后就用（速热或除霜），大大提高了蓄热器利用率。

② 系统运行速热过程时，不仅提高了系统的制热效果和能效比，还起到了延缓室外换热器结霜的作用，从而降低了除霜频率。

③ 除霜前的速热过程可以弥补除霜期间室内的失热量（室内热负荷＋制冷剂吸收的少量热量）；除霜后的速热过程可以缩短系统恢复供热的时间，所以新系统可以很好地保证除霜期间室内的舒适性。

④ 从图4-35所示的实测结果来看，系统开机后，普通制热的速度相对较慢，制热量升高缓慢；而快速制热的制热量升高很快，快速制热在开机6min的总制热量相当于普通制热10min的总制热量，所以开机后的速热过程可以快速提高室内温度，提高空气源热泵供暖舒适性，并提高蓄热器的利用率。

综上所述，蓄热除霜虽然效果好，节能潜力较大，但相变材料及系统长时间运行的可靠性以及蓄热除霜的经济性还有待进一步研究。

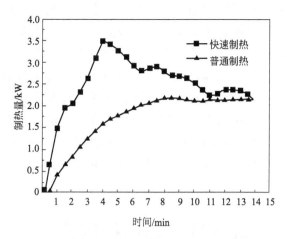

图 4-35　开机快速制热与普通制热的制热量比较

四、热水除霜

热水除霜是一种新型除霜方法，如图 4-36 所示，是在室外换热器上方安装一个与换热器形状相似的化霜装置，该装置内设置电加热棒、水泵、抽水管、电子水位探测计、电子水温计和电磁阀。制热模式下，利用电加热棒加热化霜装置内的水至设定温度；除霜时打开电磁阀使装置内的热水在重力作用下流过室外换热器表面进行除霜，化霜后的水积存在换热器底部的水盘内，再通过水泵送回化霜装置内进行加热。使用该方法进行除霜的优势在于可以实现热泵系统的不停机除霜和持续制热。

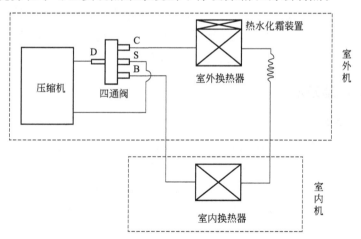

图 4-36　热水融霜的空气源热泵系统原理

五、非热力除霜方法

非热力除霜方法主要包括高压电场除霜和超声波除霜。高压电场除霜法是利用外加电场破坏霜晶成长实现除霜的。在电场作用下，电极间的气体会发生微放电现象并产生电荷；电荷会在霜晶上积聚，建立一个与外加电场方向相反的电场，使霜晶受到由换热器表面向外的电场力，进而破坏已形成的霜晶。霜晶的破碎存在固有频率，当施加的交流电场频率等于或接近霜晶破碎的固有频率时，会发生共振，霜晶就会从换热器表面脱落，达到除霜的目。超声波除霜法也是依据共振原理，利用霜晶和超声波之间的共振效应，达到除霜的目的。国外研究人员从力学角度对超声波除霜法进行了解释：翅片管换热器在高频受迫振动下，其结霜部位激发的剪切应力值远大于结霜的黏附应力，且在霜晶根部激发的弯矩可将部分霜晶体从根部折断。上述两种非热力除霜方法虽然已有了初步的实验研究，并证实了其可行性与节能性，但仍存在一定的技术问题。如高压电场除霜法的放电设备功率与热泵系统的匹配控制、电极材料的绝缘性问题，超声波除霜法的基冰层无法除尽问题，所以该类除霜方法仍处于研究阶段。

第五节　除霜控制方法

由于空气源热泵结霜除霜过程中传热、传质较为复杂，目前使用的除霜控制方法难以达到机组按需除霜的目标，实际运行中"有霜不除""无霜除霜"现象频繁出现。理想的除霜应该是"按需除霜"，即在需要除霜时开始除霜，霜层融化后立即停止除霜，这也是除霜控制的目的，并尽量减小除霜的时间。研究表明，结霜可导致空气源热泵机组换热量降低 30％～57％，机组性能系数 COP 下降 35％～60％，严重时造成机组停机、机械性能破坏等事故。当前对除霜控制方法的研究难点和关键点在于确定合理的进入和退出除霜运行模式的时间点。因此，研究空气源热泵除霜方法及控制方式对于保障机组在高效工况下运行、扩大其应用范围是至关重要的。本节将重点介绍除霜控制方法、"误除霜"事故的发生以及新型的除霜控制方法。

一、常规除霜控制方法

1. 定时除霜控制法

定时除霜控制法是早期采用的空气源热泵除霜控制方法。系统根据最不利的环境参数预先设定固定的制热循环运行时间和除霜时间间隔，当达到设定的制热循环时间后，空气源热泵机组便进入除霜状态；达到设定除霜时间间隔后，退出除霜运行状态。由于没有考虑环境和工作状态变化，该除霜方法适应性差，易出现"误除霜"、除霜不净和能源浪费的问题。

2. 温度-时间控制法

温度-时间控制法在定时除霜控制法的基础上考虑了室外换热器翅片管表面温度的影响，以机组蒸发器翅片的温度和距离上次除霜的时间间隔值作为判断依据；当两个参数均达到设定值时，机组进入除霜运行状态，当翅片温度升高到除霜结束设定值时退出除霜状态。这种方法在一定程度上考虑了机组工作环境的影响，且装置简单、成本较低，是目前较为普遍应用的除霜控制方法。但由于设定值固定，当环境温湿度变化幅度较大时，系统适应性不佳，不能根据实际运行情况按需除霜。在相对湿度较高、温度不低的地区，由于较高的相对湿度，换热器表面结霜现象比较严重，但翅片管温度尚未达到设定值而无法启动除霜运行状态；在气温较低、相对湿度较高的地区，由于翅片结霜速度较快，虽达到设定除霜温度但未达到除霜时间间隔，机组无法开始除霜，导致出现霜层过厚、机组停机的现象。温度-时间法在应用时不可避免会出现滞后除霜、提前除霜和除霜不净的问题。

3. 空气压差控制方法

空气压差控制除霜方法的原理是空气流过不同霜层厚度的室外换热器表面时，流通断面面积和流动阻力不同，通过测量换热器进出口压力差可判断霜层的生成状态。当达到设定压差时开始除霜，随着除霜工况的运行，霜层厚度不断减小，空气压力差减小，达到终止设定压差时退出除霜过程。该方法对压力传感器的控制精度要求很高且换热器表面出现灰尘或异物时易造成"误除霜"的问题，生产生活中较少应用。

4. 温差除霜控制法

温差除霜控制法通常以室外（内）环境温度和室外（内）换热器盘管温度差作为除霜控制判据，当温差达到系统设定值时，机组进入或退出除霜运行模式。这种方法仅考虑了温度的影响因素，控制精度不高。

5. 制冷剂过热度除霜控制法

室外换热器表面结霜后，制冷剂从空气侧吸收的热量减少，同样减少了蒸发器出口的制冷剂过热度，可借以判断室外换热器的结霜情况。此方法对于不同构造、不同控制方式的机组个体差异性比较大，且结霜不是过热度变化的唯一影响因素，因此具有局限性和片面性。

6. 模糊智能除霜控制方法

模糊除霜控制方法是一种将模糊控制技术引入空气源热泵系统中以实现机组按需除霜的控制方法。其控制原理是依靠数据采集和 A/D 转换将环境参数和机组运行特性参数等输入参数进行模糊化处理，由除霜模糊控制规则判断机组是否需要除霜并发送相应的控制信号，以确保除霜系统可以根据机组实际状况运行。该方法控制精度高低取决于模糊控制规则的合理性，这也是当前这方面研究遇到的难点和重点问题。

从上面的研究可以看出，霜的形成由复杂的因素条件制约，因此间接的测量方法判断霜层情况困难重重，经常会有"误除霜"现象的出现。因此研究直接测量的除霜方法也是未来发展的必然趋势。

二、空气源热泵的"误除霜"事故

1. "误除霜"事故现象

①"有霜不除"——机组翅片表面大量结霜，霜层已严重影响机组制热性能，控制中心却未能及时发出除霜指令，造成除霜间隔过长。

②"无霜除霜"——机组翅片表面未结霜或霜层稀薄，对机组制热性能未造成影响或只造成轻微影响，而控制中心却发出除霜指令，造成不必要的除霜操作。

2. "误除霜"事故起因

种类繁多的除霜控制方法已日趋智能化、综合化，对问题的认知不断深化正逐步完

善除霜判断及控制逻辑。尽管如此,"误除霜"问题仍然没有得到有效解决。分析其原因,主要有以下几点:

(1) 缺乏对结霜过程的全面认知与监测

由于缺乏对感知霜层存在与监测霜层生长的全面认知,不能准确监测霜层生长,导致"误除霜"事故发生。表 4-2 给出 6 种现有控制方法及其误除霜起因。现有实际应用中采用基于"软测量"的除霜控制方法,是造成"误除霜"事故的主要原因。

① 通过测量结霜条件作为除霜判据的除霜控制方法造成"误除霜"。结霜条件包括 6 个因素,但实际不可能全部测量,而只考虑其主要因素,如传统的温度-时间除霜控制法。目前对于复杂的结霜过程,其理论研究并不成熟,因此尚不能完全依靠理论的手段,以结霜条件为数据依据,准确地判断室外换热器的实际结霜情况。除此之外,对于冷表面特性研究不充分也是造成"误除霜"的原因之一。研究表明,对于不同表面特性的材料其结霜速率等具有明显差异,而现有除霜控制方法并未考虑此因素。不仅如此,目前结除霜实验研究多集中在温、湿度环境稳定且空气洁净度较高的人工环境室中,与实际情况偏差较大。

② 通过测量结霜的副产物作为除霜判据的除霜控制方法造成"误除霜"。结霜的副产物主要包括室外换热器两侧风压差、表面温度以及机组的制热能力等。虽然结霜会造成这些参数的变化,但这些参数的变化却不一定是由结霜引起的,就是说结霜与副产物参数变化之间是充分不必要的关系;并且很难区分其他因素造成的相同规律的衰减,如环境温度变化也会使供热能力发生变化,换热器脏堵同样会造成蒸发温度降低等。因此造成"误除霜"的发生。

表 4-2 现有除霜控制方法及其误除霜起因汇总表

序号	除霜控制方法	判断依据	误除霜根源
1	定时除霜控制法	时间	仅通过时间参数不能准确感知霜层存在、监测霜层生长
2	温度-时间除霜控制法	时间、蒸发器表面温度	仅通过这两个参数不能准确感知霜层存在、监测霜层生长
3	空气压差控制方法	蒸发器两侧风压差	结霜是造成结霜副产物参数变化的充分不必要条件
4	温差除霜控制法	室内/外环境温度和蒸发器表面温度	同"控制方法 3"
5	制冷剂过热度除霜控制法	蒸发器出口制冷剂的压力和温度	同"控制方法 3"
6	模糊智能除霜控制方法	时间、温度、湿度	控制规则不完善,精度依赖于样本数量,样本本身不易获得

③ 考虑多因素的智能除霜控制方法造成"误除霜"。此类方法主要是因为目前对结霜过程的理论研究不充分,尚不能通过"软测量"的方式准确判断室外换热器的结霜程度。如果采用实验样本标定的除霜点方式,则又因为设计工作量太大,且准确的样本不易获得,使得实际样本数量不足,从而导致控制精度不高。

④ 基于"直接测量"思想的除霜控制方法实际中尚未投入使用。此类方法以霜层厚度作为除霜的判断依据,其准确性较高,原理上有利于解决"误除霜"问题。但由于受到操作空间、环境条件、造价等因素制约,且难以实现自动在线监测,尚不能用作除

霜自动化控制的依据，从而并未对"误除霜"事故的避免起到作用。因此，现有的除霜控制方法导致了"误除霜"事故的必然发生，需要积极寻求更为准确的除霜控制方法解决"误除霜"问题。

（2）对结霜条件的片面理解

① 对结霜区域的误解。传统除霜控制认为结霜的环境温度条件范围为 $-5\sim5℃$。但事实上，相对高温、高湿的环境条件更利于霜层的生长，并且结霜会造成翅片管表面温度的降低，进而促进霜层的生长。

基于结霜分区的思想，有学者对环境温度及盘管温度进行了结霜区域的划分，此方法提高了除霜的准确性，但忽视了环境湿度等对于结霜的重要影响，所以，其准确度仍然不高。也有学者提出，根据环境温、湿度划分结霜区域，结合室外换热器表面温度等参数进行控制，此方法对于压缩机定频率运行的机组可实现性较高。这是因为对于定频率运行的机组，环境温、湿度以及翅片管冷表面温度为影响结霜的主要因素。但目前研究尚不充分，结霜区域的划分不详细，并且我国各地区条件差异显著，目前仍缺乏可以因地制宜的指导空气源热泵除霜的温、湿度结霜图谱。

由此可见，对于结霜区域的误解是造成现有机组产生"误除霜"的重要原因，有关结霜分区的研究有待完善。

② 对机组部分负荷下"停机不停霜"现象的忽视。除霜控制逻辑是一个复杂的自适应控制逻辑，所以需要积累一些相关的参数来判断是否需要除霜。以传统的温度-时间除霜控制法为例，若机组满足温度条件之后，作出除霜判断的正常时间为45min。当机组部分负荷条件下运行，导致其运行时间不足45min时停机，则下一次供热循环开始后，机组将重新开始除霜计时。然而，此时换热器的表面已经有霜的存在，这就导致在每个供热循环中，除霜操作均被滞后了。因此，导致"有霜不除"现象的产生。以压缩机排气温度为例，蒸发器表面结霜会导致排气温度升高，这种"误除霜"事故发生后，除霜计时开始时由于已经有霜存在，导致排气温度就是偏高的。

③ 对换热器排水问题研究不足。由于缺乏对除霜判定流程关键环节的全面认知，控制策略不能在周期性的结除霜过程中适应翅片管的实际排水性能，致使除霜的时机判断偏早，则会出现化霜水排水不净的现象，进而引发"有霜不除"的事故。

在除霜操作结束时机偏早时，化霜水不能完全融化并排出，以水珠的形式残留于换热器底部；在进入下一次制热循环后快速"二次成霜"，在下一次除霜之后，更多的化霜水残留在换热器底部；经过几个循环后，除霜结束时化霜水以冰水混合物的形式残留，再经过几个循环的累积，最终形成一条不融化的冰带，称为"永冻区"，如图4-37所示。研究表明，永冻区甚至会占到换热器面积的20%，严重影响ASHP的制热性能，甚至导致机组停机保护。排水不净的问题将对结除霜过程产生系列影响。排水不净现象产生后，会加剧下一次结霜的程度，若除霜控制策略不能判断其带来的影响，则会导致除霜开始的时机判断偏迟，而下一次除霜所需要的时间会更长，除霜结束的时机会更偏离实际所需。由此可知，排水不净的问题会导致除霜开始和结束时机判断失误，造成"误除霜"事故的发生。

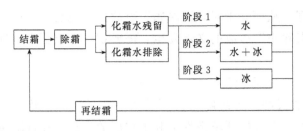

图 4-37 永冻区的形成

④ 缺乏对最佳除霜控制点的研究。"最佳除霜控制点"指的是最合适的除霜时机，使得机组在周期性的结除霜循环中综合供热能力最高。众所周知，在周期性的结除霜过程中，结霜会造成机组供热性能和运行性能的衰减，此时必须借助除霜来使其恢复到正常水平，然后再次结霜、除霜。然而，除霜过程是需要吸取热量的，以逆循环除霜为例，热量大部分来源于室内环境。一方面，如果除霜时机偏早，则会导致除霜次数偏多，虽然每次除霜前由于结霜所造成的损失会偏小，但是机组除霜的损失会增大，最终导致用户实际获得的热量偏小。另一方面，如果除霜时机偏晚，由于结霜的原因所造成的损失会偏大，最终仍然会导致用户实际获得的热量减小。可见，能否准确判断最佳除霜控制点对于提高系统综合供热能力非常重要，而现在恰恰缺乏对最佳除霜控制点的研究。

目前对除霜控制点的设定依靠经验或试验，不够严谨、科学；除霜控制点仅依赖局部信息，而未考虑综合信息，最终导致"误除霜"事故的发生。归纳为以下三点：

a. 依据经验设定除霜控制点，缺乏科学性和严谨性。

b. 未考虑不同地域的气象特点，地域适用性较差。

c. 未考虑不同机组的结构特点，通用性较差。

可见，对"最佳除霜控制点"判断不准确，导致除霜时机偏早或偏晚，造成"误除霜"事故的发生。

⑤ 对运行工况重视不足。目前，厂家及用户普遍只重视机组设计时的"额定效能"，而忽视其实际运行的性能，对"误除霜"问题重视程度不高，这将促使"误除霜"事故的发生。

现行产品规范中，空气源热泵出厂后运行使用过程中实际能效情况的相关规定尚欠缺，由于结除霜问题造成的机组实际运行性能劣化程度、结除霜性能评价等级等，未做明确规定。加之，空气源热泵结除霜问题正是现有技术尚未解决的难题，所以厂家虽然了解此问题存在，却未投入足够的重视并采取有效的措施。而用户对于空气源热泵"误除霜"现象的存在和危害并不了解，从而造成了对其态度的忽视，即产生了"厂家了解，用户忽视，代价巨大"的现状。

因此，厂家及用户对运行工况重视不足，也是导致其产生"误除霜"事故的重要原因。

3. "误除霜"事故危害

"误除霜"事故在实际运行中频繁发生，且严重影响了机组的可靠、稳定、经济运行，会对机组造成物理性损害，甚至引发恶性事故。

"有霜不除"时，霜层会封堵气流通道，降低空气流量，增大换热热阻，从而导致室外翅片管内制冷剂蒸发不充分、蒸发温度降低、蒸发器出口过热度减小、制冷剂质量循环流量降低、排气温度升高、制热量衰减等问题，甚至会导致压缩机损坏等事故。研究表明，霜层的覆盖会造成机组COP下降35％～60％，制热能力下降30％～57％。

"无霜除霜"时，会造成空气源热泵系统高压侧压力急剧升高，大大超过系统高压保护阈值，甚至达到其1.7倍以上；压缩机电流短时间猛增，功率骤长，若不及时中止，会造成压缩机烧毁等恶性事故。文献［194］于2012～2013年供暖期，在北京地区对采用传统"温度-时间"除霜控制的空气源热泵机组进行了为期60天的现场实测，发现"无霜除霜"共1211次，高达除霜总次数的70％，造成有效热量损失139.3MJ/kW。

我国国家标准《房间空气调节器》对分体式风冷机组COP的市场准入标准做了明确规定，2004年时为2.5，到2010年时提高为3.1，经过6年的时间增长了20％。但实际运行中，"误除霜"甚至会造成COP衰减高达60％，严重降低机组实际运行性能。

三、基于最佳除霜点的控制方法

基于平均性能最优的空气源热泵除霜控制方法，是选择热泵机组的性能恶化点作为除霜开始的时间，以避免热泵运行在性能急剧恶化的区域。为了验证该除霜控制方法的可行性，邢震等人采用四种不同的除霜方案，在不同工况下，对空气源热泵除霜特性进行实验研究，分析了系统总耗功、总制热量及平均COP的变化，以验证基于平均性能最优的空气源热泵除霜控制方法的可行性。

1. 实验系统设计

空气源热泵性能测试系统如图4-38所示，该系统能够模拟实验所需的室内、外侧

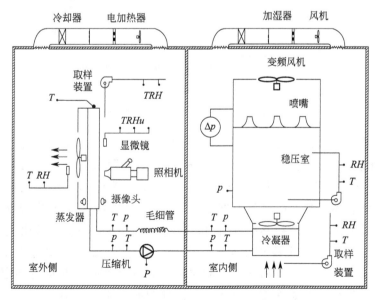

图 4-38　空气源热泵性能测试系统示意图

p—压力；Δp—压差；P—功率；

RH—相对湿度；T—温度；u—速度

环境。环境温、湿度的波动值可控制在±0.5℃及3%以内。

2. 性能恶化点的确定

空气源热泵冬季运行时，翅片表面霜层生长大致可分为三个阶段：初始阶段、减速生长段及加速生长段。其中，在结霜的第三阶段，霜层厚度快速增长，蒸发器表面温度快速下降，热泵性能开始迅速衰减，其制热量和COP的衰减速度为霜层减速生长段的2.8～6倍。因此，将COP开始迅速下降的点称为性能恶化点。而基于平均性能最优的除霜控制方法原理就是选择热泵机组的性能恶化点作为除霜开始的时间，以避免热泵处于性能急剧恶化的范围内运行，其核心是如何确定性能恶化点。进一步研究表明，室外换热器内工质的蒸发温度与系统COP随时间的变化趋势一致。图4-39和图4-40分别为热泵系统蒸发温度、COP随时间的变化曲线。从图中可以看出，系统性能恶化点出现在约65～70min处，在此点以后，系统的COP、室外换热器蒸发温度也同时快速下降。从实验数据可以看出，系统蒸发温度随时间的变化率与系统COP随时间的变化趋势完全一致。考虑温度参数易于测量、信号稳定等因素，选取蒸发温度随时间的变化率作为性能恶化点的判据是合理的。

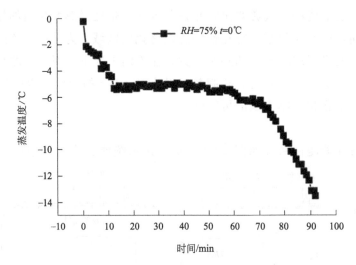

图 4-39　结霜过程中蒸发温度的变化

因此，本节的实验设计方案就是通过检测蒸发温度随时间的变化率 B（$B=\mathrm{d}T/\mathrm{d}t$），找出性能恶化点出现的时刻。实施过程中采用蒸发温度变化量 ΔT 与时间间隔之比 $\Delta T/\Delta t$ 代替蒸发温度随时间的变化率 B，并以此作为除霜开始的判据。具体实施方法为：用温度传感器采集实时蒸发温度信号并送入控制器，计算蒸发温度随时间的变化率，然后与蒸发温度的最佳控制范围 A $[\Delta T/\Delta t > A$ （$A < 0$）$]$ 进行比较。当 $B > A$ 时说明空气源热泵机组在稳定段正常运行；当 $B \leqslant A$ 时，说明机组进入了快速结霜期，应开启除霜模式。为防止偶然因素带来的误动作和频繁除霜，在运行预定时间 T_p 且连续三次满足该条件后才开始除霜。系统控制原理图如图4-41所示。

为验证上述除霜控制方法的准确性和可靠性，针对不同的工况，采用A、B、C、D四种方案分别在不同时刻开始除霜进行对比实验。其中，B方案为根据上述内容提出的判据进行的除霜控制方案；D方案为当室外换热器结满霜时开始除霜；C方案的除霜时

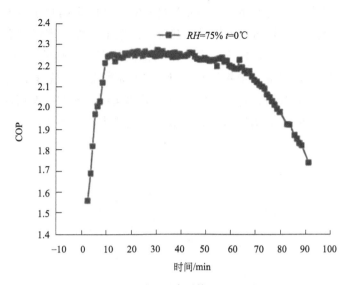

图 4-40 结霜过程中系统 COP 的变化

刻在 B、D 两种方案的中间时刻；A 方案的除霜时刻在 B 方案之前，且 A、B 方案除霜
时刻的间隔等于 B、C 方案除霜时刻的间隔。实验中采用统一霜层厚度的方法作为结满
霜的判据，即两相邻翅片霜层的间距达到 0.2mm。对于每一组实验工况，首先进行 D
方案的实验，确定出性能恶化点以后即可确定 B 方案除霜时刻，进一步可确定 C 方案
和 A 方案的除霜时刻，然后分别进行实验。为了消除再结霜对性能的影响，四个方案
的实验结霜时间间隔至少为 2h。

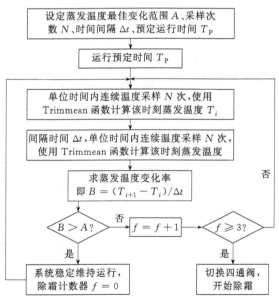

图 4-41 除霜控制原理图

3. 实验结果及分析

图 4-42 所示为室外环境温度为 0℃、相对湿度为 75％工况下四种不同方案结霜/除霜
过程的动态制热量 (kW)，即单位时间内向室内提供的热能 (kJ) 随时间变化的曲线。曲

线下的面积表示的是在一个完整的结霜/除霜循环中热泵向室内提供的有效总热能（kJ）。x 轴上方面积表示供热时热泵向室内提供的热能，x 轴下方面积表示逆循环除霜时热泵从室内吸收的热能，二者绝对值之差为热泵向室内提供的有效总热能（kJ）。从图 4-42 可以看出，对于四种不同除霜方案，结霜过程制热量-时间曲线几乎完全重合，说明四种除霜方案比较的基础一致。随着结霜时间增大，曲线下的面积，即向空调房间释放的热量逐渐增大，但同时除霜过程中从空调房间吸收热量也相应增大。这主要是除霜时间加长及换热的壁面温度降低所致。

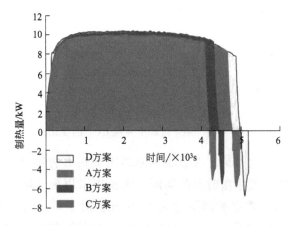

图 4-42　不同方案结霜/除霜循环总制热量

图 4-43 所示为室外环境温度为 0℃、相对湿度为 75％工况下不同除霜方案一个完整的结霜/除霜循环的功率（kW）动态曲线。曲线与 x 轴围成的面积代表循环中压缩机消耗的总电能（kJ），即制热循环与除霜环两个过程的耗功之和。与制热量曲线相似，四种方案的结霜过程功耗曲线几乎完全重合。由于在整个结霜/除霜过程中机组耗功始终为正值，且在除霜过程中机组耗功较小，因此其对总耗功的影响较小。总耗功的大小主要取决于结霜运行时间，结霜工况下运行时间越长，则耗功越大。由于 D 方案运行时间最长、耗功最大，其面积能将其他三种方案覆盖，为了便于观察，只给出功率的变化曲线。

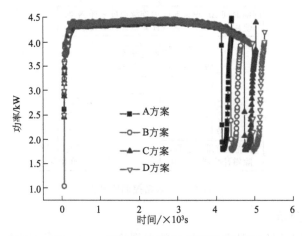

图 4-43　不同方案结霜/除霜循环总耗功

在不同的工况下,热泵系统的运行时间及除霜频率也不尽相同,因而其综合性能应由系统平均 COP 来确定。一个完整循环过程的平均 COP 等于热泵提供的有效总热能与总耗功(压缩机消耗的总电能)之比。将图 4-42 中各个时刻的制热量(kW)乘以实验数据采集时间间隔(5s)可得出该时段热泵机组提供的热能(kJ),将各个时刻的数值累加就可以得出整个结霜/除霜循环中热泵机组提供的有效总热能(kJ)。同样的方法,由图 4-43 可得整个结霜/除霜循环中的总耗功(kJ)。整个循环过程的平均 COP 为有效总制热能与总耗功的比值,具体计算结果如表 4-3 所示。

表 4-3　不同除霜方案的平均性能

实验方案	ΣQ/kJ	ΣP/kJ	$\overline{COP}$
A	38090	18508	2.06
B	41744	19608	2.13
C	43220	21037	2.05
D	46255	22162	2.09

由表 4-3 可知,对于给定的工况,应用 B 方案除霜时整个结霜/除霜过程的平均 COP 最大。其中,在特定工况下,采用 B 方案时的系统平均 COP 最大可提高约 4.2%。用相同的方法,可得到其他几组不同温度和湿度工况下结霜/除霜循环过程中的总制热量(ΣQ)、总耗功(ΣP)和平均 COP。不同方案的平均 COP 的比较如图 4-44 所示。由图 4-44 可知,对于不同的环境温湿度工况,采用 B 方案进行除霜时,热泵机组的平均 COP 均高于采用其他三种方案,即以热泵机组的性能恶化点作为除霜开始时刻系统的平均运行性能最优,从而验证了本文所提的基于平均性能最优的除霜控制方法的可行性与适用性。同时,由图 4-44 可知,对于相对湿度相同(75%)而环境温度不同(-5℃、0℃、3℃)的 3 个工况,当环境温度为 0℃时,除霜方案对机组平均 COP 的影响较大;这可能是因为环境温度 0℃为空气源热泵的严重结霜温度,在此工况下工作时结霜最为严重。而对于不同相对湿度工况,高湿度工况下除霜方案的影响较小;这是

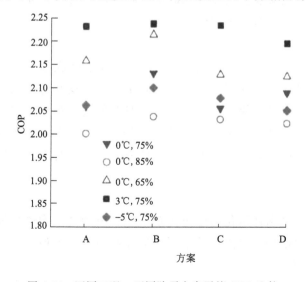

图 4-44　不同工况、不同除霜方案平均 COP 比较

因为在高湿度情况下结霜后期霜层比较疏松，除霜比较容易。

综上所述，采用基于最佳除霜点的除霜控制方法，即 B 方案进行除霜控制时，热泵系统在整个结霜/除霜循环中的 COP 最大，系统平均 COP 最大可提高约 4.2%。此除霜控制系统还能够提高空气源热泵机组的运行稳定性和可靠性。在相同的相对湿度下，环境温度为 0℃时除霜方案对机组平均 COP 的影响最大，这可能是由于环境温度 0℃为空气源热泵的严重结霜温度所致；对于不同的相对湿度工况，高湿度下除霜方案的影响较小，因为在高湿度情况下霜层比较疏松，除霜比较容易。

四、基于图像处理的控制方法

基于图像处理技术的除霜控制方法通过对翅片表面结霜图像的采集、预处理、多阈值分割和信息特征判别等处理过程，得出除霜启停的判定条件，从而进行适时适度地除霜。同时还引入了室外换热器翅片表面结霜程度系数 P 来表征翅片表面结霜的程度，从而量化除霜控制的要求。该除霜控制方法可以解决冬季空气源热泵运行时除霜的问题，能够更加真实反映室外换热器翅片的结霜状况。

(一) 图像处理技术

图像处理是指利用计算机程序实现图像分析和处理，使图像满足用户或设备需求的技术，现已推广应用到众多领域。图像处理技术的内容主要包括以下方面：

1. 图像获取

利用图像获取技术可以实现将连续的光学图像表示为单幅的数字图像，图像获取需要经历采样、量化、编码等过程。

2. 图像变换

图像变换是指将图像从一个空间域变换到另一个空间域，并在变换后的空间域中进行图像分析和处理，最后通过逆变换的思想得到经过处理的图像。通过这一技术可以把待处理的处于复杂空间域的图像变换到简单空间域中进行分析处理，可减少复杂图像处理的工作量，提高机器分析处理速度。

3. 图像增强

图像增强技术是指在图像对比度、亮度、白平衡、降噪程度等方面进行改善以提高图像质量的方法。这样做可提高图像的视觉质量，给人良好的视觉体验，同时有利于增强机器对图像的辨识程度，使机器能够更好地对图像进行视觉处理。实现图像增强的途径有空域增强和频域增强两种手段，空域增强是指在空间域对图像平面进行增强处理；频域增强是指对图像进行傅里叶变换，在频域内对图像进行增强处理后再经过逆变换得到处理后的图像。

4. 图像复原技术

图像复原是指通过图像退化算法对出现退化、模糊的图像进行复原并得到高质量图像的技术。根据退化模型可分为无约束图像复原和有约束图像复原。

5. 图像编码技术

利用图像编码技术可进行图像压缩，有利于实现数据的存储和远传。图像编码技术分为有损和无损压缩编码。有损编码在编码过程中会造成部分图像信息损失，解压缩还原的图会出现一定程度的失真；无损编码技术可完整保留原有图像的信息，在解压缩后可实现精确原始图像的精确还原。常用的图像编码原理有熵编码、预测编码、变换编码和混合编码等。

6. 图像分割技术

图像分割技术可将一副图像划分为若干部分，实现完整图像信息中少部分图像的信息实体调用功能。也就是说，一副完整的图像通过分割成小的区域，每一个区域图像都可以进行进一步处理、识别和表示。

本实验主要借助计算机平台，基于 Windows7 系统中的 Visual Basic 软件对采集到的室外换热器表面结霜图像进行处理，主要包括图像预处理、图像多阈值分割和信息特征判别等。

（二）控制系统方案设计

基于图像处理技术的空气源热泵除霜控制系统以空气源热泵室外换热器翅片结霜图为依据，利用计算机对图像进行处理，得到除霜开始和结束的判定条件，从而通过控制器对热泵机组发出除霜启停的指令。如图 4-45 所示，主要包括热泵机组室外换热器翅片霜生成部分 I、结霜图像采集部分 II、计算机软件部分 III 和信号控制部分 IV。当热泵机组工作时，随着制热工作模式的进行，机组室外换热器翅片会逐渐生成霜层。翅片结霜图像通过 CMOS 摄像机采集得到，并用数据接口连接到计算机中；计算机应用 Visual Basic 软件程序，对采集到的结霜图像进行处理；处理得到除霜启停的判定条件，通过信号控制器将信号传送给机组实现除霜的启停。

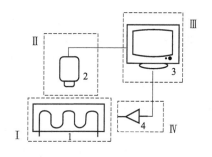

图 4-45　除霜系统工作简图

1—室外换热器翅片；2—CMOS 摄像机；3—计算机；4—信号控制器

由于存储图像的空间有限，为了节约计算机内的存储空间，对摄像机采集图像的判定做出了具体的要求。研究表明，当室外空气温度低于 6℃且室外空气相对湿度大于40%时，室外换热器才有可能结霜。故本控制方法设置的图像采集摄像头，当室外空气温度小于 6℃且室外空气相对湿度大于 40% 时才开始工作。制热工况时图像采集的频率为 30s 一次，对于除霜工况，由于除霜过程较短，因此将除霜时图像采集的频率变为 5s一次。利用 Visual Basic 程序将图像、存储、处理等功能实现，基于图像处理技术的空气源热泵除霜控制逻辑如图 4-46 所示。

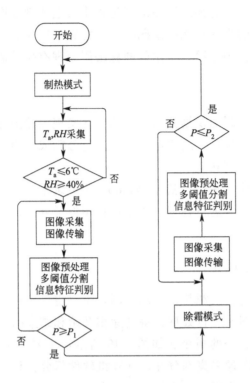

图 4-46　基于图像处理技术的空气源热泵除霜控制逻辑图

本除霜控制的逻辑如下：

步骤 1：当机组开关打开时，机组进入制热模式运行，与此同时，机组压缩机开启、四通换向阀开启、室外风机开启。

步骤 2：室外温湿度探头开始采集室外空气温度 T_a、室外空气相对湿度 RH，直到室外空气温度 T_a 低于 6℃且室外空气相对湿度 RH 高于 40% 时，顺序执行步骤 3。

步骤 3：CMOS 摄像机按时间间隔 $\Delta t_1 = 30s$，对室外换热器的翅片表面进行拍摄，并将图像信号传输给计算机，计算机对接收到的图像信号进行预处理。

步骤 4：对预处理后的图像进行多阈值分割，用每个阈值像素点对应的表征值之和与图像总像素数之比作为室外换热器的翅片表面结霜程度系数 P。当 P 大于或等于设定值 P_1（定义 P_1 为除霜开始判定的室外换热器翅片表面结霜程度系数）时，顺序执行步骤 5；否则，返回步骤 3。

步骤 5：将空气源热泵机组切换至除霜模式，四通换向阀换向，室外风机关闭，使空气源热泵机组进入逆循环运行除霜。

步骤 6：除霜工况时，CMOS 摄像机按时间间隔 $\Delta t_2 = 5s$，对室外换热器的翅片表面进行拍摄，并将图像信号传输给计算机，计算机对接收到的图像信号进行预处理。

步骤 7：对预处理后的图像进行多阈值分割，用每个阈值像素点对应的表征值之和与图像总像素数之比作为室外换热器的翅片表面结霜程度系数 P。当 P 小于或等于设定值 P_2（定义 P_2 为除霜结束判定的室外换热器翅片表面结霜程度系数）时，执行顺序步骤 8，否则，返回步骤 6。

步骤 8：关闭压缩机、开启室外风机，并持续 150s 后，完成此次的除霜过程，返回步骤 1，重新进入制热模式运行。

针对上述的控制逻辑，首先要保证图像采集的准确性和图像处理的合理性；空气源热泵室外换热器翅片的结霜情况要能够完整地反映到采集的图像中，这就要求对于图像采集和处理的方式要正确。随着图像处理技术的快速发展，基于翅片结霜区和未结霜区图像显示的不同，我们利用灰度图像来反映这种结霜情况，这样使得计算机能够利用更贴近人眼的识别技术来代替人工观测，从而判定室外换热器是否要除霜。

（三）实验测试及结果分析

1. 除霜过程中室外换热器翅片表面霜层变化

本节介绍的除霜控制方法主要依据是室外空气温湿度以及室外换热器翅片的表面结霜图像，其中室外换热器翅片表面结霜图像尤其重要。为了得到翅片表面各种程度的结霜图片，现采用机组运行工况实验数据室外机环境空气温度 $-5\sim0℃$、空气相对湿度 $85\%\sim90\%$，计算不同结霜程度的室外换热器翅片表面结霜程度系数 P 值；根据不同结霜程度图的处理计算，可以得到除霜启停判定的室外换热器翅片表面结霜程度系数 P_1 和 P_2。由于热泵机组室外换热器为多环路换热器，当制热模式运行时，制冷剂进口处于换热器下部，制冷剂出口处于换热器上部，因此当翅片开始结霜时，翅片下部结霜最为严重。当除霜工况运行时，由于高温的制冷剂从翅片上部流入、下部流出，因此翅片的上部最开始进行融霜。图 4-47 所示为除霜过程中室外换热器翅片表面霜层变化。当机组进行除霜工况时，四通换向阀换向，机组开始逆循环运行，室外风机停止转动。在除霜开始后前 60s 内，室外换热器成为冷凝器并且温度迅速上升，霜层受热开始大面积地融化，霜化成的水流入接水盘，并带走下部未完全融化的霜。之后的 60s，随着翅片温度的不断升高，霜层基本融化完全，大量化霜水流下并排出室外机。之后的 170s 内，压缩机停止运行，室外风机开始转动，将翅片间残留的水分带走。可知，整个除霜时间约为 290s。

根据实验过程中翅片结霜图，采集图像并处理得到其灰度图，如图 4-48 所示。从图中可以看出，图像处理后，可以明显看出结霜程度的区别：结霜严重的区域，灰度图像的灰度值较大，即视觉感官颜色趋近于白色；结霜程度一般的区域，灰度图像的灰度值适中，即视觉感官颜色趋近于灰色；对于没有结霜的区域，灰度图像的灰度值趋近于 0，即视觉感官颜色趋近于黑色。机组刚开始除霜时，翅片表面结满了厚厚的霜层，采集的图像处理后得到的灰度图像如图 4-48（a）所示，整个图像区域基本为白色；除霜进行了 60s 后，翅片表面将近一半的霜层融化，换热器下部的霜层还残留较多，有霜区和无霜区的区别较为明显；除霜进行了 120s 后，翅片表面的霜层已经基本融化，只残留了部分水分，图 4-48（c）中可以看出翅片表面基本趋于黑色，但是还残留了少量水分；除霜进行了 250s 后，霜层完全消失，残留的水分也基本消失，翅片表面趋近于黑色，除霜过程基本完成。

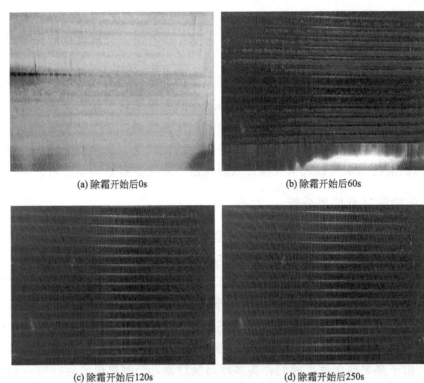

(a) 除霜开始后0s   (b) 除霜开始后60s

(c) 除霜开始后120s   (d) 除霜开始后250s

图 4-47　除霜过程中室外换热器翅片表面霜层变化

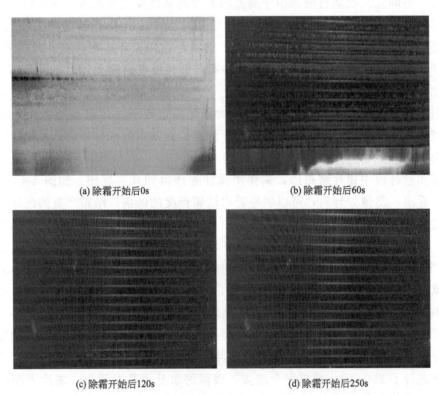

(a) 除霜开始后0s   (b) 除霜开始后60s

(c) 除霜开始后120s   (d) 除霜开始后250s

图 4-48　除霜过程中室外换热器翅片表面霜层图像处理后变化

2. 室外换热器翅片表面结霜程度系数的确定

韩勇等人利用的系统控制软件设计采用了图像阈值分割及信息特征判别等技术。阈值分割是利用目标与背景灰度值之间或者目标与目标灰度值之间的差异，取一个或几个合适的灰度值作为限值，将图像以阈值为界分为两类或多类，使得目标与背景或目标与目标分割开来的。用 $f(x,y)$ 表示图像在空间坐标 (x,y) 处的像素灰度值，灰度化处理之后图像的灰度值集为 $G= \{0, 1, 2, \cdots, 254, 255\}$。根据结霜程度不同，采集得到的图像区域可分为无霜区、轻度结霜区、重度结霜区；每个区域对应的图像灰度值不同，并以灰度值 K_1 和 K_2 为阈值进行多阈值分割，灰度值表征函数如下：

$$g(x,y)=\begin{cases} k_1, 0 \leqslant f(x,y) \leqslant K_1 \\ k_2, K_1 < f(x,y) \leqslant K_2 \\ k_3, K_2 < f(x,y) \leqslant 255 \end{cases} \tag{4-31}$$

式中　$k_1 \sim k_3$——无霜区、轻度结霜区、重度结霜区的表征值；

　　K_1，K_2——图像分割的灰度值阈值。

对翅片表面结霜图像进行分割，得到上述的灰度值表征函数，即将结霜图像的每点像素按照结霜程度进行了分类，具有相似灰度值的像素点被归为一类，从而更好地反映了翅片表面的结霜情况。引入室外换热器翅片表面结霜程度系数的概念，表示了结霜区域占图像总区域的程度系数，表征了翅片表面的结霜程度，同时也是判断是否除霜的依据。其定义为每个阈值像素点所对应的表征值之和与图像总像素数之比：

$$P = \sum_{x,y} g(x,y)/N \tag{4-32}$$

式中　N——图像的总像素数；

　　P——室外换热器翅片表面结霜程度系数。

韩勇等人根据实验计算得到翅片表面结霜程度系数 P，其中式（4-31）中各参数的取值如表 4-4 所示。

表 4-4　P 值计算公式的取值

参数	k_1	k_2	k_3	K_1	K_2
取值	0	0.5	1	80	200

图 4-49 所示为除霜过程中，室外换热器翅片表面结霜程度系数 P 值的变化。可以看出，当机组开始除霜时，由于霜层厚度较大，翅片表面结霜程度系数趋近于1。当除霜进行了 120s 时，这段时间翅片表面结霜程度系数急剧下降到 0.08；这是因为除霜工况的前 120s 内，机组开启压缩机进行逆循环除霜，室外换热器成为冷凝器，换热器盘管温度骤升，霜层迅速融化成水并流下。此时，计算所得的室外换热器翅片表面结霜程度系数随着霜层的减少而减小，由此可见，此时的霜层已经基本融化完全。当除霜进行了 120s 后，机组压缩机关闭，室外风机开启，残留在翅片表面的水分凭借盘管余热和风机作用，慢慢蒸发，直至水分完全消失，该过程中室外换热器翅片表面结霜程度系数 P 值维持在较低水平，为 0.03 左右。整个除霜过程持续了 290s，之后热泵机组重新进入制热工况运行。

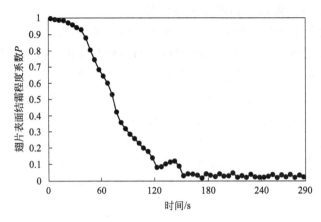

图 4-49 室外换热器翅片表面结霜程度系数 P 值的变化（除霜过程中）

从上述除霜过程中可以看出，整个除霜过程中，室外换热器翅片表面结霜程度系数 P 值随着霜层的融化而逐渐减小，直至除霜完成后维持在较低的水平。因此，P 值能够直观地反映出结霜程度的变化，可以作为一个有效参数去评价室外换热器结霜程度的变化。利用 P 值作为除霜启停的判定值能够真实反映室外换热器的结霜情况，可以提高判断的可靠性，有效预防"误除霜"现象发生。

（四）除霜控制方法验证及优化

由前一节内容可得除霜启停的判定依据，本节将对该除霜控制方法的效果在实验环境室内进行验证，将其与常规控制方法进行对比，从而做出进一步的优化。

1. 不同室外环境下除霜控制方法的应用效果

根据已有相关研究可知，当室外环境温度在 $-5 \sim 5$℃ 之间、相对湿度在 80% 以上时，室外换热器翅片表面结霜的情况最为严重，霜层的形成也会严重影响热泵机组的运行效率。考虑到实际情况和实验条件的限制，本实验测试条件分为两组，即热泵机组处于两种不同的空气温湿度条件下，对基于图像处理的除霜控制方法进行了现场测试。

由于本实验测试主要针对该除霜控制方法的可行性及效果测试，故实验过程中，对于热泵机组室内机侧的参数没有过多考虑；将室内机放置在实验环境室外，对于每次测试，室内机侧的用户需求都是相同的。由于实验条件的限制，当机组处于稳定状态运行时，两组实验工况条件分别为：

① 实验环境室内空气温度变化范围在 $-0.2 \sim 3.5$℃，空气相对湿度变化范围在 64%～81%，平均温度为 2.2℃，平均相对湿度为 76%；

② 实验环境室内空气温度变化范围在 $-2.7 \sim 0.8$℃，空气相对湿度变化范围在 77%～85%，平均温度为 -0.3℃，平均相对湿度为 81%。

实验过程中，除霜控制策略为：

① 设置除霜开始判定室外换热器翅片表面结霜程度系数 P_1 为 0.5，设置除霜结束判定室外换热器翅片表面结霜程度系数 P_2 为 0.08。

② 打开热泵机组开关，机组进入制热模式运行，与此同时，机组压缩机开启、四

通换向阀开启、室外风机开启，室外温湿度探头开始采集室外空气温度 T_a、室外空气相对湿度 RH。

③ 当室外空气温度 T_a 低于 6℃ 且室外空气相对湿度 RH 高于 40% 时，打开 CMOS 摄像机对翅片表面进行图像采集。

④ CMOS 摄像机按时间间隔 $\Delta t_1 = 30s$，对室外换热器的翅片表面进行拍摄，并将图像信号传输给计算机，计算机对接收到的图像信号进行预处理。

⑤ 对预处理后的图像进行多阈值分割，用每个阈值像素点对应的表征值之和与图像总像素数之比作为室外换热器的翅片表面结霜程度系数 P，当 P 大于或等于设定值 P_1 时，顺序执行⑥；否则，返回④。

⑥ 将空气源热泵机组切换至除霜模式，四通换向阀换向，室外风机关闭，使空气源热泵机组进入逆循环运行除霜。

⑦ 除霜工况时，CMOS 摄像机按时间间隔 $\Delta t_2 = 5s$，对室外换热器的翅片表面进行拍摄，并将图像信号传输给计算机，计算机对接收到的图像信号进行预处理。

⑧ 对预处理后的图像进行多阈值分割，用每个阈值像素点对应的表征值之和与图像总像素数之比作为室外换热器的翅片表面结霜程度系数 P，当 P 小于或等于设定值 P_2 时，执行顺序⑨；否则，返回⑦。

⑨ 关闭压缩机、开启室外风机，并持续 150s 后，完成此次的除霜过程，返回②，重新进入制热模式运行。

在实验过程中，热泵机组按照上述实验步骤在实验环境室内制热运行。当计算得到的除霜开始判定室外换热器翅片表面结霜程度系数 P_1 达到 0.5 时，此时进入除霜工况，通过信号控制器将除霜信号发送给机组，机组开始对室外换热器进行逆循环除霜。在除霜起始阶段，室外风机处于关闭状态。当计算得到的除霜结束判定室外换热器翅片表面结霜程度系数 P_2 达到 0.08 时，此时关闭压缩机、开启室外风机，利用盘管的余热和风机的作用将翅片表面的水分蒸发完全，最终除霜过程完成，重新返回制热工况运行。

工况 1：实验测试结果及分析。

图 4-50 给出了实验过程中室外机环境空气温湿度的变化。由于实验过程中以暖风机和超声波加湿器的启停来控制室内温湿度，因此室内空气温湿度呈现持续波动；但是其整体维持在 −0.2～3.5℃ 之间和 64%～81% 之间，能够基本满足实验结霜和除霜的要求。

图 4-51 和图 4-52 分别给出了机组运行过程中，室外换热器盘管进口温度的变化和室外风机进出口温度的变化。从图 4-51 中可以看出，随着机组的运行，翅片表面的霜层厚度增加，盘管进口温度逐渐下降；直到第 45min 时，机组开始逆循环运行除霜，盘管温度迅速升高，此时霜层进行快速融化；待压缩机关闭、室外风机开启时，盘管温度开始下降，直至除霜结束进入下一个制热循环。从图 4-52 中可以看出，随着机组的运行，室外风机进出口温差逐渐增大，这也体现出了翅片表面霜层逐渐增加，阻塞了空气的流动。除霜过程中，随着室外换热器盘管温度增加，风机进出口的温度也有所升高。

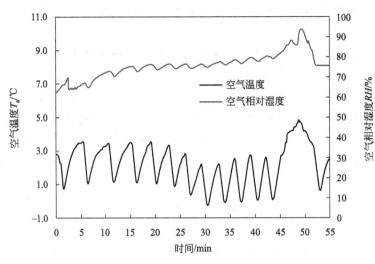

图 4-50　室外机环境空气温湿度的变化（工况 1）

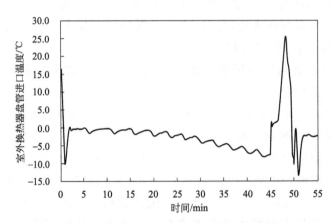

图 4-51　室外换热器盘管进口温度的变化（工况 1）

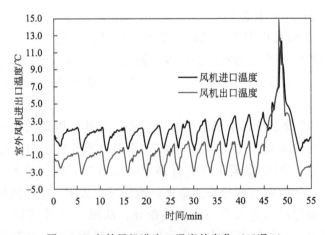

图 4-52　室外风机进出口温度的变化（工况 1）

图 4-53 给出了机组运行过程中，室外换热器表面结霜程度系数 P 值的变化。图中每

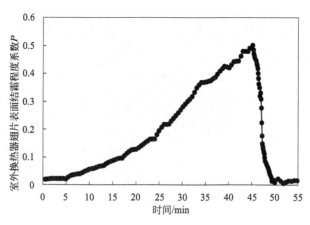

图 4-53　室外换热器翅片表面结霜程度系数 P 值的变化（机组运行过程中，工况 1）

一点代表了该时刻处理图像得到的 P 值大小，制热工况时采样间隔为 30s，除霜工况时采样间隔为 5s。从图中可以看出，当机组刚开始运行时，P 值为 0.020，运行前 5min 内，P值基本没有变化，说明翅片表面还没有霜层；第 5～25min 内，P 值处于缓缓上升阶段，此时霜层处于结霜初始阶段，主要体现在冰晶和冰核的形成与生长；第 25～34min 内，P值增长的幅度变大，此时霜层处于霜层生长阶段，主要体现在霜层厚度变化较小而霜层密度迅速增加；第 34～45min 内，P 值增长的幅度减缓，此时霜层处于充分生长阶段，这一阶段冷表面附近的霜层厚度有所提高，霜层的厚度和密度持续增加；直至第 45min 时，P值增长到了 0.50004，达到了除霜开始的设置要求，此时机组切换至除霜模式，四通换向阀换向，室外风机关闭，使空气源热泵机组进入逆循环运行除霜。除霜进行时，P 值迅速下降，这是因为除霜过程中，室外换热器转为冷凝器，盘管温度骤升，翅片表面的霜层开始融化并且流入接水盘；至第 48.1min 时，P 值下降为 0.077，达到了除霜结束的设置要求，此时关闭压缩机、开启室外风机，并持续 150s 后，完成此次的除霜过程。此时 P 值降为 0.02 左右，整个除霜过程持续了 335s。图 4-54 给出了机组运行过程中，采集到的室外换热器翅片表面结霜图像；可以看到当机组运行到第 45min 时，翅片结霜程度达到最大，随着除霜的结束，翅片表面的霜层基本除尽。

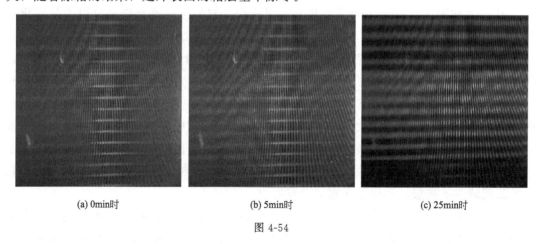

(a) 0min时　　　　　　　　(b) 5min时　　　　　　　　(c) 25min时

图 4-54

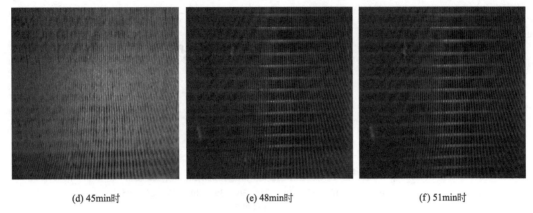

(d) 45min时　　　　　　　(e) 48min时　　　　　　　(f) 51min时

图 4-54　室外换热器翅片表面的图像变化（工况 1）

工况 2：实验测试结果及分析。

图 4-55 给出了实验过程中室外机环境空气温湿度的变化。空气温湿度基本维持在 -2.7~0.8℃之间和 77%~85%之间，能够基本满足实验结霜和除霜的要求。

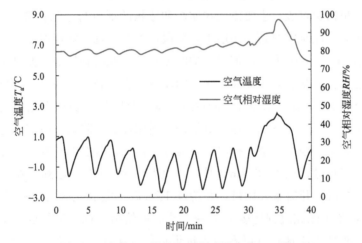

图 4-55　室外机环境空气温湿度的变化（工况 2）

图 4-56 和图 4-57 分别给出了机组运行过程中，室外换热器盘管进口温度的变化和室外风机进出口温度的变化。从图 4-56 中可以看出，随着机组的运行，翅片表面的霜层厚度增加，盘管进口温度逐渐下降；直到第 30.5min 时，机组开始逆循环运行除霜，盘管温度迅速升高，此时霜层快速融化；待压缩机关闭、室外风机开启时，盘管温度开始下降，直至除霜结束进入下一个制热循环。从图 4-57 中可以看出，随着机组的运行，室外风机进出口温差逐渐增大，这也体现出了翅片表面霜层逐渐增加，阻塞了空气的流动。除霜过程中，随着室外换热器盘管温度增加，风机进出口的温度也有所升高。由于空气温度较低、相对湿度较高，翅片表面结霜较快，制热工况进行至第 30min 时，翅片表面就结满了霜层，达到了除霜的设置要求。

图 4-58 给出了机组运行过程中，室外换热器表面结霜程度系数 P 值的变化。图中每一点代表了该时刻处理图像得到的 P 值大小，制热工况时采样间隔为 30s，除霜工况

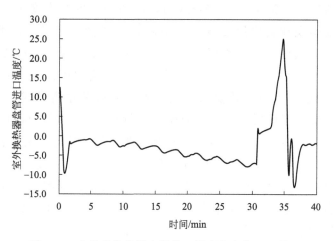

图 4-56 室外机换热器盘管进口温度的变化（工况 2）

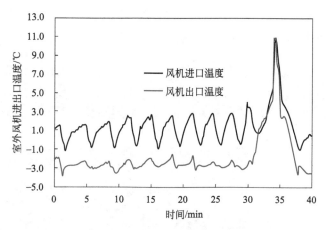

图 4-57 室外风机进出口温度的变化（工况 2）

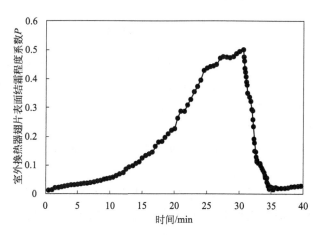

图 4-58 室外换热器翅片表面结霜程度系数 P 的变化（机组运行过程中，工况 2）

时采样间隔为 5s。从图中可以看出，当机组刚开始运行时，P 值为 0.013，制热工况运行前 10min 内，P 值处于缓缓上升阶段，此时霜层处于结霜初始阶段，主要体现在冰晶和冰核的形成与生长；第 10~24.5min 内，P 值增长的幅度变大，此时霜层处于霜层生长阶段，主要体现在霜层厚度变化较小而霜层密度迅速增加；第 24.5~30.5min 内，P 值增长的幅度减缓，此时霜层处于充分生长阶段，这一阶段冷表面附近的霜层厚度有所提高，霜层的厚度和密度持续增加；直至第 30.5min 时，P 值增长到了 0.50036，达到了除霜开始的设置要求，此时机组切换至除霜模式，四通换向阀换向，室外风机关闭，使空气源热泵机组进入逆循环运行除霜。除霜进行时，P 值迅速下降，这是因为除霜过程中，室外换热器转为冷凝器，盘管温度骤升，翅片表面的霜层开始融化并且流入接水盘；至第 33.7min 时，P 值下降为 0.079，达到了除霜结束的设置要求，此时关闭压缩机、开启室外风机，并持续 150s 后，完成此次的除霜过程。此时 P 值降为 0.018 左右，整个除霜过程持续了 345s。图 4-59 给出了机组运行过程中，采集到的室外换热器翅片表面结霜图像；可以看到当机组运行到第 30.5min 时，翅片结霜程度达到最大，随着除霜的进行，翅片表面的霜层基本除尽。

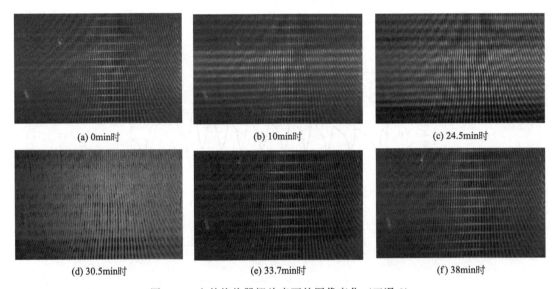

图 4-59　室外换热器翅片表面的图像变化（工况 2）

由两组实验可以看出，工况 1 机组制热运行了 45min 开始除霜，除霜用时 335s；工况 2 机组制热运行了 30.5min 开始除霜，除霜用时 345s，工况 2 中翅片结霜速率明显高于工况 1。相对于采用常规温度-时间除霜控制方法，由于整个过程中机组室外换热器进口处管壁温度始终低于−3℃，机组将在运行 40min 后开始除霜。对于工况 1，除霜较为提前；对于工况 2，除霜较为滞后。热泵机组在冬季连续运行时，常规温度-时间除霜控制方法将频繁导致"误除霜"事故。因此，新的除霜控制方法能够实时采集室外换热器翅片表面的结霜情况，通过图像处理得到结霜程度系数 P，并以此为依据进行除霜启停的控制。结果表明该除霜控制方法能够实现空气源热泵的按需除霜，除霜准确率可以达到 100%。

2. 基于实验结果的分析

（1）结霜量的分析

根据文献［201］，实验过程中的换热器表面结霜量可由式（4-33）计算得到。

$$m_{fr} = \frac{m_{air}\Delta\tau}{1+d_{in}}(d_{in}-d_{out}) \qquad (4\text{-}33)$$

式中　m_{fr}——结霜量，kg；

　　　m_{air}——通过换热器的湿空气质量流量，kg/s；

　　　d_{in}——换热器进口湿空气的含湿量，kg/kg$_干$；

　　　d_{out}——换热器出口湿空气的含湿量，kg/kg$_干$；

　　　$\Delta\tau$——时间步长，s。

基于本章第二节三、中提出的翅片结霜模型，分别对工况 1 和工况 2 结霜过程中的结霜量进行了数值计算，并与上述实验测量值进行了对比。图 4-60 和图 4-61 分别给出了工况 1 和工况 2 情况下，结霜量的数值计算结果和实验结果。可以看出，在整个结霜过程中，结霜量与结霜时间几乎成线性比例增长。实验值和模拟值平均相对误差不超过 9.0%，是由于实验过程中，室外机环境温湿度处于波动变化中，而计算值是由稳定温湿度计算得到的。

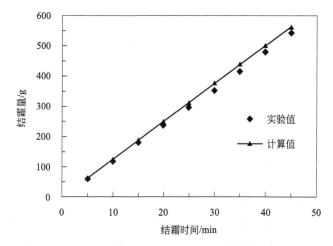

图 4-60　工况 1 结霜量随结霜时间的变化

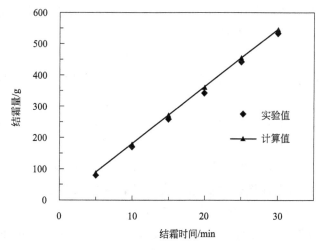

图 4-61　工况 2 结霜量随结霜时间的变化

（2）翅片表面结霜程度系数 P 值的分析

在热泵运行过程中，我们更关心室外机翅片的结霜程度，根据结霜程度来判定机组是否要除霜。因此，在上述工况下，对结霜过程中 P 值的变化曲线进行了多项式拟合：

$$P = a + bt + ct^2 + dt^3 + et^4 \tag{4-34}$$

式中　$a \sim e$——拟合系数；

　　　t——结霜时间，min。

表 4-5 给出了结霜过程中 P 值拟合公式各项参数的值。其中工况 1P 值拟合公式的调整 R^2 为 0.99753，工况 2P 值拟合公式的调整 R^2 为 0.99704，回归精度较高。针对不同室外空气温湿度情况，利用拟合公式来计算 P 值，一方面可以验证从结霜图像计算得到的 P 值正确性；另一方面对于拍摄条件不好的环境或者设备出现问题的情况，能够用拟合公式来代替实时图像采集，从而获得 P 值来判定除霜启停。

表 4-5　P 值拟合公式中各项参数

拟合系数	工况 1	工况 2
a	0.01345	-0.00596
b	0.00443	0.02025
c	-2.53609×10^{-4}	-0.00335
d	2.26645×10^{-5}	2.31513×10^{-4}
e	-3.11269×10^{-7}	-4.12994×10^{-6}

3. 除霜控制逻辑的优化

结合新型空气源热泵机组热气旁通阀的作用，除霜过程中利用热气旁通阀的开启，可以适当减小除霜能耗，提出了基于图像处理技术、带有热气旁通的空气源热泵除霜控制方法，其控制逻辑如图 4-62 所示。

利用上述基于图像处理及热气旁通的空气源热泵除霜系统进行除霜的方法，首先，设定除霜开始时的室外换热器翅片表面结霜程度系数 P_1 和除霜结束时的室外换热器翅片表面结霜程度系数 P_2；然后，按照以下步骤进行：

步骤 1：热泵机组制热模式运行，与此同时，压缩机开启、热气旁通阀关闭、四通换向阀开启、室外风机开启，电子膨胀阀开启。

步骤 2：室外温湿度探头开始采集室外空气温度 T_a、室外空气相对湿度 RH，直到室外空气温度 T_a 低于 6℃ 且室外空气相对湿度 RH 高于 40% 时，顺序执行步骤 3。

步骤 3：CMOS 摄像机按时间间隔 $\Delta t_1 = 30\text{s}$，对室外换热器的翅片表面进行拍摄，并将图像信号通过采集卡传输给处理控制器，处理控制器对接收到的图像信号进行预处理。

步骤 4：对处理后的图像进行多阈值分割，用每个阈值像素点对应的表征值之和与图像总像素数之比作为室外换热器的翅片表面结霜程度系数 P，当 P 大于或等于设定值 P_1 时，顺序执行步骤 5；否则，返回步骤 3。

步骤 5：将空气源热泵机组切换至除霜模式，关闭压缩机、关闭四通换向阀、开启热气旁通阀、关闭室外风机，持续 30s 后，重新关闭热气旁通阀、开启压缩机，使空气

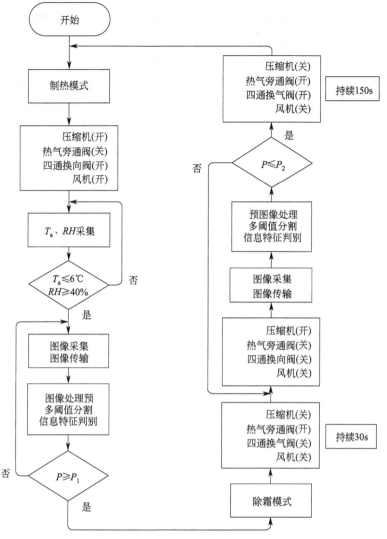

图 4-62　基于图像处理技术、带有热气旁通的空气源热泵除霜控制逻辑图

源热泵机组进入逆循环运行除霜。

步骤 6：CMOS 摄像机按时间间隔 $\Delta t_2 = 5s$，对室外换热器的翅片表面进行拍摄，并将图像信号通过采集卡传输给处理控制器，处理控制器对接收到的图像信号进行预处理。

步骤 7：对处理后的图像进行多阈值分割，用每个阈值像素点对应的表征值之和与图像总像素数之比作为室外换热器的翅片表面结霜程度系数 P，当 P 小于或等于设定值 P_2 时，执行顺序步骤 8；否则，返回步骤 6。

步骤 8：重新关闭压缩机、开启四通换向阀、开启热气旁通阀，并持续 150s 后，完成此次的除霜过程，返回步骤 1，重新进入制热模式运行。

五、自适应控制除霜

风冷热泵机组除霜控制的最佳方法是根据霜层的热物性变化决定除霜。但这一方法实施的难度相当大，甚至是不可能的，因为霜层的热物性目前无法测量，即使在实验室也是如此。因此刘志强等根据大气环境温度和湿度的变化，利用模糊技术，在现有除霜控制方法的基础上研制了除霜时间的自适应控制方法。

模糊逻辑推理建立在模糊逻辑的基础上，它是一种不确定性推理方法，是在二值逻辑三段论基础上发展起来的。模糊逻辑推理系统主要由四部分组成：模糊器、规则库、推理机和去模糊器。它具有精确的输入、输出，完成输入空间到输出空间的非线性映射。用于本模糊决策的推理系统是双输入（温度和湿度）单输出（除霜控制时间）系统，如图 4-63 所示。

图 4-63　模糊推理系统示意

1. 确定输入变量的模糊论域

考虑到影响霜层形成的主要因素有大气温度和湿度，因此各参数的模糊状态和论域分别为：

温度：

$$A = \{PB, PS, PZ, NZ, NS, NB\}$$
$$= \{-3, -2, -1, -0, 0, 1, 2, 3\}$$

湿度：

$$B = \{PB, PZ, AZ, NS, NB\}$$
$$= \{-3, -2, -1, 0, 1, 2, 3\}$$

除霜控制时间：

$$C = \{PB, PS, AZ, NS, NB\}$$
$$= \{-4, -3, -2, -1, 0, 1, 2, 3, 4\}$$

2. 由实际控制策略归纳选择控制规则

模糊推理语言控制规则如表 4-6 所示。

表 4-6　模糊推理语言控制规则

项目	NB	NS	AZ	PS	PB
PB	PB	PB	PB	PS	PZ
PS	PB	PS	PS	AZ	NS
PZ	PB	PS	AZ	AZ	NB
NB	PB	AZ	AZ	NS	NB
NS	PB	AZ	NS	NS	NB
NB	AZ	NS	NS	NS	NB

3. 各模糊子集的隶属函数

温度、湿度、除霜控制时间的隶属函数见表 4-7～表 4-9。

表 4-7　温度的隶属函数（隶数度）

模糊状态	A 的论域							
	−3	−2	−1	0	0	1	2	3
PB	0	0	0	0	0	0	0.5	0
PS	0	0	0	0	0.5	1	0.5	0
PZ	0	0	0	0.5	1	0.5	0	0
NZ	0	0	0.5	1	0.5	0	0	0
NS	0	0.5	1	0.5	0	0	0	0
NB	1	0.5	0	0	0	0	0	0

表 4-8　湿度的隶属函数（隶数度）

模糊状态	B 的论域						
	−3	−2	−1	0	1	2	3
PB	0	0	0	0	0	0.5	1
PS	0	0	0	0.5	1	0.5	0
AZ	0	0	0.5	1	0.5	0	0
NS	0	0.5	1	0.5	0	0	0
NB	1	0.5	0	0	0	0	0

表 4-9　除霜控制时间的隶属函数（隶数度）

模糊状态	C 的论域								
	−4	−3	−2	−1	0	1	2	3	4
PB	0	0	0	0	0	0	0.2	0.7	1
PS	0	0	0	0	0	0.5	1	0.5	0
AZ	0	0	0	0.5	1	0.5	0	0	0
NS	0	0.5	1	0.5	0	0	0	0	0
NB	0.5	0.7	0.2	0	0	0	0	0	0

　　一般来讲，在实践中得到的控制规律是：温度越低和湿度越大，除霜时间就长。即如果 $A=$ NB 和 $B=$ PB，则 $C=$ PB。其他的控制规律类推。

4. 模糊控制算法及控制决策表

　　由以上模糊关系经过模糊运算、模糊推理和采用重心法去模糊，可以得到表 4-10 所示的模糊控制决策表。

表 4-10　模糊控制决策表

B 的论域	A 的论域							
	−3	−2	−1	0	0	1	2	3
−3	0	0	−1	−1	−3	−3	−4	−4
−2	0	0	−1	−1	−3	−3	−4	−4
−1	2	1	0	−1	−1	−1	−4	−4

B 的论域	A 的论域							
	-3	-2	-1	0	0	1	2	3
0	4	2	1	0	0	-1	-2	-4
1	4	4	3	1	1	0	-1	-2
2	4	4	3	3	1	1	0	0
3	4	4	3	3	1	1	0	0

5. 自适应仿真验证

依据日本学者的研究成果，取温度变化域为$-12.8\sim5.8℃$，湿度变化域为$65\%\sim90\%$，除霜控制时间变化域为$1\sim10min$。利用某型号风冷热泵机组，该机组采用意大利 Frascold 公司半封闭往复式压缩机、美国 ALCO 热力膨胀阀、亲水铝箔表面处理的风侧换热器、卧式管壳式水侧换热器和法国 FMV 轴流风机。典型仿真结果见表 4-11。

表 4-11　除霜时间自适应控制仿真结果

气象条件	温度/℃	0	1	0	3
	湿度/%	85	65	95	65
除霜时间/min		6	3	7	2

上述结果与文献［203，204］中的数值基本吻合。

本节介绍了利用模糊技术研究不同气候条件下风冷热泵冬季运行工况除霜时间的自适应控制。仿真结果表明该技术能够解决目前风冷热泵除霜时间不能随气候条件自动变化的不足之处。该技术可以方便地与现有控制系统结合起来，适合于已有系统的技术改造和新控制系统的设计。

第五章
空气源热泵项目的噪声与降噪

　　锅炉、空调以及地源热泵等设备虽然也有噪声，但这些设备可以安装在机房内，只需要对机房进行噪声处理而不必对设备本身进行过多的噪声处理。空气源热泵要从空气里取能，必须置于室外空间，无法像锅炉和空调那样可以通过机房与外界隔离，噪声的控制比较困难。本章专门介绍针对空气源热泵的噪声控制方法。

第一节　噪声的危害

　　声音与人们的生活息息相关，人们研究声学现象几乎从史前时期就已经开始了。近代声学是伟大的科学家伽利略开创的，他在 1638 年刊出的"有关两种科学的对话"中讨论了单摆和弦的振动、频率等。到 19 世纪末，几乎欧洲所有重要的物理学家和数学家都在声学理论中做了重要贡献。莫尔斯于 1936 年写出了《振动和声》一书，反映了声学基础理论的发展。随着社会的飞速发展，在人们享受经济、技术水平不断提高所带来的舒适生活时，噪声污染逐渐被重视，降噪技术的研究也随之普遍且深入展开。

　　当声音超出人们日常生活和社会活动所允许的程度时，即被称为噪声。噪声亦可理解为人们不需要的声音，它可以是和谐悦耳的乐音，也可以是杂乱无章的声音。噪声按其产生源头可分为：施工噪声、交通噪声、工业噪声、日常生活噪声等；按其产生的机理可分为：电磁噪声、振动噪声、气流噪声、机械噪声等。本章只讨论由空气源热泵机组产生的气流噪声、机械噪声以及这些噪声的治理方法。

　　人们时刻身处声环境中，人耳能识别的声波频率范围为 20Hz～20kHz，宽达 10 倍频程。低于 20Hz 的声波称为次声波，高于 20kHz 的声波称为超声波。人们对不同频率噪声的应激反应不同，对相同频率声音出现时间不同的反应亦不同。比如，中高频噪声比低频噪声对人的影响更大；和谐的乐音出现在白天的音乐教室或演播厅被认为是乐音，但出现在晚上睡眠时间或安静的教室内就被认为是噪声了。

噪声对人们的危害主要体现在影响正常工作和睡眠、诱发疾病、损伤听力、破坏心情、干扰对话交流等方面。

噪声对听力的影响主要体现在致聋程度上（表5-1）。大量研究结果表明：70dB（A）以下的噪声即使终生接触，也不会致聋；而在80dB（A）以上的噪声下工作，则噪声致聋的发生率随噪声级的增高呈指数增加，两者的关系为：

$$y = 0.007e^{0.148(\angle A-80)} \qquad (5-1)$$

式中，（∠A-80）为A声级。

表 5-1　不同声级稳态噪声下工作 20～30 年耳聋发生率

声压级/dB(A)	80	85	90	95	100	105
耳聋阳性率/%	<5	<5	<10	<20	<30	<70

噪声如果发生在晚上，势必影响人们的睡眠质量。据生态环境部公布的中国环境噪声污染防治报告显示，我国噪声污染严重，夜间监测总点次达标率仅为74%，其中建筑工地噪声、社会生活噪声、工业噪声投诉率最高。一般来说，40dB（A）的连续噪声可使10%的人睡眠受影响，70dB（A）可使50%的人受影响；而突发性噪声在40dB（A）可使10%的人惊醒，60dB（A）时，可使70%的人惊醒。

在噪声频率方面，低频噪声对人们日常生活的影响越来越受到关注，其主要来源有汽车、飞机等交通工具以及暖通设备、工业设备等固定声源。研究发现，风力涡轮机附近的居民睡眠更差，白天困倦，且与声源的距离有关。空气源热泵机组的噪声频率主要集中在中低频段，因此，研究中低频噪声对人体的影响及其防治办法对本书来说更具意义。

低频噪声是指频率在500Hz及以下的声音。低频噪声与高频噪声相比，最大的区别是高频噪声随着距离的渐远或遭遇障碍物能迅速衰减。比如高频噪声的点声源，每10m距离就能下降6dB（A）；而低频噪声在空气中传播时，空气分子振动小，摩擦比较慢，能量消耗少，所以传播远，并且能够轻易穿透墙壁、玻璃窗等障碍物，长距离奔袭和穿墙直入人耳。当平常在室外或开门窗时，屋外噪声成分比较杂乱，低频噪声被高频噪声淹没而没有感觉；但当关了门窗，中高频噪声被门窗隔掉，尤其是晚上安静下来后，低频噪声就会显现出来。因此，通常在夜深人静或较为安静的时候，较容易感受到低频噪声的干扰。在空气源热泵噪声的投诉与监测上，投诉时间点最多的就集中在晚上。在对其噪声进行检测后发现，门窗关闭、夜深人静时，干扰睡眠的为低频噪声。

综上，低频噪声的特点为：频率低、波长长（穿透力很强，能轻易穿越障碍物，随距离衰减慢）、传播距离远、声音低沉、具有隐藏性、平常不易察觉，是小区居住环境污染中的隐形杀手。低频噪声的危害主要为：

① 对孕妇和胎儿的健康危害。噪声对孕妇和胎儿都会产生许多不良的后果；噪声会引起子宫收缩，影响胎儿的血液供应，进而影响了胎儿神经系统的发育。

② 对人们生理和心理的影响。心理影响主要表现是烦扰；而生理影响主要是在较强次声刺激时，可引起中耳压迫感、耳痛、鼓膜损伤、耳鸣及头痛、恶心、呕吐、平衡失调、视觉模糊等。

③ 对人们听力、心血管系统的危害。中低频噪声接触对作业工人听觉系统、神经

系统、心血管系统、消化系统以及代谢功能方面具有损害作用。

④ 对人们血糖、血脂的影响。噪声刺激通过听觉通路传入大脑皮层和丘脑下部，能影响内分泌的调节；噪声对血脂的影响表现为血清甘油三酯、胆固醇含量增高。

此外，空气源热泵安装时如果没有做好必要的隔振，不仅会产生振动噪声，噪声通过墙体结构传至室内，影响室内睡眠环境，而且还会影响建筑结构安全。

第二节　噪声现行标准与噪声评价

一、噪声现行标准

为了防治噪声污染，保障城乡居民正常生活、工作和学习的声环境质量，我国针对不同的生产、生活环境制定了相应的噪声排放标准，具体如下：

《声环境质量标准》GB 3096—2008；

《工业企业厂界环境噪声排放标准》GB 12348—2008；

《建筑施工场界环境噪声排放标准》GB 12523—2011；

《社会生活环境噪声排放标准》GB 22337—2008。

其中，《声环境质量标准》GB 3096—2008 按区域的使用功能特点和环境质量要求对声环境进行了划分。声环境功能区分为以下五种类型：

0 类声环境功能区：指康复疗养区等特别需要安静的区域。

1 类声环境功能区：指以居民住宅、医疗卫生、文化教育、科研设计、行政办公为主要功能，需要保持安静的区域。

2 类声环境功能区：指以商业金融、集市贸易为主要功能，或者居住、商业、工业混杂，需要维护住宅安静的区域。

3 类声环境功能区：指以工业生产、仓储物流为主要功能，需要防止工业噪声对周围环境产生严重影响的区域。

4 类声环境功能区：指交通干线两侧一定距离之内，需要防止交通噪声对周围环境产生严重影响的区域，包括 4a 类和 4b 类两种类型。4a 类为高速公路、一级公路、二级公路、城市快速路、城市主干路、城市次干路、城市轨道交通（地面段）、内河航道两侧区域；4b 类为铁路干线两侧区域。

《声环境质量标准》GB 3096—2008、《社会生活环境噪声排放标准》GB 22337—2008 对环境噪声限值做了明确规定，如表 5-2 所示。

表 5-2　环境噪声限值　　　　　　　　　　　　　　单位：dB（A）

声环境功能区类别	时段	
	昼间	夜间
0 类	50	40

声环境功能区类别		时段	
		昼间	夜间
1 类		55	45
2 类		60	50
3 类		65	55
4 类	4a 类	70	55
	4b 类	70	60

《声环境质量标准》GB 3096—2008 还对测点的选择与气象条件做了规定。根据监测对象和目的，可选择以下三种测点条件（指传声器所置位置）进行环境噪声的测量。

（1）一般户外

距离任何反射物（地面除外）至少 3.5m 测量，距地面高度 1.2m 以上。必要时可置于高层建筑上，以扩大监测受声范围。使用监测车辆测量，传声器应固定在车顶部 1.2m 高度处。

（2）噪声敏感建筑物户外

在噪声敏感建筑物外，距墙壁或窗户 1m 处，距地面高度 1.2m 以上。

（3）噪声敏感建筑物室内

距离墙面和其他反射面至少 1m，距窗约 1.5m 处，距地面 1.2～1.5m 高。

噪声测量的气象条件为：测量应在无雨雪、无雷电天气，风速 5m/s 以下时进行。

《工业企业厂界环境噪声排放标准》GB 12348—2008 对工业企业厂界环境噪声规定了排放限值，如表 5-3 所示。

表 5-3　工业企业厂界环境噪声排放限值　　　　　　单位：dB（A）

厂界外声环境功能区分类	时段	
	昼间	夜间
0 类	50	40
1 类	55	45
2 类	60	50
3 类	65	55
4 类	70	55

注：当厂界与噪声敏感建筑物距离小于 1m 时，厂界环境噪声应在噪声敏感建筑物的室内测量，并将表 5-3 中相应的限值减 10dB（A）作为评价依据。

《工业企业厂界环境噪声排放标准》GB 12348—2008、《社会生活环境噪声排放标准》GB 22337—2008 对振动引起的结构传声噪声排放也做了限值规定，如表 5-4 所示。

表 5-4　结构传播固定设备室内噪声排放限值（等效声级）　　单位：dB（A）

噪声敏感建筑物所处声环境功能区类别	A 类房间		B 类房间	
	昼间	夜间	昼间	夜间
0 类	40	30	40	30

噪声敏感建筑物所处声环境功能区类别	A 类房间		B 类房间	
	昼间	夜间	昼间	夜间
1	40	30	45	35
2～4 类	45	35	50	40

注：A 类房间——指以睡眠为主要目的,需要保证夜间安静的房间,包括住宅卧室、医院病房、宾馆客房等。

B 类房间——指主要在昼间使用,需要保证思考与精神集中、正常讲话不被干扰的房间,包括学校教室、会议室、办公室、住宅中卧室以外的其他房间等。

为了更详细地规定噪声排放限值和更好地指导降噪工作,《工业企业厂界环境噪声排放标准》GB 12348—2008、《社会生活环境噪声排放标准》GB 22337—2008 在倍频带声压级上做了噪声排放限值的详细规定,如表 5-5 所示。

表 5-5 结构传播固定设备室内噪声排放限值（倍频带声压级） 单位：dB

噪声敏感建筑所处声环境功能区分类	时段	房间类型	室内噪声倍频带各中心频率声压级限值				
			31.5Hz	63Hz	125Hz	250Hz	500Hz
0 类	昼间	A、B 类间	76	59	48	39	34
	夜间	A、B 类间	69	51	39	30	24
1 类	昼间	A 类房间	76	59	48	39	34
		B 类房间	79	63	52	44	38
	夜间	A 类房间	69	51	39	30	24
		B 类房间	72	55	43	35	29
2～4 类	昼间	A 类房间	79	63	52	44	38
		B 类房间	82	67	56	49	43
	夜间	A 类房间	72	55	43	35	29
		B 类房间	76	59	48	39	34

二、噪声评价

人耳接收到声波后,主观上产生的"响度感觉"与声波的强度并不成正比,而是接近于一个对数比关系。在声学中,大多采用对数标度来度量声压和声强,称为声压级和声强级,单位为 dB（分贝）。

1. 声压级

声压级可用下式表示：

$$L_p = 10\lg \frac{p^2}{p_0^2} = 20\lg \frac{p}{p_0} \quad (\text{dB}) \tag{5-2}$$

式中 p——待测声压的有效值；

p_0——参考声压。

在空气中,参考声压取值为 $p_0 = 2 \times 10^{-5} \text{Pa}$。这个值是正常人耳对 1000Hz 声音刚刚能觉察其存在的声压值,即 1000Hz 声音的可听阈声压。低于这个声压值,人耳就不能觉察出这一声音的存在了。由此,该可听阈声压的声压级为零分贝。一般人耳对声音强弱的分辨能力约为 0.5dB。

2. 声强级

声强级可用下式表示：

$$L_I = 10\lg \frac{I}{I_0} \quad (\text{dB}) \tag{5-3}$$

式中　I——待测声强；

　　　I_0——参考声强。

在空气中，参考声强一般取值为 $10^{-12}\,\text{W/m}^2$，这一数值是与参考声压 $2\times10^{-5}\,\text{Pa}$ 相对应的声强。对于空气中平面波，有 $I = \dfrac{p^2}{\rho c}$，则有：

$$L_I = 10\lg \frac{I}{I_0} = 10\lg\left(\frac{p^2}{\rho c}\right)/I_0 = 10\lg\frac{p^2}{p_0^2} + 10\lg\frac{p_0^2}{\rho c I_0} = L_p + 10\lg\frac{400}{\rho c} \tag{5-4}$$

如果在测量时，恰好 $\rho_0 c_0 \approx 400$，则有 $L_p = L_I$。$10\lg\dfrac{400}{\rho c}$ 是一个修正项，通常比较小。

3. 等响曲线

噪声的评价必须建立在噪声对人体影响的基础上，但如果仅用"响"与"不响"来评价噪声的强度，又使得噪声评价无法量化。因此，为了定量地描述噪声的强度，通常采用响度级这一参量。响度级的单位为方（phon），符号为 L_N，它在数值上等于 1000Hz 纯音在某一声压下的声压级。当某一频率的纯音和某一声压下 1000Hz 的纯音听起来同样响时，该声压下 1000Hz 纯音的声压级就定义为该待定声音的响度级。由此，1000Hz 纯音的声压级即为自己的响度级。将各个频率的声音与某声压下 1000Hz 的纯音相比较，达到同样响度级时，频率与声压级的关系曲线称为等响曲线。图 5-1 为等响曲线图。图中 40phon 曲线表示，70dB 的 40Hz 纯音、50dB 的 90Hz 纯音、40dB 的 250Hz 纯音听起来和 40dB 的 1000Hz 纯音一样响。

图 5-1 中最下方的等响曲线用虚线表示，其响度级为零，是人类的听阈，低于此曲线的声音人耳一般无法听闻；最上面的等响曲线是声音引起痛觉的界限，称为痛阈，当声音的响度级超出此曲线时，人耳感觉疼痛。在听阈和痛阈之间的声音是人耳可以正常听闻的声音范围。观察等响曲线可知，声压级相同的声音会因为频率不同而产生不一样的主观感受，声压级不相同的声音也会因频率不同而产生同样的主观感受。人耳对于低频声音的敏感程度低于高频声音。

4. 计权声级

声音的客观度量应与人耳的主观感受取得近似一致。通过对不同频率声音的声压级采用特定的加权修正，再叠加计算，可以得到噪声的总声压级，此声压级即为计权声级。用以计算修正声压级的方法有四种——A、B、C、D，此四种方法又称计权网络。

A 计权曲线是 40phon 等响曲线的反曲线，用以测量 40phon 上下的低声级，得到接近响度级的结果。B 计权曲线是 70phon 等响曲线的反曲线，用以测量中等声级。C 计权曲线是 100phon 等响曲线的反曲线，用以测量高声级。几十年使用的结果表明，A

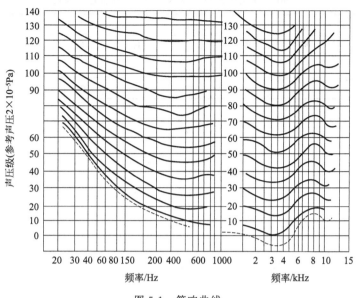

图 5-1　等响曲线

计权声压级最有用，其与人对噪声的感觉（响度、干扰程度）最接近。用 A 计权声压级测出的噪声声压级单位为 dB（A）。

第三节　吸声与隔声

一、吸声原理与吸声材料

1. 吸声原理

声波在空气中传播时，无论是横波还是纵波，均是通过空气质点在原点附近振动与周围质点发生能量交换向远处传播的，而不是由物质的迁移来传播能量的。当声波入射到具有彼此相互贯通的细微孔隙材料表面时，一部分声波被反射，另一部分则透入材料。声波在材料中传导时，部分空气质点与材料纤维筋络发生碰撞或摩擦，从而消耗质点动能；由于黏滞性和热传导效应，声能转化为热能耗散掉，即材料吸收了部分声能。

2. 吸声材料

在实际降噪工程中，使用最广泛的是多孔性吸声材料；其具有内部有无数细微空隙，且孔与孔之间、孔与材料表面之间相互贯通，孔内的空气与材料表面的空气相连通等特点。多孔材料一般对中高频声波具有良好的吸声效果。影响多孔材料吸声效果的因素主要是材料的孔隙率、空气流阻和结构因子，其中空气流阻最为重要。

多孔性吸声材料有超细玻璃棉、矿渣棉、水泥珍珠膨胀岩板、工业毛毡、纤维等，其中超细玻璃棉应用最为广泛。表 5-6 列出了几种常用吸声材料的吸声特性。

表 5-6　常用吸声材料对不同频率声波的吸声系数

材料名称	容重 /(kg/m³)	厚度 /mm	不同频率下的吸声系数					
			125Hz	250Hz	500Hz	1000Hz	2000Hz	4000Hz
水泥珍珠膨胀岩板	350	50	0.16	0.46	0.64	0.48	0.56	0.56
	350	80	0.34	0.47	0.40	0.37	0.48	0.55
软质木纤维板	380	13	0.08	0.10	0.10	0.12	0.30	0.33
超细玻璃棉	15	25	0.02	0.07	0.22	0.59	0.94	0.94
	15	50	0.05	0.24	0.72	0.97	0.90	0.98
	15	100	0.11	0.85	0.88	0.83	0.93	0.97
	20	50	0.15	0.35	0.85	0.85	0.86	0.86
	20	70	0.22	0.55	0.89	0.81	0.93	0.84
	20	90	0.32	0.80	0.73	0.78	0.86	—
	20	100	0.25	0.60	0.85	0.87	0.87	0.85
	20	150	0.50	0.80	0.85	0.85	0.86	0.80
	25	50	0.15	0.29	0.85	0.83	0.87	—
	25	70	0.23	0.67	0.80	0.77	0.86	—
	25	90	0.32	0.85	0.70	0.80	0.89	—
	30	90	0.28	0.57	0.54	0.70	0.82	—
矿渣棉	150	80	0.30	0.64	0.73	0.78	0.93	0.94
	240	60	0.25	0.55	0.78	0.75	0.87	0.91
	240	80	0.35	0.65	0.65	0.75	0.88	0.92
	300	80	0.35	0.43	0.55	0.67	0.78	0.92

图 5-2 为超细玻璃棉在不同厚度和容重条件下的吸声系数，图（a）为容重 27kg/m³ 超细玻璃棉厚度变化对吸声系数的影响；图（b）为 5cm 厚超细玻璃棉容重变化对吸声系数的影响。

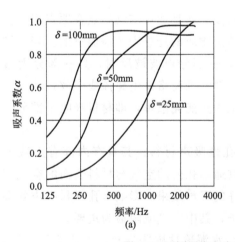

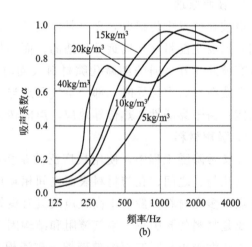

图 5-2　不同厚度和容重的超细玻璃棉吸声系数

超细玻璃棉作为吸声材料时，最佳容重为 $15\sim25\mathrm{kg/m^3}$。同样容重的超细玻璃棉，随着厚度的增大，比流阻不变，吸声系数增大，如图 5-2（a）所示；但厚度增加到一定程度后，吸声系数增加不再明显。实际应用中，对于中高频噪声，一般采用 $2\sim5\mathrm{cm}$ 厚的成型超细玻璃棉板；对于低频噪声，尤其是对降噪要求较高时，可采用 $5\sim10\mathrm{cm}$ 厚的超细玻璃棉板。

另外，在吸声材料后面增设空腔可以改善材料对中低频的吸声性能。空腔厚度为波长 1/4 的奇数倍时，吸声系数最大；空腔厚度为波长 1/2 的整数倍时，吸声系数最小。

为了保护吸声材料，一般吸声材料的表面做一层防护材料，防护材料可以是穿孔板、纱网、金属网格等。由于防护材料的加入，势必会对声波的传播与吸声材料的吸声性能产生影响，影响的程度与材料的厚薄、穿孔率有关。防护材料的加入，使高频噪声的吸声系数有所降低，而低频噪声的吸声系数却有所提高。中科院马大猷教授在亥姆霍兹共振器的基础上研究了微穿孔板吸声体，对低频噪声有着很好的吸声性能。目前，在空气源热泵机组的降噪上使用最多的为超细玻璃棉＋穿孔板的组合吸声体。

二、隔声原理与隔声材料

1. 隔声原理

隔声，即在声波传播的路径上设置障碍，阻碍声波的传播，使透过隔声材料的声能尽可能小。当声波作用于隔声材料表面时，由于隔声材料为密实材料，不像吸声材料那样有着相互贯通的微孔，因此隔声材料会产生受迫振动，从而引起材料另一侧空气振动，将声能传到另一侧。

工程上通常用隔声量来表示材料的隔声能力。隔声量又称传声损失（Sound Transmission Loss，STL）。在材料隔声理论研究方面，有著名的质量定律，马大猷、洪宗辉、杜功焕、钟祥璋等在其著作中对质量定律进行了推导。

在杜功焕的著作中，给出了平面声波垂直入射到隔声材料上时隔声量的计算公式：

$$TL = -42 + 20\lg f + 20\lg M \tag{5-5}$$

式中，f 为声波频率；M 为单位面积隔墙的质量，$M = \rho D$，ρ 为隔墙密度，单位为 $\mathrm{kg/m^3}$，D 为隔墙厚度，单位为 m。

洪宗辉在给出平面声波垂直入射时隔声量计算公式的基础上，又给出了无规则入射声波的隔声量计算公式：

$$TL = -47.5 + 20\lg Mf \tag{5-6}$$

上面两式均为隔声量的质量定律公式。其推导计算结果表明，单层均质板的隔声量 TL 取决于其单位面积的质量（即面密度 M）和入射声波频率 f。面密度增大一倍，隔声量增加 6dB；频率提高一倍，隔声量同样增加 6dB。除质量定律外，影响材料或构造隔声的其他因素还有劲度、共振频率、吻合效应、声桥、板缝和孔洞等。

由式（5-5）、式（5-6）可知，在墙面密度不变的情况下，增加墙的厚度，提高墙的单位面积质量，可以提高隔声量。但仅依靠增加墙体厚度来提高隔声能力在工程上并不经济，因此，在单层墙的基础上发展了双层墙隔声结构。双层墙即把单层墙一分为二，中间设一空气夹层，这样，墙体总质量不变，但隔声量有所增加。双层墙隔声能力的提升有赖于中间的空气夹层，双层墙对中高频噪声隔声效果较好，但对低频噪声效果不佳，尤其是频率很低时，相当于将双层墙合并成单层墙的隔声量。

杜功焕对双层墙的隔声量进行了公式推导，如下所示：

$$TL=10\lg\left\{\left(1+\frac{j\omega M}{R_1}\right)\cos kD+j\left[\left(1+\frac{j\omega M}{R_1}\right)-\frac{1}{2}\left(\frac{j\omega M}{R_1}\right)^2\right]\sin kD\right\}^2 \tag{5-7}$$

当频率很低时，$\cos kD\approx1$，$\sin kD\approx0$，公式（5-7）可简化为：

$$TL=20\lg\left(1+\frac{\omega^2 M^2}{R_1^2}\right) \tag{5-8}$$

对于中等频率，$\cos kD\approx1$，$\sin kD\approx kD$，公式（5-7）可简化为：

$$TL=10\lg\left\{1-\frac{\omega MkD}{R_1}+j\left[\frac{\omega M}{R_1}+kD-\frac{1}{2}kD\left(\frac{\omega M}{R_1}\right)^2\right]\right\}^2 \tag{5-9}$$

式中，ω 为声波振动圆频率，$\omega=2\pi f$；j 为虚数单位，$j=\sqrt{-1}$；R_1 为空气的特性阻抗，$R_1=\rho_1 c_1$；$k=\omega/c$。

2. 常用隔声材料

表 5-7 给出了一些常用单层材料的隔声量，表 5-8 给出了一些双层材料的隔声量，供实际应用参考。

表 5-7 常用单层材料的隔声量

材料类别	材料厚度	面密度/(kg/m²)	不同倍频程中心频率下的隔声量/dB						
			125Hz	250Hz	500Hz	1000Hz	2000Hz	4000Hz	平均值
胶合板	6mm	3	11	13	16	21	25	23	18.2
	12mm	8	18	20	24	24	25	30	23.5
	40mm	24	24	25	27	30	38	43	31.2
刨花板	6mm	4.5	18	18	22	27	32	31	24.7
	20mm	13	24	27	26	27	24	33	26.8
	35mm	17	21	23	27	28	24	29	25.3
软质纤维板	12mm	3.8	13	12	17	23	29	32	21
硬质纤维板	5mm	5.1	21	21	23	27	33	36	26.8
砖墙	1/4砖墙，双面粉刷	118	41	41	45	40	46	47	43
	1/2砖墙，双面粉刷	225	33	37	38	46	52	53	45
	1砖墙，双面粉刷	457	44	44	45	53	57	56	49
		530	42	45	49	57	64	62	53
	150mm加气混凝土砌块，双面粉刷	175	28	36	39	46	54	55	43

表 5-8　常用双层材料的隔声量

材料名称及结构厚度/mm	面密度/(kg/m²)	平均隔声量/dB
双层 1 厚铝板(中空 70)	5.2	30
双层 1 厚铝板涂 3 厚石漆(中空 70)	6.8	34.9
双层 1 厚钢板(中空 70)	15.6	41.6
双层 1.5 厚钢板(中空 70)	23.4	45.7
双层 2 厚铝板填 70 厚超细玻璃棉	12.0	37.3
炭化石灰板双层墙(90＋60 中空＋90)	130	48.3
炭化石灰板双层墙(120＋30 中空＋90)	145	47.7
加气混凝土双层墙(15＋75 中空＋75)	140	54.0
五合蜂窝板(50＋56 中空＋30)	19.5	35.5
砖墙(240＋200 中空＋240)	960	70.7
砖墙(240＋150 中空＋240)	800	64.0
双层加气混凝土,双面粉刷(75＋75 中空＋75)	140	54.0
双层钢筋混凝土(40＋40 中空＋40)	200	52

第四节　空气源热泵机组噪声点分析

空气源热泵运行时,噪声来源于三个主要噪声点,即轴流风机、压缩机、吸排气管路。整机噪声由三者噪声叠加而成。

轴流风机噪声主要由叶片切割空气,空气在叶片上绕流并在叶片尾缘发生涡流脱落形成的空气动力噪声和电动机机械噪声组成,机械噪声相对于空气动力噪声可忽略不计。

空气源热泵机组常用的压缩机有螺杆式压缩机和涡旋式压缩机,其中,螺杆式压缩机的噪声按产生机理可分为空气动力性噪声、机械性噪声和电磁噪声。螺杆式压缩机结构复杂、体积较大、噪声点较多,噪声点按其部位可分为压缩机机体、电动机、进气管道、排气管道。螺杆式压缩机结构如图 5-3 所示。空气动力性噪声主要是吸气噪声。制冷剂的流动以及吸气、排气时气流发生共振,在进气口会产生一定的压力差,这种压力差引发吸气噪声;当排气口与排气管道相接通或被切断时,会有大量的被压缩气体排出,气体在排放的瞬间会产生很大的脉动和强烈的涡流喷注,从而产生噪声。在工作实践中我们发现,排气产生的噪声比吸气产生的噪声要严重得多。气流进入螺杆式压缩机的进气管和出气管时会产生特别大的压力脉动,此时会产生大量的脉动噪声。另外,压缩机的机壳、定子和转子内存在着强大的气柱,气柱会发生共鸣,气柱共鸣现象也是导致低频噪声产生的重要原因。电动机定子、转子中的气体流动以及机壳内的气柱共鸣也产生噪声。螺杆式压缩机的噪声呈低、中频特性。实际测量发现,螺杆式压缩机噪声主

要集中于 $250\sim500\mathrm{Hz}$，单机单级螺杆式压缩机声压级可达 88dB（A），是螺杆式空气源热泵降噪的重点。表 5-9 为超低温单机双级压缩机不同型号对应的噪声值，其中，型号为 STR-413 的压缩机噪声实测值达到了 93dB（A）。

表 5-9 单机双级压缩机噪声值

型号	STR-321	STR-324	STR-413
噪声值/dB(A)	83	83	85

螺杆式压缩机运行时，电动机驱动压缩机轴转动，进而带动压缩机内其他部件转动，机械零件运转过程中产生的噪声为机械噪声。电动机驱动时，受基波和谐波的影响，会产生电磁噪声。这两项噪声相对于空气动力性噪声较小。

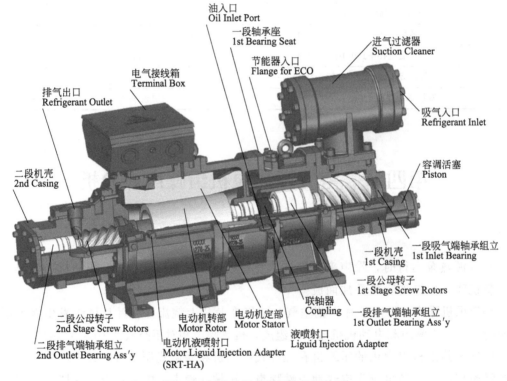

图 5-3 复盛单机双极压缩机结构图

由涡旋式压缩机结构和工作原理可知，振动和噪声较大的区域为排气管附近的高压区，降噪和减振应对该区采取措施；振动和噪声较小的区域为电动机区。图 5-4 为涡旋式压缩机涡轮盘吸排气运行原理图。表 5-10 列出了丹佛斯（Danfoss）PSH 系列压缩机的噪声值。涡旋式压缩机噪声频率集中在 $500\sim4000\mathrm{Hz}$，实测声压级可达 83.3dB（A）。

表 5-10 Danfoss PSH 系列压缩机 （R410A） $-7℃/50℃$ 工况下的声功率级

压缩机型号	声功率/dB(A)	
	50Hz	60Hz
PSH019	75	77
PSH023	76.5	78.5

压缩机型号	声功率/dB(A)	
	50Hz	60Hz
PSH026	77.5	79
PSH030	77.5	79
PSH034	79	81
PSH039	78	80

注：表中 50Hz、60Hz 表示供电电源的频率。

图 5-4　涡旋式压缩机吸排气运行原理图

无论是螺杆式压缩机热泵机组还是涡旋式压缩机热泵机组，压缩机的噪声均最为突出，是降噪的重点。

此外，机组四通阀换向时产生的瞬时噪声也较为突出，尖峰噪声值可达 100dB（A）以上；尤其是在多机组并联运行的采暖系统中，四通阀高频次换向化霜产生的噪声易使人在睡眠中惊醒，降噪工程中应引起重视。

第五节　压缩机噪声治理

压缩机降噪是空气源热泵机组降噪的重中之重。由上述可知，螺杆式压缩机尤其是单机双级系列，其噪声值较高、降噪难度大，单一的降噪方法难以达到降噪要求。

前面讨论了螺杆式压缩机的噪声点，结论是排气时产生的噪声最为严重。因此要想控制压缩机噪声，必须减弱排气脉动。目前应用最广、最有效的办法是在排气口的管道上安装消声器。虽然进气口处噪声小于排气口处，但其噪声值依然较高，仍需安装消声器予以处理。安装消声器前需要对吸排气口噪声的频率和声压级进行研究，选择合适的消声器。抗式消声器对低频噪声有着较好的消声效果，为了最大限度地降低噪声，应采用阻抗复合式消声器。

螺杆式压缩机本体体积较大，噪声点分布广，难以用点对点的方式降噪；根据工程实际经验，可采用隔声罩的方式予以处理。隔声罩内的吸声材料应具有较高的吸声系数，隔声罩的固定支撑材料应具有较高的隔声性能。

图 5-5 为北京华誉能源技术股份有限公司生产的型号为 HE-620LAB 的螺杆式空气源热泵机组。该机组在安装了简易压缩机隔声罩的情况下，机组 1m 处噪声值为 87.4dB（A），机组噪声对周边居民夜间休息产生了较大的影响。

图 5-5　螺杆式空气源热泵机组

为了降低该机组噪声，先后改进了多版隔声罩，但都未取得较好的降噪效果。究其原因，是因为压缩机与系统管路连接复杂，漏声孔洞较多。另外，压缩机吸排气管路均未安装消声器也是影响降噪效果的原因之一。评估了多版方案后，采用了图 5-6 所示的降噪方法。该方法将压缩机从机组内移出后置于由水泥砖垒砌的隔声罩内，隔声罩壁厚 240mm，双面粉刷。压缩机吸排气管路均安装了消声器，以减弱吸排气管道向隔声罩外的传声量。机组从启动到加载到 100％ 运行过程中，压缩机声音几乎听不见，整机噪声从 87.4dB（A）降至 74.0dB（A），整机降噪量达 13.4dB（A），由压缩机产生的啸叫声消失。根据表 5-7，1 砖墙（厚 240mm）使得压缩机降噪量约为 45dB（A），取得了良好的效果。但这种降噪方式需要拆改热泵管路和供电系统，对现场操作要求较高。对于对噪声要求不是很高的场合，可采用图 5-7 所示的方法将空气源热泵机组下部用吸声材料包覆，但这种方法成本高于图 5-6 所示的方法。

涡旋式压缩机噪声点主要集中在排气口高压区，控制住排气口高压区噪声，压缩机整体噪声就可得到有效控制。涡旋式压缩机降噪方法普遍采用包覆式或穿戴式。表 5-11 是在压缩机处理前，测量得到的整机噪声值，机组如图 5-8 所示。采用橡胶颗粒制作的吸声板将压缩机包裹两层,单层吸声板厚度为20mm,压缩机顶部包覆三层,如图5-9所示。处理后,整机噪声由83.3dB(A)降至70.7dB(A),整机降噪量达12.6dB(A)。

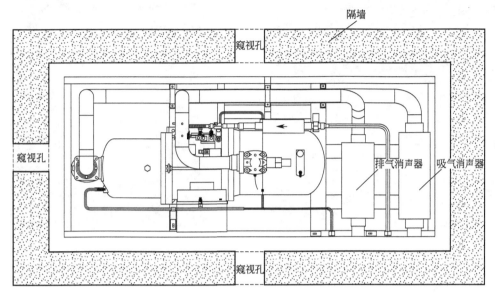

图5-6 混凝土砖砌筑的压缩机隔声罩

图5-7 包覆式降噪方法

表5-11 涡旋式空气源热泵整机噪声值

热泵型号	A声级噪声/dB(A)	倍频程中心频率对应的噪声值/dB							
		63Hz	125Hz	250Hz	500Hz	1000Hz	2000Hz	4000Hz	8000Hz
HE80-MAB/Na-(E)	83.3	52.6	49.0	59.9	70.5	73.0	80.4	78.5	72.5

压缩机型号:PCH065A8ABA,压缩机数量1。

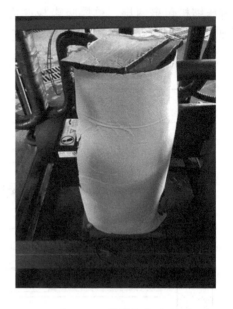

图 5-8　涡旋式空气源热泵机组　　　　　　图 5-9　压缩机包裹处理

第六节　风机噪声治理

　　空气源热泵机组一般采用轴流风机。轴流风机降噪有两条途径：一是更换低噪声风机；二是采用阻性消声器。阻性消声器是一种吸收型消声器，利用多孔材料的吸声原理将部分声能耗散在吸声材料中，从而达到降噪目的。阻性消声器常用形式有片式消声器和直管式消声器。由于阻性片式消声器结构简单、加工方便，对通风系统的阻力较小，因此适用于要求大流量、低流阻的场合。图 5-10 为阻性片式消声器的结构示意图。

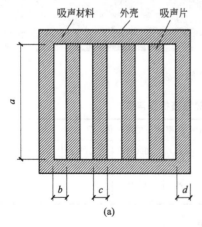
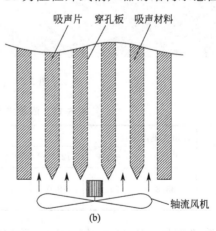

图 5-10　阻性片式消声器俯视和剖面示意图

1. 阻性消声器的计算理论

阻性消声器的传声损失与选用的吸声材料的声学性能、气流通道周长、断面面积、护面层结构、气流通道长度等有关。我国声学工作者在 A. N. 别洛夫的研究基础上，简化了计算阻性消声器声衰减量的公式：

$$L_A = \varphi(\alpha_0) \frac{L}{S} l \quad (\text{dB}) \tag{5-10}$$

式中　$\varphi(\alpha_0)$——消声系数；

　　　　L——消声器的气流通道断面周长，$L = 2(a+b)$，m；

　　　　S——单流道消声器的通道有效横截面积，$S = ab$，m^2；

　　　　l——消声器的有效部分长度，m。

在式（5-10）中，声衰减量与消声系数 $\varphi(\alpha_0)$ 有关。罗杰斯公式计算的 $\varphi(\alpha_0)$ 值是假定声波以平面波的形式在气流通道内传播，即认为管道同一截面的声波相同。但实际上声波在同一截面上声强不可能均匀分布，尤其是管内衬强吸声材料时（吸声系数>0.6），消声量计算就会偏高；于是，罗杰斯对 α_0 与 $\varphi(\alpha_0)$ 的关系进行了修正，如式（5-11）所示。

$$\varphi(\alpha_0) = 4.34 \frac{1 - \sqrt{1 - \alpha_0}}{1 + \sqrt{1 - \alpha_0}} \tag{5-11}$$

此外，H. J. 赛宾也推导了声衰减的经验公式，如式（5-12）所示。

$$L_A = 1.03 \bar{\alpha}^{1.4} \frac{L}{S} l \tag{5-12}$$

式中，$\bar{\alpha}$ 表示声波无规则入射时吸声材料的平均吸声系数。表 5-12 给出了 $\varphi(\alpha_0)$ 与 α_0 的关系，表 5-13 给出了 $\bar{\alpha}$ 与 $\bar{\alpha}^{1.4}$ 的关系。

表 5-12　α_0 与 $\varphi(\alpha_0)$ 的换算关系

α_0	0.05	0.10	0.15	0.20	0.25	0.30	0.35	0.45	0.50	0.55	0.60~1.00
$\varphi(\alpha_0)$	0.05	0.11	0.17	0.24	0.31	0.39	0.47	0.64	0.75	0.86	1.00~1.50

表 5-13　$\bar{\alpha}$ 与 $\bar{\alpha}^{1.4}$ 的换算关系

$\bar{\alpha}$	0.05	0.10	0.15	0.20	0.25	0.30	0.35	0.40
$\bar{\alpha}^{1.4}$	0.015	0.040	0.070	0.105	0.144	0.185	0.230	0.277
$\bar{\alpha}$	0.45	0.50	0.6	0.7	0.8	0.9	1.00	
$\bar{\alpha}^{1.4}$	0.327	0.329	0.489	0.607	0.732	0.863	1.00	

阻性片式消声器的气流通道截面不易设计得过大（如 $D > 300\text{mm}$），实验表明，过大的气流通道截面将使高过某频率段后的消声效果显著下降。这是因为当频率高过一定数值时，声波在气流通道中传播不再符合声强均布的平面波条件；此时，声波将以波束状集中在中部通过，造成声波与阻性吸声材料接触机会降低，消声效果下降。实验表明，当声波的波长小于气流通道断面尺寸一半时，消声效果开始下降，这种现象称为"高频时效"。我们将开始明显出现消声量下降的声波频率称为"上限失效频率"，其经验公式为：

$$f_{\perp} = 1.85 \frac{c}{D} \qquad (5-13)$$

式中　c——声速，m/s；

　　　D——气流通道截面的直径，当气流通道截面为矩形时，$D = 1.13\sqrt{ab}$，m。

当声波频率高于上限失效频率时，每增加一个频带，其噪声量约比上限失效频率处的消声量降低 1/3，即：

$$\Delta L' = \frac{3-n}{n} \Delta L \qquad (5-14)$$

式中　$\Delta L'$——高于上限失效频率的某频带消声量，dB；

　　　ΔL——在上限失效频率处的消声量，dB；

　　　n——高于上限失效频率处的倍频程带数。

在设计阻性片式消声器时，应注意气流通道内的气体流速；流速过大，会产生再生噪声，使得消声器的消声性能下降。不同场合下气体流速可参考表 5-14 的推荐值。

表 5-14　不同使用条件下流速推荐值

条件	降噪要求/dB(A)	控制流速范围/(m/s)
特殊安静要求的空调消声	≤30	3～5
较高安静要求的空调消声	≤40	5～8
一般安静要求的空调消声	≤50	8～10
周围环境要求安静的通风消声	50	5～8
工业用通风消声	≤70	10～15

2. 阻性消声器的设计步骤

以北京华誉能源技术股份有限公司生产的型号为 HE80-MAB/Na-（E）的空气源热泵机组为例，若要进行阻性消声器的设计，首先要获得被降噪风机的噪声参数，如表 5-15 所示。

表 5-15　涡旋式空气源热泵整机噪声值

热泵型号	A声级噪声/dB(A)	倍频程中心频率对应的噪声值/dB							
		63Hz	125Hz	250Hz	500Hz	1000Hz	2000Hz	4000Hz	8000Hz
HE80-MAB/Na-(E)	81	62.6	70.1	74.2	76.6	76.3	73.5	68.6	62.6

表 5-15 内的数据为机组只开启风机时，距离风机出口 3m 处测得的；该风机风量 13500m³/h，风机直径 800mm。

其次，根据噪声控制要求，查找 NR 曲线（图 5-11），通过计算，确定各频带声压级的控制数值。各倍频带声压级的计算公式如式（5-15）所示。

$$L_{Pi} = A + B \mathrm{NR} \qquad (5-15)$$

式中　L_{Pi}——第 i 个频带的声压级，dB；

　　　A，B——不同倍频带中心频率的系数，如表 5-16 所示。

表 5-16   不同倍频带中心频率的系数 *A* 和 *B*

倍频带中心频率/Hz	A	B
63	35.5	0.790
125	22.0	0.870
250	12.0	0.930
1000	0	1.000
2000	−3.5	1.015
4000	−6.1	1.025
8000	−8.0	1.030

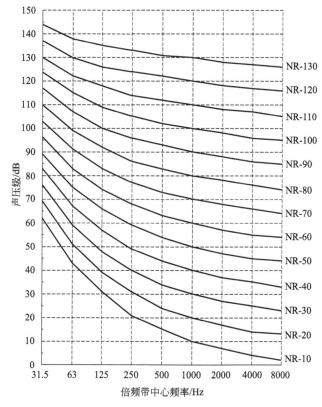

图 5-11   噪声评价数（NR）曲线

例如，空气源热泵机组运行时，根据表 5-3，1 类声功能区昼间厂界噪声限值为 55dB（A），则令 NR＝55。NR 评价曲线既可用于对室内噪声的评价，也可用于对外界噪声的评价。NR 评价曲线以 1000Hz 倍频带声压级值作为噪声评价数 NR，其他倍频带（63Hz～8kHz）声压级和 NR 的关系由式（5-15）计算。则在本例下，其他倍频带的声压级计算值如表 5-17 所示。

表 5-17   其他各倍频带声压级计算值

Hz	63	125	250	500	1000	2000	4000	8000
dB	79	70	63	58	55	52	50	49

最后，计算消声量和消声器长度。选择容重为 $25kg/m^3$、厚度为 90mm 的超细玻璃棉作为吸声材料；护面层采用镀锌钢板穿孔板，板厚 1.0mm，穿孔率＞25％。根据式（5-11）或查找表格 5-12 得到 α_0 与 $\varphi(\alpha_0)$ 的关系数据，计算阻性消声器消声量和其长度，如表 5-18 所示。

5-18 阻性消声器计算步骤

序号	项目	倍频程中心频率对应的计算结果							备注
		63Hz	125Hz	250Hz	500Hz	1000Hz	2000Hz	4000Hz	
①	风机出口噪声/dB	62.6	70.1	74.2	76.6	76.3	73.5	68.6	
②	标准 NR55/dB	79	70	63	58	55	52	50	
③	所需消声量 ΔL/dB	−16	0.1	11.2	18.6	21.3	21.5	18.6	①－②
④	吸声系数 α_0	0.03	0.32	0.85	0.7	0.8	0.89	0.9	
⑤	消声系数 $\varphi(\alpha_0)$	0.03	0.42	1.3	1.2	1.3	1.4	1.4	
⑥	消声器长度 l/m	−20	0.01	0.35	0.63	0.66	0.62	0.54	$l=\Delta LS/[L\varphi(\alpha_0)]$
⑦	$l=0.8m$ 时的消声量/dB	0.7	8.2	25.4	23.5	25.4	27.4	27.4	$L_A=\varphi(\alpha_0)Ll/S$
⑧	验算 $f_{上}$/Hz	2624							$f_{上}\approx 1.85c/D$
⑨	消声后各频带噪声值/dB	62.0	61.9	48.8	52.9	50.7	45.7	40.9	①－⑦
⑩	护面层设计	镀锌钢板穿孔板，厚度 1.0mm							穿孔率＞25％
⑪	消声器结构设计	如图 5-12 所示							

为了降低气流冲击吸声片底部带来的过大阻力，吸声片底部应设计成圆滑过渡形状或图 5-12 所示的尖劈形状。消声器设计时应充分计算气流通道的流通面积，避免气流通道内气体流速过高，出现再生噪声。

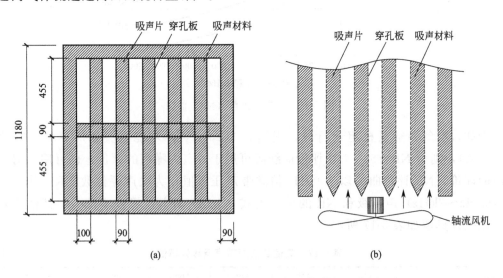

图 5-12 轴流风机消声器俯视图和内部剖面示意图

第七节 整机噪声治理

空气源热泵本身的结构特点决定了其必然会产生噪声。在一些敏感区域，除了上述对压缩机、风机进行降噪处理外，还需要对整机进行处理。空气源热泵整机噪声处理的方式有很多种，常用的有声屏障、隔声罩等。在进行整机噪声处理时，有时压缩机、风机、整机均需做处理，有时只进行整机处理就可达到降噪的目的。

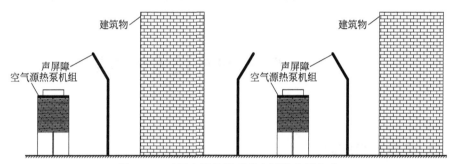

图 5-13　不同应用场景下的声屏障布置方式

在图 5-13 中，左边为一侧有建筑物，另一侧为空旷区域或者对噪声敏感较小的区域，此时可在机组与建筑物间设置声屏障来达到整机降噪的目的；右边为机组两侧均有敏感的建筑物，此时机组两侧均需设置声屏障才能达到降噪目的。

在一些特别敏感的区域，单独设置声屏障无法达到功能区噪声要求，就必须采用压缩机处理＋进排风设置消声器的方式，或者只采用进排风设置消声器的方式。消声器的设计与风机降噪设计原理相同，这里不再赘述。进排风消声器的设置形式如图 5-14 所示。

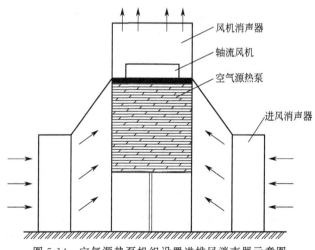

图 5-14　空气源热泵机组设置进排风消声器示意图

声屏障的设计可参照《声屏障声学设计和测量规范》HJ/T 90—2004。

第六章

CO_2 空气源热泵

第一节　CO_2 热泵技术的发展

一、　CO_2 热泵技术的起源

1974 年美国科学家 Rowland 和 Molina 发现之所以臭氧层会遭到破坏，是氯、溴的原因，并发表了著名的臭氧层衰减学说，之后人们开始关注制冷剂的安全使用和环境保护问题。1985 年 3 月，在联合国环境规划署（UNEP）的主持下，联合国外交会议通过了旨在保护臭氧层的《维也纳公约》；1987 年 9 月，欧共体（欧盟的前身）和日本等 24 个国家在加拿大蒙特利尔通过了《蒙特利尔议定书》并定于 1989 年 1 月生效。发达国家于 1996 年 1 月 1 日起，完全停止生产 CFCs、HCFCs，至 2020 年完全取代 CFCs、HCFCs 的使用；发展中国家于 2012 年停止使用 CFCs，到 2040 年完全停止使用 HCFCs。由此新型的制冷剂就日益体现出重要性和迫切性，作为环境友好型的自然工质 CO_2 自然而然地受到格外重视。CO_2 无毒且不易燃烧，既不会破坏臭氧层，也不会加快温室效应，是一种理想的替代制冷剂，被称为解决制冷剂环境问题的最终方案。

大量的事实及研究表明，许多人工合成的制冷剂，在最初时明显地提高了人类生活环境的舒适度及社会生产力的发展，但随着空调的普及，这些人工合成的制冷剂使用量大量增加，逐步对地球生态环境系统造成了破坏。因此从环境的长期安全来看，应尽量少用或者禁止使用破坏环境的非自然制冷剂，研究并开发使用自然工质。二氧化碳属于天然制冷剂，可以替代 HCFCs 工质，所以得到了诸多研究者的关注。

CO_2 制冷剂在冷却过程中温度的变化较大，能够放出大量的热量，与水进行热交换可以制备生产生活所需的热水。CO_2 热泵具有较高的系统效率。CO_2 制冷剂可以逐渐扩大使用范围并取代传统的制冷剂（如 R22 等）及其现有的替代物（如 R134a、R410A 等）。由此可见，CO_2 热泵的应用前景非常广阔，有显著的经济效益和社会效益，研究其如何实现并保持高效运行具有非常重要的意义。

二、国外研究进展

19 世纪，CO_2 作为最早的制冷剂之一，在当时应用非常广泛；但由于当时 CO_2 制冷效率不够高，功耗极大，因此逐渐被其他制冷剂取代。19 世纪中期，Vol.N 提出以 CO_2 作为制冷剂的蒸气压缩式制冷循环。1866 年，Twining 在船上安装 CO_2 制冷机制取商业用冰以便运输冷冻肉类，次年，他的这项发明荣获英国国家专利。1930 年，世界上约 80% 的船舶使用 CO_2 制冷机。1989～1994 年，G. Lorentzen 和 J. Pettersen 大力提倡使用新的制冷工质 CO_2，并且就此开展了深入的研究，搭建了热泵热水器的实验平台；经过测试发现其 COP 可高达 4.0，在 CO_2 的推广应用中起了重要作用。同时 G. Lorentzen 表示 CO_2 制冷剂可以用于汽车空调和热泵领域，并提出 CO_2 跨临界循环理论。与常规空调相比，CO_2 跨临界循环系统的性能仍然具有一定的压力，所以在其不同于常规空调的系统方面，还需要进行研究。

早在 1995 年，日本 CRIEPI、东京电力公司和 DENSO 公司的 MSsikawa、K. Kusakari 等人就开始合作研究 CO_2 热泵系统，建起了 CO_2 热泵热水器样机实验台；通过计算及相应分析后，当 CO_2 热泵热水器供应热水时，其性能高于传统工质热泵。热源的温度选取东京冬季用电低峰 23：00 至次日早 7：00 的空气平均温度值，自来水温度 8.3℃，热水温度 65℃；结果表明，当膨胀阀处于最佳开度时，COP 达到 2.7。自 2002 年该系统进入市场后，销售量持续上升，日本电力公司计划到 2020 年销售累计达到 1000 万台。

从产品开发上，日本是 CO_2 空气源热泵最早开始发展的国家。近两年三菱公司推出 CO_2 增焓压缩机，极大地扩展了热泵的低温适应性。Saikawa 等采用半封闭单级涡旋压缩机变频技术运用在 CO_2 空气源热泵技术上，获得了较好的性能系数；同时 Hamada Y 等人在日本东京将 CO_2 空气源热泵用于供暖，也获得了较好的全年性能系数。国内学者对带喷射器的 CO_2 跨临界循环进行性能分析，提出改善系统的最优压力和喷射系数。天津大学研究膨胀机、双级活塞式压缩机在 CO_2 热泵系统中的节能作用。昆明理工大学研发出了大功率 CO_2 空气源热泵，并研究了低温、高进水下该系统的性能参数。由此可见，国内外主要在 CO_2 空气源热泵的热力循环、压缩机结构方面进行了较为系统的研究。

从国际形势上，联合国政府间气候变化专门委员会（IPCC）在第四次评估报告中指出"温室效应"已没有任何怀疑。由于地球平均环境温度上升，南极、北极的冰山以及高山冰川等大面积减少，IPCC 在报告中指出已观测到世界平均海平面上升。如今地球的温室效应已非常明显，这导致了地球气候变化异常、自然灾害增多，温室效应带来的危害已不容忽视。欧盟于 2014 年初正式通过《含氟温室气体法规》，拟大幅削减电器含氟温室气体排放量，包括停售已预先注入含氟温室气体的空调及冷藏设备，逐步禁用全球暖化潜能值高的氢氟碳化物等，"禁氟令"再度成为焦点。根据《中美气候变化联合声明》含氟制冷剂在 2015～2025 年间将逐步停止使用，自然介质制冷剂将成"新宠"。而天然冷媒 CO_2 制冷剂对环境友好，不会对环境带来二次污染，符合国家节能减排的发展纲要。所以常规 HFCs 空气源热泵将逐渐退出市场，CO_2 空气源热泵将开辟新的热泵时代。

从市场发展上，2004年一些发达国家已形成产业化，带来了巨大的社会效益和经济效益。目前国内生产和销售的热泵产品仍是含氟制冷剂的空气源热泵系统，但CO_2空气源热泵因其安全、低碳、节能的优势，已赢得了市场越来越多的关注和认可；预测国内消费市场将以每年40%的速度递增，今后在新建和改造的酒店、医院、学校和住宅中有1%采用CO_2热泵热水系统，则每年仅此一项将形成约2亿元的消费市场。未来CO_2热泵将在我国工业、商业、建筑供热系统中发挥重要作用。由于其低温性能优异、出水温度高，空气源热泵能够在我国长江流域以北地区使用，因此可成为提供生活热水、工业干燥、制热、制冷多用途的设备。如今"煤改电"政策为空气源热泵的改革发展提供了契机，而CO_2空气源热泵作为其中的佼佼者将在供暖方向上有所突破，尤其是对采用燃煤锅炉集中式供暖的替代有显著优势。

从使用情况上，随着我国社会日益向资源节约和环境保护两大方向发展，对节能环保的要求在不断提高，特别是"冷热联供""按需供热，按需供冷"在实际应用中的需求日渐突出。目前，针对空气源热泵机组已有了很多研究。常规空气源热泵机组多采用HFCs制冷剂，加热方式为循环加热。相比而言，CO_2空气源热泵机组能快速生产高温（90℃）热水，全年生活热水及供暖其机组性能达到3.0。因此，CO_2空气源热泵技术更能满足冬季供暖需求。

G. lorentzen、J. petterson等人带头研究将CO_2跨临界循环应用于汽车空调领域。他们不仅论述了这一应用研究的可能性，之后还搭建了相应的实验台。

1993年，挪威NTH研究所在汽车里安装了CO_2空调系统，这个实验样机被称为MAC-2000；通过实验运行，针对系统的运行性能与CFC-12汽车空调进行对比，结果两者性能相当。

美国伊利诺斯大学空调制冷研究中心组装了CO_2汽车空调，对此系统进行运行测试，并与福特汽车的HFC-134a系统作了对比。对比结果显示，二氧化碳汽车空调系统的制冷量大于福特汽车HFC-134a系统的制冷量；而且如果室外气温低于40℃，二氧化碳系统性能值COP大大超过其他系统的40%，甚至更多。

自1994年开始，BMW、DALMLERBENZ、VOLVO和大众等欧洲著名公司联合开发了一个关于二氧化碳汽车空调的合作研究项目，此合作项目称为"RACE"；同时他们还邀请欧洲诸多汽车空调制造商和著名高校加盟此项目，共同研究二氧化碳汽车空调系统。

丹麦Danfoss公司研制了一种新型压缩机，这种压缩机内连接斜盘，通过这个斜盘的角度变换来控制二氧化碳汽车系统的制冷量；德国Bock公司将开启往复式压缩机应用在大型公共汽车二氧化碳汽车空调系统中，通过试用期之后，已经开始在公共交通中投入运营。德国Hannover大学制冷研究所研究了二氧化碳汽车空调系统某些零部件，如压缩机的气缸和气阀；通过研究压缩机指示功率和气缸传热过程，讨论了气缸影响压缩机指示功率的因素：气阀与气缸的压力损失、气缸的泄漏。

此外，Neksa利用CO_2热泵热水器样机，在此基础上研究了CO_2热泵热水器的性能和系统设计。结果表明，其热泵制热系数可高达4.3；同时与电热水器和燃气热水器的能耗相比，它可降低75%，甚至更多。由此可看出，CO_2热泵具有相当大的发展潜力。

Essen 大学的 E. LSchmidt 等人在商业领域方面研究了干燥器，分析和讨论了热泵干燥器在干燥工作过程中，应用 CO_2 跨临界循环的可行性。此外，相较于 R134a 热泵系统，CO_2 自身作为制冷剂具有环保性和热物性，CO_2 跨临界循环热泵消耗较少的能量。因此 CO_2 热泵在商业干燥方面具有广阔的应用与开发前景。

三、国内研究进展

相对其他发达国家，我国对 CO_2 热泵的研究稍晚一些。西安交通大学、中南大学、天津大学等都从诸多方面研究 CO_2 跨临界循环，许多制造商也不断努力提高产品的可靠性。经过 20 多年的研究和开发，热泵技术在我国已经取得了很大的进步。

进入 21 世纪以来，在热泵理论研究领域里，我国的研究进度明显比前 10 年加快了，打破了空气源热泵一统天下的局面和研究工作仅局限于空气/空气热泵的研究范畴。2002 年，上海交通大学在汽车空调领域里创建了 CO_2 跨临界循环的数学模型，研究并分析了 CO_2 跨临界系统的性能。研究表明，在不同的运行工况下，降低气体冷却器出口温度、使系统处于最优压力状态，可以提高系统性能。

上海交通大学制冷与低温研究所建立了二氧化碳平行流式微通道气体冷却器和蒸发器稳态分布参数模型，进一步了解了微通道换热器的性能。结果表明二氧化碳在平行流式微通道蒸发器中分配均匀，这一仿真结果与实验结果相符。在保持扁平管管宽、管长和高度都不变的情况下，改变微通道内径。由结果可知，微通道管管径变小，制冷剂流速上升，对流换热加强，换热量有增大的趋势。其他条件不变，增加微通道的数目，制冷剂流速下降，对流换热减弱，换热量有减小的趋势。

中南大学的廖胜明教授主要进行了二氧化碳跨临界循环的理论分析及循环参数的优化，并利用 EES 计算软件进行循环分析，提出了一个最佳放热压力的关联式。此外，他利用热力学第一定律与热力学第二定律分析了 CO_2 热泵热水系统，找到控制最优排气压力的方法。

清华大学对 CO_2 热泵水平管换热进行了研究，并与企业合作对微通道进行了实验研究及模拟。东华大学张仙平等对 CO_2 跨临界热泵热水器的部件之一套管式气体冷却器进行了稳态分布模拟，以换热器的热重比和压降为参考，对其结构进行了分析。上海理工大学吕静等搭建了一台跨临界热泵热水器的实验台，通过实验分别研究了冷冻水和热水循环进口温度、循环流量对系统制热性能的影响；此外，还对三种不同形状的 CO_2 套管式气体冷却器进行了性能模拟，结果如表 6-1 所示。

表 6-1　不同形状气体冷却器模拟结果

管道类型	直管	矩形螺旋换热管	圆形螺旋换热管
CO_2 进出口温差/℃	21.5	22	22.2
水侧进出口温差/℃	6	8.2	9.1
换热量/W	528	721.6	800.8
CO_2 降压/Pa	55	7.2	8.8

刘志强研究了空气源热泵装置压缩机、蒸发器、冷凝器、毛细管等四个模块的机组动态特性。董玉军等对空气源热泵冷热水机组的系统进行了模拟，将模拟的预测值与实验值进行比较，两者的误差在较理想的精度范围内。郝吉波等研究了空气源热泵蒸发器风机风速对系统制热量的影响。董振宇等进行了高温工况下的风机变频实验，指出采用变频风机可较好地提高机组在高温工况下的性能。

2008年，中原工学院的马强搭建了二氧化碳热泵热水器实验台，对系统的部件（蒸发器、气体冷却器、压缩机）进行了理论分析，并对其进行模拟。实验结果表明，当热水出水温度一定时，同一压力工况下，提高蒸发温度可以提高系统的性能；COP随着最高高压的变化先增大后减小，因此存在一个峰值。

2013年，大连交通大学的邓然为二氧化碳空气源热泵热水器设计了一套控制系统，这套系统的主要控制对象是压力和温度。2014年，昆明理工大学的熊涛为二氧化碳空气源热泵热水器设计了一种双毛细管并联组合的节流装置，对不同毛细管的系统进行了性能研究；并将二氧化碳空气源热泵热水器与燃油锅炉、燃气锅炉进行经济性比较，结果显示出二氧化碳空气源热泵热水器具有优越的经济性能。

四、 CO_2 热泵技术的应用与现状

在19世纪末至20世纪30年代，由于二氧化碳无毒，相比氨、二氧化硫等制冷工质，二氧化碳制冷剂广泛应用于民用和船用等方面。20世纪40年代，英国大部分船只都使用二氧化碳压缩机。

在空调机的制冷剂使用方面，二氧化碳空调相对较晚。1919年前后，舒适型空调才开始使用二氧化碳制冷压缩机，一般都用在剧院、百货商店、教堂、各种商业建筑等。

1931年，R12被开发出来。它无毒、不可燃、不爆炸、无刺激性，要求的压力比较适中，而且制冷效率较高，因此，在制冷领域很快占领重要地位，逐渐取代了二氧化碳。

20世纪末，由于臭氧层的破坏、温室效应等引起了一系列的环境问题，人们的环境保护意识开始加强，开始注意采用自然工质。Lorentzen大力提倡使用自然工质，因此，他在很大程度上推动了二氧化碳的研究。之后，二氧化碳就受到业内人士的关注。

在环保的压力下，空气源热泵领域的制冷剂替代进程不断推进，自然工质，如 CO_2 将会成为市场主力军。由于 CO_2 空气源热泵在低温环境中能稳定可靠地运行并能快速产生高温热水，相较于常规空气源热泵而言，其对寒冷地区冬季供暖需求表现出更好的适应性，因此 CO_2 空气源热泵在寒冷地区用于供暖有独特的优势。但现有 CO_2 空气源热泵设备在寒冷地区供暖存在性能系数低和安全隐患等问题。

第二节 对自然工质制冷剂 CO_2 的综合评价

热泵的循环基础依赖于工质，研究开发热泵技术的关键是寻求并选择合适的循环工

质。选定适宜的工质才有可能保障热泵系统在运行时处于高效状态。目前，在热泵系统的研究中，工质的研究成了最迫切需要解决的问题。此外，我国属于《联合国气候变化框架公约》的缔约方，全球范围内都在陆续加快取代常规制冷剂的步伐，寻求新的自然工质作为新型制冷剂。表 6-2 给出了几种不同工质的性能，从中可以看出自然工质在环保性、安全性、经济性等方面有其诸多优势。

表 6-2　几种常见制冷工质主要性能比较

参数	R744	R22	R134a	R12
分子式	CO_2	$CHClF_2$	CH_2FCF_3	CCl_2F_2
摩尔质量 $M/(kg/kmol)$	44.01	86.48	102.03	120.93
绝热指数 k	1.3	1.2	1.12	1.14
臭氧层消耗指数 ODP	0	0.055	0	1
全球变暖潜能值 GWP(20 年/10 年)	1/1	1700/4200	1200/3100	100/7100
临界温度 $T_c/℃$	31.1	96	101.7	112
临界压力 p_c/MPa	7.372	4.974	4.055	4.113
凝固点温度 $t/℃$	−56.55	−160	−96.6	−158
标准沸点 $t_0/℃$	−78.4	−40.8	−26.2	29.8
0℃时容积制冷量/(kJ/m^3)	22600	4344	2860	2740
是否可燃	否	否	否	否
是否属于天然物质	是	否	否	否
毒性	无	无	无	无
大致比价	0.1	1	3~5	1
分解产物是否有毒	否	是	是	是

一、环保性（GWP 和 ODP）

随着环保压力的增加，国务院颁布了《消耗臭氧层物质管理条例》，开始施行日为 2010 年 6 月 1 日。由表 6-2 可以看出，二氧化碳的全球变暖潜能值 GWP 为 1，臭氧层消耗指数 ODP 为 0，低于其他制冷剂。虽然 R134a 的臭氧层消耗指数 ODP 也是 0，但它的 GWP 比 CO_2 高出一千多倍。而且二氧化碳大部分是作为化工行业的副产品被生产出来的，如果使用它做制冷剂，就恰巧回收了废物，而这部分废物原本是要排向大气的，那么这些二氧化碳的 GWP 就应该为 0。与 CO_2 相比，氯、溴类制冷剂及其混合物不仅会增加温室效应，而且很有可能产生其他副作用，因此 CO_2 在环境保护这方面的优势是显而易见的。随着社会的发展，热泵和空调的销售量逐渐增长，随之逐年增长的便是各种制冷工质的需求量，所以在选择和确定制冷工质时就要慎重考虑环保的问题。由于自然工质不会对人类赖以生存的地球环境造成威胁，自然而然受到极大关注。由此可见，CO_2 作为自然工质，成了一种环境友好型的制冷剂。此外，二氧化碳的制冷效率较高，所以在以上的几种常见制冷剂当中，二氧化碳是空气源热泵比较适宜的制冷剂。

二、安全性

二氧化碳属于自然工质，其毒性的影响很小，但是也不容忽视，即二氧化碳作为新陈代谢的产物会影响人体的呼吸系统，当它的浓度不高于 2% 时，对人的身体健康不会造成明显的伤害。但如果高于此浓度的界限，则会对呼吸器官造成一定程度的危害，甚至死亡。二氧化碳不易燃烧，分解后其产物是无毒的，在高温情况下不会分解，所以它不会损害人的身体健康。但对于氟利昂类工质（R134a、R22）而言，其分解产物大部分威胁环境的安全，例如，在太阳光的作用下，R134a 的分解产物不仅仅有毒，而且还是加剧温室效应的酸性物质。

二氧化碳遇水则生成弱酸性物质，会腐蚀普通金属，长期腐蚀后，会对各种碳钢类的普通金属设备造成一定程度上的损害，致使设备在运行过程中出现故障，但不会损害不锈钢和铜类金属。当输送的 CO_2 含水率小于 8×10^{-6} 时，不会生成弱酸性物质，因此不会对普通的碳钢产生影响。

如图 6-1 所示，CO_2 临界压力较高，跨临界二氧化碳循环系统的运行压力最高可达 10MPa，是常用 CFC 类和 HCFC 类制冷剂的 7～8 倍，因此必须考虑高压下的安全运行问题。在系统正常运行时必须保证如果系统发生超压则二氧化碳能够快速泄放，所以系统中必须安装安全阀或者泄压阀。除此之外，还必须保证在特殊情况下的安全性，如果系统发生破裂时，制冷剂膨胀所释放的能量和压力波应能够通过安全通道释放。但随着焊接等技术的不断发展，即便使用普通铜管，也可以满足跨临界 CO_2 制冷压缩循环的高压要求。

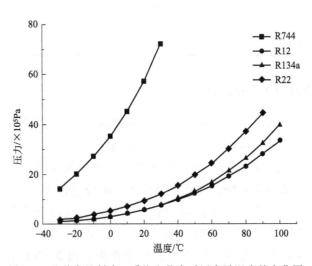

图 6-1　几种常见制冷工质饱和状态时压力随温度的变化图

CO_2 热泵只需要消耗少量的电能而不需要其他燃料就可以获取大量的热能，所以热泵在运行过程中不会产生燃料泄漏的风险，并且不会排放任何有害气体、温室气体等。因此，CO_2 热泵行业近年来发展迅速。

三、经济性

二氧化碳是一种自然工质，来源广泛，价格相对低廉，回收或再生操作与运行的费用也较低。此外，在我国的渤海湾、松辽、苏北等多地发现了大量的 CO_2 气田，而且可利用的 CO_2 储量极大，其中黄桥 CO_2 气田、万金塔 CO_2 气田等已经开始开采利用。

由表 6-2 可知，相较于其他工质的热物性，二氧化碳相对较好，跨临界循环的压力偏高，这就要求有较小的压缩机吸气比体积；0℃时二氧化碳的制冷量是其他制冷剂的 10 倍左右，这一特性就使得系统设备的尺寸小了很多，降低了材料费用，就此整个系统结构就相对紧凑，因而降低了热泵前期的投资成本。

二氧化碳热泵无需传统燃料，这样就减少了燃料费及燃料运输费和储存费，还有锅炉修建费和年检费；同时，空气源热泵的安装位置没有要求，可安装在屋顶、阳台、庭院、地下室等位置，不需要单独机房，不占用永久性居住面积。此外，在人工操作方面也节省了一笔费用。

空气源热泵省去了冷却水系统和冷却塔、冷却水泵、管网及其水处理设备，节省了这部分投资和运行费用。

据统计，全国热水器到 2010 年约为 1.3 亿台，其中，电热水器保有量约为 4000 万台，每年耗电量约为 $670 \times 10^8 kW \cdot h$，折合约 2630 万吨标准煤。测算表明：每用 1 个热泵热水器替代电热水器 1 年可节约电 $825kW \cdot h$，如果替代 10% 的电热水器，每年即可节约电 $33 \times 10^8 kW \cdot h$，或折合约 129 万吨标准煤；假设热泵热水器完全替代电热水器，每年即可节约 $330 \times 10^8 kW \cdot h$。

王志强等以镇江某小区一栋五层 20 户的居民楼为对象，讨论了空气源热泵、电热水器和太阳能热水系统这三种热水系统在该建筑中应用的经济性，得出结论如表 6-3 所示。

表 6-3　几种热水系统综合成本比较

系统	系统每天运行的总电费用/元	系统全年所需自来水总费用/元	系统年运行总电费用/元	全年每吨热水成本/元	全年平均每户每月所需热水成本/元
空气源热泵	30.32	3562.4	11066	12.41	59.57
电热水器	86.17	3562.4	31452	29.71	142.6
太阳能热水器(电辅助)	47	3562.4	17119	14.5	85.7

从初投资角度来看，太阳能热水器投资最大，空气源热泵的投资约是太阳能热水器的三分之二，电热水器的投资是三者之中最低的。但是随着温室效应的加剧，全球气候的变暖，空调逐渐普及，人类的用电量也就大幅度增长，尤其是夏季的用电量，全国大部分城市夏季采用白天限电的方式避免用电高峰期。太阳能热水器采用集热板接受太阳能，因而它受室外日照的影响颇大，只有空气源热泵在运行过程中不受日照影响，而且只是消耗少量的电能。此外，空气源热泵的使用年限比电热水器和太阳能热水器长，后期维护费用也比其他两个热水器要低。所以，总的来看空气源热泵是较好的选择。

从节能角度来看，空气源热泵和太阳能热水器的热源来自大自然，取之不尽、用之不竭，自然是首选。

从运行费用方面考虑，空气源热泵费用最低，其次是太阳能热水器，而电热水器的费用大约是空气源热泵的三倍。

此研究表明，如果用户增加，空气源热泵热水系统的优越性就更加显而易见。

四、工作压力

从环保性、安全性、热物性及经济性几个方面可以看出，二氧化碳空气源热泵具备其自身的特殊优势，值得推广。但即使如此，由于二氧化碳跨临界循环的特殊性，即临界压力高和临界温度低，其自身的问题也就显现出来了，那么传统的系统及部件也就不符合二氧化碳跨临界循环的要求，因而需要开发适合它的系统和部件。

二氧化碳的临界温度是 $31.1℃$，临界压力是 $7.4MPa$。二氧化碳跨临界系统在运行时，其高压侧的压力很高，甚至可以达到 $10MPa$ 以上。因此，为了保证跨临界系统顺利运行，对于跨临界系统的各个设备和零部件耐压强度就有更大的要求，例如设备及零部件材料、构造的承压能力。确定的 CO_2 空调系统换热器最小爆裂压力如表6-4 所示。

表6-4 确定的 CO_2 空调系统换热器最小爆裂压力

项目	气体冷却器	蒸发器	项目	气体冷却器	蒸发器
最大工作压力/bar	150	73.8	过压保护器设置/bar	170	120
最大停机压力/bar	120	120	最小爆裂压力/bar	425	300
压缩机转换压力/bar	160				

注：$1bar = 10^5 Pa$。

第三节 CO_2 跨临界循环原理

一、临界区 CO_2 的热力学性质

科学家因 CO_2 具有良好的热物性对其进行了大量研究，其中以 CO_2 为工质的跨临界热泵循环引起了较多关注。CO_2 的临界温度为 $31.06℃$，临界压力为 $7.382MPa$，由于其临界温度在常温下即可达到，这使 CO_2 更易达到超临界状态。超临界状态能使其有更为丰富的应用，也标志着技术和生产力的提高，如火力发电厂的水蒸气超临界循环、核反应堆的超临界循环、处在超临界点的氦用于冷却电动机等。而对于使用 CO_2 作为制冷剂的热泵，若是在跨临界区进行热力循环，将极大地改善热泵的效率。由于临界点附近液体与气体之间的分界线模糊，该状态既有液体的密度，又有气体的黏度；针对单位质量的工质，该状态下即可达到数倍乃至数十倍的热物性参数，使临界点附近的 CO_2 传热性能大为加强。

在不同压力和温度下，纯物质的相变点不同。当纯物质的液态相变点与气态相变点重合时，此点即为物质的临界点。在临界点附近的区域内，物质的特性会发生较大的改变，把此区域称为"临界区"。"临界区"的范围在某种程度上依赖于主观评估，因为当特性参数相较其他范围出现较大的变化时，我们便可认为物质处在跨临界状态。在跨临界 CO_2 热泵循环中，CO_2 在气冷器内的换热为等压放热，CO_2 工质无相变。因此气冷器的 CO_2 换热是显热变化。当温度持续降低时，CO_2 工质从超临界状态转变到亚临界状态，经过跨临界区换热加强。为此，探究 CO_2 的比定压热容和密度将对 CO_2 热泵中气冷器的换热有一个定性的认识。通过 Refprop 物性软件对 CO_2 的物性参数进行计算，其在跨临界区的变化如图 6-2 所示。

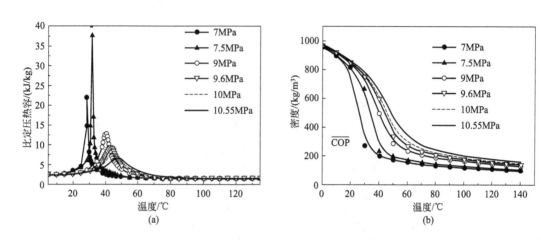

图 6-2　CO_2 物性参数在跨临界区的变化

如图 6-2（a）所示，在 0～130℃之间，不同压力下其对应的临界温度不同；压力越低，临界温度越低，同时临界点对应的比定压热容越大，此临界点的比定压热容峰值斜率越接近于无穷；而压力的升高与之相反，临界温度越大，其比定压热容峰值越平缓，与其他范围内的参数值差异越小，对于跨临界热泵而言，换热越不利。如图 6-2（b）所示，在跨临界点附近密度有骤变现象，具体则是因为液态与气态界限模糊，工质兼有液相和气相性质，侧面说明了临界区比一般气体的密度大，单位容积内的质量流量更多；再加上比定压热容值剧烈增加，则对于换热器而言，可缩小换热器尺寸，减少了材料的使用。

二、简单单级跨临界热泵循环

跨临界制冷循环的流程与普通制冷循环略有不同：当压缩机的吸气压力低于临界压力时，蒸发温度也低于临界温度，此循环被称为亚临界循环，如图 6-3 所示，换热过程主要是依靠潜热来完成的。但是当压缩机的排气压力高于临界压力时，换热过程依靠显热来完成。此时，冷凝器被称为气体冷却器，此类循环就是跨临界循环，如图 6-4 所示；有时也称为超临界循环，是当前二氧化碳制冷循环研究中最为活跃的循环方式。

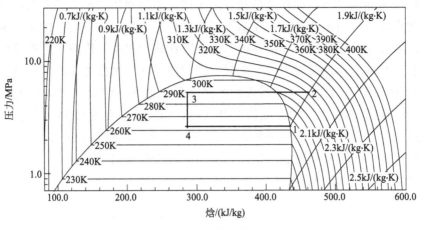

图 6-3 亚临界循环

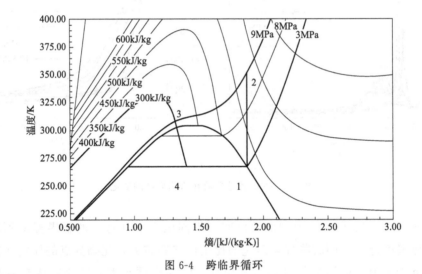

图 6-4 跨临界循环

临界点的定义为：临界点是一个状态点，若流体温度高于临界温度，不会汽化；若流体压力高于临界压力，不会液化。实际上临界点在 p-h 图和 T-s 图上近似可认为是饱和线的最高点。

CO_2 跨临界循环的放热过程可以和变温热源相匹配，更接近于劳仑兹循环。CO_2 跨临界循环与常规亚临界循环仍属于蒸汽压缩热泵范畴，它们与常规热泵循环基本相似。图 6-5 给出简单单级 CO_2 跨临界热泵循环原理图和压焓图，其循环过程为 1→2→3→4→1。压缩机的吸气压力低于临界压力，蒸发温度也低于临界温度，循环的吸热过程处于亚临界条件下进行，换热过程主要依靠液体蒸发来完成。但压缩机的排气压力高于临界压力，制冷剂在超临界区定压放热，与常规亚临界状态下的冷凝过程不同，换热过程依靠显热交换来完成。此时制冷剂高压端热交换器不再称为冷凝器（Condenser），而称为气体冷却器（Gas Cooler）。

目前热泵、空调、热泵热水器等设备中采用的 CO_2 循环形式，基本上都是跨临界热泵循环方式。采用跨临界循环，可以避免亚临界循环条件下热源温度过高导致的系统

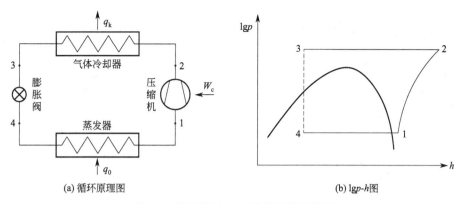

(a) 循环原理图   (b) lg$p$-h图

图 6-5　简单单级 CO_2 跨临界热泵循环

性能下降问题；而且由于流体在超临界条件下的特殊热物理性质，使 CO_2 在流体和换热方面都具有无与伦比的优势。特别是在气体冷却器中冷却介质与制冷剂逆流换热，一方面可减少高压侧不可逆传热损失，另一方面跨临界循环可以获得较高的排气温度和较大的温度变化，因而用于较大温差变温热源时，具有独特优势。

三、　CO_2 跨临界热泵循环的改善

（一）采用回热循环

在简单单级 CO_2 跨临界热泵循环中，来自气体冷却器的气态制冷剂经过膨胀阀时动能增大，压力下降，在此过程中产生了两部分损失：①由于节流过程是不可逆过程，流体吸收摩擦热产生无益的汽化，降低了有效制冷量，使得单位质量制冷量减少；②损失了膨胀功。节流过程中不可逆损失的大小与蒸发温度 t_0 和气体冷却器出口（膨胀阀入口）制冷剂的温度 t_3 有关，当其他条件不变时，循环的理论性能系数 ε_{th} 随 t_3 的增加而迅速下降。研究表明，CO_2 跨临界热泵循环采用回热循环是减少节流损失、提高性能系数的有效途径之一。

图 6-6 是带回热器的 CO_2 跨临界热泵循环原理图和压焓图。与常规亚临界循环的回热循环相似，通过回热器，利用蒸发器出口的低温低压气态 CO_2 使气体冷却器出口的高温高压气态 CO_2 得到进一步冷却，以降低膨胀阀入口气态 CO_2 的温度 t_3，从而提高热泵循环的理论性能系数 ε_{th}。两股气体在回热器中进行热交换，因此，由图 6-5（b）可知，单位质量制冷剂的回热量为

$$q_{re} = h_1 - h_{1'} = h_{3'} - h_3 \tag{6-1}$$

式中，$h_{1'}$、h_1、$h_{3'}$、h_4 分别表示蒸发器出口、压缩机入口、气体冷却器出口与膨胀阀入口制冷剂的比焓，kJ/kg。

此时，热泵循环的理论性能系数

$$\varepsilon_{thre} = \frac{q_0}{W_c} = \frac{h_{1'} - h_4}{h_2 - h_1} \tag{6-2}$$

（二）双级压缩＋回热循环

在 CO_2 跨临界热泵循环中，采用回热循环可以降低节流过程的不可逆损失，改善

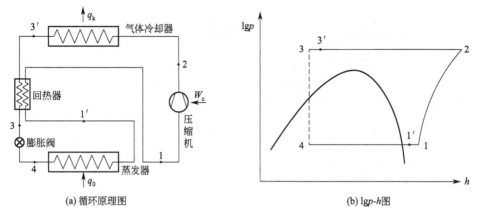

图 6-6　带回热器的 CO_2 跨临界热泵循环

循环的性能；但势必导致压缩机吸、排气温度升高，吸、排气压差增大，制冷剂循环量减少，压缩机的不可逆损失增大。在回热循环的基础上，采用双级压缩有利于降低压缩机的排气温度并能提高系统的性能，同时有利于压缩机的安全运行。

图 6-7 给出了双级压缩带回热的跨临界热泵循环。蒸发器出口的低温气态 CO_2（状态点 $1'$）经过回热器加热至状态点 1 后进入低压级压缩机，被压缩至状态点 $2'$ 后进入第一气体冷却器，使气态 CO_2 定压冷却至状态点 $2''$，再通过高压级压缩机压缩至状态点 2，然后进入第二气体冷却器；高压气态 CO_2 在第二气体冷却器中冷却至状态点 $3'$ 后进入回热器，被蒸发器出口的低温气态 CO_2 冷却至状态点 3；状态点 3 的气态 CO_2 经膨胀阀节流降压至两相区呈湿蒸气状态点 4，最后在蒸发器中定压吸热蒸发，直至蒸发器出口状态点 $1'$。

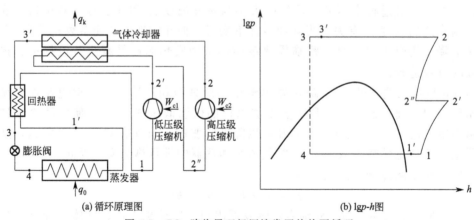

图 6-7　CO_2 跨临界双级压缩常回热热泵循环

与单级压缩相似，对于双级压缩 CO_2 跨临界热泵循环，在给定蒸发温度条件下，高压级压缩机出口仍然存在一个最优高侧压力 $p_{2\text{opt}}$，使系统的热泵系数达到最大值 ε_m。此外，对于双级压缩节流膨胀循环，过热度取 $15℃$ 为宜，中间压力取吸、排气压力的比例中项，即：

$$p_{2'} = \sqrt{p_1 p_2} \qquad (6\text{-}3)$$

第四节　供暖用 CO_2 空气源热泵分析

本节主要对供暖用 CO_2 空气源热泵特性进行理论分析，重点对比供暖用 CO_2 空气源热泵循环与一般 CO_2 空气源热泵跨临界循环的异同。通过对系统模型参数简化，突出使用条件与运用场合对 CO_2 热泵循环的影响特点，讨论分析了系统参数之间的相互作用。此节通过对影响供暖 CO_2 空气源热泵的因素进行对比分析，使我们对 CO_2 热泵跨临界循环的理论认识更为清晰，分析结果对提高 CO_2 空气源热泵供暖系统的循环效率具有实用意义。

一、供暖用 CO_2 空气源热泵模型

供暖用 CO_2 空气源热泵跨临界内部循环流程如图 6-8 所示。工质 CO_2 先经高压压缩机从低温低压的气态状态点 1 绝热压缩到高温高压的超临界状态点 2，然后在气冷器中进行显热放热；之后气冷器中出来的高压气体和液体经回热器与低压气体进行换热，高压侧由状态点 3 变为状态点 4，低压侧由状态点 6 变为状态点 7；随后回热器出来的工质通过节流阀变为低温低压的液体（状态点 5），再经蒸发器吸收空气热能后变为气体（6 状态点）；最终经回热器进入压缩机完成一个循环。

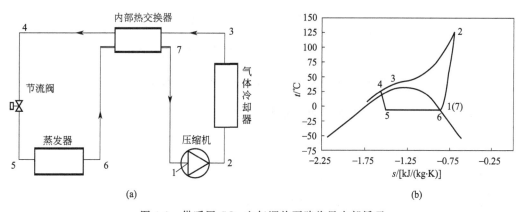

图 6-8　供暖用 CO_2 空气源热泵跨临界内部循环

如图 6-8 所示，系统增加了回热器和电加热装置。CO_2 空气源热泵用于供暖由于系统中回水温度高，进入气冷器中水温达 $30 \sim 40℃$，需加设回热器，一方面可使气冷器出口工质温度降低，降低气冷器中换热的最优压力促使 CO_2 跨临界换热程度加强（换热最优压力越低，跨临界点热力参数越高），同时大大减小节流阀前（即状态点 4）的节流损失；另一方面增加蒸发器出口工质的过热度，增加的过热度会使蒸发器出口的气体比体积增加，从而起到系统充注量减小的效果，实为压缩容积系数减小引起单位时间内制冷剂质量流量降低。压缩机做功的增加可被气冷器中换热量的增加和减小的节流损

失抵消。供暖是在低温状态下运用的，此时蒸发温度较低，吸气质量流量低，当吸气质量流量较小时将无法满足供热量的需求；蒸发器上增加电加热可使吸入压缩机的 CO_2 气体量增多，从而保证制热量。

二、热力循环分析

(一) 高进水温度与城市管网进水温度对比

我国供暖设计规范，对采用散热器的集中供暖系统，一次管网供回水温为 $95℃/70℃$，二次管网供水温为 $75℃/50℃$，若按规范设计则此类型供暖系统将无法使用。但近年来由于围护结构的传导系数进一步降低以及节约能源的倡导，欧洲国家降低集中供暖的热媒温度，国内也开始提倡低温供暖，各种政策的改变为高温热泵提供了更广的发展前景。CO_2 空气源热泵用于供暖，即使是低温供热（回水温度在 $30\sim40℃$ 之间），其气冷器进口温度仍然很高，高进水温度会降低整个系统的循环效率，其与市政进水循环过程的区别如图 6-9 所示。由图 6-9 可知，高进水温度使气冷器中的换热压力增加，压缩机做功增大，节流阀前工质的焓增加，进而使节流损失进一步加大。

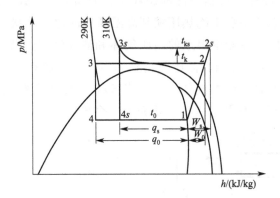

图 6-9　气冷器进水温度升高后 CO_2 空气源热泵系统的理论压焓图

水温增加引起的后果会大大降低系统循环效率。

单位质量蒸发量减小：$q_s = h_1 - h_{4s} < q_0 = h_1 - h_4$；

单位比功增大：$W_s = h_{2s} - h_1 > W_0 = h_2 - h_1$；

压缩比增加：$\pi_s = p_{ks}/p_0 > \pi = p_k/p_0$；

制热量减小：$q_{ks} = h_{2s} - h_{3s} < q_k = h_2 - h_3$；

由于吸气状态点 1 相同则循环质量流量不变（假设压缩机输气系数不变）：$v_s = v_0$ $\Rightarrow m_s = \lambda V_h/v_0$；

循环性能系数减小：$\xi_s = (m_s q_s + W_s)/W_s < \xi_0 = (m_0 q_0 + W_0)/W_0$。

式中　　　　　q_s, q_0——系统加回热器前后的单位质量蒸发量，kJ/kg；

　　$h_1\sim h_4$, $h_{2s}\sim h_{4s}$——单位质量制冷剂循环状态点焓值，kJ/kg；

　　　　W_s, W_0——系统进水温度变化前后理论比功，kJ/kg；

　　　q_{ks}, q_k——系统进水温度变化前后的单位质量制热量，kJ/kg；

　　　π_s, π——系统进水温度变化前后的压缩比；

m_s，m_0——系统进水温度变化前后制冷剂循环质量流量，kg/s；

ξ_s，ξ_0——系统进水温度变化前后循环性能系数；

v_s，v_0——压缩机输气系数；

V_h——吸气容积，m^3。

气冷器进水温度对循环性能的影响如图 6-10 所示。由图 6-10 可知，随着气冷器进水温度的升高，循环性能参数（COP）最优值对应的放热压力逐渐增加，这便需要压缩机有更高的排气压力，对压缩机的安全使用极为不利；同时，随着进水温度的增加，循环性能参数最优值的峰值也逐渐减小，此时将不利于 CO_2 在跨临界点的换热。

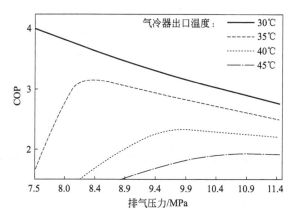

图 6-10　气冷器出口水温对 CO_2 空气源热泵系统 COP 的影响

CO_2 高温热泵跨临界换热的优势在于其处在临界点换热时，工质热力性参数高于其他参数点，导致换热强度往往会高出几倍乃至几十倍，出现换热增强的效果。当气冷器进水温度和最优换热压力的增加，会减小热力学参数值，从而减少换热量，最终降低整个循环的效率。而当进水温度过高时，由图 6-10 可知，其循环性能参数变化越平缓，将不再出现跨临界换热的现象。

从以上分析可知进水温度对气冷器中最优换热压力的影响尤其显著。寒冷地区一般最冷月温度在 -10~0℃ 之间，CO_2 空气源热泵用于此环境中其排气压力一般在 7.6~9.0MPa 之间，若想减小 CO_2 空气源热泵性能的衰减，最好使气冷器的进水温度低于35℃。此条件下，使用热泵进行供暖仍具有较不错的循环效率。针对生活热水的使用场合，一般设计 CO_2 热泵热水器的压缩机较优排气压力在 8.5~10MPa 之间，气冷器进水温度低于 20℃；在制取 55℃ 的热水时，机组的性能系数可保持在 4.0 以上，从另一方面说明了以 CO_2 为制冷剂的热泵高温性好、节能率大。

（二）低温环境工况与常温环境工况对比

CO_2 空气源热泵用于供暖相较于 CO_2 热泵热水器而言，全年运行在较低的温度环境中。两者热力循环的差异如图 6-11 所示。由图 6-11 可知，低温运行使循环蒸发压力和蒸发温度都较低，将会使 CO_2 制冷剂的蒸发量减小，从而压缩机的吸气量减少，最后气冷器中的放热量减少。空气源热泵在 0℃ 以下使用易产生"热不敷出"的现象正是因此而产生的。同时持续的低温运行将会使蒸发器表面结霜，更不利于热泵产热。由于压缩的工质量减小，压缩后的排气压力也低于常温的热泵循环，但对工质而言其单位质量功增加，压缩机效率降低，压缩比增加。

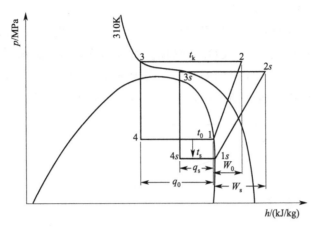

图 6-11　低温工况与常温工况下的 CO_2 空气源热泵系统理论压焓图

由图 6-11 可知，低温循环的排气压力虽低于常规 CO_2 跨临界循环，但排气温度却更高；同时低温下运行节流损失更大。

单位质量蒸发量减小：$q_s = h_{1s} - h_{4s} < q_0 = h_1 - h_4$；

单位比功增加：$W_s = h_{2s} - h_{1s} > W_0 = h_2 - h_1$；

压缩比增加：$\pi_s = p_{ks}/p_s < \pi = p_k/p_0$；

蒸发温度降低使压缩机入口吸气比体积增大：$v_s > v_0$；

循环工质流量减小（假设压缩机输气系数不变）：$m_s = \lambda V_h/v_s < m_0 = \lambda V_h/v_0$；

循环性能系数减小：$\xi_s = m_s q_s/W_s < \xi_0 = m_0 q_0/W_0$。

式中　h_1，h_2，h_4，h_{1s}，h_{2s}，h_{4s}——单位质量制冷剂循环状态点焓值，kJ/kg；

$\qquad q_s$，q_0——系统加回热器前后的单位质量蒸发量，kJ/kg；

$\qquad W_s$，W_0——系统高低温工况前后理论比功，kJ/kg；

$\qquad \pi_s$，π——系统高低温工况前后的压缩比；

$\qquad m_s$，m_0——系统高低温工况前后制冷剂循环质量流量，kg/s；

$\qquad \xi_s$，ξ_0——系统高低温工况前后循环性能系数；

$\qquad v_s$，v_0——压缩机输气系数；

$\qquad V_h$——吸气容积，m^3。

（三）有无回热器对比

图 6-12 为带回热器热泵与不带回热器热泵循环的压焓图。由图 6-12 可知，带回热器系统在气冷器中的最优换热压力低于不带回热器系统，这是因为气冷器出口增加的过冷度使 CO_2 工质在换热中达到跨临界的压力有所下降，从而使换热最优压力下降；同时带回热器系统节流损失小于不带回热器系统。但是增加回热器会增加压缩机吸气过热度，制冷剂过热度增加又会使排气温度增加，这样就抵消掉了增加回热器对气冷器中的

放热优势，使系统性能改善不大。而压缩机在高压、高温状态持续运行会引起系统性能低下、压缩机运转安全问题，并导致压缩机缺油和润滑油变质现象，所以增加回热器的面积不宜过大。

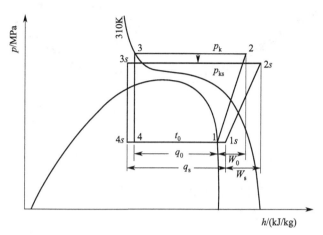

图 6-12　增加回热器后 CO_2 空气源热泵系统的理论压焓图

单位质量蒸发量增加：$q_s = h_{1s} - h_{4s} > q_0 = h_1 - h_4$；

单位比功有所增加：$W_s = h_{2s} - h_{1s} > W_0 = h_2 - h_1$；

单位制热量增加：$q_{ks} = h_{2s} - h_{3s} > q_k = h_2 - h_3$；

压缩比减小：$\pi_s = p_{ks}/p_0 < \pi = p_k/p_0$；

循环工质流量减小（假设压缩机输气系数不变）：$m_s = \lambda V_h/v_s < m_0 = \lambda V_h/v_0$；

研究表明循环性能系数增加：$\xi_s = m_s q_s/W_s > \xi_0 = m_0 q_0/W_0$。

式中　　　　　q_s，q_0——系统加回热器前后的单位质量蒸发量，kJ/kg；

$h_1 \sim h_4$，$h_{1s} \sim h_{4s}$——单位质量制冷剂循环状态点焓值，kJ/kg；

W_s，W_0——系统增加回热器前后理论比功，kJ/kg；

q_{ks}，q_k——系统增加回热器前后的单位质量制热量，kJ/kg；

π_s，π——系统增加回热器前后的压缩比；

m_s，m_0——系统增加回热器前后制冷剂循环质量流量，kJ/s；

ξ_s，ξ_0——系统增加回热器前后循环性能系数；

v_s，v_0——压缩机输气系数；

V_h——吸气容积，m^3。

　　由图 6-13 可知，分别在高进水温度（气冷器出口温度大于 30℃）和不同蒸发温度下，增加回热器都使系统性能系数有所提高，模拟结果显示均提高 5% 左右。由图 6-13（a）可知，随着气冷器中进水温度升高，CO_2 空气源热泵系统的 COP 在不断下降，但带回热器的热泵系统仍高于不带回热器的热泵系统；图 6-13（b）的结果也类似。

　　说明在数值模拟中 CO_2 空气源热泵系统增设回热器对低温工况高温进水下的运行有益。

　　由图 6-14、图 6-15 可知，在相同压缩机系数下，增加回热器也会使循环效率增加，但随过热温差增大排气温度也增加；说明回热器能在一定程度范围内提高机组性能，但

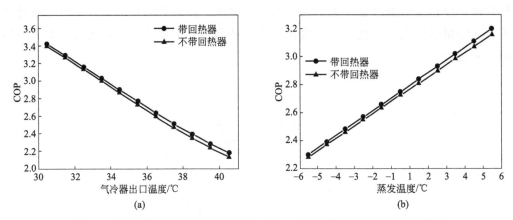

图 6-13 气冷器出水温度和蒸发温度对 CO_2 空气源热泵系统 COP 的影响

回热器不宜设置过大，以防对压缩机排气温度不利。

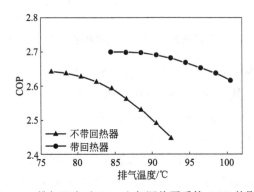

图 6-14 排气温度对 CO_2 空气源热泵系统 COP 的影响

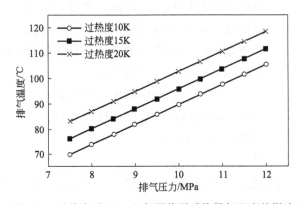

图 6-15 过热度对 CO_2 空气源热泵系统排气温度的影响

三、热泵系统变频

在低温环境下，用于供暖的空气源热泵最主要的问题是制热量难以满足用户端的需热量。空气源热泵机组的制热量和制热系数，随着环境温度的降低而不断降低，此时用户仍需要较高温度的热水，但机组制热量却难以达到需求。压缩机是热泵系统的动力部件，在低温工况下通过对压缩机输出参数优化可改善空气源热泵的性能。变频压缩机的原理是通过调节压缩机转速来调节压缩机单位时间内的排气量，从而达到调节供热量的目的。

制冷剂质量流量：

$$q_r = \lambda \frac{V}{60 v_s} \tag{6-4}$$

式中，q_r 为制冷剂质量流量，kg/s；V 为气缸容积，m^3/min；λ 为容积效率；v_s 为吸气比体积，m^3/kg。

压缩机耗功有如下关系：

$$W = q_r(h_{ro} - h_{ri})/\eta \tag{6-5}$$

式中，h_{ro} 为出口焓，kJ/kg；h_{ri} 为进口焓，kJ/kg；η 为压缩机等熵效率。

变频压缩机中气缸容积与频率的关系为：

$$V = k V_h n \tag{6-6}$$

式中，V_h 为吸气容积，m^3；n 为压缩机轴转速，r/min；k 为气缸容积系数。转速和频率的关系为：

$$n = 60 f(1-s)/P \tag{6-7}$$

式中，f 为压缩机频率；s 为电动机转差；P 为磁极对数。

则单位蒸发量与性能系数为：

$$q_r = \lambda \frac{k V_h \times 60(1-s)/p}{60 v_s} f \tag{6-8}$$

$$\xi_s = \frac{(h_1 - h_4)q_r + W}{W} = \frac{(h_1 - h_4)\eta}{h_{ro} - h_{ri}} + 1 \tag{6-9}$$

一般地，在运行工况一定的条件下，制热量与压缩机频率呈线性增长的关系。理论上加大压缩机运行频率可在一定程度上解决低温下供热量不足的问题，但增加压缩机频率的同时一方面使压缩机耗功增加；另一方面压缩机长时间在高频运行，偏离最优工况点会缩减压缩机使用寿命，导致安全事故的发生。

四、供暖系统温差分析

采用暖气片的集中式供热系统设计供/回水温度一般为 75℃/50℃，实际供暖中回水温度不低于 45℃。本研究将 CO_2 空气源热泵用于集中供暖，若仍采取较高的供/回水温度，则一方面会使 CO_2 空气源热泵供暖系统的性能低下；另一方面机组供高温热水会造成较大的能源浪费。而 CO_2 空气源热泵供暖系统采用大温差变流量供热方式，供/回水温低于 75℃/50℃，同时供回水温差大于 25K。为分析不同供回水温差对供暖系统的影响，讨论大温差变流量供热方式的可行性和有效性，将针对用户使用情况分析大温差变流量供热系统的供暖情况。

散热器散热量计算：

$$P = k_1 \Delta T_m^n \approx k(\Delta T_{min} \Delta T_{max})^{n/2} \tag{6-10}$$

散热率：

$$P\% = \left[\frac{T_s - T_i}{T_{sc} - T_{ic}} \frac{T_r - T_i}{T_{rc} - T_{ic}}\right]^{n/2} \tag{6-11}$$

散热器热效率：

$$\Phi = \Delta T_c / \Delta T_0 \tag{6-12}$$

由于散热量是供水量的函数，因此有：

$$P\% = f(q\%), \quad P\% = q\% \frac{\Delta T}{\Delta T_c} \tag{6-13}$$

$$\mathrm{d}P = \frac{1}{\Delta T_c} q \mathrm{d}\Delta T + \Delta T \mathrm{d}q \tag{6-14}$$

当 q 接近零时，有 $\Delta T = \Delta T_0$，令

$$\frac{\mathrm{d}P}{\mathrm{d}q} = \frac{\Delta T_0}{\Delta T_c} = \frac{1}{\Phi} \tag{6-15}$$

在求 $P\% = f(q\%)$ 的关系前，P 需进行迭代计算：

$$P\% = 100 \left(\frac{1 - \Phi P/q}{1 - \Phi}\right)^{n/2} \tag{6-16}$$

当 q_s（散热器内水流量，m^3/h）恒定时，$P\% = f(q\%)$ 关系可根据下面式子进行估算：

$$P\% = \frac{100}{\dfrac{100\Phi}{q_p\%} + (1 - \Phi)} \tag{6-17}$$

式中 P——散热量，W；

$\quad k_1$——传热系数，主要取决于散热器结构和换热面积、空气流速、水流动情况（紊流、过渡状态、层流），W/℃；

$\quad \Delta T_m$——换热器的对数平均温差，℃；

$\quad n$——常规散热器约为 1.33，对于对流式和踢脚板式散热器，n 值在 1.1~1.4之间；

$\quad \Delta T_{min}$——水/空气最小接触温差，注意逆流式和顺流式的区别，℃；

$\quad \Delta T_{max}$——水/空气最大接触温差，注意逆流式和顺流式的区别，℃；

$\quad P\%$——散热器实际散热量与设计散热量之比；

$\quad T_{sc}$——供水设计温度，如 65℃；

$\quad T_{rc}$——回水设计温度，如 35℃；

$\quad T_{ic}$——房间设计温度，如 20℃；

$\quad T_s$——实际供水温度，℃；

$\quad T_r$——实际回水温度，℃；

$\quad T_i$——房间实际温度，℃；

$\quad \Phi$——散热器的热效率；

$\quad \Delta T_c$——设计工况下的水温降，如供/回水温度 65℃/35℃，则 $\Delta T_c = 30$℃；

$\quad \Delta T_0$——当流量很小时，热负荷接近零时的水温降，如回水温度接近室内温度约20℃，则 $\Delta T_0 = 45$℃；

q——水流量，m^3/h；

q_s——散热器内水流量，m^3/h；

q_p——散热器接入管内水流量，m^3/h。

图 6-16 为散热器散热量与供水量的关系，图（a）采用用户端变水量供热，图（b）采用用户端定水量供热。两种供热方式在水流量较小时，散热量与水流量几乎都呈线性关系；且设计供回水温差越小，散热器负荷越小。若此区域水流量的变化量为 5%，则其散热量的变化量能达到 8%，对室温能影响 2K。这个区域阀门控制困难，阀门类型难以满足。采用大温差可以减小流量、减少水泵输配费用、减小管径和压力损失，且散热器在低负荷下的控制性能也能得到改善。

对比图 6-16（a）与（b），在同样水流量变化时，变水量负荷曲线下更为饱满，线性度较差，不易控制。虽然变水量不易控制，但其负荷变化差值最大出现在水流量 30% 时，其差额为 12.6%；而实际散热器运行时一般会控制在 50% 的水流量，防止流态从紊流变为层流的过渡状态。同时若运用 CO_2 空气源热泵变频控制能适应变流量供水，能更好地控制水量输出。有资料显示大温差变流量运行系统一年能节约 6.24% 的电能，结合热泵变频和水泵变频技术采用变流量供热系统的优势也能凸显出来（注：定流量只是通过散热器内的水流量一定，但供水端流量变化。）。

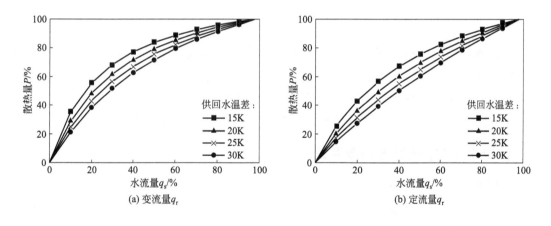

图 6-16　散热量在不同设计供/回水温下随流量的变化

图 6-17 为供暖系统供/回水温度与供水端水流量随用户端散热量（供暖负荷）的变化趋势。图 6-17 表明，随着供暖负荷的变化，供水量与供/回水温度均会改变。在变流量供水中，当水量达到设计流量 50% 时，理论上能提供 70% 热负荷所需的热，此时过渡季节完全可以满足要求。CO_2 空气源热泵供暖相较于常规锅炉供热更为便利的一个原因是热水输出可控。若是处于供暖期，用户端不再或极少使用供暖热水，对于集中供热系统而言，常规锅炉仍需继续产热水；有些锅炉制造厂规定最小流量为额定流量的 35%，能源消耗较大。而使用 CO_2 空气源热泵进行供暖，当供热管网用量减小时，CO_2 空气源热泵制热量通过系统变频控制能较精确地减小到对应需求量，最终达到减少能耗的效果。

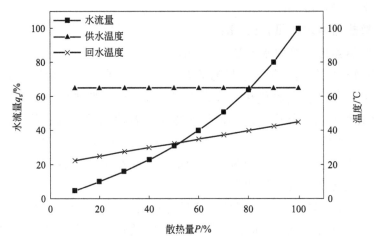

图 6-17　供/回水温度与水流量随散热量的变化

第五节　供暖用 CO_2 空气源热泵实验研究

CO_2 空气源热泵用于供暖存在制热功率与供暖负荷不匹配（环境温度越低、供暖负荷越大时，CO_2 空气源热泵的制热量越低）、进水温度（供暖系统的回水温度）高、吸气压力低等局限。在此背景下，陈子丹等设计构建了一种供暖用 CO_2 空气源热泵系统，实验测试其低温性能并进行分析。下面将实验系统和实验结果介绍一下。

一、供暖用 CO_2 空气源热泵系统

供暖用 CO_2 空气源热泵系统由压缩机、变频器、油分离器、CO_2 气体冷却器、蒸发器、气液分离器、毛细管等主要部件组成，其系统组成及测点布置如图 6-18 所示。由于供暖用 CO_2 热泵机组进水温度（供暖系统的回水温度）高，为降低节流损失，设置回热器。与全年运行的空气源热泵热水系统相比，供暖用 CO_2 热泵系统工况变化较少。因此，采用单毛细管进行节流。在低温环境下，设加热器，以提高压缩机压缩性能和保证压缩机稳定工作。

同时，采用热气旁通方式进行除霜。在本实验装置中，采用半封闭活塞式压缩机，其额定输入功率为 14.7kW。毛细管内径为 $\phi 6 \times 1.2mm$，长度 2.9m。气液分离器电加热器设置两组自控温电热带，每组功率 400W。

二、进出水温度对系统的影响

（一）对气冷器的影响

在不同环境温度下，不同进/出水温度对气冷器中压力的影响如图 6-19（a）所示。

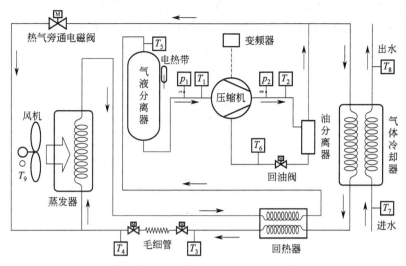

图 6-18　供暖用 CO_2 空气源热泵系统及测点布置示意图

由图 6-19（a）可知，随着环境温度的降低，气冷器中压力减小；在 40℃ 进水的工况下，气冷器中压力均高于 35℃ 进水的工况。图 6-8 反映出压力越高对应比定压热容峰值越小，而气冷器中进水温度过高会使气冷器中压力过大，从而导致 CO_2 制冷剂无法进行跨临界换热，进而使换热量下降。由此可知降低气冷器进水温度更有利于跨临界换热。

不同环境温度、不同进出水温度对气冷器出口气温的影响如图 6-19（b）所示。由图 6-19（b）可知，随着环境温度的降低，气冷器出口气温增加，一个原因是气冷器中冷凝压力下降，偏离冷凝中间湿度对应的最优压力点使跨临界换热减弱；另一个原因是循环水量，水侧紊流减弱进一步降低换热强度。在 35℃/65℃ 进出水中，气冷器出口平均气温为 39.269℃，与进水温度差值为 4.269℃；主要原因是其循环水量最小，水侧换热效果较差。

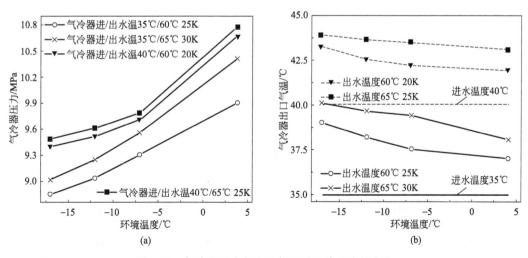

图 6-19　气冷器压力与出口气温随环境温度的变化

如图 6-20 所示，气冷器进出水温差越大，CO_2 空气源热泵系统所产的热水流量越小；且随着环境温度的降低热水流量变小。但在同样进出水温差 25K 下，由图 6-20 可知，35℃进水时水流量大于 40℃进水；进而可得在同样温差下，气冷器进水温度较低的工况 CO_2 空气源热泵系统换热量较大，换热效果较好。

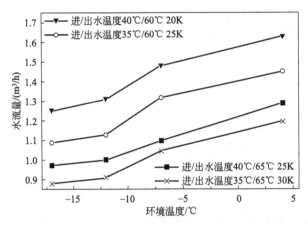

图 6-20　不同进/出水温度下，CO_2 空气源热泵系统水流量随环境温度的变化

（二）对制热量与 COP 的影响

在不同环境温度下，不同气冷器进/出水温度对系统制热量的影响如图 6-21 所示。由图 6-21 可知，随着环境温度降低，换热量减小；在同样进水温度下，出水温度越高，换热量越小。当进出水温差均为 25K 时，降低进水温度，换热量显著增加；同时进水温度 35℃、进出水温差 30K 的工况（循环水量最小）仍比进水温度 40℃、进出水温差 20K 的工况（循环水量最大）换热量大。由此可知，降低进水温度对 CO_2 空气源热泵系统在供暖中提高换热量是较有益的。

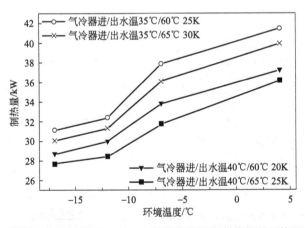

图 6-21　不同进/出水温度下，CO_2 空气源热泵系统制热量随环境温度的变化

不同进/出水温度下，随着环境温度的降低，制热量减少；而压缩机在低温工况为保证制热量升高运行频率又进一步导致做功增加，最终使系统 COP 下降，其趋势如图

6-22 所示。由图 6-22 可知，在相同环境中，气冷器进水温度由 40℃ 下降到 35℃，温差由 20K 上升到 30K 时，系统 COP 从 1.79 上升到 1.93；在温差为 25K 时，35℃ 进水的系统 COP 在环境温度范围内的平均值比 40℃ 进水的 COP 提高约 21.3%，达到 2.095。

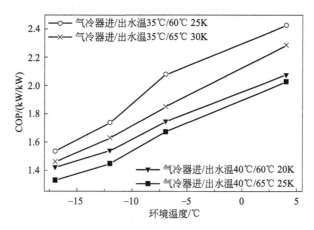

图 6-22　不同进/出水温度下，系统 COP 随环境温度的变化

三、压缩机频率对系统的影响

（一）对压缩机吸排气压力的影响

在不同环境温度下，气冷器进出水温差为 25K 的工况中，压缩机频率对压缩机吸排气压力、压缩比和排气温度的影响如图 6-23 所示。由图 6-23（a）可知，在不同环境温度下，随着频率增加，吸气压力不断降低；这是由于频率增加使吸气流速增加，造成吸气压力下降。在同一环境下，由于气冷器进水温度从 35℃ 提高到 40℃，压缩机吸气压力提高。此结果表明气冷器中高进水温度对低温环境下压缩机吸气压力过低有抑制作用。

由图 6-23（b）可知，排气压力随着频率增加呈上升趋势。这是因为吸气压力降低会使吸气量减少，频率的增加又进一步导致压缩比加大，从而使排气压力上升。由图 6-23（c）可知，频率增加导致压缩比上升。但在气冷器进水温度 35℃，环境温度 5℃、频率大于 50Hz 和环境温度 15℃、频率大于 60Hz 时，排气压开始下降；这是因为此时频率增加使吸气压力下降幅度更大，进而导致排气压力下降。

由图 6-23（d）可知，不同环境温度下，随着压缩机频率增加排气温度不断上升。频率从 45Hz 升到 55Hz，排气温度升幅约为 13.21%；频率从 50Hz 升到 65Hz，排气温度升幅约为 21.45%。这是因为频率越高吸气压力越低，使吸气量减少，进而导致每单位质量制冷剂的焓值增加，从而使排气温度升高（CO_2 跨临界状态下温度和压力是独立的参数）。但最高排气温度不超过 135℃。环境温度 −15℃ 时的排气温度均高于 5℃ 时的排气温度，这主要是因为低温环境下压缩比更高。

（二）对制热量和 COP 的影响

如图 6-24 所示，在不同环境温度下，气冷器进/出水温度差为 25K 的工况中，压缩

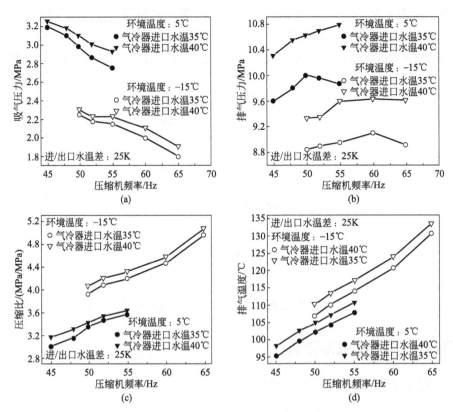

图 6-23　吸气压力、排气压力、压缩比及排气温度随压缩机频率的变化

机频率增加使系统中制冷剂循环量增加,导致制热量不断上升。由图 6-24 (a)、(b) 可知,气冷器进水温度为 40℃,环境温度为 5℃、压缩机频率高于 48Hz 和环境温度为 −15℃、压缩机频率高于 55Hz 时,制热量增长变缓,这是由于气冷器中换热效果减弱造成的。

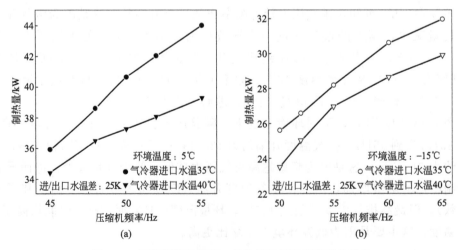

图 6-24　不同环境温度下,供热量随压缩机频率的变化

在不同环境温度下,气冷器进/出水温度差为 25K 的工况中,压缩机频率对系统性

能系数（COP）的影响如图 6-25 所示。由图 6-25（a）可知，在 5℃ 的环境温度下，35℃ 进水，频率为 50Hz 时 COP 最大；40℃ 进水，频率为 48Hz 时 COP 最大。由图 6-25（b）可知，在 −15℃ 的环境温度下，35℃ 进水，频率为 60Hz 时 COP 最大；40℃ 进水，频率为 55Hz 时 COP 最大。

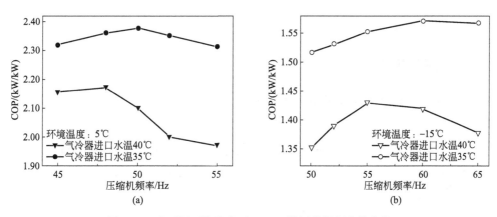

图 6-25　在不同环境温度下，COP 随压缩机频率的变化

在不同环境温度下，气冷器进/出水温度差为 25K 的工况中，CO_2 空气源热泵系统 COP 最大值工况点如表 6-5 所示。通过 REFPROPINIST 物性软件得出 CO_2 比定压热容（c_p）随温度和压力的变化趋势，如图 6-2 所示（可侧面反映气冷器中换热情况）。当工质的压力高于临界压力时，最大比热容对应的温度高于临界温度；并且压力越高，温度偏离临界温度越大，比热容的峰值越小。压力为 10.55MPa、10MPa、9.6MPa、9MPa 时，最大比热容对应的温度依次是 47.5℃、45℃、43℃、40℃，这与环境温度 −15℃、气冷器进水温度依次是 40℃、35℃ 和环境温度 5℃、气冷器进水温度依次是 40℃、35℃ 时对应的冷凝中间温度符合度较好。由此推测，压缩机处于表 6-5 对应工况点下的频率时，比定压热容达到最大值，从而增强气冷器中换热，使系统 COP 提高。

表 6-5　COP 最大值工况点

环境温度/℃	进口水温/℃	频率/Hz	排气压力/MPa
5	40	48	10.55
5	35	50	10
−15	40	55	9.6
−15	35	60	9

进而推测在其他环境温度和高进水温度下，调节 CO_2 空气源热泵压缩机频率，使排气压力接近由冷凝中间温度确定的最大比定压热容对应的压力点，该工况即为压缩机合理运行工况。因此，在供暖系统中，供/回水温度一定时，环境温度降低使蒸发压力下降，导致压缩机吸气压力降低，进而导致达到临界压力点时所需压缩机压缩比增大，所以压缩机应升高频率；环境温度和供/回水温差一定时，回水温度升高（用户所需热量减少）使吸气压力升高，达到最优压力下的压缩机频率会有所下降，所以应在原有基础上降低频率。

第六节 模拟计算

一、基本循环的模拟计算

基本循环过程各参数变化如表 6-6～表 6-9 所示。定解条件：$t_1 = 5℃$，基本循环过程如图 6-4 和图 6-26 所示。

表 6-6　基本循环 q_h、W、COP_h 随压缩机排气压力 p_2 的变化（$t_3 = 35℃$）

压缩机排气压力 p_2/MPa	单位总放热量 q_h/(kJ/kg)	单位压缩功 W/(kJ/kg)	COP_h
8.0	106.46	26.42	4.03
9.0	160.7	31.3	5.13
10	174.48	35.8	4.87
11	184.15	39.99	4.60
12	191.99	43.93	4.37
13	198.72	47.65	4.17
14	204.67	51.18	4.00
15	210.07	54.56	3.85
16	215.01	57.8	3.72
17	219.6	60.92	3.6

表 6-7　基本循环 q_h、W、COP_h 随压缩机排气压力 p_2 的变化（$t_3 = 40℃$）

压缩机排气压力 p_2/MPa	单位总放热量 q_h/(kJ/kg)	单位压缩功 W/(kJ/kg)	COP_h
8	51.87	26.42	1.96
9	117.04	31.3	3.74
10	151.2	35.8	4.22
11	165.82	39.99	4.15
12	175.98	43.93	4.01
13	184.1	47.65	3.86
14	190.99	51.18	3.73
15	197.08	54.56	3.61
16	202.56	57.8	3.50
17	207.57	60.92	3.41

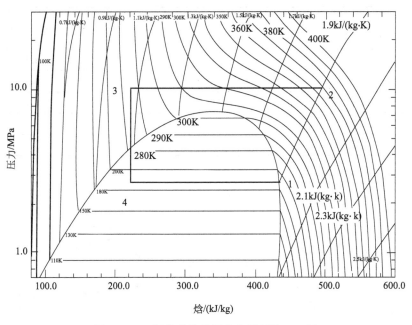

图 6-26　二氧化碳跨临界基本循环的 p-h 图

表 6-8　基本循环 q_h 随气体冷却器出口温度 t_3 的变化　　　　　单位：kJ/kg

压缩机排气压力	q_h	
p_2/MPa	$t_3=35℃$	$t_3=40℃$
8.0	106.46	51.87
9.0	160.7	117.04
10	174.48	151.2
11	184.15	165.82
12	191.99	175.98
13	198.72	184.1
14	204.67	190.99
15	210.07	197.08
16	215.01	202.56
17	219.6	207.57

表 6-9　基本循环 COP_h 随气体冷却器出口温度 t_3 的变化

压缩机排气压力	COP_h	
p_2/MPa	$t_3=35℃$	$t_3=40℃$
8.0	4.03	1.96
9.0	5.13	3.74
10	4.87	4.22
11	4.60	4.15
12	4.37	4.01

压缩机排气压力	COP_h	
p_2/MPa	$t_3 = 35℃$	$t_3 = 40℃$
13	4.17	3.86
14	4.00	3.73
15	3.85	3.61
16	3.72	3.5
17	3.60	3.41

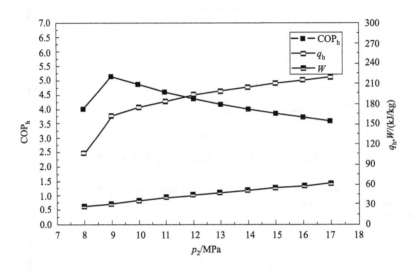

图 6-27 基本循环 q_h、W、COP_h 随 p_2 的变化

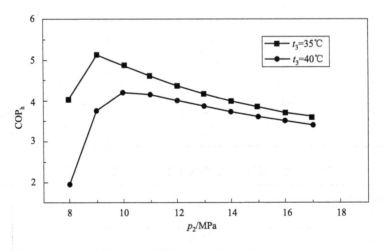

图 6-28 基本循环 COP_h 随 p_2 的变化

由表 6-6～表 6-9 和图 6-27、图 6-28 可以看出：

① 总体上来看，单位放热量随着压缩机排气压力的上升而增大。刚开始的时候，

单位放热量随着压缩机排气压力的变化，其增长的幅度较大，之后增长的幅度逐渐减小，最后近似趋于线性变化，直线的斜率较小。

② 单位压缩功也随着压缩机排气压力的上升而增大，近似呈线性增大，而且变化较为平缓。

③ 提高制冷剂在气体冷却器的出口温度，一方面，制冷剂的比体积在临界温度附近迅速减小，远离临界温度时减小的幅度逐渐变小，降低了制冷剂的放热能力；另一方面，减小了气体冷却器进出口的温差，气体冷却器放热量减小了，在一定程度上造成能量损失，同时降低了循环性能。反之，降低气体冷却器出口温度可以提高循环性能。

④ 从图上来看，系统的制热系数起先是随着压缩机排气压力的上升而增大；之后在压缩机排气压力达到某个值时，系统的制热系数反而随着压缩机排气压力的上升而减小。因此系统的制热系数存在一个最大值，此时的运行压力被称为最优压力。当气体冷却器的排气温度为35℃时，系统的最优压力为9MPa，制热系数为5.13；当气体冷却器的排气温度为40℃时，系统的最优压力为10MPa，制热系数为4.22。

二、两级压缩循环的模拟计算

① 第一级压缩机将气态二氧化碳制冷剂压缩至超临界状态，之后等压冷却，再进入第二级压缩；同样将气态二氧化碳制冷剂压缩至第一级压缩机出口温度，之后等压冷却至35℃，再进行等焓节流。整个循环过程如图 6-29 和图 6-30 所示。

定解条件：$t_1=5℃$，$t_2=t_4$，$t_5=35℃$。

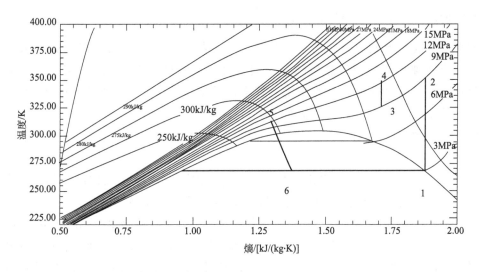

图 6-29　两级压缩循环 T-s 图（压缩机出口温度相同且为超临界状态）

基本计算公式：

冷却器 1 的放热量 $\qquad q_{h1}=h_2-h_3$ (6-18)

冷却器 2 的放热量 $\qquad q_{h2}=h_4-h_5$ (6-19)

系统的总放热量 $\quad q_h=q_{h1}+q_{h2}=(h_2-h_3)+(h_4-h_5)$ (6-20)

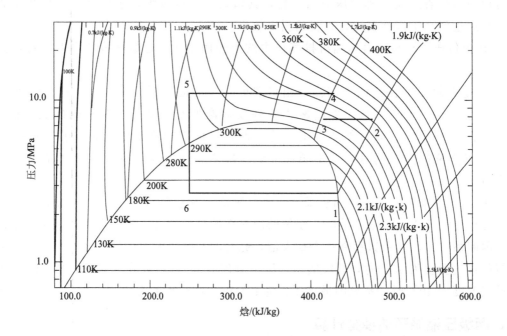

图 6-30　两级压缩循环 p-h 图（压缩机出口温度相同且为超临界状态）

压缩机 1 的压缩功 $\qquad$ $W_1 = h_2 - h_1$ $\qquad$ (6-21)

压缩机 2 的压缩功 $\qquad$ $W_2 = h_4 - h_3$ $\qquad$ (6-22)

系统的总压缩功 $\qquad$ $W = W_1 + W_2 = (h_2 - h_1) + (h_4 - h_3)$ $\qquad$ (6-23)

系统的制热系数 $\qquad$ $\mathrm{COP_h} = \dfrac{q_h}{W} = \dfrac{(h_2 - h_3) + (h_4 - h_5)}{(h_2 - h_1) + (h_4 - h_3)}$ $\qquad$ (6-24)

如果采用此种形式的循环系统，由表 6-10～表 6-13 和图 6-31～图 6-32 可知：

a. 总体上来看，单位放热量随着压缩机排气压力的上升而增大。刚开始的时候单位放热量随着压缩机排气压力的变化，其增长的幅度较大，之后增长的幅度逐渐减小，最后近似趋于线性变化，直线的斜率较小。

b. 单位压缩功也随着压缩机排气压力的上升而增大，近似呈线性增大，而且变化较为平缓。

c. 由表 6-12 可知，当压缩机的排气压力 p_2 相同时，提高气体冷却器的排气温度 t_3，减小了第一次冷却器进出口温差，最终减小了系统的放热量。

d. 从表 6-13 中可看出，当气体冷却器第一次冷却后制冷剂出口温度为 45℃ 时，最优排气压力为 7.7MPa，此时系统的制热系数为 5.27；而当气体冷却器第一次冷却后制冷剂出口温度为 50℃ 时，最优排气压力为 7.9MPa，此时系统的制热系数为 5.22。

e. 由图 6-32 可看出，随着气体冷却器第一次冷却后制冷剂出口温度的升高，系统的最优高压增大了，但是系统的制热系数减小了；这是因为随着气体冷却器第一次冷却后制冷剂出口温度的升高，气体冷却器的进出口温差减小了，气态制冷剂二氧化碳的比体积也减小了，放热量减小了。

表 6-10 q_h、W、COP_h 随压缩机排气压力 p_2 的变化 ($t_3 = 50℃$)

压缩机排气压力 p_2/MPa	单位总放热量 q_h/(kJ/kg)	单位压缩功 W/(kJ/kg)	COP_h
7.5	75.21	25.24	2.98
7.6	105.01	26.27	4.00
7.7	135.02	27.31	4.94
7.8	146.22	28.30	5.17
7.9	152.93	29.29	5.22
8.0	160.08	30.73	5.21
8.1	162.00	31.23	5.19
8.2	165.54	32.16	5.15

表 6-11 W、COP_h 随压缩机排气压力 p_2 的变化 ($t_3 = 45℃$)

压缩机排气压力 p_2/MPa	单位总放热量 q_h/(kJ/kg)	单位压缩功 W/(kJ/kg)	COP_h
7.5	141.11	27.55	5.12
7.6	149.76	28.53	5.25
7.7	155.61	29.51	5.27
7.8	160.27	30.53	5.25
7.9	164.13	31.47	5.22
8.0	167.46	32.36	5.17
8.1	170.51	33.31	5.12
8.2	173.37	34.22	5.07

表 6-12 q_h 随气体冷却器出口温度 t_3 的变化　　　　单位：kJ/kg

压缩机排气压力 p_2/MPa	q_h	
	$t_3 = 45℃$	$t_3 = 50℃$
7.5	141.11	175.21
7.6	149.76	105.01
7.7	155.61	135.02
7.8	160.27	146.22
7.9	164.13	152.93
8.0	167.46	160.08
8.1	170.51	162.00
8.2	173.37	165.54

表 6-13　COP$_h$ 随气体冷却器出口温度 t_3 的变化

压缩机排气压力 p_2/MPa	COP$_h$	
	$t_3 = 45℃$	$t_3 = 50℃$
7.5	5.12	2.98
7.6	5.25	4.00
7.7	5.27	4.94
7.8	5.25	5.17
7.9	5.22	5.22
8.0	5.17	5.21
8.1	5.12	5.19
8.2	5.07	5.15

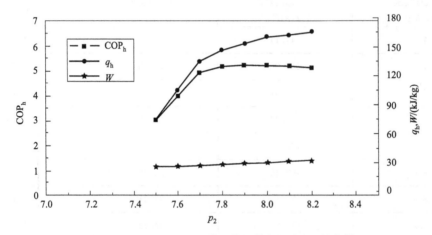

图 6-31　q_h、W、COP$_h$ 随压缩机排气压力 p_2 的变化

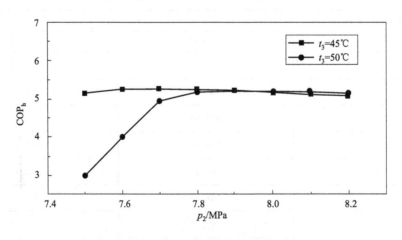

图 6-32　COP$_h$ 随 p_2 的变化

② 在第一级压缩时，压缩机将饱和气态二氧化碳制冷剂压缩至与临界状态相同的温度值，即31℃；然后等压冷却，再进入第二级压缩循环，之后等压冷却至气体冷却器的出口温度35℃。整个循环过程如图6-33和图6-34所示。

定解条件：$t_2 = 31℃$，$t_5 = 35℃$。

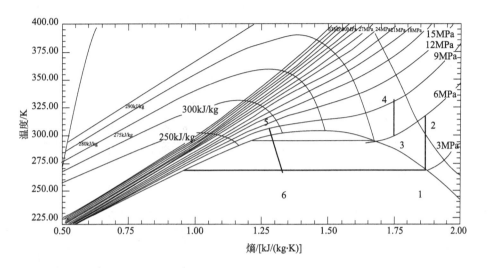

图6-33 两级压缩循环 T-s 图（压缩机出口温度不同）

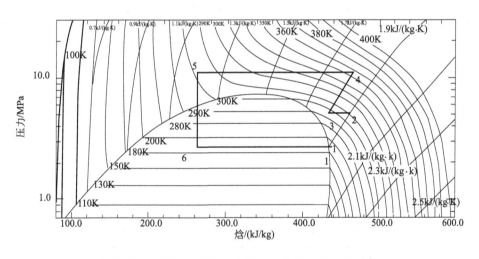

图6-34 两级压缩循环 p-h 图（压缩机出口温度不同）

如果采用此种形式的循环系统，由表6-14～表6-17可知：

a. 单位放热量和单位压缩功都随着第二次压缩机排气压力的上升而增大，但是单位制热量刚开始增长的幅度大于单位压缩功增长的幅度，达到某一个压力之后却相反，出现这种变化的转折点即是最优压力。

b. 由表6-16可知，随着 t_3 的增加，系统的制热量变化不大。

c. 由图6-35可看出，此系统在25℃和28℃时，最优压力都是8.7MPa；25℃时系统制热系数为5.4，大于28℃时的系统制热系数。

表 6-14　q_h、W、COP_h 随压缩机排气压力 p_4 的变化（$t_3 = 25℃$）

压缩机排气压力 p_4/MPa	单位总放热量 $q_h/(kJ/kg)$	单位压缩功 $W/(kJ/kg)$	COP_h
8.5	147.53	27.45	5.37
8.6	150.46	27.90	5.39
8.7	152.97	28.34	5.40
8.8	155.19	28.77	5.39
8.9	157.20	29.20	5.38
9.0	159.03	29.63	5.37

表 6-15　q_h、W、COP_h 随压缩机排气压力 p_4 的变化（$t_3 = 28℃$）

压缩机排气压力 p_4/MPa	单位总放热量 $q_h/(kJ/kg)$	单位压缩功 $W/(kJ/kg)$	COP_h
8.5	148.30	27.45	5.26
8.6	151.24	27.90	5.27
8.7	153.77	28.34	5.28
8.8	156.02	28.77	5.27
8.9	158.05	29.20	5.26
9.0	159.90	29.63	5.24

表 6-16　q_h 随气体冷却器出口温度 t_3 的变化　　　　　　单位：kJ/kg

压缩机排气压力 p_4/MPa	q_h	
	$t_3 = 25℃$	$t_3 = 28℃$
8.5	147.53	148.30
8.6	150.46	151.24
8.7	152.97	153.77
8.8	155.19	1560.2
8.9	157.20	158.05
9.0	159.03	159.90

表 6-17　COP_h 随气体冷却器出口温度 t_3 的变化

压缩机排气压力 p_4/MPa	COP_h	
	$t_3 = 25℃$	$t_3 = 28℃$
8.5	5.37	5.26
8.6	5.39	5.27
8.7	5.40	5.28
8.8	5.39	5.27
8.9	5.38	5.26
9.0	5.37	5.24

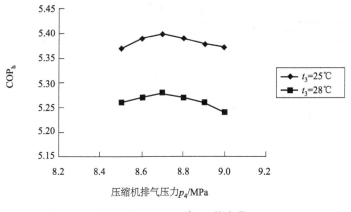

图 6-35　COP_h 随 p_4 的变化

三、三级压缩循环的模拟计算

　　流入压缩机的饱和气态二氧化碳制冷剂经过一级压缩机等熵压缩，压缩至超临界状态；等压冷却，之后进入二级等熵压缩，压缩至制冷剂出口温度与一级压缩出口温度相同；然后再等压冷却，进入三级等熵压缩，压缩至制冷剂出口温度与一级压缩出口温度相同；最后等压冷却至制冷剂排气温度 35℃，最终等焓节流。三级压缩循环过程如图 6-36 所示。

　　定解条件：$t_1=5$℃，$t_2=t_4=t_6$，$t_3=t_5$，$t_7=35$℃。

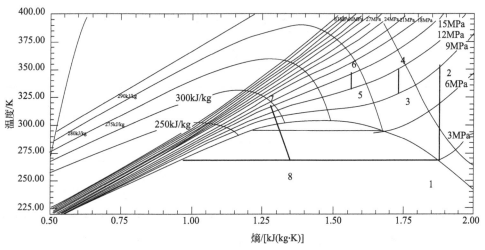

图 6-36　三级压缩循环的 T-s 图

　　由表 6-18～表 6-21 和图 6-37、图 6-38 可知：

　　① 单位制热量和单位压缩功都随着 p_2 的增大而增大。

　　② 由表 6-20 可知，随着 t_3 的增加，系统的制热量减小了；刚开始减小的幅度较大，p_2 越靠近最优压力，变化的幅度越小。

　　③ 本系统在第一个冷却过程后气体冷却器出口温度为 45℃ 时，最优压力为 7.5MPa，系统制热系数为 5.27；在 t_3 为 50℃ 时，最优压力为 7.7MPa，对应的系统制热系数为 5.24。

表 6-18　三级压缩循环 q_h、W、COP_h 随压缩机排气压力 p_2 的变化（$t_3=45℃$）

压缩机排气压力 p_2/MPa	单位总放热量 q_h/(kJ/kg)	单位压缩功 W/(kJ/kg)	COP_h
7.3	147.95	28.11	5.26
7.4	157.16	29.58	5.31
7.5	163.71	31.05	5.27
7.6	169.03	32.42	5.21
7.7	173.75	33.82	5.14
7.8	178.17	35.23	5.06
7.9	182.47	36.68	4.97
8.0	186.81	38.21	4.89

表 6-19　三级压缩循环 q_h、W、COP_h 随压缩机排气压力 p_2 的变化（$t_3=50℃$）

压缩机排气压力 p_2/MPa	单位总放热量 q_h/(kJ/kg)	单位压缩功 W/(kJ/kg)	COP_h
7.3	51.43	23.48	2.19
7.4	72.60	25.08	2.89
7.5	120.74	26.65	4.53
7.6	145.64	28.14	5.18
7.7	155.40	29.65	5.24
7.8	162.10	31.08	5.22
7.9	167.45	32.52	5.15
8.0	172.01	33.89	5.08

表 6-20　三级压缩循环 q_h 随气体冷却器出口温度 t_3 的变化　　　单位：kJ/kg

压缩机排气压力 p_2/MPa	q_h	
	$t_3=45℃$	$t_3=50℃$
7.3	147.95	51.43
7.4	157.16	72.60
7.5	163.71	120.74
7.60	169.03	145.64
7.7	173.75	155.40
7.8	178.17	162.10
7.9	182.47	167.45
8.0	186.81	172.01

表 6-21　三级压缩循环 COP_h 随气体冷却器出口温度 t_3 的变化

压缩机排气压力 p_2/MPa	COP_h	
	$t_3=45℃$	$t_3=50℃$
7.3	5.26	2.19
7.4	5.31	2.89
7.5	5.27	4.53
7.6	5.21	5.18
7.7	5.14	5.24
7.8	5.06	5.22
7.9	4.97	5.15
8.0	4.89	5.08

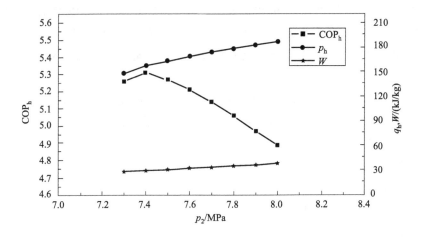

图 6-37 三级压缩循环 q_h、W、COP_h 随 p_2 的变化

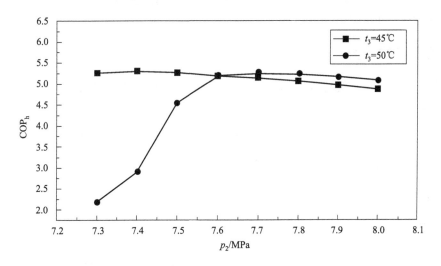

图 6-38 三级压缩循环 COP_h 随 p_2 的变化

四、四种循环系统的比较

通过前几节的模拟计算，对这四种不同循环系统进行比较，得出结果如下。

① 对于单级压缩循环，空气源热泵受外界环境温度的影响很大；当环境温度很低时，蒸发温度也会随之降低，系统的制热量减小。如果冷凝温度不变，压缩机进出口的压差就增加了，即压缩机的压缩比增大，引起排气温度升高，甚至超出压缩机允许的运行温度范围，导致压缩机不能正常工作；同时还降低了压缩机效率。采用两级压缩循环，就是要降低压缩比，提高压缩机的压缩效率。本文中，与单机压缩循环相比，两级压缩（压缩机出口温度相同）循环提高了系统的制热量，制热性能系数 COP_h 增大了，最优压力也减小了，降低了系统设备对压力的要求。

② 对于两级压缩循环，本文以压缩机出口温度将其分为两类。一种是压缩机

出口温度相同，进行第一次压缩时将制冷剂压缩至超临界状态，即本文所说的第二种循环系统；另一种是压缩机出口温度不同，进行第一次压缩时将制冷剂压缩至临界温度，即本文所说的第三种循环系统。与第三种压缩循环相比，第二种压缩循环制热量较高，制热性能系数 COP_h 增大了，最优压力较小，对设备的压力减小了。

③ 与第二种循环相比，第三种循环系统是在第二种循环的基础上，再进行一次压缩过程和冷却过程，增加了系统制热量，提高了系统的性能。

抽取几组数据：

第一种系统：$p_2 = 9MPa$，$q_h = 160.7kJ/kg$，$COP_h = 5.13$；

第二种系统：$p_2 = 7.7MPa$，$q_h = 155.6kJ/kg$，$COP_h = 5.27$；

第三种系统：$p_4 = 8.7MPa$，$q_h = 152.97kJ/kg$，$COP_h = 5.4$；

第四种系统：$p_2 = 7.4MPa$，$q_h = 157.16kJ/kg$，$COP_h = 5.31$。

由以上数据可以看出，第一种系统的制热量是最大的，最优压力是最高的，但是性能系数是最低的；而第四种系统的制热量相对较高，最优压力是最低的，性能系数也相对较高。因此第四种循环是最好的。

五、最优系统的研究

通过上一节循环系统比较，对于四种压缩循环，第四种压缩循环，即三级压缩循环是最佳循环系统。

下面以三级压缩循环系统为研究对象，对其性能影响因素进行研究。

(一) 蒸发温度对系统性能的影响

循环过程如图 6-39 所示。

定解条件：$p_2 = 7.4$，$t_3 = 45℃$，$t_7 = 35℃$。

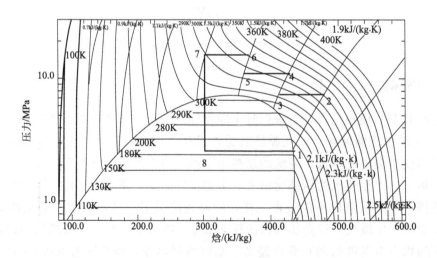

图 6-39　三级压缩循环的 p-h 图

由表6-22、表6-23和图6-40、图6-41可知：

① 单位制热量和系统制热系数都随蒸发温度的上升而提高；

② q_1、q_2 随着蒸发温度的上升而减小，q_3 随着蒸发温度的上升而提高。

表6-22 q_h、W、COP_h 随蒸发温度 t_1 的变化

蒸发温度/℃	单位总放热量 q_h/(kJ/kg)	单位压缩功 W/(kJ/kg)	COP_h
−5	205.97	51.50	4.00
0	183.36	39.95	4.59
5	157.16	29.58	5.31

表6-23 q_h、q_1、q_2、q_3 随蒸发温度 t_1 的变化

蒸发温度 /℃	单位总放热量 q_h/(kJ/kg)	q_1 /(kJ/kg)	q_2 /(kJ/kg)	q_3 /(kJ/kg)
−5	205.97	33.71	62.26	110.00
0	183.36	24.67	37.26	121.43
5	157.16	15.22	19.27	122.67

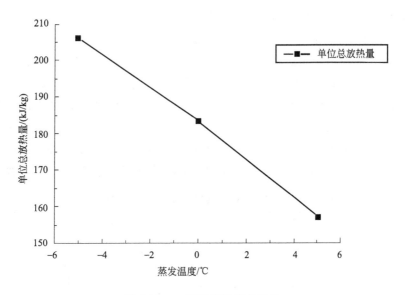

图6-40 q_h 随蒸发温度的变化

随着蒸发温度的升高，制冷剂的焓值和比体积增大，加快了与外界空气的换热；尤其是当蒸发温度靠近临界温度时，制冷剂的焓值和比体积大幅度增大，吸收热量的能力也就提高了。因此在靠近临界温度时，系统性能增大的幅度比远离临界温度时的大。但是，实际情况下，蒸发温度是不可能无限升高的。二氧化碳的临界温度为31.1℃，如果蒸发压力高于临界压力，流体就不会发生汽化现象，那么进入压缩机的就是气液两相态；而二氧化碳跨临界循环的压缩过程是在超临界状态下完成的，二氧化碳在压缩时没有相变，这就要求进入压缩机的工质是气体状态。所以蒸发温度不能高于临界温度。

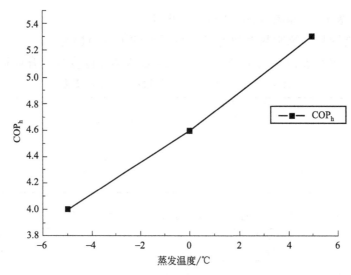

图 6-41　COP_h 随蒸发温度的变化

（二）气体冷却器出口温度对系统性能的影响

定解条件：$t_1 = 5℃$，$p_2 = 7.4$，$t_3 = 45℃$。

由表 6-24、表 6-25 和图 6-42、图 6-43 可知：

① 单位制热量和系统制热系数都随气体冷却器出口温度的上升而减小。

② q_1、q_2 不随气体冷却器出口温度的上升变化，q_3 随着蒸发温度的上升而减小。

③ 提高制冷剂在气体冷却器的出口温度，一方面，制冷剂的比体积在临界温度附近迅速减小，远离临界温度时减小的幅度逐渐变小，降低了制冷剂的放热能力；另一方面，减小了气体冷却器进出口的温差，气体冷却器放热量减小了，在一定程度上造成能量损失，同时降低了循环性能。反之，降低气体冷却器出口温度可以提高循环性能。

表 6-24　q_h、W、COP_h 随气体冷却器出口温度的变化

气体冷却器出口温度/℃	单位总放热量 q_h/(kJ/kg)	单位压缩功 W/(kJ/kg)	COP_h
35	155.15	29.2	5.31
40	99.02	29.2	3.39
45	58.36	29.2	2.00
50	37.77	29.2	1.29

表 6-25　q_h、q_1、q_2、q_3 随气体冷却器出口温度的变化

气体冷却器出口温度/℃	单位总放热量 q_h/(kJ/kg)	q_1 /(kJ/kg)	q_2 /(kJ/kg)	q_3 /(kJ/kg)
35	155.15	15.22	19.27	120.66
40	99.02	15.22	19.27	64.53
45	58.36	15.22	19.27	23.87
50	37.77	15.22	19.27	3.28

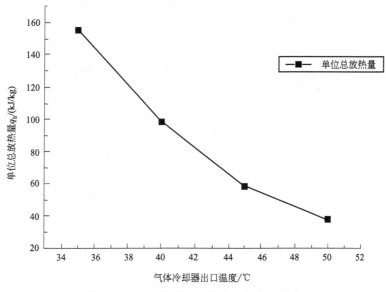

图 6-42 q_h 随气体冷却器出口温度的变化

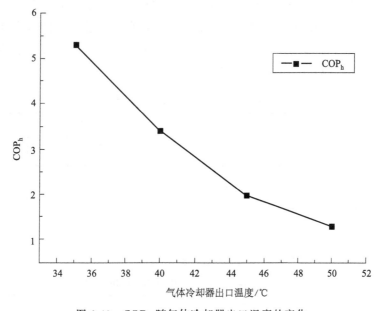

图 6-43 COP_h 随气体冷却器出口温度的变化

第七节 碳排放量及经济分析

碳排放量是衡量能源是否为清洁能源的一个重要指标。针对二次能源电能而言,其清洁性不是单一以终端使用看结果的，因为从终端使用看，电能是 100％ 的清洁能源。但电是利用能源产生的，发电主要能源利用的过程，必然伴随着 CO_2 的产生。所以对电的评价应基于国家电力结构的标准，以一次能源供电碳排放量来分析；则对于 CO_2 空气源热泵的碳排放量分析不再以终端量为零来计算，而以国家产生电力所排放 CO_2 的量来计算。国家碳排放量估算如表 6-26 所示。表中为英国发电与中国发电的碳排放量对比，英国数据来源于 European Environmental Agency 网站；中国碳排放量是根据 2010 年数据计算后，再基于每年的煤耗减少量进行估算的。

　　CO_2 空气源热泵、燃煤锅炉、燃气锅炉供暖的二氧化碳排放量及经济性如表 6-27 所示。由表 6-27 可知，以目前燃煤发电的效率计算，使用 CO_2 空气源热泵供暖的 CO_2 排放量相较于燃煤锅炉可下降 20.89％，CO_2 排放量明显下降。受燃气碳含量及热值的影响，CO_2 空气源热泵供暖的二氧化碳排放量高于燃气锅炉供暖。我国是富煤、贫油、少气的国家，尽管可再生清洁能源发电比例在逐年增加，但火力装机容量仍占电力总装机容量的 70％ 左右，这意味着我国因发电而排放 CO_2 的量将比其他火力发电量比例低的国家高出许多。在燃气资源相对缺乏的条件下，使用 CO_2 空气源热泵供暖可有效减少二氧化碳排放量。

　　三种热源供暖的经济性受燃料、电能价格影响较大。由表 6-27 可知，从经济性来看，燃煤供暖仍是最为经济的供暖方式，但其 CO_2 排放量过大，随着国家煤改电政策的推行将逐渐淘汰；而 CO_2 空气源热泵供暖的经济性优于燃气供暖，综合考虑二氧化碳排放量及经济性，CO_2 空气源热泵供暖是一种较为适宜的供暖方式。

表 6-26　英国与中国供电碳排放量比较

年份	英国供电碳排放量 /[g/(kW·h)]	中国供电碳排放量 /[g/(kW·h)]	中国供电煤耗 /[gce/(kW·h)]	每年碳减少量 /gce	估算 CO_2 排放减少量 /g
2010 年	448.8	820	333	—	—
2011 年	427.2	810	328	5	5×2.87×0.7＝10.045
2012 年	470.3	802	324	4	4×2.87×0.7＝8.036
2013 年	435.5	788	321	3	3×2.87×0.7＝6.027
2014 年	388.8	780	318	3	3×2.87×0.7＝6.027

注：0.7 是燃煤发电比例，实际燃煤发电所排放的 CO_2 比例更高。

表 6-27　各热源供热碳排放量及经济分析

类型	数量	单位 CO_2 排放量	CO_2 排放量/t	北京	上海	重庆	广州	人民币/万元
燃煤	50533kgce	2.87kg/kgce	145.03	750 元/t	780 元/t	700 元/t	860 元/t	3.79/3.94/ 3.54/4.35
燃气	33792m³	2.19kg/m³	74.00	3.65 元/m³	3.79 元/m³	2.84 元/m³	4.85 元/m³	12.33/12.81/ 9.60/16.39
CO_2 空气源热泵	147169 kW·h	0.78kg /(kW·h)	114.74	0.667 元 /(kW·h)	0.690 元 /(kW·h)	0.606 元 /(kW·h)	0.639 元 /(kW·h)	9.96/10.15/ 8.92/9.40

第七章
空气源热泵供热机组的布置

第一节　冷岛现象

一、数值模拟模型

　　文献［70］以图 7-1 所示的模块式空气源热泵机组为对象进行数值模拟，并对冷岛现象进行分析，所得出的结论具有一定的参考价值。该空气源热泵机组的主要结构参数如下：$\phi 7mm \times 0.26mm$ 的内螺纹铜管，制冷剂为 R410a，铜管管排行距 $s_1 = 21mm$，列距 $s_2 = 18.19mm$，单管有效长度 1.4m，共 3 排 44 列；翅片为厚度 0.105mm、片间距 1.693mm 的开缝片，呈 V 形布置于风机下方，夹角为 45°；配套风机型号为 EBM4 D630；空气从模块机侧面流入 V 型蒸发器后，靠换热器顶部的风机吸力自下而上排出到大气中。

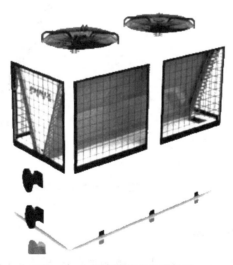

图 7-1　空气源热泵蒸发器单元

换热器尺寸较大，翅片密集且单片较薄，若对整个换热器进行建模划分网格，会给计算分析带来很大的困难。因此对空气源热泵蒸发器空气侧的流动换热过程进行必要简化时，基于以下假设：

① 计算区域内的空气为稳态紊流流动，忽略控制方程中的时间项。

② 空气中的黏性耗散忽略不计，视为不可压缩流体，在动量方程中计算浮升力时使用 Boussinesq 近似处理工质的密度变化。其动量方程中的重力项为：

$$\rho g = \rho_0 [1 - \beta(T - T_0)] g \tag{7-1}$$

式中 ρ_0——操作温度下流体的密度；

T_0——操作温度；

β——热膨胀系数。

③ 将翅片管换热器所在区域视为多孔介质，空气从其中流过时，用与翅片管换热器流阻效果相当的多孔材料来等效代替翅片管束。

④ 忽略翅片管蒸发器周围其他附件对管外流体流动的影响。

⑤ 不考虑计算过程中的辐射换热以及翅片管束管壁的导热热阻。

模拟选择在直角坐标系下建立由 V 型翅片管蒸发器和其上部轴流风机组成的物理模型，轴流风机驱动环境空气与 V 型换热器交换热量，并将换热后的冷空气排出。

如图 7-2 所示，热泵外形尺寸为 2m×1m×2m，换热器尺寸为 2m×1m×1.2m，风机直径为 0.8m。蒸发器单元在纵向上前后对称，在横向上左右对称。为保证进风口流场的均匀性和求解的准确性，模拟中所建立的计算区域设置为 10m×10m×10m；如图 7-2 所示，热泵机组位于计算区域的中心位置。假定无环境风条件下，计算区域四周及顶部设置为压力出口边界条件，环境温度为 285K，地面设置为绝热壁面；有环境风场作用时，来风方向设置为速度入口边界条件，其余边界仍设置为压力出口边界条件。

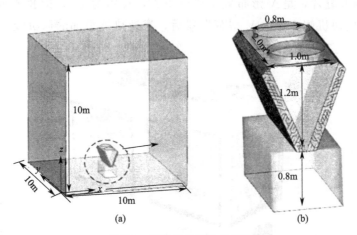

图 7-2   蒸发器单元物理模型

二、无风情况下的冷岛现象

随着计算机软硬件技术的发展，越来越多的学者开始运用各类 CFD 软件对翅片管的传热性能进行仿真研究。文献［70］对无自然风情况下蒸发器单元的流动与换热特性进行研究，考察了冷风回流对机组运行性能的影响。

模拟选取 V 型换热器横向和纵向两个方向，分析中所选取的截面示意图如图 7-3 所示。

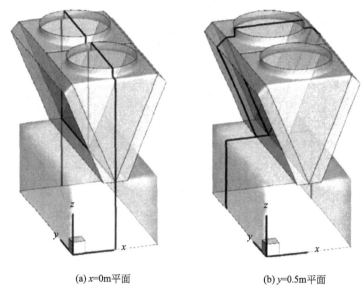

(a) $x=0$m平面　　　　　　　(b) $y=0.5$m平面

图 7-3　蒸发器单元的界面示意图

1. 单台机组的冷岛现象

为了研究在无自然风情况下单模块空气源热泵的空气流动和换热特性，文献［73］选取了不同截面上的速度云图、温度云图以及压力云图进行分项分析，分析研究风机排出的冷风回流对蒸发器单元的影响特性。

（1）速度场分析

图 7-4 展示了 $y=0.5$m、$x=0$m 平面的速度场及流线图，平面具体位置见图 7-3。

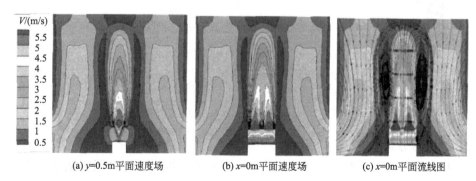

(a) $y=0.5$m平面速度场　　　(b) $x=0$m平面速度场　　　(c) $x=0$m平面流线图

图 7-4　不同平面处速度场云图

由图 7-5 可知，空气流动速度峰值出现在风机出口部位，平均风速为 5.5m/s。

由图 7-4、图 7-5 可看出，V 型换热器内部的空气流动速度分布呈现出中间位置速度较高，由中心区域向外呈水波状衰减，在边界处达到最小的分层现象；风机出口的空气流动速度分布随着气流上升逐步衰减，且由中心区域向外扩散型衰减。

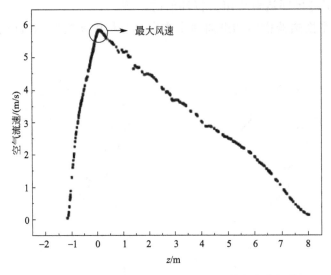

图 7-5　风机中心轴线上空气流速沿 z 轴的变化规律

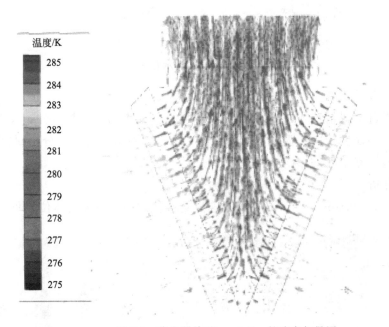

图 7-6　蒸发器单元 $y=0.5\mathrm{m}$ 的速度矢量图

（2）温度场分析

图 7-6 为无风工况下蒸发器单元 $y=0.5\mathrm{m}$ 截面上的速度矢量图。从图中可以看出，来自不同方向温度约为 283K 的气流流经蒸发器后，温度下降了近 4℃。此图显示出空气流经蒸发器产生的温度变化。

图 7-7 给出了 $y=0.5\mathrm{m}$ 平面和 $x=0\mathrm{m}$ 平面的温度场云图、平面流线图，可看出在蒸发器的 V 形空间内，中心位置的气流温度较低，并且 V 形夹角的底部存在低温区。如图 7-8 所示，中心轴线的底部最低温度为 277K。上述现象是因为 V 形结构使得换热器底部空气的流速较低，经历的换热时间较长，温度相对比较低。

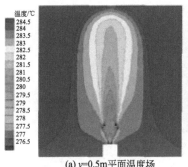

(a) y=0.5m平面温度场

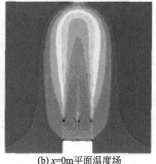
(b) x=0m平面温度场

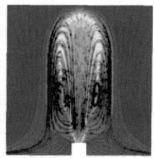
(c) y=0.5m平面流线图

图 7-7　不同截面处温度场云图

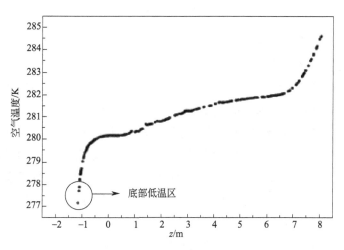

图 7-8　风机中心轴线上空气温度沿 z 轴的变化规律

图 7-7(a)、(b) 显示，随着风机出口部位换热后的空气融入大气中，温度由内向外呈波纹状逐渐升高；蒸发器外部的不均匀温度场将导致不均匀密度场，由此产生的浮升力是冷热空气运动的动力。图 7-7(c) 流线图显示，排出的冷空气与外界大气存在温差，受浮升力的影响冷空气下沉，在换热器两侧形成涡流；同时气流温度逐渐上升，在换热器底部区域受到外部气流组织、换热器内外压力场影响重新进入换热器换热。换热器周围压力场将在下文进行分析。

（3）压力场分析

图 7-9 给出了不同平面上的压力场云图，可以看出换热器内部为负压区，压力分布呈现出自下而上、逐渐降低的分层现象；换热器外部由于空气的堆积呈现为微正压区。压力场的分布规律为蒸发器外部形成涡流、冷空气下沉以及重新进入蒸发器内部换热提供了助力。

（4）单台机组的冷岛效应

综上所述可得出如下结论：蒸发器外部空气流经换热器换热后温度下降并由风机向外排出，气流阻力导致排气速度下降；温差引起的浮升力作用使换热后的冷空气部分下沉（此过程中气流温度逐渐向室外温度靠拢），在蒸发器两侧形成气流涡流，堆积在热泵机组底部，并在蒸发器单元 V 形板片的两侧形成比较大的漩涡；蒸发器内外部压差导致下沉后的冷空气在换热器底部区域与新风混合重新被吸入蒸发器参与换热，导致换热盘管的入口温度降低，蒸发器的平均入口风温为 282.2K，明显低于大气环境温度 285K。

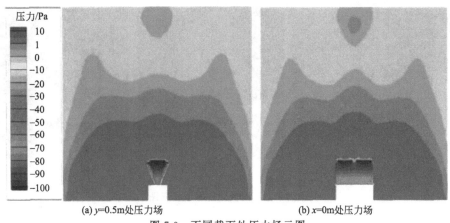

(a) $y=0.5m$处压力场   (b) $x=0m$处压力场

图 7-9　不同截面处压力场云图

这就是单个机组的冷岛现象。

2. 组合排列机组的冷岛

王树刚等人利用多孔介质模型预测多台室外空冷冷凝器的流动换热状态来优化空间布置，研究表明：相邻空冷单元的最小距离不应低于 0.2m，垂直墙壁离单元的距离不应低于 0.8m，否则各单元不同的运行工况将会对其他单元的流量和换热情况造成影响。展萌则通过实验研究和数值模拟相结合的方法对不同安装形式、不同百叶窗形式下家用空调室外机的运行环境进行了分析，为室外机的设计安装尺寸提供了参考值。为进一步分析环境风场下热泵系统的运行特性，文献［70］又以某阵列化空气源热泵机组为研究对象，对其运行状况进行了数值模拟。

该风冷平台全场由 15 个引风式 V 型蒸发器单元以 3×5 的矩形阵列方式布置而成。沿横向，蒸发器单元命名为第 1～5 列；沿纵向，蒸发器单元命名为第 1～3 行。蒸发器单元尺寸为 2m×1m×2m，横向间距 W 和纵向间距 L 均为 1m，模型忽略底部混凝土平台及周围附件的影响。

图 7-10 为空气源热泵蒸发器单元排列的几何模型。风冷平台尺寸为 9m×8m×2m，计算域大小为 20m×20m×10m。模型的边界条件设置与上文中蒸发器单元模型的设置一致。

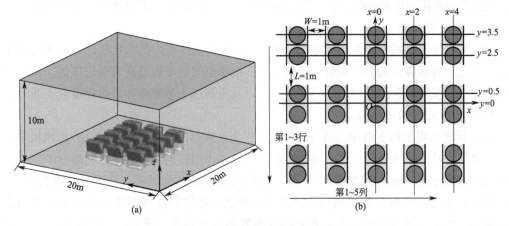

图 7-10　蒸发器阵列物理模型

图 7-11 表示的是无风条件下，翅片管换热器风冷平台 $y=0.5m$ 竖截面内的空气压力分布、温度分布和流场分布情况。图中显示在无风工况下，位于中间位置第 3 列换热单元内的空气温度明显低于两侧单元，风机群排出的冷空气在平台上方堆积，在浮升力的作用下发生冷风回流。

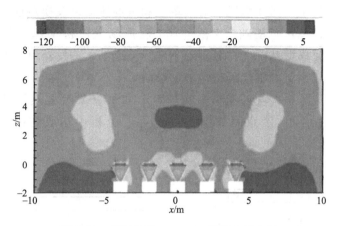

图 7-11　热泵机组 $y=0.5m$ 截面内压力场

图 7-12 空气流场合温度场显示出蒸发器周围流场的分布情况，速度分布规律与单台机组相同；底部存在的低温区限制了换热性能的提高；无风工况下换热器的压力分布和温度分布均呈现明显的分层现象，由温差引起的浮升力成为冷风回流的动力，回流的冷空气在平台周围形成巨大的漩涡，部分空气被风机再次吸入换热管束，导致入口风温降低，换热性能恶化，机组能效下降。

由此形成组合排列机组的冷岛效应。

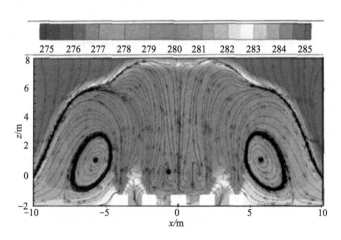

图 7-12　热泵机组 $y=0.5m$ 截面内空气流场合温度场

三、风场的影响

华南理工大学的文娟对 V 型风冷冷凝器的速度场进行了研究，探究了冷凝器结构对迎面风速均匀性的影响。对于以大气环境为热源的空气源热泵机组来说，外围空气的流动状态对机组单元内部的流动与换热有较大影响。在环境风场作用下，换热器单元的迎风面入口空气流动变形加剧，风机出口的排气受阻，导致蒸发器外部空气的流动换热性能发生变化。

山东大学的戴振会对直接空冷凝汽器进行了数值模拟研究，建立了凝汽器单元和全场的计算模型，分析了不同环境风场对其单元和全场流动以及换热性能的影响，为直接空冷机组的优化设计奠定了基础。文献［70］将风场变化和 V 型换热器联系起来，在建立的热泵机组单元模型基础上，分别对不同环境风场下蒸发器单元的流动与换热特性进行研究，分析冷风回流对机组运行性能的影响。

模拟选取环境风场横向吹扫和纵向吹扫两个方向对 V 型换热器进行计算，环境风速分别取 1～7m/s，风向示意图如图 7-13 所示。分析中选取的截面示意图如图 7-3 所示。

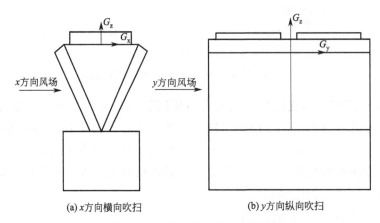

(a) x 方向横向吹扫　　　　　　(b) y 方向纵向吹扫

图 7-13　环境风场的风向示意图

1. 横向环境风场对蒸发器单元流动和换热性能的影响

（1）横向环境风场对风机性能的影响

轴流风机的作用点由静压性能曲线和 V 型翅片管换热器阻力特性曲线的交点决定。无环境风场作用时，空气流经换热器进行换热，在风机作用下提高其压力和速度后排出，从而实现换热器与空气之间的强制对流换热。环境风场造成了水平方向上的压力梯度，从而使风机出口附近的压力发生变化，进而影响风机的运行性能。

由图 7-14(a) 风速-压力图可看出，风机的压升 Δp_{f} 是随着横向风场速度的增大逐渐降低的。在风速较低时风机运行性能变化较小，风机的进出口压力均随环境风速的增大而减小；但当风速超过 4m/s 后，侧风阻碍了风机上部冷空气的流动，局部通风阻力增加，使风机进出口压力同步增大。

由图 7-14(b) 流量-压力图可看出，风机吸风量随横向环境风速变化的特征。根据风机的性能曲线，降低压差导致风机吸风量增加。与压升变化规律相对应，随着环境风速增加，风机吸风量持续增大，且迎风侧进风量比背风侧多。

横向环境风场的存在，一方面阻碍了风机侧冷空气的排出，另一方面有利于迎风换热管束热空气的流入。

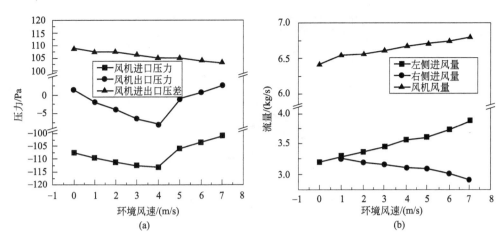

图 7-14   风机升压、吸风量随 x 向环境风速变化曲线

（2）横向环境风场对换热器性能的影响

空气流经 V 型蒸发器时，其流动阻力主要包括换热器的本体阻力损失以及出口阻力损失。当环境风场横向吹扫时，迎风面和背风面两侧的换热盘管所受到的影响是不同的。

两侧换热盘管进出口压力和压降随环境风速的变化规律如图 7-15 和图 7-16 所示（沿图中 Y 轴正方向，左侧为迎风面换热盘管，右侧为背风面换热盘管）。

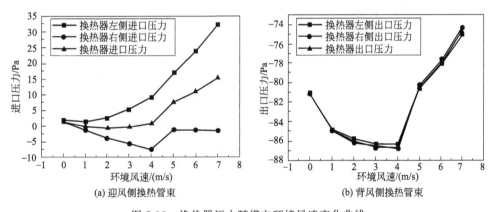

图 7-15   换热器压力随横向环境风速变化曲线

图 7-16 显示，迎风面换热管束的本体阻力随环境风速的增大而增大，背风面换热管束的本体阻力随环境风速的增大而减小。这是由于横向风场使迎风面换热盘管的迎面风速增大，而换热器压降与迎面风速的二次方成正比，因此相应升高；背风侧并未受到横向风场的直接吹扫，但绕过的侧风在背风侧形成低压区，因而出口压力随着环境风速的增大而有所降低。

图 7-17 给出了两侧换热管束迎面风速随环境风场的变化曲线。由图可知，横向风场的作用使得风机抽吸的新空气更多地来自迎风侧换热管束，随着环境风速的增大，迎风侧换热盘管的迎面风速显著增大。

换热器迎面风速的变化和外部流场的变化也导致了换热管束入口空气温度的变化。

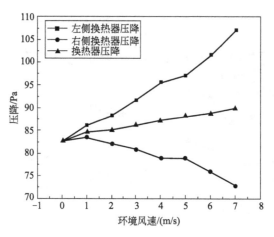

图 7-16　换热器压降随横向环境风速变化曲线

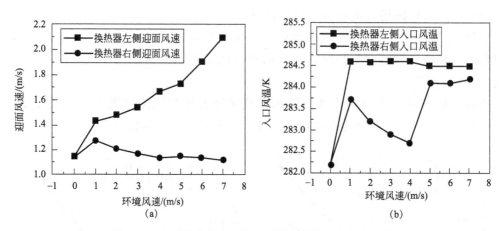

图 7-17　迎面风速、入口风温随横向环境风速变化曲线

图 7-17(b) 显示无风工况时，两侧换热管束入口风温均为 282.2K；随着环境风速的增大，左侧盘管的入口空气温度基本保持在 284.5K 不变，而右侧盘管的入口风温受风机排气的影响先下降后升高。此现象是因为风机出口的平均流速为 5.48m/s，当环境风速低于 5.48m/s 时，侧风风速小于风机出口风速，不足以越过风机上方气流对背风侧管束造成影响；而当环境风速大于 5.48m/s 时，横向风场可以绕过风机上方到达换热器右侧，带来的新风使得右侧换热管束的温度升高为 284K。

图 7-18 给出了横向环境风速分别为 1m/s 和 5m/s 时 $y=0.5m$ 平面上的温度分布。从图中可以看出，风速越大，风机出口气流的倾斜角度越大。

图 7-19 给出了横向环境风场作用下换热器平均换热系数和热流密度随环境风速的变化曲线。由图可知，平均换热系数随环境风速的增大而增大；热流密度存在阶跃性变化，受入口风温变化规律的影响。在横向环境风场的作用下，迎风侧换热管束的进风量显著增大，入口风温明显提高，从而使平均换热系数和热流密度均高于无风工况。

总体而言，横向环境风场的存在对风机和换热器的影响各有利弊，但是整体上改善了冷岛效应所带来的负面影响，使平均入口风温升高，平均换热系数、热流密度增大，

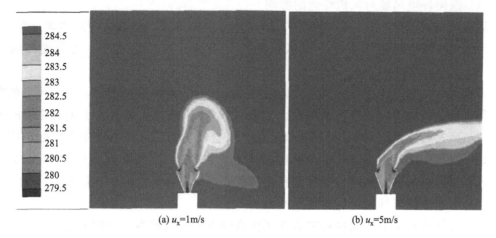

(a) $u_x=1m/s$ (b) $u_x=5m/s$

图 7-18　横向风场下 $y=0.5m$ 截面的温度场分布

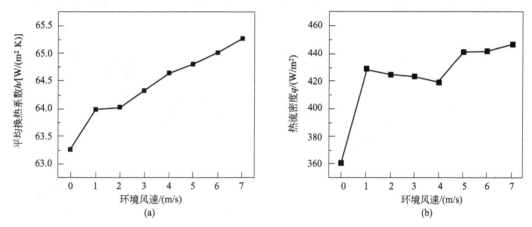

图 7-19　横向风向下换热系数、热流密度随风速的变化曲线

整体换热效果得到了增强。

2. 纵向环境风场对蒸发器单元流动和换热性能的影响

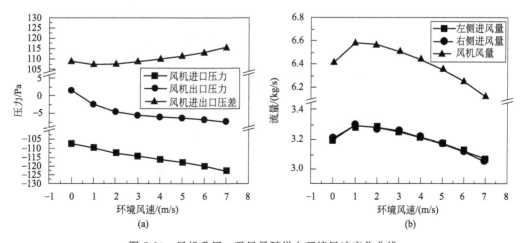

图 7-20　风机升压、吸风量随纵向环境风速变化曲线

（1）纵向环境风场对风机性能的影响

纵向风场对风机压升的影响如图 7-20 所示。由图可得，随着纵向环境风速的增大，风机的进出口压力均逐渐减小，但风机的压升明显升高，此时需要适当提高风机的全压。

风机运行工况的改变势必引起吸风量的变化。在一定风速范围内，纵向风场的存在是有利于换热器进风的。当环境风速小于 4m/s 时，风机的吸风量大于无风工况时的吸风量；当风速超过 4m/s 时，外围流场恶化，来自风场的气流在蒸发器入口处形成巨大的扰动，进风角度发生不同程度的偏转，空气流量减少，进风量小于无风工况时的吸风量。风机吸风量的变化规律与压升的变化相反，这也符合风机的运行规律。

（2）纵向环境风场对换热器性能的影响

环境风场为纵向时，侧风对左右两侧换热管束的影响基本上是相似的。

如图 7-21、图 7-22 所示，从纵向环境风场对蒸发器单元压力的影响来看，侧风对换热器本体阻力的影响不大，而换热盘管的入口压力和出口压力均随着环境风速的增大显著降低。

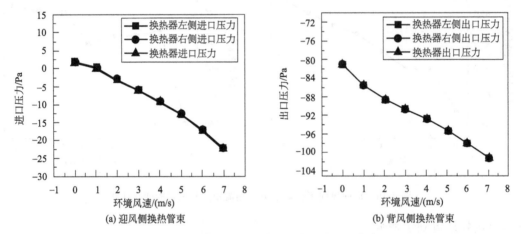

图 7-21　换热器压力随纵向环境风速变化曲线

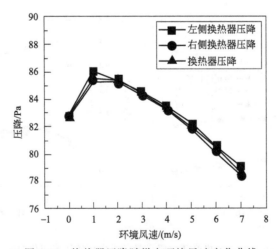

图 7-22　换热器压降随纵向环境风速变化曲线

图 7-23 给出了迎面风速和入口空气温度随纵向环境风速变化的曲线，从图中可以看出，纵向风场对 V 型翅片管换热器左右两侧换热管束的影响是一致的。随着环境风速的增大，迎面风速也不断增大；入口风温受环境风的影响先增大，后略有降低，整体优于无环境风时的各项工况。

图 7-24 可以看出纵向环境风场下风速分别为 1m/s 和 5m/s 时的温度场分布。从图中可以看出，风速越大，风机出口气流的倾斜角度越大，有利于减弱冷空气下沉堆积的现象。

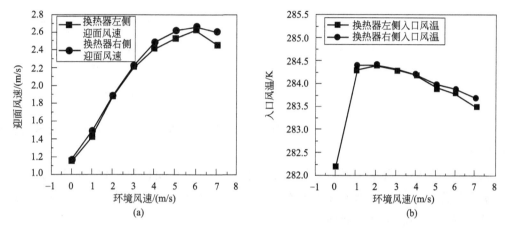

图 7-23　迎面风速和入口空气温度随纵向环境风速变化曲线

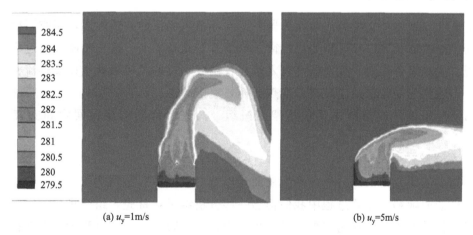

(a) u_y=1m/s　　　　　　　　　　　　(b) u_y=5m/s

图 7-24　纵向风场下 x＝0.5m 截面的温度场分布

图 7-25 给出了纵向环境风场作用下换热器平均换热系数和热流密度随环境风速的变化曲线。由图可知，在无自然风的条件下，换热器的平均换热系数为 63.3W/(m² · K)，热流密度为 360.7W/m²。当环境风速为 1m/s 时，相对于无风工况，蒸发器的平均换热系数提高了 1.6%，热流密度增大了 21.4%。在环境风速 1~7m/s 变化的过程中，换热器的平均换热系数和热流密度均随着环境风速的增大而减小，平均换热系数的下降率约为 0.6%，热流密度的下降率约为 1.6%，但此时的热流密度仍旧远大于无风工况下的热流密度。

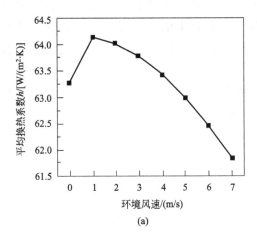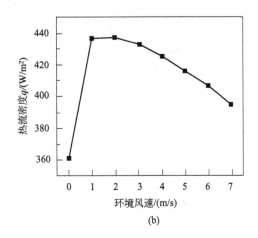

(a)   (b)

图 7-25　纵向风向下换热系数、热流密度随风速的变化曲线

综上所述，纵向环境风场的存在使换热器的热流密度高于无风工况时的热流密度，换热性能提高。

综合前文的模型数据来看，环境风场的存在并不完全使传热恶化，适当的风速在一定程度上改善了换热器外部流场的分布，有助于提高气流组织的均匀性，减弱了冷岛效应对换热器换热性能带来的影响。

四、消弱冷岛的方法

前述章节阐述了空气源热泵换热器在不同环境风场下的换热性能，探究了换热器单元流场、温度场及风机吸风量变化规律。本章节在此基础上，进一步阐述通过不同的空间布置方式对组合排列的蒸发器阵列入口空气温度、总的风机吸风量以及热流密度产生影响，以达到削弱冷岛效应，提升换热器换热性能的措施。

目前应用较多的措施主要包括架空机组、调整单元间的横向间距和安装导流叶片等。

1. 架空机组

通过上述研究得出冷岛效应产生的原理以及对空气源热泵换热器产生的影响、对整体换热性能的削弱。在此过程中我们得出一些分析结果：首先，组合排列的机组中间部分的设备区域冷岛效应较为严重，换热性能大幅度下降，冷空气沉积形成涡流往复参与换热器换热过程，且不容易排出换热器阵列；其次，环境风的存在对部分区域换热器系统进风、风压等带来一定的不利影响，但是整体上有利于提升换热系统的换热效果，削弱冷岛效应带来的不利影响。

贾宝荣、刘达等人也表明，在平台下部四周加装导流装置可以削弱环境风的恶化，改善空冷凝汽器的流动和传热性能。因此，可以采用"架空空气源热泵机组"的方式一定程度上削弱冷岛效应的产生。该方式主要内容为制作一定高度的钢制支架或混凝土块状、条状基础，将热泵设备放置于其上，保持设备悬空，设备基础或支架高度范围内空气流通不受影响，如图 7-26 所示。

图 7-26　架空空气源热泵机组

按照此方式布置，当热泵机组运行过程中产生的冷空气下沉堆积时，无环境风的情况下，冷空气堆积至设备下方，并且空气流通带走部分冷空气；有环境风的情况下，沉积的冷空气被设备下方流通的空气带走，一定程度上减弱冷岛效应带来的影响。

2. 调整单元间横向间距

Kong Yanqiang、Jin Ruonan 则通过改变空冷冷凝器阵列的形式来抵御环境风场的影响。结果表明，在风场条件下，圆形阵列和新型矩形阵列排布方式均可以使外围冷凝器的热羽流再循环流动和回流大大减弱，从而提高了冷却效率。通过对空气源热泵机组蒸发器阵列研究发现，各单元的空气吸入口距离比较近，当风机集群同时运行时，交叉气流的冲击往往会引起入口条件的改变；而这种影响与换热单元之间的间距有很大关系，尤其是横向间距。本节通过模拟数据阐述了横向间距大小对空气源热泵蒸发器单元的影响，分别对横向间距（W）0.5m、1m 和 1.5m 三种矩形阵列布置形式进行对比分析，图 7-27 为模型示意图。

为了较直观地对比分析空气源热泵机组阵列中各单元流动换热性能，定义无量纲参数不均匀度 STD 来描述不同位置蒸发器热力性能参数的不均匀性。根据标准差的定义引入不均匀度的公式如下：

$$STD = \sqrt{\sum_{i=1}^{n} \delta^2(i)} \times 100\% \qquad (7-2)$$

$$\delta_i = \frac{X_i - X_{avg}}{X_{avg}} \qquad (7-3)$$

式中，对空气源热泵阵列来说，i 指第 i 个单元，n 指阵列中单元总数；X 代表某参数，可以为风机吸风量、入口空气温度等参数；δ_i 是指各个蒸发器单元某参数实际值与平均值之间的相对偏差。

图 7-28、图 7-29 给出了横向间距 W 分别为 0.5m、1m 和 1.5m 时横向和纵向环境风场下各蒸发器单元风机吸风量随环境风速的变化曲线；为了更好地对比分析各蒸发器

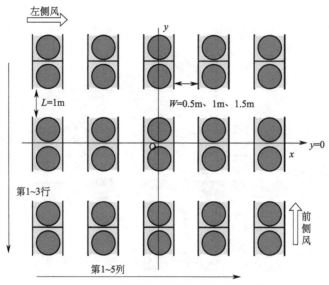

图 7-27　不同横向间距下的模型示意图

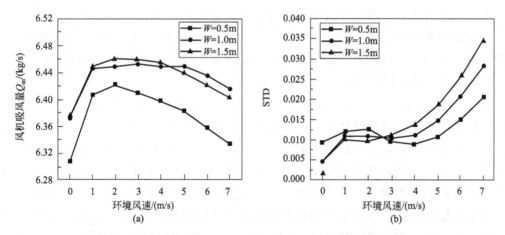

图 7-28　横向风场下吸风量、STD 随环境风速的变化图

单元之间吸风量的差异,定量计算了各风机吸风量不均匀度随横向间距的变化。

由图 7-28、图 7-29 可知,在横向环境风场下,当横向间距减小时,风机吸风量显著减少,而增大横向间距对吸风量影响不大;在环境风速较小的情况下,这三种横向间距的吸风量 STD 均在 0.01 左右,当 $u_x > 3m/s$ 时,风机吸风量的不均匀度随横向间距的增大而增大,并且风速越大,流场越不均匀。在纵向环境风场下,这三种排列方式的风量 STD 差别不大,但风机吸风量随横向间距的增大而增大。

图 7-30、图 7-31 是横向风场下蒸发器平均入口空气温度及温度偏差 STD 随环境风速的变化规律。考虑到 V 型翅片管换热器两侧换热盘管受风场的影响有较大差异,对迎风侧和背风侧换热器分别讨论。从图 7-30、图 7-31 中可以看出,迎风侧换热器的平均入口风温高于背风侧,且受横向间距变化的影响较小;入口风温 STD 随横向间距的增大而减小。由此可知,在横向环境风场作用时,横向间距对平均入口风温和温度场的均匀性影响不大。

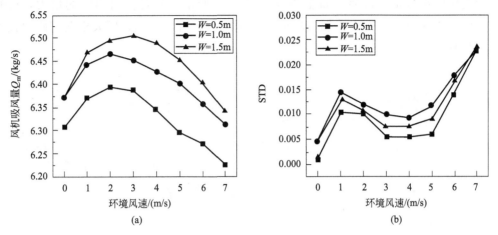

图 7-29 纵向风场下吸风量、STD 随环境风速的变化图

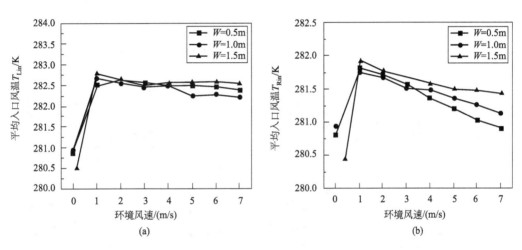

图 7-30 横向风场不同横向间距下平均入口风温随环境风速的变化

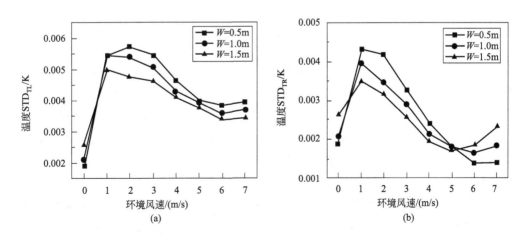

图 7-31 横向风场不同横向间距下入口风温 STD 随环境风速的变化

与横向风场下的变化规律不同，在纵向环境风场下，迎风侧和背风侧换热管束受横向间距变化的影响是相似的，如图 7-32、图 7-33 所示。随着横向间距的增大，两侧换热管束的平均入口风温升高，温度场分布也更均匀。由此可知，增大横向间距对提升入口风温是有利的。

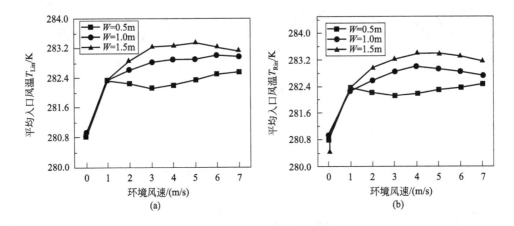

图 7-32   纵向风场不同横向间距下平均入口风温随环境风速的变化

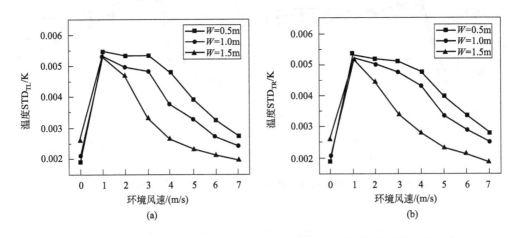

图 7-33   纵向风场不同横向间距下入口风温 STD 随环境风速的变化

风机吸风量和入口空气温度的变化必然引起换热性能的改变。图 7-34、图 7-35 给出了不同环境风场作用下平均换热系数和热流密度随横向间距的变化。从图 7-34 可以看出，在横向风场下，增大横向间距对蒸发器阵列换热性能的影响不大，但减小横向间距却使得平均换热系数急剧下降。在纵向风场作用下，横向间距为 1.5m 时空气源热泵蒸发器各单元的平均换热系数、热流密度均明显高于横向间距为 1.0m 和 0.5m 时，换热性能明显提高。

综上可知，在对蒸发器单元进行阵列布置时，过小的横向间距虽然有利于流场的均匀性，但风机之间的干扰作用导致吸风量显著减小。因此可以通过适当增大横向间距来增大风机吸风量，增强换热性能。

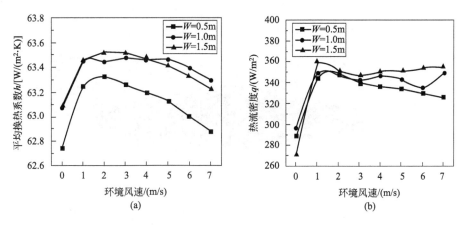

图 7-34　横向风场下换热系数、热流密度随环境风速的变化

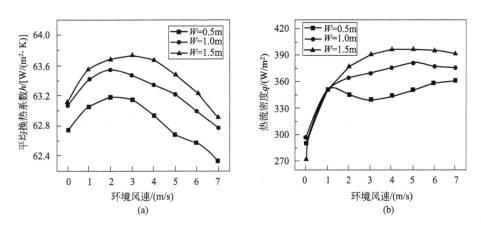

图 7-35　纵向风场下换热系数、热流密度随环境风速的变化

3. 布置导流叶片

华北电力大学的杨立军、陈磊等人研究了环境风场对空冷系统流动和传热性能的影响，并采取了一系列可行的防风措施，包括不规则四边形通道排列、垂直排列以及一种带有 V 型单元的轴流引风机的新型空冷凝汽器。结果表明，这些措施在削弱环境风场不利影响的同时，对风场能量进行了有效引导，实现了风能的资源化利用。文献［70］提出在环境风场和冷岛效应的作用下，空气源热泵翅片管束入口与风机出口的流动变形现象对蒸发器的换热性能造成了严重的影响。为了有效引导风场能量、实现风能资源化利用，通过在机组周围布置导流叶片，提升环境风场与空气流动的协同程度，对环境风能资源化利用，改善热泵机组蒸发器的吸热性能。

图 7-36 为四周加装导流叶片后的空气源热泵阵列，导流叶片的倾斜度为 45°，长 12m，宽 0.2m，厚度为 0.005m。设置两种布置方案，一种方式纵向间距为 0.2m，每一侧的导流叶片数目是 20 片，四周共 80 片；另一种方式纵向间距为 0.4m，每一侧的导流叶片数目是 10 片，四周共 40 片，分别对这两种安装叶片后的空气源热泵阵列进行模拟计算。

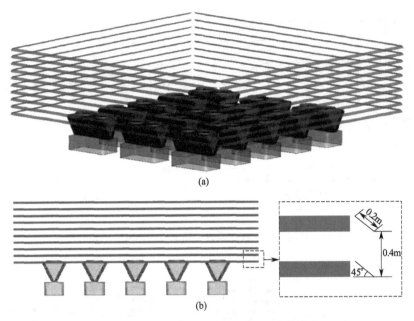

图 7-36　安装导流叶片后的空气源热泵模型

图 7-37、图 7-38 给出了空气源热泵机组四周安装导流叶片后风机吸风量随环境风速的变化规律曲线、相应的吸风量不均匀度随环境风场的变化规律曲线。

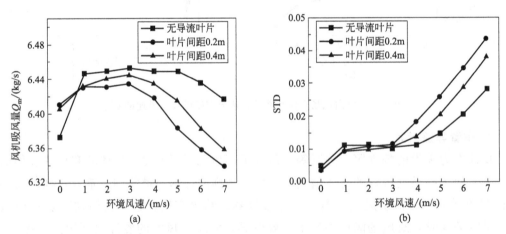

图 7-37　横向风向下吸风量、STD 随环境风速的变化

从图 7-37、图 7-38 中可以看出，在横向环境风场下，与无导流叶片的工况相比，加装导流叶片一方面会使风机的吸风量减少，而且叶片越密集，吸风量减少得越多，当 $u_x = 7$m/s 时，安装纵向间距为 0.2m 的导流叶片比无叶片时平均风机吸风量减少；另一方面提高了风量偏差的 STD，叶片越密集，各单元之间吸风量的差异越大，流场越不均匀。在纵向环境风场作用下，安装导流叶片对平均风机吸风量和风量的不均匀度影响不大。

在不同的环境风场下，导流叶片对空气源热泵蒸发器入口风温的作用效果是不同的。

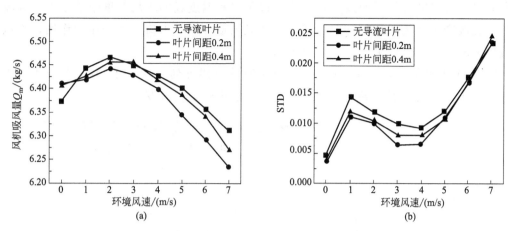

图 7-38　纵向风向下吸风量、STD 随环境风速的变化

　　从图 7-39 中可以看出，横向环境风速为 2～5m/s 时，安装导流叶片使蒸发器的平均入口风温明显提高，最大温差达 0.7K，同时加装导流叶片可以改善温度场的均匀性；当风速超过 3m/s 时，安装导流叶片后的入口风温、STD 显著减小。

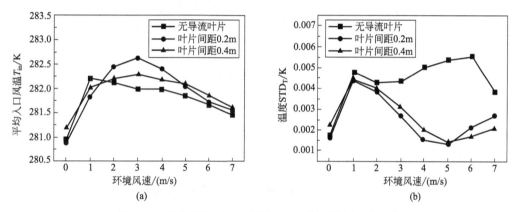

图 7-39　横向风向下入口风温、STD 随环境风速的变化

　　由图 7-40 可知，在纵向风场作用下，加装导流叶片会导致蒸发器的平均入口风温

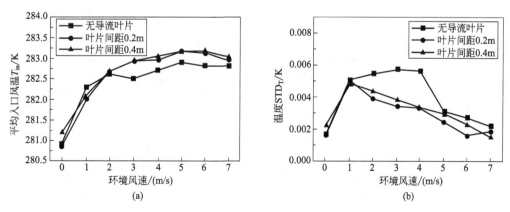

图 7-40　纵向风向下入口风温、STD 随环境风速的变化

有所升高，并且叶片间距的改变对平均入口风温和温度场的不均匀度影响不大。导流叶片的存在改变了来流风场的方向，减小了环境风场对风机出口空气的压制作用，冷风回流效应减弱，换热器的平均入口风温提高。

图 7-41 给出了安装叶片前后 $u_x = 5\text{m/s}$ 时蒸发器阵列 $y = 0.5\text{m}$ 截面上的速度矢量图，从图中可以明显看出导流叶片对来流空气速度矢量的改变。

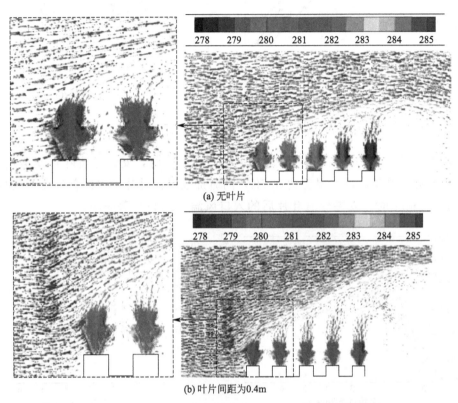

图 7-41　$u_x = 5\text{m/s}$、蒸发器阵列 $y = 0.5\text{m}$ 截面速度矢量图

导流叶片是通过改变气体流动方向进而改变蒸发器外围流场和温度场的。

图 7-42、图 7-43 给出了不同环境风场下蒸发器单元平均换热系数、热流密度随环

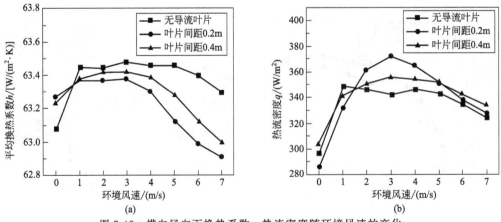

图 7-42　横向风向下换热系数、热流密度随环境风速的变化

境风速的变化规律。由图 7-42、图 7-43 可知，平均换热系数随着叶片间距的减小而减小，这是因为导流叶片过于密集时，叶片对气流的阻碍作用增大，进风量减小，迎面风速减小，换热器的平均换热系数降低；安装导流叶片可以显著提高热流密度，尤其是在 $u_x = 3m/s$ 的风况下，安装纵向间距为 0.2m 的导流叶片比无叶片时热流密度提高了近 9%。

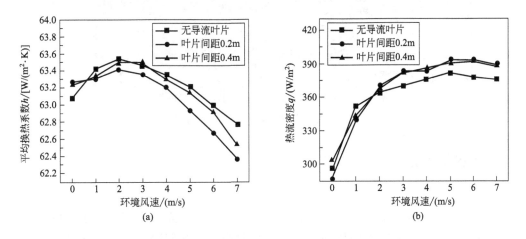

图 7-43　纵向风向下换热系数、热流密度随环境风速的变化

综上可知，加装导流叶片在一定程度上有利于空气源热泵阵列外围流场的优化，但要选择合适的叶片间距；本节论述结果以 0.4m 为宜，现实设计根据实际情况进行。

第二节　占地

一、空气源热泵占地情况

空气源热泵与其他热泵最大的不同之处在于，空气源热泵以室外空气作为冷热源，翅片换热器需放置在室外通风良好的位置，便于进行冷热交换。对于规模较大的建筑，其建筑冷热负荷较大，所需的机组数量较多，一般需要提供一块较大的空地来放置空气源热泵机组。对于大功率空气源热泵机组，其单台机组占地约 24m²，再考虑空气源热泵机组放置的距离不小于 2m，则单台机组占地一般不小于 50m²。图 7-44 为石家庄某20 万平方米小区所需大功率空气源热泵机组的现场布置图。

相同冷热负荷下，若采用模块机，则所需的数量更多，占地面积更大。在寸土寸金的今天，绿化面积一缩再缩，开发商单独预留一块空地来放置空气源热泵机组更是困难重重，这种情况下，项目落地更像是纸上谈兵。为提高项目的成功率，减小空气源热泵机组的占地则成为不可避免的关键问题。

图 7-44　大功率空气源热泵机组现场布置图

二、减小占地的方法

1. 能源楼

当空气源热泵机组采用平铺式布置、占地面积大时，无法适应老旧小区供暖制冷能源站的改造，也无法适应可使用面积较小的新建小区供暖制冷能源站的建设。

文献［75］提出为了减小空气源热泵机组的占地，可集中建设一座或若干座集群式空气源热泵能源楼，如图 7-45 所示；包含由上至下分层排列的多个楼体单元，楼体单元包含主体结构框架、由主体结构框架限定的第一进风道和排风夹层以及设置于第一进风道内的多个空气源热泵。第一进风道与排风夹层沿竖直方向分隔设置，其中，第一进风道的一个侧面设置为开口形式以形成第一进风口，其余侧面设置为封闭形式；排风夹层的一个侧面设置为开口形式以形成排风口，其余侧面设置为封闭形式；空气源热泵与排风夹层连通。该系统占地面积小，能够有效避免热岛效应和冷岛效应的发生。

图 7-45　一种集群式空气源热泵能源楼

上述能源楼中，除空气源热泵机组外，还可将空气源热泵系统需要的循环水泵、水处理设备等辅助设备集中放置于内，无需在项目场地中单独寻找泵房位置。

2. 能源集成箱

当项目单栋楼规模不大、楼层不高且用地资源紧张时，可采用能源集成箱进行供暖制冷。能源集成箱以空气源热泵为核心，同时集成循环水泵、补水装置、软化装置以及电气控制系统，取消了泵房设计，节省安装空间，方便施工，缩短施工工期。能源集成箱如图 7-46 所示。集成箱采用标准化设计，具有立体堆码连接结构，当多台能源集成箱摆放时满足空间堆码的要求，如图 7-47 所示。

图 7-46　能源集成箱示意图

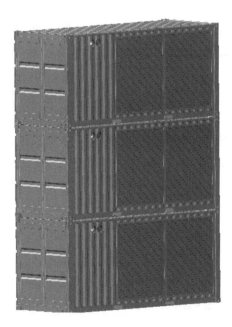

图 7-47　能源集成箱空间布置图

采用能源集成箱供暖制冷时，无需建设供暖制冷一次管网，减少输配能耗和损失；且冷热源相对集中，组合更加灵活，系统综合效率较高。与此同时，可将能源集成箱放置在建筑楼顶或建筑附近空地，节省热源总安装空间。

第三节　空气源热泵机组布置

一、布置方式

　　空气源热泵机组在考虑布置位置时，首先，考虑占地、排风及运行噪声应不影响周围居民；其次，考虑空气源热泵机组的位置距离水电系统最近，减少系统能耗；最后，防止空气回流及机组运行不佳。

　　根据实际经验，一般将空气源热泵机组放置在地面、屋顶、阳台、专用平台或其他任何便于安装并可承受机组运行重量的地方。

　　热泵机组各个侧面与墙面的净距如下：机组进风面距墙宜大于 1.5m，机组控制柜面距墙宜大于 1.2m，机组顶部空旷或净空宜大于 15m。

　　在实际工程中，通常需要多台空气源热泵机组联合工作来满足建筑的供热和制冷要求。当空气源热泵机组需要成群布置时，为使系统的运行效率最好，除了机组本身出风口空气回流外，机组之间也难以避免会互相干扰，造成更为严重的回流。应优先考虑空气源热泵机组单台布置，若因场地限制，无法实现单排布置，应进行多排布置，相应的布置原则如下。

　　机组单排布置时，应尽量选择机组进风口相对布置和主导风向平行于进风口的组合形式以减小机组的回流，避免机组进风口相对布置时，主导风向垂直于机组进风口；当机组间距达到 1.7～2.1m 时，机组间距对机组回流的影响可忽略不计；当机组数量达到 5 台以上时，机组数量对机组回流的影响可忽略不计。

　　机组多排布置时，应尽量选择机组群长轴方向进风口相对布置和主导风向平行于进风口的组合形式以减小机组的回流，避免机组群长轴方向进风口相对布置时，主导风向垂直于机组进风口；当机组间距达 2.5～2.9m 时，机组间距对机组回流的影响可忽略不计。

二、机组布置具体要求

　　① 布置热泵机组时，必须充分考虑周围环境对机组进风与排风的影响。应布置在空气流通好的环境中，保证进风流畅，排风不受遮挡和阻碍；同时，应注意防止进、排风气流产生短路。

　　② 机组进风口处的气流速度宜保持在 1.5～2.0m/s；排风口处风速宜≥7m/s。进、排风口之间距离尽可能大。

　　③ 应优先考虑选用噪声低、振动小的机组。

　　④ 机组宜安装在主楼的屋面上，这是因为其噪声对主楼本身及周围环境影响小；

若安装在裙房屋面上，要注意防止其噪声对主楼房间和周围环境的影响。必要时，应采取降低噪声的措施。

⑤ 机组与机组之间应该保持足够的间距，机组的一个进风侧离建筑物墙面不宜过近，以免造成进风受阻。机组之间的间距一般应大于2m，进风侧离建筑墙体应大于1.5m。

⑥ 机组放置在周围及顶部既有围挡又有开口的地方，易造成通风不畅，排风气流有可能受阻形成部分回流。

⑦ 若机组放置在高差不大、平面距离很近的上下平台上，供冷时低位机组排出的热气流上升，易被高位机组吸入；供热时高位机组排出的冷气流下降，易被低位机组吸入。这两种情况下，机组的运行性能都会受到影响。

⑧ 多台机组分前后布置时，应避免位于主导风上游机组排出的冷/热气流对下游机组吸气的影响。

⑨ 机组的排风出口前方，不应有任何受限，以确保射流能充分扩展。

⑩ 当条件受限制，机组必须装置在室内时，应采取下列方式：

将设备层在高度方向上分隔成上下两层，机组布置在下层，在下层四周的外墙上设置进风百叶窗，让室外空气经百叶窗进入室内，然后再进入机组；机组的排风通过风管与分隔板（隔板或楼板）相连，排风通过风管排至被分隔的上层内，在该上层的四周外墙上，设置百叶排风口，排风经此排至室外。

将机组布置在设备层内，该层四周的外墙上设有进风百叶窗；而机组上部的排风通过风管连接至加装的轴流风机，通过风机再排至室外。

三、机组布置示意图

机组布置示意如图7-48所示。

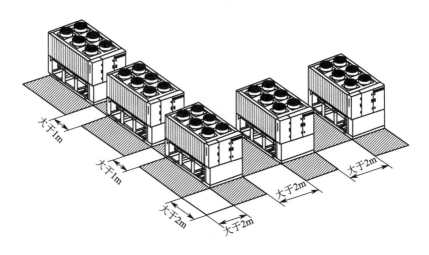

图7-48 机组布置示意图

第四节　空气源热泵设备基础设计

空气源热泵机组需要从空气中提取热量或排入热量，适宜放置在建筑外部（尽量远离建筑外墙）、通风良好、干净整洁的地面或屋顶上。空气源热泵机组主要运动部件是压缩机和风机，这两个部件在运行时会振动，因放置位置的不同，对振动产生的影响要求也不同。在地面上时，大多采用通用基础或减振基础；在屋顶上时，大多采用隔振浮筑基础方式，达到较好的减振效果。下文介绍了通用基础、减振基础、隔振浮筑基础做法。

一、通用基础

空气源热泵机组放置在地面或独立平台上时，可按图 7-49 所示的方式进行基础设计。

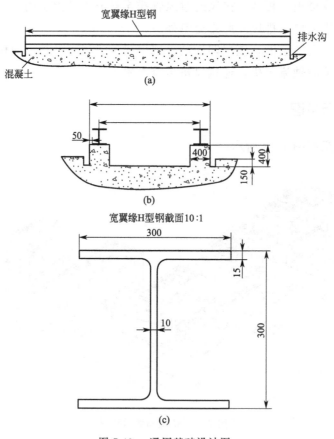

图 7-49　通用基础设计图

技术要求：

① 放置设备场地通风良好，与建筑距离不宜低于 25m。

② 安装基础需平整，平整度在 ±3mm 内。

③ 宽翼缘 H 型钢型号不小于 300mm×300mm，H 型钢与混凝土台子须有效连接固定。

二、减振基础

空气源热泵机组放置在建筑屋面上，建筑建设已经完成，有三种减振方案可供选择。

方案一（图 7-50）：以楼体两侧承重墙梁为依托，用槽钢做架空基础，基础与承重梁之间安装空气弹簧减振器，基础与设备之间安装 ALJ 橡胶减振器，做双重隔振；避开了设备直接支撑于卧室承重墙或正上方楼顶，隔振隔音效果佳。

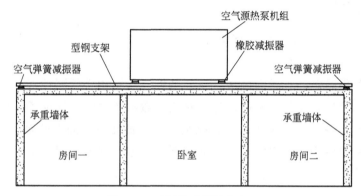

图 7-50　减振基础设计方案一

方案二（图 7-51）：在靠近卧室两侧承重梁上，用槽钢做架空基础，基础与楼板之间安装空气弹簧减振器，隔振隔音效果较好。

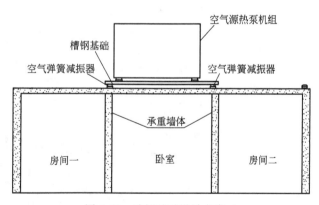

图 7-51　减振基础设计方案二

方案三（图 7-52）：在屋顶正上方做混凝土基础，空气源机组下直接加大绕度阻尼弹簧减振器或者空气减振器；虽然能隔离一部分振动，但不是最佳选择，减振效果一般。

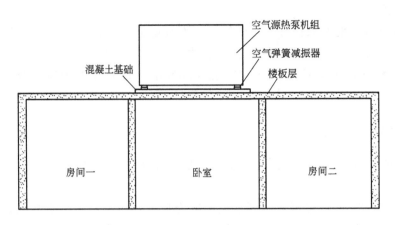

图 7-52　减振基础设计方案三

三、隔振浮筑基础

空气源热泵机组放置在建筑屋面上,属于建筑设计阶段,且室内噪声要求级别很高。

室内屋面采用隔振浮筑屋面做法,设备基础不与结构楼板刚性连接,而是与防水保护层成为一体。经过对设备基础的设计和对建筑做法的优化,保证了屋面防水及保温的有效性;通过采用特殊材质50mm厚减振垫板,保证建筑的隔声效果。

隔振浮筑屋面做法主要由浮筑屋面的减振垫、泡沫混凝土保温层、防水找平层、防水卷材、防水砂浆保护层、混凝土保护层及设备基础(上文减振基础中的方案一)组成。

隔振浮筑屋面节点如图7-53所示。

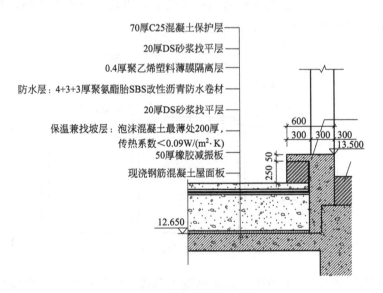

图 7-53　隔振浮筑屋面节点

第五节　空气源热泵排水系统设计

空气源热泵机组在严寒地区和寒冷地区使用时，会因为低温天气的影响，造成设备结霜。融霜后的水流目前大部分没有进行有组织的排放，导致在设备底部结冰，影响现场检修空间及美观；严重时会使空气源热泵电器元件受潮，降低机组性能。空气源热泵排水系统是指在冬季空气源热泵机组结霜后，通过机组由制热工况转为制冷工况，将霜融化为水后，进行科学合理排放的系统。

首先，在设计空气源热泵机组的基础时，设置收集霜融化后水的排水槽；排水槽倾斜设置（图7-54）。排水槽横截面为U形的结构，下方一端为开口端，延伸至空气源热泵机组基础外，开口端下方的空气源热泵本体上设有导水檐；并在排水槽外布置电加热系统，在融霜系统开始时同步启动，融霜系统结束时同步关闭。

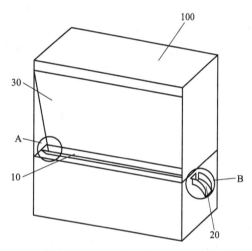

图7-54　空气源热泵排水系统设计

其次，导水檐与排水管道连接，将水排到就近的地下雨水管道或污水管道中；裸露在外面的管道加设辅助电加热系统。

此排水系统便于冰霜融化排水，排水槽没有平面，不存水，蒸发器表面冰霜融化的水无再次结冰运行，降低了人员的劳动强度，避免了排水槽内积冰过厚未及时清理导致的水漫出排水槽损坏元器件现象，不易损坏，使用寿命长。

第八章
空气源热泵供热系统设计

系统设计是指根据需求选择合适的供能设备、用能设备和能量输运设备，设计合理的管路将它们连接成一个系统，通过能量输运设备（如循环水泵）驱动能量载体（如水）在系统内进行循环，形成持续的释能过程。系统设计的好坏不仅与供热效果有直接关系，也与能耗水平、运行成本及经济性密切相关。

第一节 合理规模

CJJ 34—2010《城市供热管网设计规范》10.3 规定，民用热力站最佳供热规模应通过技术经济比较确定。当不具备经济比较条件时，热力站最大规模以供热范围不超过本街区为限。所以，民用热力站的规模不宜过大。

空气源热泵出水温度越高，效率越低，能耗越高。因而，在设计时应使系统的供水温度尽可能降低，这就需要采用大流量小温差的设计思路。大流量小温差带来的一个弊端是循环水泵的能耗（也就是输运能耗）增加，为降低输运能耗，以空气源热泵为主要热源设备的集中供热能源站不宜过大，以民用热力站的规模为宜，而不能参照大型集中供热能源站的规模进行设计和建设。

一、空气源热泵能源站规模分析

常用的空气源热泵按机组容量大小分为：户式小型机组、中型（模块式）机组、大型机组等。大型机组按组合形式分为：整体式机组（一台或几台压缩机共用一套水侧换热器的机组称为整体式机组）和组合式机组（由几个独立模块组合而成的机组，称为组合式机组）。按压缩机形式分为涡旋式机组和螺杆式机组。下面针对不同类型机组，分析一下空气源热泵合理的供热规模。

以华誉能源 HE90 涡旋式空气源热泵机组为例，标准工况下的制热量大约为 90kW；以华北地区住宅为标准，1 台 HE90 机组供暖面积大约为 1500m²。8 台 HE90 机组可以组合成 1 台 HE720 机组，其供暖面积可以达到大约 $1.2 \times 10^4 m^2$；10 台 HE720 机组再配以适当的调峰热源可以为 15 万平方米的建筑提供供暖制冷以及生活热水,这也基本达到了涡旋式空气源热泵能源站的极限。比较经济合理的空气源热泵能源站供热制冷面积不宜超过 6 万平方米。对于建筑面积较大的项目,建议分区设计小型能源站。

对于华誉能源 HE620 螺杆式空气源热泵机组,标准工况下的制热量为 620kW,单台机组在华北地区的供暖面积大约为 $1 \times 10^4 \, m^2$。由于 HE620 螺杆式机组单机功率较大,进出水系统的管径较大,一个能源站可以布置更多的机组。20 台 HE620 机组再配以适当的调峰热源可以为 25 万平方米的建筑提供供暖制冷以及生活热水,这也是空气源热泵能源站的规模极限;除非情况特殊,否则不建议设计更大规模的以空气源热泵为主要热源的能源站。

二、系统技术经济分析

技术经济分析方法的分类有很多,按是否考虑时间因素可以分成静态分析法和动态分析法;按评价的手段分类有数学分析法和方案比较法;按评价的目标分类有收益法和费用法;按评价的角度可分为宏观经济分析和微观经济分析等。

费用年值法是常用的技术经济分析方法之一。该方法是把投资等值折算到每一年再加上年运行费用,认为加和最小的方案最经济。

1. 费用年值法

费用年值包括两部分:年初投资和年运行费用,计算公式如下:

$$C_a = aC_{in} + C_{run} \tag{8-1}$$

式中　C_a——费用年值,万元;

　　C_{in}——总初投资,万元;

　　C_{run}——年运行费用,万元;

　　a——年初投资系数。

式中,年初投资系数 a 考虑了工程生命周期和内部回收比,其计算公式如下:

$$a = \frac{I(I+1)^n}{I(I+1)^n - 1} \tag{8-2}$$

式中　I——内部回收比,取 0.08;

　　N——生命周期,热网生命周期取为 20 年,水泵和空气源热泵取为 10 年。

初投资主要包括热源和热源用地、热网、水泵和水泵房等的初投资。运行费用包含了补水和水处理费用、电费、材料费、大修费、人工费等。

2. 单位指标法

空气源热泵集中供暖的综合效益体现在经济指标和能耗指标上。经济指标有单位面积初投资、单位面积运行费用、单位面积费用年值;能耗指标有耗热指标、耗电指标、耗水指标。

其中,耗热指标按照负荷计算、设计院暖通图纸或经验数据进行取值。

水泵单位面积耗电指标的计算式为:

$$W_{g1} = \frac{9.8 G_p H T}{3600 F \eta} \tag{8-3}$$

式中　W_{g1}——水泵耗电指标，kW·h/m²；

G_p——水泵循环流量，t/h；

H——水泵扬程，mH₂O；

T——总供暖小时数，h；

F——建筑用地面积，m²；

η——水泵效率，取 0.8。

空气源热泵单位面积耗电指标的计算式为：

$$W_{g2} = \frac{Fq_rT}{1000COP} \tag{8-4}$$

式中　W_{g2}——空气源热泵耗电指标，kW·h/m²；

q_r——建筑物耗热量指标，根据表 8-1 进行选取，W/m²；

COP——供暖季空气源热泵的平均运行能效比。

耗水指标的计算公式为：

$$Q = Frq_h \tag{8-5}$$

$$G = \frac{8.60 \times 10^5 Q}{t_g - t_h} \tag{8-6}$$

$$m = \frac{2\% GT}{Fr} \tag{8-7}$$

$$m = \frac{2\% q_h T}{t_g - t_h} \tag{8-8}$$

式中　m——耗水指标，kg/m²；

F——建筑面积，m²；

q_h——供暖热指标，W/m²；

Q——热负荷，MW；

c——水的质量比热容，4.1868kJ/(kg·℃)；

t_g——供水温度，℃；

t_h——回水温度，℃；

G——管网总流量，kg/h；

T——总供暖小时数，h；

r——容积率。

3. 实现方法

空气源热泵集中供暖合理规模的经济技术分析具体步骤如下：

① 根据住宅小区的规划图纸，确定供暖工程的基本设计参数（供暖室外气象参数、供暖热指标、设计供回水温度、推荐比摩阻等），确定建筑物理参数（如楼层数、层高、楼间距、建筑体量等）；

② 选取供暖技术经济分析方法，建立空气源热泵集中供暖系统的技术经济分析数学模型；

③ 进行指标基价数据处理，确定空气源热泵、热源用地、水泵房等初投资计算公

式以及水、电、热费等经济参数的选取；

④ 计算小区的热负荷，并进行热网的水力计算，确定年耗热量、水泵流量、扬程、台数；

⑤ 计算热源、热源用地、热网、水泵和水泵房等的初投资，计算补水和水处理费用、电费、大修费、人工费和材料费等运行费用，计算出不同城市、不同容积率和不同热网规模条件下的费用年值；

⑥ 计算单位指标值。

第二节　设备选型

一、主机设备选型

空气源热泵机组制冷参数的标准工况与设计工况基本吻合，衰减甚微，但采暖数据的标准工况与设计工况差距较大，所以此处仅分析按照热负荷选择主机设备的方法。

（一）热负荷计算

1. 常规计算方法

常规热负荷的计算方法是将建筑物的热负荷分为围护结构耗热量和建筑物附加耗热量两部分进行计算。围护结构耗热量是指在冬季室外采暖计算温度下，通过房间门、窗、外墙等传递到室外的热量。由于建筑物的朝向、地理位置和高度差异，需要引入附加耗热量对建筑物耗热量进行修正；附加耗热量可以分为风力附加、高度附加和朝向修正等。由于风压和热压的存在，冷风渗透耗热量在公共建筑耗热量中占有较大的比例；对于民用建筑，影响附加耗热量的主要因素为建筑朝向和冷风渗透量。综上所述得到采暖建筑的设计热负荷公式为：

$$Q = Q'(1 + x_{ch} + x_f)(1 + x_g) + Q' \tag{8-9}$$

式中　Q'——围护结构基本耗热量，W；

$\quad x_{ch}$——朝向修正，%；

$\quad x_f$——风力附加率，%；

$\quad x_g$——高度附加率，%。

这种方法适用于施工图纸阶段深化设备选型时使用。

2. 热指标计算法

由于早期建筑缺乏设计经验和年代比较久远，在既有建筑改造时往往会出现图纸缺乏和丢失的情况，这种情况下可以采用热指标法进行估算。热指标法分为面积热指标法和体积热指标法。体积热指标法的含义为室内外温度相差1℃时，每立方米建筑物的采暖热负荷；同理，面积热指标含义为每平方米建筑面积需要的供暖设计热负荷，单位：

W/m^2。建筑热负荷主要取决于通过围护结构向外传递的热量,不仅和建筑的面积有关,还与建筑物的体形系数、窗墙比等有关。由于面积热指标的含义更加清楚直观,计算也相对简便,在实际工程中应用更广泛些。不同建筑的热负荷指标见表8-1。

表8-1 热负荷指标

建筑类型	$q_{n.m}/(W/m^2)$	建筑类型	$q_{n.m}/(W/m^2)$
普通住宅	45~70	商店	65~75
节能住宅	30~45	单层住宅	80~105
办公室	60~80	一、二层别墅	100~125
医院、幼儿园	65~80	食堂、餐厅	115~140
旅馆	60~70	影剧院	90~115
图书馆	45~75	大礼堂、体育馆	115~160

这种方法适用于项目前期方案设计阶段。

(二) 根据室外气候条件选择设备类型

空气源热泵机组主要从空气中取能,也就是只要有空气就可以使用空气源热泵进行供热和制冷;空气源热泵理论上可以应用于所有地方,但空气源热泵的制热性能受室外温度和湿度的影响很大。当室外温度降低时,在冷凝温度不变时蒸发温度降低,一方面吸气比体积会变大,另一方面压缩机的容积效率会降低,这使得空气源热泵在较低的温度下运行时制冷剂质量流量明显减小,因此会造成制热量的衰减。当湿度上升时,机组的结霜速率就会增加,机组霜层的加厚会使蒸发器空气流动阻力加大,空气流量降低,这样使得室外换热盘管的换热温差增大,蒸发温度降低,导致制冷剂质量流量减小,同样也会造成制热量的衰减。

因此,需要根据不同地区室外环境温度选择适宜的空气源热泵机组类型,以达到最佳的运行效果。

根据中国建筑气候区划分的四个区域(表8-2),结合气候特点,选择适宜的空气源热泵机组类型。

表8-2 主要区域气候分区的代表性城市

严寒地区
海伦、博克图、伊春、呼玛、海拉尔、满洲里、齐齐哈尔、富锦、哈尔滨、牡丹江、克拉玛依、佳木斯、安达、长春、乌鲁木齐、延吉、通辽、通化、四平、呼和浩特、抚顺、大柴旦、沈阳、大同、本溪、阜新、哈密、张家口、鞍山、酒泉、伊宁、吐鲁番、西宁、银川、丹东

寒冷地区
兰州、太原、唐山、阿坝、喀什、北京、天津、大连、阳泉、平凉、石家庄、德州、晋城、天水、西安、拉萨、康定、济南、青岛、安阳、郑州、洛阳、宝鸡、徐州

夏热冬冷地区
南京、蚌埠、盐城、南通、合肥、安庆、九江、武汉、黄石、岳阳、汉中、安康、上海、杭州、宁波、宜昌、长沙、南昌、株洲、零陵、赣州、韶关、桂林、重庆、达县、万州、洛陵、南充、宜宾、成都、贵阳、遵义、凯里、绵阳

夏热冬暖地区
福州、莆田、龙岩、梅州、兴宁、英德、河池、柳州、贺州、泉州、厦门、广州、深圳、湛江、汕头、海口、南宁、北海、梧州

考虑在极端温度下，完全采用空气源热泵机组提供供热进行界定，选型原则如下：

① 严寒地区：室外环境温度最低可达-35℃，仅需供热，选用超低温双级压缩螺杆式空气源热泵机组。

② 寒冷地区：室外环境温度最低可达-25℃，既需要供热，又需要制冷，热负荷大于冷负荷；以热负荷为基础选用低温单级螺杆式或者超低温涡旋式空气源热泵机组，一般可以满足冷负荷需求。

③ 夏热冬冷地区：室外环境温度最低可达-10℃，既需要供热，又需要制冷，冷、热负荷差距不大；以热负荷为基础选用低温螺杆或涡旋式空气源热泵机组，一般可以满足冷负荷需求。

④ 夏热冬暖地区：室外环境温度均在0℃以上，既需要供热，又需要制冷；以热负荷为基础选用常温螺杆式或涡旋式空气源热泵机组，满足部分冷负荷，不足冷负荷由性能系数较高的水冷冷水机组提供。

（三）根据建筑和末端条件确定出水温度

空气源热泵供水温度的高低对其性能有着直接的影响，如果空气源热泵正常工作范围内的出水温度与供热系统的末端不匹配，不仅达不到理想的供热效果，而且能耗与运行成本也会加大。所以，要根据建筑保温条件和末端形式确定供水温度。

对于新项目，末端系统应该选择地板采暖或者风机盘管，出水温度只需要45℃左右就够了。

对于改造项目，无法改变末端时，就需要空气源热泵能够有相应的出水温度与之相匹配，否则无法达到供热效果。对于改造项目的原有末端系统，要达到原有的供热效果，空气源热泵出水温度需要达到原热源的出水温度。如果原来的热源是锅炉，原有末端为暖气片系统，则原系统的供水温度会很高，一般在70℃以上；这种情况下如果让空气源热泵出水温度也这么高，不仅能耗会高，而且系统不稳定。将空气源热泵机组作为一次能源提供25℃/35℃的低温水，作为水源热泵机组一次侧的循环水，水源热泵机组二次侧的出水可以满足高温水需求。当然，也可以与锅炉进行耦合满足温度要求。

（四）根据气候条件和机组变工况性能参数进行机组选型

空气源热泵机组的容量，应根据空调系统的冷、热负荷综合考虑后确定，一般取决于冷、热负荷中的较大者。机组的制冷/制热量，除与环境空气温度有密切关系外，还与除霜情况有关。

生产企业提供的机组变工况性能或特性曲线中的制热量，一般为标准工况下的名义制热量，是瞬时值，并未考虑如融霜等引起的制热量损失。因此，确定机组冬季的实际制热量Q(kW)时，空气源热泵机组的冬季制热量会受到室外空气温度、湿度和空气源热泵机组本身融霜性能的影响。在设计工况下制热量通常采用下面的公式进行计算：

$$Q = qK_1K_2 \qquad (8\text{-}10)$$

式中　Q——机组设计工况下的制热量，kW；

　　　q——产品标准工况下的制热量（标准工况：室外空气干球温度7℃，湿球温度

6℃），kW；

K_1——使用地区的室外空调计算干球温度修正系数，按产品样本选取；

K_2——热泵机组融霜修正系数，应根据热泵厂家提供的数据修正，当无数据时，可按每小时融霜一次取0.9，两次取0.8。

机组的融霜次数，可按所选机组的融霜控制方式、冬季室外计算温度、湿度选取；也可要求生产企业提供。

请注意：《采暖通风与空气调节设计规范》所述空气源热泵标准工况（标准工况：室外空气干球温度7℃，湿球温度6℃）实际上是目前我们所称的"常温空气源热泵"，或者说更接近我们说的"风冷热泵"。

此外，表8-3列出了部分城市采用空气源热泵时供热量随室外空气相对湿度不同的修正系数。故设计选用热泵机组时，除按式（8-10）进行修正外，还需考虑这一修正系数。

表8-3　部分城市采用空气源热泵时供热量随室外空气相对湿度不同的修正系数

序号	城市	最冷月平均相对湿度/%	日平均温度≤5℃(8℃)		修正系数
			天数	平均温度/℃	
1	西安	67	101(127)	1.0(2.1)	0.76
2	宝鸡	63	104(130)	1.4(2.4)	0.77
3	郑州	60	102(125)	1.6(2.6)	0.78
4	济南	54	106(124)	0.9(1.8)	0.74
5	青岛	64	111(141)	0.9(2.2)	0.75
6	武汉	76	67	3.7	0.87
7	合肥	75	75	3.1	0.86
8	南京	73	83	3.2	0.86
9	上海	75	62	4.1	0.89
10	杭州	77	61	4.2	0.90
11	长沙	81	45	4.6	0.91
12	南昌	74	35	5.0	0.90
13	成都	80	(80)	(6.5)	0.94
14	重庆	82	(32)	(7.5)	0.96
15	贵阳	78	42	4.9	0.91
16	南宁	75	0	—	0.97
17	桂林	71	(41)	(7.9)	0.93
18	昆明	68	44	(7.7)	0.93
19	福州	74	0	—	0.97
20	台北	82	(0)	—	1.00
21	香港(澳门)	71	(0)	—	0.96

注：表中括号内的数值表示月平均温度≤8℃的相应数据。

当我们选择低温空气源热泵时，其名义工况应为：室外空气干球温度－12℃，湿球温度−14℃（依据：GB/T 25127.2—2010《低环境温度空气源热泵（冷水）机组 第2部分：户用及类似用途的热泵（冷水）机组》）。

无论是常温空气源热泵还是低温空气源热泵，我们都应注意其样本额定参数的标准工况或名义工况，在此基础上进行修正。

（五）最佳平衡点与辅助热源

1. 热泵供热量与建筑物耗热量的供需矛盾

空气源热泵系统设计中需要解决的重要问题，就是机组供热量与建筑物耗热量的供需矛盾。这主要从三个方面着手——经济合理地选择平衡点温度、合理选取辅助热源及其容量、选择最佳的热泵能量调节方式。空气源热泵机组的制热量和建筑物热负荷与室外温度的关系见图8-1。

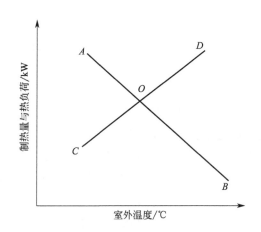

图 8-1　空气源热泵机组的制热量和建筑物热负荷与室外温度的关系

2. 最佳平衡点温度

以空气源热泵系统冬季运行耗能最少为目标确定的平衡点温度，称为最佳能量平衡点温度。如果按此平衡点选择热泵机组，就能够使整个系统获得最大的供热季节性能系数 HSPF，即输入相应的功可获得最大的季节供热量。

对于某一具体的建筑物，平衡点温度取得低，配置的热泵容量就大，则选用的辅助热源较小，甚至可以不设辅助热源（图8-2中 A）。虽然辅助热源的初投资和运行费用较低，但这样热泵的容量就会过大，造成项目的初投资较高且运行效率低，经济上不一定是最合理的。若平衡点温度取得高，配置的热泵容量就小，则选用的辅助热源较大（图8-2中 B）；系统初投资较低，但运行费用较高，系统不节能。

满足系统稳定性、最佳经济性的情况下，如何选择辅助热源参见第九章。

二、循环水泵

循环水泵的类型较多，一般用于空调系统常用的是离心水泵；按照放置方式的不同，可以分为卧式和立式。设计水泵时的核心参数是流量、扬程，然后再充分考虑此工况时的效率。

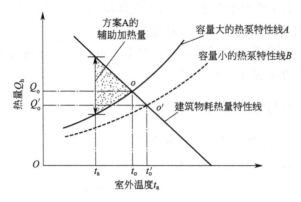

图 8-2 最佳平衡点温度的选择

(一) 循环水泵的流量

在没有考虑同时使用率的情况下选定的水泵流量，可根据产品样本提供的数值乘以 1.1～1.2 倍的系数选用。

循环水泵流量计算：

$$G = \beta_1 G' \, (\mathrm{m}^3/\mathrm{h}) \tag{8-11}$$

式中　G'——机组的使用侧总水流量，m^3/h；

　　　β_1——流量储备系数，$\beta_1 = 1.2$（2 用 1 备），$\beta_1 = 1.1$（1 用 1 备）。

如果考虑了同时使用率，建议用公式(8-12)进行计算。公式中的 Q 为没有考虑同时使用率情况下的总负荷。

$$G = Q \times 0.86 / \Delta T \tag{8-12}$$

式中　Q——总负荷，kW；

　　　ΔT——供回水温差（采暖系统取 5～7℃，冷暖系统取 5℃），℃。

水泵的流量＝$(1.1～1.2)\times$系统循环水量

(二) 循环水泵的扬程

应为它承担的供回水管网最不利环路的总水压降。

最不利环路阻力计算经验公式如下：

$$H_{\max} = \Delta p_1 + \Delta p_2 + 0.03L(1+K) \tag{8-13}$$

式中　Δp_1——机组内部的水压降；

　　　Δp_2——最不利环路中并联的各末端装置水压损失最大一台（或部分）的水压降；

　　$0.03L$——沿程损失取每 100m 管长约 $3\mathrm{mH_2O}$；

　　　K——最不利环路中局部阻力当量长度总和与直管总长的比值，最不利环路较长时 K 取 0.2～0.3，最不利环路较短时 K 取 0.4～0.6。

水泵扬程($\mathrm{mH_2O}$)＝$(1.1～1.2)H_{\max}$

（三）其他要求

水泵必须选用热水泵，其 Q-H 特性曲线，应是随着流量增大，扬程逐渐下降的曲线。同时适用于水/乙二醇（最高30％）溶液。

应根据水泵提供商提供的参数要求，并根据现场水力系统的要求选泵，水泵应在其高效区内运行。

（四）同型号水泵并联的工作特性

（1）水泵并联运行情况（表8-4）

表8-4　水泵并联运行情况　　　　　　　　　　　单位：m³/h

并联运行水泵台数	并联运行时设计总流量	设计工况下单台泵承担的流量	管路特性不变时启运台数的总流量	与选泵工况的流量偏移量
1	500	100	167(1×167)	67
2			317(2×158)	58.5
3			418(3×139)	39.3
4			473(4×118)	18.2
5			500(5×100)	0

注：1. 表中括号里的系数是1、2、3、4、5台水泵并联运行时对应单台水泵的流量与单台水泵运行时的流量偏移量；

2. 表中是水泵并联运行时的流量变化情况，需根据实际水泵台数及流量采取一定的措施保证单台水泵运行时不超载；

3. 超过5台水泵的情况，可以采用变频控制或加横流量的措施。

（2）5台同型号水泵的并联工作曲线（图8-3）

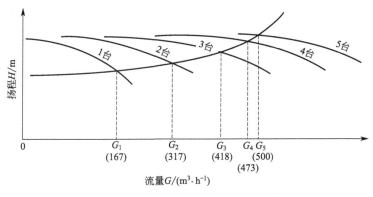

图8-3　5台同型号水泵的并联工作曲线

一台水泵单独工作时的流量大于并联时每台水泵的流量。两台水泵并联工作时，其并联工作的流量不可能比单台水泵工作时的流量成倍增加。多台泵并联工作时更加明显，并联的水泵台数越多，每台水泵的工作效率越低。因此一般水泵选型时水泵的流量和扬程应有10％～20％的富余量。当流量较大时，宜考虑多台并联运行，并联台数不宜过多，一般不超过3台。

(五) 空调冷 (热) 水系统耗电输冷 (热) 比 [EC (H) R-a]

在选配空调冷 (热) 水系统的循环水泵时, 必须根据《公共建筑节能设计标准》 (GB 50189—2015) 的有关规定, 计算空调冷 (热) 水系统耗电输冷 (热) 比 [EC (H) R-a], 确保符合节能原则。

空调冷 (热) 水系统耗电输冷 (热) 比应符合式 (8-14) 要求:

$$EC(H)R\text{-}a=0.0030962\sum (G\times H/\eta_b)/Q\leqslant A(B+\alpha\sum L)/\Delta T \qquad (8\text{-}14)$$

式中　G——每台运行水泵的设计流量, m^3/h;

　　　H——每台运行水泵对应的设计扬程, m;

　　　η_b——每台运行水泵对应的设计工作点效率;

　　　Q——设计冷 (热) 负荷, kW;

　　　ΔT——规定的计算供回水温差, ℃;

　　　A——与水泵流量有关的计算系数;

　　　B——与机房及用户的水阻力有关的计算系数;

　　　α——与$\sum L$有关的计算系数;

　　　$\sum L$——从冷热机房出口至该系统最远用户供回水管道的总输送长度, m。

式中, ΔT、A、B、α值选取按《公共建筑节能设计标准》 (GB 50189—2015) 给定表格选取。

三、补水泵的选型

根据《采暖空调循环水系统定压》 (05K210) 标准, 补水泵扬程应保证补水压力比系统补水点压力高 30～50kPa。

补水泵总小时流量宜为系统水容量的 5%～10%, 不得超过 10%。系统水容量可按表 8-5 确定。

表 8-5　补水泵系统的水容量 (以建筑面积计)　　　　　　单位: L/m^2

运行制式	系统形式	
	全空气系统	空气-水系统
供冷	0.40～0.55	0.70～1.30
供暖 (热水锅炉)	1.25～2.00	1.20～1.90
供暖 (热交换器)	0.40～0.55	0.70～1.30

四、气压罐的选型

气压罐的计算公式为:

$$V\geqslant\beta V_t/(1-\alpha) \qquad (8\text{-}15)$$

式中　V——气压罐实际总容积, m^3;

　　　β——容积附加系数, 隔膜式气压罐取 1.05;

　　　V_t——气压罐调节容积, 不宜小于 3min 平时运行补水泵的流量, m^3;

α——压力比 $\alpha=(p_1+100)/(p_2+100)$，$p_1$、$p_2$ 分别为补水泵的启动压力和停泵压力（表压，单位：kPa），综合考虑气压罐容积和系统最高运行工作压力的因素，α 宜取 0.65～0.85，必要时取 0.5～0.9。

五、软水器与软化水箱的选型

软水器的处理水量应满足补水泵的小时流量要求。

软化水系统宜设软化水箱，水箱储水容积可取 0.5～1h 补水泵的流量，系统较小时取较大值。

六、分集水器选型

分集水器是水系统中用于连接各路供、回水的分、集水装置。分集水器由分水主管和集水主管组成，分水主管连接于管网系统的供水管，它的主要作用是将来自于管网系统的水通过各分支管分配到各区域。水在管中流动时，将冷或热量传递到末端设备，再通过末端设备向室内供冷或热。回水管的另一端与分集水器的集水主管相连，在室内供冷或热后回水通过集水主管回到管网系统，完成一个循环。

分集水器一般材质为碳钢或不锈钢，针对室外地源热泵系统，也可以采用 PE 塑料。

分集水器一般承压为低压 1.6MPa，具体根据系统工作压力进行定制。

分集水器筒体直径的确定方法：

① 筒体直径比汽水连接总管直径大两号以上。

② 一般可以根据筒体断面流体流速经计算后确定，蒸汽流速按 10m/s 计算，水流速按 0.1m/s、0.3m/s、0.5m/s、0.7m/s、1.0m/s 计算，为便于选用，请查阅《分（集）水器分汽缸》（05K232）的选用表。

③ 筒体长度 L 根据筒体接管数确定，计算公式如下：

$$L=130+L_1+L_2+\cdots+L_i+120+2h$$

简化为： $\quad L=130+(d_1+d_2+\cdots+d_{n-1})\times2+n\times120+120+2h$ （8-16）

式中，d_1、d_2 为任意两相邻接管的外径，根据接管直径和保温层厚度确定。如接管不保温，则接管中心距必须大于 d_1+d_2+80。

④ 分集水器的排污管及分汽缸的排污管和疏水管安装位置、安装方向，由工程设计决定。

第三节　系统设计

一、循环系统

空调水系统的发展经历了一次泵定流量系统、一次泵变流量系统及一次泵变频变流量系统等三个阶段。随着热泵机组控制技术的发展，近年来一次泵变频变流量不断得到应用。在集中供热（冷）系统中，末端空调机组或风机盘管、地暖分集水器、散热器使用比例积分（或电动二通、温控阀）调节阀，根据室内温度的变化调整其开度（或状态），从而引起系统分配环路的流量变化，形成供、回水干管之间的压力差变化；水泵的变频调速器根据供、回水干管之间的压力差变化调整水泵的转速，从而改变供、回水干管之间的压力差及通过水泵、热泵机组蒸发器的冷水流量，此系统中旁通阀变为辅助性的，这就是一次泵变频变流量水系统。在这种系统中，当热泵机组处于部分负荷时，热泵机组的冷水流量随着负荷的变化而减小，从而可以使水泵的动力消耗随着负荷的变化同时减小。目前在空气源热泵系统中应用较广泛的是一次泵变流量系统。下面是一次泵变流量系统的关键问题。

1. 热泵机组的流量范围

由于受传热效率等因素的影响，为了安全运行和防止蒸发器结冰，一次水流量必须控制在一定范围内。

2. 热泵机组的部分负荷特性

经过对国内外主要热泵机组生产厂商调查发现，热泵机组负荷为 $50\%\sim100\%$ 的范围内，蒸发器分别为定流量和变流量的热泵机组效率几乎是相同的，在蒸发器可变范围内机组负荷与流量压降基本呈线性关系。

3. 旁通控制阀

旁通控制阀的选型一定要合理。阀门的流量必须满足单台热泵机组的最小流量，并且应具有线性控制特性，即流量与阀门的开度呈线性关系。当系统压力减小时，阀门仍然可以正常打开；当系统压力升高时，阀门应具有正确的关断能力，并且在设计压力下不渗漏。阀门还必须有弹簧复位功能，当系统关闭或流量测定装置失灵时，为了确保热泵机组的安全运行，阀门自动复位到开启状态。

同时应尽量缩短流量测定的信号和阀门控制信号的时间滞后，以提高反应和控制速度。

4. 可允许流量变化率

可允许流量变化率（即热泵机组所允许的，每分钟相对设计流量的变化率）是一次泵变频变流量系统中热泵机组选型的重要参数。在系统发生加减热泵机组时会出现最大的流量变化，系统在一台机组运行的状态下，加载另一台机组的瞬间，两台机组的流量各自减少和增加了 50%。机组内流量减少 50% 的瞬间，机组会计算出温差需要加倍，这意味着出水温度要大大降低，甚至降到 $0℃$ 以下。在这种情况下，机组会根据温度判断蒸发器将结冰，于是机组控制器会做出停机或卸载的指令。实际上，阀门打开需要一定时间，并不是瞬时完成的，但是在短时间内完成如此大的流量变化仍然存在上述危险。解决这一问题的通常做法是：在加载一台热泵机组之前必须先卸载正在运行的机组。但是对于出水温度精度要求较高的工艺性空调来说，不能有很长的卸载时间。因此，在机组选型时，可允许流量变化率的值越高越好。在一般的一次泵变频变流量系统中，可允许流量变化率应至少取 $25\%\sim30\%$。这意味着加载一台机组后，大约需要1.5min 系统就可以稳定下来。

二、末端形式的选择

空调末端形式主要有地暖、散热器、风机盘管、组合式空调器、吊顶式空调器等。目前空气源热泵系统常用的末端形式有地暖、散热器、风机盘管。

(一) 地暖管的选择

①在水阻力不超限的情况下，水流速度越大管道内越不容易积气，有利于减小传热热阻从而增加散热量。一般管道内水流速度不得小于0.25m/s，一般流速应在0.25～0.5m/s之间为宜，分集水器内的水流速一般不宜超过0.8m/s；过小的流速会影响散热量，过大的流速则会增加水泵的负担，且水流噪声会较明显。

② 一般要求在任何情况下系统水流量都不得小于系统额定水流量的60%，如果实际中有可能出现流量小于60%的情况，需加装压差旁通阀或其他旁通措施，否则可能导致机组保护。

③ 从减少加热盘管的水侧阻力，提高采暖效果的角度考虑，加热管道宜选择外径$\phi 20mm$的管道；从施工安装方便的角度考虑，加热管道宜选择外径$\phi 16mm$的管道，根据工程实际情况选择合适的方案。

④ 地暖管长度。加热盘管的长度和环路简易计算（例：采暖房间内面积$10m^2$，分集水器与采暖房间连接距离15m）如表8-6所示。

表8-6　加热盘管的长度和环路简易计算

盘管间距/mm	150	200	250
每平方米用管量/m	6.7	5	4
加热盘管长度 (采暖房间面积×每平方米用管量＋ 采暖房间至分集水器连接距离×2)/m	10×6.7＋10×2＝87	10×5＋10×2＝70	10×4＋10×2＝60

加热盘管长度建议：每环路加热盘管长度宜控制在60～80m，最长不应超过100m；各环路长度宜相等或相近，管长差值应控制在10m内。

⑤ 地暖管材质。

a. PE-X：交联聚乙烯，力学性能好，耐低温和高温；但是没有热塑性，不能采用热熔连接，通常采用卡式连接；是目前欧洲在地暖系统中使用量最大的一个品种；进口和国产的差价大，低价位的产品应用存在一定的风险。

b. PE-RT：中密度聚乙烯，力学性能好，具有耐应力开裂、低温冲击，耐水压，耐热蠕变的性能；具有可以热熔连接、原料性能稳定可靠和柔韧性好等优点，其综合的优良特性使之在地板辐射采暖领域中具有一定的竞争力，价格适中。

c. PB：聚丁烯，管材最柔软；相同压力下，管壁设计最薄；是当前几种用于热水的塑料管中价格最贵和可靠性最高的品种。

由于采暖系统中渗入氧会加速系统的氧化腐蚀，因此选择PB、PE-X、PE-RT塑料管道时宜选择含有阻氧层的管道。

（二）散热片的选择

① 根据房间热负荷和散热片散热量相匹配的原则进行选型；

② 兼顾房间的舒适性、美观性来确定与之相符的散热片型号；

③ 散热片选型的计算方法：

$$A = \frac{Q}{q}\beta_1\beta_2 \tag{8-17}$$

式中　A——散热片片数；

　　　Q——房间热负荷；

　　　q——单片散热量；

　　　β_1——散热片片数修正系数，见表8-7；

　　　β_2——散热片连接形式修正系数，见表8-8。

表 8-7　散热片片数修正系数

每组片数	<6	6～10	11～20	>20
β_1	0.95	1.00	1.05	1.10

表 8-8　散热片连接形式修正系数

连接形式	同侧 上进下出	异侧 上进下出	异侧 下进下出	异侧 下进上出	同侧 下进上出
β_2	1.0	1.009	1.251	1.39	1.39

（三）风机盘管的选择

① 风机盘管分类。

按形式：卧式暗装、卧式明装、立式暗装、立式明装、卡式五种；

按厚度：超薄型、普通型；

按有无冷凝水泵：普通型、豪华型；

按机组静压：0Pa、12Pa、30Pa、50Pa、80Pa（机外静压）；

按照排管数量：两排管、三排管；

按制式：两管制、四管制。

② 确定型号以后，还需确定风机盘管的安装方式（明装或暗装）、送回风方式（底送底回、侧送底回等）以及水管连接位置（左或右）等条件。

③ 房间面积较大时应考虑使用多个风机盘管；房间单位面积负荷较大，对噪声要求不高时可考虑使用风量和制冷量较大的风机盘管。

④ 考虑所接风管的沿程阻力、出风口的阻力、软接的阻力，低静压（12Pa）直接接风口或接不超过1m的风管，中静压的风盘（30Pa）接不超过4m的风管，高静压（50Pa）的风盘接不超过7m的风管。

三、系统管道

（一）系统管道计算

1. 公式计算法

管径计算公式如下：

$$D = \sqrt{\frac{4Q}{3.14} \times 1000v} \qquad (8\text{-}18)$$

式中　Q——管段内流经的水流量，L/s；

　　　D——管道内径，mm；

　　　v——假定的水流速（表 8-9），m/s。

表 8-9　管内水流速推荐表

管径/mm	15	20	25	32	40
推荐流速/(m/s)	0.4～0.5	0.5～0.6	0.6～0.7	0.7～0.9	0.8～1.0
管径/mm	50	65	80	100	125
推荐流速/(m/s)	0.9～1.2	1.1～1.4	1.2～1.6	1.3～1.8	1.5～2.0

2. 经验法

管径经验选定法如表 8-10 所示。

表 8-10　管径经验选定法——系统水流量和单位长度阻力损失表

管内径/mm	闭式水系统		开式水系统	
	流量/(m³/h)	每 100m 阻力损失/kPa	流量/(m³/h)	每 100m 阻力损失/kPa
15	0～0.5	0～60	—	—
20	0.5～1.0	10～60	—	—
25	1～2	10～60	0～1.3	0～43
32	2～4	10～60	1.3～2	11～40
40	4～6	10～60	2～4	10～40
50	6～11	10～60	4～8	10～40
60	11～18	10～60	8～14	10～40
80	18～32	10～60	14～22	10～40
100	32～65	10～60	22～45	10～40
125	65～115	10～60	45～82	10～40

（二）设备连接管

连接各末端装置的供回水支管管径，宜与设备的进出水管接管管径一致，可查产品样本获知。

第四节　系统连接方式

　　系统连接方式分为直接式和间接式，正常建议采用直接方式；如果因为其他原因，比如系统承压问题，必须采用间接方式。

　　空气源热泵冷暖常用系统形式如图 8-4 所示。

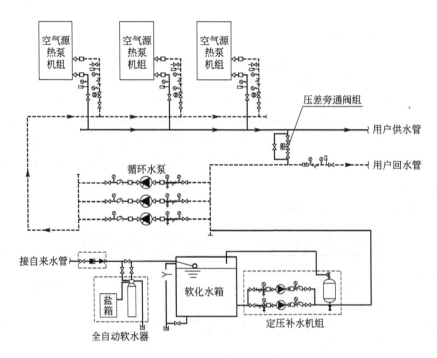

图 8-4　空气源热泵冷暖常用系统形式

第五节　电气系统设计

　　本节着重介绍空气源热泵工程低压配电系统设计和施工应遵循的设计规范和设计方法，以正确合理进行工程设计和安全用电。

　　空气源热泵系统用电设备通常为 220V/380V 电压等级，自变压器二次侧至受电设备之间的低压配电级数不宜超过三级，采用三相五线制、三相四线制和单相两线制形式。

一、负荷计算

计算负荷又称需要负荷或最大负荷，负荷计算方法有需用系数法、利用系数法、单位指标法、单位面积功率法、单位产品耗电法、二项式法、ABC 法等。单位指标法、单位面积功率法、单位产品耗电法多用于可研阶段；需用系数法、利用系数法多用于初步设计和施工图设计，故本文介绍的空气源热泵系统负荷计算采用的是需用系数法。

1. 空气源热泵机组、水泵等用电设备组负荷计算

有功功率 P_c

$$P_c = P_e K_x (\text{kW}) \tag{8-19}$$

式中，K_x 为需用系数，$0.75 \sim 1.0$。

无功功率 Q_c

$$Q_c = P_c \tan\varphi (\text{kvar}) \tag{8-20}$$

注：$1\text{var} = 1\text{W}$。

视在功率 S_c

$$S_c = \sqrt{P_c^2 + Q_c^2} (\text{kV} \cdot \text{A}) \tag{8-21}$$

计算电流 I_c

$$I_c = \frac{S_c}{\sqrt{3} U_r} = \frac{P_c}{\sqrt{3} U_r \cos\varphi} (\text{A}) \tag{8-22}$$

空气源热泵机组和水泵等设备的计算负荷是选择变压器、配电导线和电器的依据，也是计算功率损耗、电能损耗、电能消耗量及无功功率补偿的依据。

2. 空气源热泵系统降压变电所负荷计算

有功功率 P_c

$$P_c = K_{\Sigma p} \sum (P_e K_x)(\text{kW}) \tag{8-23}$$

无功功率 Q_c

$$Q_c = K_{\Sigma q} \sum (K_x P_e \tan\varphi)(\text{kvar}) \tag{8-24}$$

视在功率 S_c

$$S_c = \sqrt{P_c^2 + Q_c^2} (\text{kV} \cdot \text{A}) \tag{8-25}$$

式中　　P_e——空气源机组、水泵设备组功率；

$K_{\Sigma p}$，$K_{\Sigma q}$——用功功率、无功功率同时系数，分别取 $0.8 \sim 1.0$ 和 $0.93 \sim 1.0$，为方便计算可以同时取 $K_{\Sigma p}$。

在方案设计阶段，无功功率补偿容量可按变压器容量 $15\% \sim 30\%$ 估算；在施工图设计阶段，应根据降压变电所负荷计算值确定无功补偿电容器容量。

无功补偿容量

$$Q_c = P_c (\tan\varphi_1 - \tan\varphi_2)(\text{kvar}) \tag{8-26}$$

式中　　$\tan\varphi_1$——补偿前计算负荷功率因数角正切值；

$\tan\varphi_2$——补偿后功率因数角正切值。

二、电缆敷设方式

通常空气源热泵机组放置于室外或楼顶面，故电缆敷设通常采用地下直埋、电缆沟或竖井布线方式。直埋敷设应使用具有铠装和防腐层的电缆如 YJV_{22}，由于电缆直埋敷设施工简单、投资省，电缆散热好，因此在电缆根数较少时应首先考虑采用。

空气源热泵系统需要配置水泵、定压补水装置等设备，这些设备通常安装于室内，故电缆敷设方式通常采用穿管或线槽。

三、配电线路保护

空气源热泵系统属于重要负荷，配电线路应装设短路保护和过负荷保护；配电线路装设的上下级保护电器应具有选择性，且各级之间应能协调配合。短路保护器应在短路电流对导体和连接处产生热作用和机械作用造成危害之前切换电源。过负荷保护器应在过负荷电流引起导体温升对导体的绝缘、接头、端子或导体周围的物质造成损害之前切断电源。空气源热泵系统通常采用断路器作为短路和过负荷保护电器，被保护线路末端的短路电流不应小于断路器瞬时或短延时过电流脱扣器整定电流的1.3倍。过负荷保护器的动作特性，应符合下列公式要求。

$$I_B \leqslant I_n \leqslant I_z \quad I_2 \leqslant 1.45 I_z \tag{8-27}$$

式中　　I_B——回路计算电流，A；

I_n——断路器额定电流或整定电流，A；

I_z——导体允许持续载流量，A；

I_2——断路器约定时间内的约定动作电流，A。

四、接地

空气源热泵系统低压配电系统接地主要有工作接地、保护接地和防雷接地，设置这些接地目的是保障人身安全和电气装置安全。工程上通常将低压配电系统的中性点或电气装置外壳进行接地，电气装置外壳可以直接接地，也可以通过导线连接到配电系统已接地的中性点上。配电系统接地形式很多，如TN-S系统、TN-C系统 TN-C-S系统。设有变电所的建筑通常采用TN-S系统，该系统中性导体N和保护导体PE是分开的；正常情况下，PE线不通过负荷电流，与PE相连的电气设备的金属外壳在正常运行时不带电位，比较安全，故空气源热泵系统通常采用TN-S系统接地。从安全和经济方面考虑，TN系统PE线的最小截面积满足表8-11。

表 8-11　TN 系统 PE 线的最小截面积

回路相线的截面积 S/mm^2	相应 PE 线的最小截面积 $/\text{mm}^2$	回路相线的截面积 S/mm^2	相应 PE 线的最小截面积 $/\text{mm}^2$
$S \leqslant 16$	S	$400 < S \leqslant 800$	200
$16 < S \leqslant 35$	16	$S > 800$	$S/4$
$35 < S \leqslant 400$	$S/2$		

五、配电设备布置

配电室的位置应靠近用电负荷中心；配电设备的布置必须遵循安全、可靠、适用和经济等原则，并便于安装、操作、搬运、检修、试验和监测。

① 落地式配电箱的底部宜抬高，高出地面的高度室内不应低于50mm，室外不应低于200mm；其底座周围应采取封闭措施，防止鼠蛇进入。

② 高压及低压配电设备设在同一室内，且两者有一侧柜有裸露的母线时，两者之

间的净距不应小于 2m。

③ 成排布置的配电屏，其长度超过 6m 时，屏后的通道应设 2 个出口，并宜布置在通道的两端；当两出口之间的距离超过 15m 时，其间还应增加出口。

六、工程设计示例

某项目三级供电负荷，6 台 HE-MAB/Na-640 空气源热泵机组，每台机组制热功率为 199.39kW；末端循环泵三台，功率 37kW，2 用 1 备，变频控制；电气设备电压等级均为 380V，设计范围为 0.4kV 低压部分。

第一种方案：配电柜配置于泵房。

第一步：变压器容量选择。

设备组总额定功率：

$$P_e=199.39\times6+37\times2=1270.34(\text{kW})$$

设备组有功功率（需要系数取 0.9）：

$$P_c=K_xP_e=1270.34\times0.9=1143.31(\text{kW})$$

设备组无功功率（功率因数取 0.8）：

$$Q_c=P_c\tan\varphi=1143.31\times0.75=857.48(\text{kvar})$$

设备组视在功率：

$$S_c=\sqrt{P_c^2+Q_c^2}=\sqrt{1143.31^2+857.48^2}=1429.14(\text{kV}\cdot\text{A})$$

设备组计算电流：

$$I_c=\frac{S_c}{\sqrt{3}U_r}=\frac{P_c}{\sqrt{3}U_r\cos\varphi}=\frac{1143.31}{\sqrt{3}\times0.38\times0.8}=2171.41(\text{A})$$

有功功率和无功功率取同时系数 0.96，功率因数补偿到 0.96，经无功补偿后：

变压器低压侧有功功率为：1143.31×0.96＝1097.58（kW）；

变压器低压侧无功功率为：857.48×0.96－493＝330.18（kvar）；

变压器低压侧视在功率为：$\sqrt{1097.58^2+330.18^2}=1146.17$（kV·A）；

变压器有功损耗：1146.17×0.01＝11.46（kW）；

变压器无功损耗：1146.17×0.05＝57.31（kvar）；

变压器容量：$\sqrt{1109.04^2+387.49^2}=1174.78$（kV·A）；

故最终选择容量为 1600kV·A 的变压器，负载率为 73.4%。

第二步：配电柜数量确定。

确定总配电柜数量：由于 2171.41A＜3150A，故采用一个标准 GGD 总电源柜；总电源柜内配置浪涌保护器、万能塑壳断路器、计量仪表。

每台 HE-MAB/Na-640 空气源热泵机组采用四路供电，每路供电回路额定功率为：P_e＝199.39/4＝49.85(kW)，I_c＝94.68A；故每路配置的塑壳断路器整定电流为 125A。

根据塑壳断路器外形尺寸和配电柜大小，本着配电柜合理布置和利用的原则，一般一台标准 GGD 配电柜可以双面布置 12 个整定电流为 125A 的塑壳断路器。

6 台 HE-MAB/Na-640 空气源热泵机组有 6×4＝24（路）供电回路，故该项目机组供电回路需要 2 台标准 GGD 配电柜。

功率为 37kW 的三台末端循环泵变频控制，可以布置一台标准 GGD 配电柜。

该项目最终需要 4 台标准 GGD 配电柜，配电柜外形尺寸为 1000mm×800mm×2200mm（长×宽×高）。

第三步：确定电缆。

总配电柜进线：

根据温升选择截面，土壤热阻系数 1.0，导体工作温度 65℃，电缆 YJV_{22}-4×240+1×120 载流量为 337A 该项目总电流为 2171.41A，故选择 7 根 YJV_{22}-4×240+1×120 的电缆，采用直接埋地或电缆沟方式敷设，如果配电室距离总电源柜较近，也可以采用母线槽。

机组每路供电电缆：

根据温升选择截面，土壤热阻系数 1.0，导体工作温度 65℃，每路负载计算电流为 94.68A，空气源热泵机组放置于室外，电缆敷设方式通常采用直埋或电缆沟，选择 YJV_{22}-4×35+1×16 电缆，该电缆载流量为 135A，电缆载流量符合要求。

按电压损失校验机组每路电缆截面：

电缆 YJV_{22}-4×240+1×120 电压损失：$\Delta U_a = 0.249\%/(A \cdot km)$，假设机组供电距离为 200m，电压损失百分比 $\Delta U = \Delta U_a I_c l = 0.249\%/(A \cdot km) \times 94.68A \times 0.2km = 4.715\%$，4.715%＜5%，电压损失满足要求。当电缆敷设距离较长，电压损失不满足要求时，电缆线径升一级再核实线路电压损失是否满足要求。

校核整定电流为 125A 的塑壳断路器与 35mm² 电缆是否满足配电线路装设的上下级保护电器之间应能协调配合的要求：

机组回路计算电流 $I_c = 94.68A$，断路器 $I_n = 125A$，$I_z = 135A$，$I_2 = 1.25 \times 125 = 156.25$（A），$1.45 \times I_z = 1.45 \times 135 = 195.75$（A），$I_c < I_n < I_z$，$I_2 < 1.45 \times I_z$，故满足保护电器协调配合要求。

水泵每路供电电缆和断路器整定电流计算方法与机组供电回路计算方法相同，不再赘述。

第二种方案：配电柜临近每台机组配置。

该方案适用于变配电室距离机组较近的场合，每台 HE-MAB/Na-640 空气源机组配置一台配电柜，配电柜外形尺寸视电器元器件大小而定。该方案优点是：机组电缆敷设方便，可以大大节约电缆成本；缺点是：配电柜数量增多，配电柜防护等级要求较高。该项目 6 台空气源机组需要 6 台配电柜、水泵控制柜 1 台，最终需要配电柜数量最少为 7 台。每台机组每路电缆选择同第一方案，不再赘述。

多能互补与柔性供热

空气源热泵作为一种节能环保、高效安全、安装方便的供热制冷技术，是目前研究的热点，但在使用中受室外环境的影响。空气的温度始终处在不断变化中，一天 24 小时存在变化，一个采暖季温度也是变化的。室外空气的温度越低，空气源热泵的效率也就越低；气温低到一定程度，不仅会使空气源热泵的效率降低，还会影响空气源热泵的正常工作，甚至发生故障无法运行。

为了充分发挥空气源热泵的优势，规避空气源热泵的劣势，对于有条件的项目，空气源热泵应该与水（地）源热泵、太阳能、市政热力等供能技术耦合应用，采用多能互补的方式进行供能。

第一节　空气源热泵与水源热泵耦合

一般来说，对于既制热又制冷的热泵系统，水源热泵（包括地下水源、土壤源、地表水源、污水及再生水源）的平均效率远高于空气源热泵。空气源热泵与水源热泵耦合的方式与单纯的空气源热泵相比不仅可以降低能耗，而且具有更高的稳定性和可靠性。

空气源热泵与水源热泵耦合的形式根据连接方式的不同可分为串联、并联两种。

一、空气源热泵与水源热泵并联耦合

空气源热泵系统与水源热泵系统均作为独立的能源供应系统独立设计，各自承担系统部分或全部能源供应。系统原理见图 9-1。

根据两种系统的配置比例，可以设计出多种配比方案。

配置方案一：空气源热泵系统与水源热泵系统均按照 100％能源需求进行设计，备用能源达到 100％。两套系统互为备用，均可以独立运行以满足系统能源需求。此种配

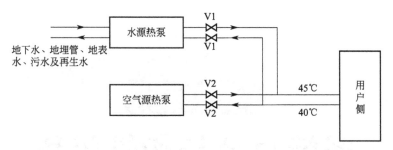

图 9-1　空气源热泵与水源热泵并联耦合方式原理图

置运行十分稳定，但是投资很高，实际应用基本没有。

配置方案二：空气源热泵系统或水源热泵系统按照100％能源需求设计，另一种热泵系统则部分满足需求。这是现实中比较常见的系统形式之一。该系统既保证了运行的稳定性和可靠性，也可以部分降低投资。

配置方案三：空气源热泵系统与水源热泵系统均按照部分满足需求进行设计。一般情况下，一种满足基础负荷能源供应系统，另一种起到调峰和备用作用。具体结合当地政策、能源电价水平以及使用方实际条件等因素综合考量确定。

二、空气源热泵与水源热泵串联耦合

顾名思义，以空气源热泵输出的热水作为水源热泵设备的低品位热源，从而形成串联系统。同时，空气源系统可以作为独立系统进行供能，满足部分需求。只有当空气源热泵系统无法满足系统能源需求时，才执行串联模式，系统原理见图9-2。需要说明的是，空气源热泵与水源热泵相结合的串联系统主要面向供热工况，在制冷工况下无法使用。

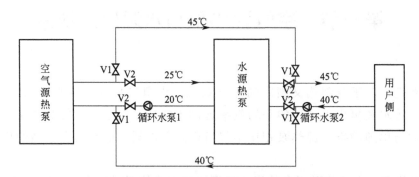

图 9-2　空气源热泵与水源热泵串并联耦合方式原理图

本文重点介绍串联系统在不同条件下的运行工况：

① 当室外气温较高，空气源热泵机组能够以较高效率提供45～55℃热水时，执行独立供能模式，开启V1，关闭V2，由空气源热泵机组提供的45～55℃热水直接经过风机盘管或地板辐射向建筑物供热。

② 当室外气温较低，空气源热泵机组无法提供45～55℃热水或以很低的效率提供45～55℃热水时，执行串联模式，关闭V1，开启V2，空气源热泵机组以较高的效率产生10～

25℃热水，该热水作为水源热泵机组的低位热源，经水源热泵机组提温后再向建筑物供热。

在这种单、双级混合式热泵系统中，只有当空气源热泵机组无法以较高的效率直接提供45~55℃热水时，水源热泵才投入运行；这样就大大减少了系统按照耦合运行的时间，进而降低系统的运行能耗。双级耦合热泵不仅解决了空气源热泵机组在室外气温太低时无法正常运行的问题，还充分利用了空气源热泵直接供热的节能特性，使得耦合系统有着更高的季节供热性能系数，更具有经济和节能价值。另外，耦合供热系统可在单、双级混合运行模式下交替运行，具有良好的负荷适应能力，从而可保持较高的能源利用效率。空气源热泵与水源热泵串联耦合系统进一步促进了空气源热泵机组向北扩大应用范围，同时耦合系统初期投资较单纯的空气源热泵系统有所增加。

第二节　空气源热泵与太阳能耦合

太阳能作为一种免费的可再生能源，取之不尽，用之不竭；毫无疑问，像空气源一样，太阳能也是一种很好的热源。我国是太阳能光热产业大国，是世界上太阳能资源最丰富的地区之一，但目前太阳能的利用还是偏重于生活用热水的制取上，用于采暖还没有很大的推广。

太阳能光热具有普遍、巨大、无害、长久等众多优点，同时也具有集热器占地面积大，且分散性、不稳定性、初始投资高及效率偏低的缺点。如果直接用于冬季采暖，将会受到地域、季节和使用时间等多方面的影响，而呈现出间歇性和不稳定性。这就需要一种节能环保的技术，与太阳能联合应用达到供暖的目的。热泵技术无疑成为最好的选择。

空气源热泵相对于地源热泵，对场地、安装地区地质、地下水量等硬性环境条件没有过多要求。将太阳能集热系统与空气源热泵系统集成为一体，可以达到优势互补的目的，既解决了空气源热泵低温性能差的问题，也解决了太阳能的间歇性和不稳定性问题。这成为目前最有希望和发展前景的清洁能源利用方式之一。

空气源热泵与太阳能耦合系统，同时兼具实用性、环保性和经济性，能有效地改善空气源热泵的供热效果，改善建筑物室内温度的舒适性，提高整个系统的运行效率，节约大量常规能源。

根据太阳能集热器与空气源热泵的组合形式可分为串联、并联系统。

一、空气源热泵与太阳能串联耦合

太阳能集热器与空气源热泵冷凝器的串联系统可分为两种，见图9-3。

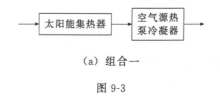

（a）组合一

图 9-3

（b）组合二

图 9-3　太阳能集热器与热泵冷凝器串联组合示意图

　　如图 9-3 所示，集热器在前冷凝器在后，或冷凝器在前集热器在后。经过深入研究对比后发现，在特定的有利条件下，即典型晴天时，随着太阳辐射强度增大，组合二系统中的热泵 COP 高于组合一系统中的热泵 COP，最高可达 6.65%，得出不同的串联组合方式对系统性能有较大影响且组合二系统更具有节能潜力的结论。但是，传统太阳能热水系统的不足就是由于天气变化带来的不稳定性，因此一般都要配备辅助加热手段。组合二系统由热泵冷凝器进行一次加热，不稳定的太阳能集热器进行二次集热，显然会使整个系统如同传统太阳能热水系统一样存在不稳定性。因此选择在对集热器有利的天气条件下进行，虽然结果表明组合二系统中的热泵运行性能更佳，不过长期运行的可靠性有待商榷，只能在特定气象条件下发挥优势。因此串联式系统受天气影响较大，应用案例较少。

二、空气源热泵与太阳能并联耦合

　　太阳能集热器与空气源热泵并联的系统，太阳能循环系统与热泵系统可单独或联合运行，稳定性较高。

　　图 9-4 为太阳能-空气源热泵并联系统。为了减少冬季供热期热泵机组的能耗，太阳能热水系统应以供热为主；有富余热量时转换系统管路，供给用户生活热水。依据太阳能辐射强度的不同，该供热系统主要有如下 4 种运行模式：

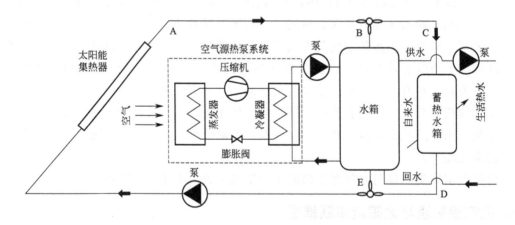

图 9-4　太阳能-空气源热泵并联系统

　　① 当太阳能十分充足，即太阳能在满足用户供热需求后有富余热量或供热水箱水温高于设定温度上限时，切换太阳能热水系统管路，形成由图 9-4 中太阳能集热器、蓄热水箱和水泵组成的 A—C—D—A 循环。

　　② 当太阳能比较充足、太阳能热水系统能够满足用户供热需求时，热泵系统关闭，

太阳能热水系统单独运行，即形成由图 9-4 中太阳能集热器、水箱、循环水泵组成的 A—B—E—A 循环。

③ 当太阳能不太充足，即太阳能热水系统仅能满足部分用户负荷时，采用太阳能热水系统和空气源热泵联合运行模式，形成由图 9-4 中空气源热泵系统和水箱以及由太阳能集热器、水箱和水泵组成的循环。当水箱水温高于设定温度上限时，只利用太阳能供给生活热水。

④ 当太阳能辐射强度为零（夜间）、太阳能辐射的有效得热量小于或等于太阳能集热器内热水散热量时，空气源热泵单独运行，即形成由图 9-4 中空气源热泵系统和供热水箱组成的空气源热泵供热系统。在夏季和其他过渡季，形成如图 9-4 中太阳能集热器、蓄热水箱和水泵组成的 A—C—D—A 循环，利用太阳能供给生活热水，且夏季仅利用空气源热泵制冷。

第三节　空气源热泵与市政热力耦合

由于城市发展加快，新建城市热网的供热规模、供热范围和实际供热能力都远不能满足市区新建民用建筑用热，这些建筑仍然要依靠其他供热形式来解决。附近又无其他可利用能源，在电力条件允许的情况下，可以采用空气源热泵进行补充。空气源热泵与市政热力耦合在解决供热不足的同时还能节省燃煤消耗。

一、耦合条件

空气源热泵与市政热力耦合有以下两种使用情况：

① 距离供热管网较远。这种情况在低温下，大多数采用电辅加热补充，以达到适宜的出水温度；但此时热泵效率极低，达不到节能的效果。

② 距离供热管网较近。这种情况一般采用供热管网集中供热，而伴随越来越多的新建小区，供热需求越来越大，燃煤消耗也将越来越大。在供热期间，极端天气占比极少，大多数为非极端天气，而在非极端天气下空气源热泵可充分满足供热需求。在极端天气下，可使供热管网并入空气源热泵供热系统，弥补空气源热泵在极端天气下制热量和效率较低的不足，实现双热源联合供热，满足供热需求。此种方式极大节省了燃煤消耗量。

二、耦合类型

高温出水空气源热泵系统如 CO_2 热泵，可用于补充一次网（图 9-5），可解决一次管网供热能力不足的问题，同时提高系统性能。

普通出水温度空气源热泵系统可并入二次管网（图 9-6），相较于单一热源供热系统具有良好的经济性，可克服空气源热泵在寒冷地区供热不稳定的问题。

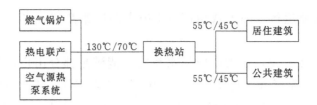

图 9-5 空气源热泵补充一次网

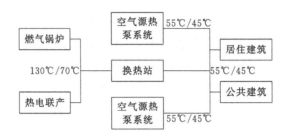

图 9-6 空气源热泵并入二次网

第四节　空气源与辅助热源耦合

辅助热源的形式主要有三种：电加热、锅炉（燃气锅炉、燃油锅炉、生物质锅炉等）、电蓄能。

1. 辅助电加热

对于空气源热泵及辅助电加热复合采暖系统（图9-7），空气源热泵节能，但初投资大；辅助电加热设备初投资低，但节能性差。从节能性与经济性两方面综合考虑，其中节能性以制热季节性系数作为评价指标，经济性以动态费用年值作为评价指标，最终提出单价能效系数的概念，并以此作为评价整个复合采暖系统性价比的指标，用以优化复合采暖系统的耦合方式。复合采暖系统单价能效系数越高，表示此系统在相同价格情况下节能性越好。

空气源热泵辅助加热量计算：

（1）蒸发器从室外空气中获得的热量 Q_z（W）

$$Q_z = K_z F_z \left(\frac{t_1 + t_2}{2} - t_z \right) \tag{9-1}$$

$$Q_z = cL(t_1 - t_2) \tag{9-2}$$

$$或 Q_z = k(t_1 - t_2) \tag{9-3}$$

$$k = \frac{K_z F_z}{1 + [(K_z \cdot F_z)/(2cL)]} \tag{9-4}$$

式中　K_z——蒸发器的传热系数，$W/(m^2 \cdot \text{℃})$；

　　　F_z——蒸发器的传热面积，m^2；

t_1，t_2——空气的进、出口温度，℃；

　t_z——蒸发温度，℃；

　c——空气的比热容，J/(kg·℃)；

　L——空气的质量流量，kg/s。

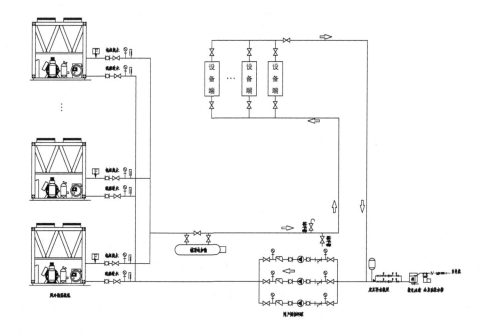

图 9-7　空气源热泵和辅助电加热联合供暖系统图

（2）具体设计计算步骤

① 根据规定的供暖时间，求出该时段内室外空气的平均温度 t_p（℃），并计算出对应 t_p 的供暖负荷 Q_p（W）：

$$Q_p = Q_W \frac{t_n - t_p}{t_n - t_W} \tag{9-5}$$

式中　t_n——室内供暖温度，℃；

　t_W——供暖室外计算温度，℃；

　Q_W——对应 t_W 的建筑物设计热负荷，W。

② 确定蒸发温度 t_z 和冷凝温度 t_1：一般取蒸发温度 t_z 比室外温度 t_W 低 10～15℃；冷凝温度 t_1 在 40～50℃之间。

③ 根据 t_z 和 t_1 值，在制冷剂的 $\lg p\text{-}h$ 图上画出热力过程，并计算出 q_z 和 q_1 以及 q_z 和 q_1 的比值 k_c。表 9-1 列出了 R22 制冷剂的 k_c 值。

$$k_c = \frac{q_1}{q_z}$$

式中　q_z——蒸发温度时单位制冷剂流量的制冷量，W；

　q_1——冷凝温度时单位制冷剂流量的冷凝热量，W。

表 9-1 R22 制冷剂的 k_c 值

t_z/℃	不同 t_1 下的 k_c 值						
	25℃	30℃	35℃	40℃	45℃	50	55℃
−30	1.193	1.216	1.237	1.256	1.280	1.304	1.334
−25	1.169	1.188	1.207	1.226	1.248	1.258	1.293
−20	1.142	1.159	1.179	1.195	1.217	1.234	1.257
−15	1.124	1.142	1.158	1.174	1.193	1.209	1.230
−10	1.105	1.122	1.136	1.151	1.169	1.185	1.203
−5	1.087	1.103	1.115	1.130	1.148	1.163	1.180
0	1.068	1.085	1.094	1.107	1.124	1.137	1.152
+5	1.051	1.064	1.075	1.088	1.104	1.116	1.132

注：本表系数按 R22 的 $\lg p\text{-}h$ 图算出，未考虑过冷或过热。

④ 计算平均制冷能力 Q_{zp}（W）：

$$Q_{zp}=\frac{Q_p}{k_c} \tag{9-6}$$

⑤ 确定通过蒸发器的室外空气量 L（kg/s）：空气量大时，蒸发器所需的传热面积小，但风机的动力消耗多。表 9-2 中引用了国外文献中的数据。

表 9-2 空气量的参考数据

压缩机类型	设计条件		空气量/供热量 /[(m³/h)/kW]	压缩机功率/供热量 /(kW/kW)
	室外空气温度	热空气出口温度		
往复式	7℃	45℃	390~520	0.28~0.38
螺杆式	−2℃	45℃	690~770	0.41~0.46

注：国际制冷学会节能组 G. Nuss baum 提出，每 1kW 供热量的空气量宜取 1200m³/h，这样有可能在 $t_w=3\sim4$℃ 时，实现无霜运行。

⑥ 由式（9-1），可求出蒸发器出口的空气温度 t_2：

$$t_2=t_p-\frac{Q_{zp}}{cL} \tag{9-7}$$

⑦ 将 Q_p 和 t_p 分别代入式（9-1）中的 Q_z 和 t_1，并求出传热面积 F_z。考虑到蒸发器表面的结霜因素，一般应对传热系数 K_z 乘以 0.8 修正系数。

⑧ 对应 t_z 和 t_1，选定能力为 Q_{zp} 的热泵机组，并绘制为图 9-8 所示的热泵加热能力曲线，从而求出温度为 t_w 时的加热能力 Q_1。

⑨ 加热能力的不足部分为 Q_f（W）：

$$Q_f=Q_w-Q_1 \tag{9-8}$$

这部分热量应由辅助加热设备提供。

2. 锅炉

空气源热泵与锅炉（燃气锅炉、燃油锅炉、生物质锅炉等）相结合系统的设计（图 9-9）。以燃气锅炉为例，空气源热泵与燃气锅炉耦合供热系统，可充分利用空气源热泵与燃气锅炉的优势，满足用户供暖需求。

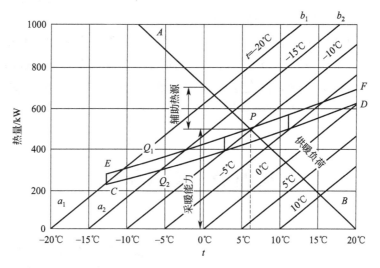

图 9-8　空气源热泵的加热能力曲线

　　针对项目所在地的气象条件和价格体系，找到耦合供热系统的运行费用平衡点。在此基础上，以耦合供热系统的最低费用年值为目标，得到空气源热泵承担的最佳设计负荷，充分发挥空气源热泵运行费用低、燃气锅炉供热稳定的优点，对相关项目的实施具有一定的指导意义。

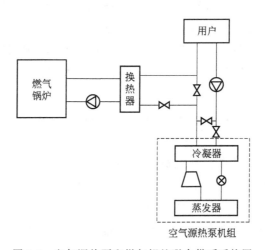

图 9-9　空气源热泵和燃气锅炉联合供暖系统图

3. 蓄能

　　空气能作为空气源热泵的热源，是一种易于获取的可再生能源，不受时间、空间的限制，因而被广泛利用。通过蓄能装置将暂时不用的能量储存起来，需要时再释放利用，能够有效解决能量供需在时间、强度和地点上不协调的问题。将空气源热泵供暖与蓄能技术相结合，可实现空气源热泵高能效的时空转移，减少空气源热泵在夜间、阴雨天低效率运行时间，达到最大化利用空气能的目的；从而提高了能源利用效率，增加了系统可靠性，降低了建筑能耗。

　　按蓄能介质分类，蓄冷系统主要分为水蓄冷和冰蓄冷。冰蓄冷与水蓄冷比较，单位蓄冷能力较大，蓄冷所占容积较小。蓄热系统主要分为水蓄热、相变材料蓄热及蒸汽蓄热。需同时蓄热和蓄冷时，可选择水蓄能系统。

蓄能系统主要适用于峰谷电差异较大的办公建筑。根据办公建筑的建筑特点，利用晚上蓄能、白天释能，可在不增加机组投资的情况下，降低系统运行费用。由于水蓄能方式的单位水蓄能能力较低，因此会使蓄能系统占地面积较大。对于是否增加蓄能系统，需根据实际情况进行经济性分析。

第五节　柔性供热

供热行业正在发生一场深刻的能源革命。燃煤受到严格的限制，燃气则遇到资源不足和成本高昂的困境。另外，按照传统热力发展方式建设大热源与大热网，存在投资大、施工难、建设周期长、热损大、经济性差等一系列问题。因此，新型能源技术将不可避免地在供热领域扮演越来越重要的角色。

然而，新型能源技术也存在投资大、运行成本高、需要与用户协调场地、运行管理难度大等发展瓶颈。

为了解决上述供热发展的难题，提出了柔性供热的概念：将传统的能源站集成化、标准化、小型化、模块化，形成清洁高效的能源箱，不需要机房与管网；同时用户端安装互联网能源输配调节控制装置（简称"智能终端"），实现精准按需供能，最大限度降低能源损耗；最后所有设备实现互联网云平台远程大数据智能控制。同时，系统投资成本会有所增加。

柔性供热既是一种技术，也是一种理念，其目的是紧贴用户需求，灵活方便、经济舒适。

柔性供热以电力驱动吸收多种免费的清洁能源（包括空气能、浅层地能、太阳能、低谷蓄能等）构建成集成化的清洁能源箱，以建筑单元体（比如一栋楼房或一个单元）为单位提供分布式的热源和冷源；同时为每个单体用户安装分户式的能源输配箱，通过互联网智慧管控云平台，实现分户精准智慧供能，用户可以通过手机 App 任意选择供热的时间和温度。

柔性供热技术是一种基于空气源热泵和分布式多级泵的技术，由能源箱、智能终端和智能管控云平台三部分组成，其系统构成如图 9-10 所示。

本技术系统构造简单，充分展示集成化、集约化、标准化、模块化的系统理念，在实际项目中的应用形式如图 9-11 所示。

一、能源箱

将传统的能源站模块化、小型化、整体化，即形成清洁高效的能源箱。能源箱具有灵活方便、可自由组合、无需机房、无需任何管网等优点，可有效利用空气能、太阳

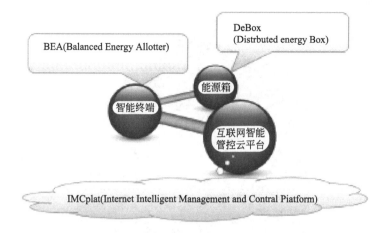

图 9-10　柔性供热技术系统组成

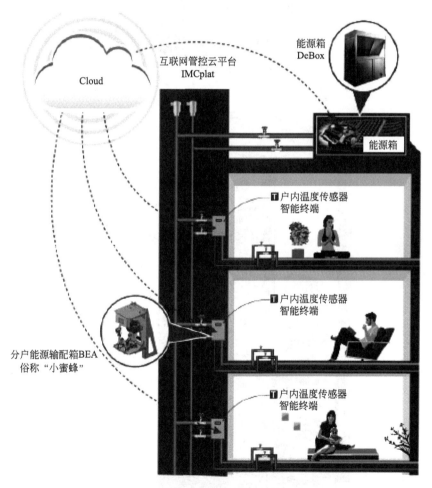

图 9-11　柔性供热技术应用场景

能、浅层地热能、深层地热能、余热能等各种可再生能源以及低谷电能等廉价能源。图 9-12 为以空气源热泵为主要设备的能源箱。能源箱侧面配有独立水循环模块，其内部构造如图 9-13 所示。

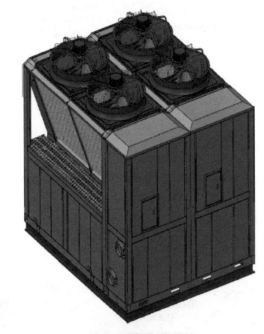

图 9-12　能源箱外形图

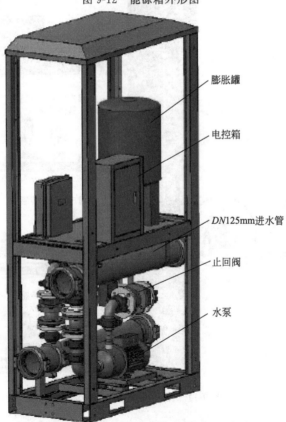

膨胀罐

电控箱

DN125mm进水管

止回阀

水泵

图 9-13　能源箱配套水力模块构造图

二、智能终端

　　智能终端是一种安装在用户端的互联网能源输配调节控制装置，通过水泵或流量调节阀控制输送给用户的能量多少。水泵或流量调节阀由室内温度传感器控制，室内温度未达到设定值时，水泵或流量调节阀开启，向室内输送能量；室内温度一旦达到设定值，水泵或流量调节阀即关闭，停止向室内输送能量。这样，可以使每个用户的温度达到要求，并且温度均匀，不会出现温度过高或温度过低的情况，不会造成不必要的能源浪费。

　　图9-14为一种智能终端结构示意图。它基于平衡管原理，采用分级分布式循环，将管网分环解耦，实现不同用户和支路的独立循环与调节，大幅提高管网的输配效率，减小无谓的能源消耗。

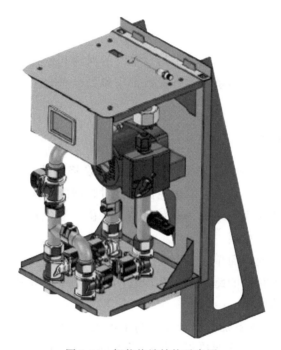

图 9-14　智能终端结构示意图

　　图9-14所示的智能终端是一种分布式多级泵技术的应用形式。分布式多级泵技术是一种成熟技术，在《民用建筑供暖通风与空气调节设计规范》（GB 50736—2012）8.5.2条中提到"3. 系统作用半径较大、设计水流阻力较高的大型工程，宜采用变流量二级泵系统……当各环路的设计水流阻力相差较大或各系统水温或温差要求不同时，宜按区域或系统分别设置二级泵；4. 冷源设备集中设置且用户分散的区域供冷等大规模空调冷水系统，当二级泵的输送距离较远且各用户管路阻力相差较大，或者水温（温差）要求不同时，可采用多级泵系统。"

　　《分布式冷热输配系统用户装置设计与安装》13K511是多级泵技术在大中型区域供热供冷项目中应用的国标图集，图9-14所示的智能终端是分布式冷热输配系统在用户层级的深化应用。图9-15所示是该智能终端的水压示意图。

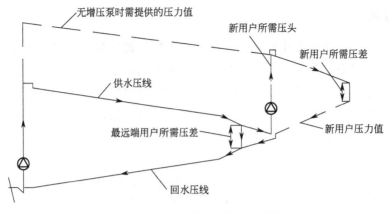

图 9-15　智能终端水压原理示意图

三、云平台

互联网智能管控云平台是"柔性供热技术"的保障和依托，也是"柔性"得以最终实现的体现和灵魂。柔性供热系统运行参数都采集到云平台上，系统和设备都要通过云平台进行监控。

四、柔性供热技术特点

1. 不需要建设一次管网、二次管网、庭院管网及换热站

"能源箱"代替"能源站"，可以避免前期针对管网的大量投资；避免影响市政道路交通的管网施工和拉链式管网维修；避免供热不平衡；避免管网沿程热损；避免跑冒滴漏；无需对管网进行更新更换。

这不仅使运营维护变得简单，还节省了管网的建设费用。

同时，由于避免了管网的跑冒滴漏和因管网水力不平衡导致的热损，可直接降低系统运行能耗，大幅节约能源。

《雾霾环境下集中供热系统的综合评价与节能潜力分析》中搜集了 6 个北方地区热电厂的能耗数据，并对小区管网热损失进行了测量统计，见表 9-3。

表 9-3　小区管网热损失测量值

参数	管网保温热损失	管网泄漏热损失	管网损失率
小区 A	5.19%	2.90%	8.20%
小区 B	3.24%	0.05%	3.29%
小区 C	6.60%	0.10%	6.70%
小区 D	11.70%	1.50%	13.20%
小区 E	6.20%	0.40%	6.60%
小区 F	23.80%	1.20%	25%

由表 9-3 可知，管网热损失率在 3%～25% 之间，热损失差异较大。采用柔性供热技术后，无管网损耗，此部分管网热损失得到根本控制。

2. 能源侧实现灵活方便供能

DeBox 清洁能源箱可以随时随地安装，不需要专设机房，不需要大块场地，不需要集中热源，只要有电，就可以享受到高品质、低成本的供热服务。

其应用场景类似多联机和分体空调，室外机独立放置即可；最重要的需求就是电力和空气流通，当然有太阳能会更好。

3. 按需精准供能

根据用户的室内温度进行主动的能量调配，使供冷、供热精确至每家每户、每时每刻、每摄氏度，真正实现按需供热、精准供能。用户还可以通过手机 App 任意选择供热的时间和温度并据此缴纳费用，确保供热效果并且不浪费一分能量。

4. 无需现场施工

DeBox 清洁能源箱集成了机房中应该配置的各种设备设施，在工厂生产好后整体运至安装现场，再加上柔性供热无需敷设管网，因此可以避免大量的现场施工，并规避了由现场施工造成的质量、成本和工期不可控以及扰民等众多问题。

5. 运行成本降低

按需精准供能、无管网损耗、智慧云平台管控，提高热能利用效率，降低运行成本。

以石家庄住宅类供热项目为例，冬季采暖耗电量指标可从 $30kW \cdot h/m^2$ 降低至 $25kW \cdot h/m^2$，综合节能 16.7%。

6. 供热系统投资降低

供热系统基本没有管网，能源箱均由工厂整体批量采购、生产，可有效降低分散式供热系统的工程采购成本。

第十章
经典案例

空气源热泵从空气中取能，适用范围较广，安装方便，边界需求小，可用于公共建筑、居住建筑等不同建筑类型。同时，可为建筑提供冷暖服务。以华北地区住宅为例，单台最小 80 涡旋式模块机，制热量为 85.4kW，供暖面积约 1500m²；单台 620 螺杆式机组，制热量 620.09kW，供暖面积约 $1×10^4m^2$，运行能耗约 20～30kW·h/m²（采暖季）。

空气源热泵可应用于全国范围，甚至突破了室外最低温度－35℃的严寒地区。空气源热泵既可作为独立冷热源，又可以与其他冷热源耦合。以下为空气源热泵实际应用的项目。

第一节　石家庄正基绿朗时光供暖项目

一、概况

建设地点：河北省石家庄市；

用　　途：高层住宅供暖；

建筑面积：$18.78×10^4m^2$；

实际供暖面积：$12.67×10^4m^2$；

建筑高度：100m（高层建筑）。

二、基本设计参数

（1）室内设计参数（表 10-1）

表 10-1　石家庄正基绿朗时光供暖项目室内设计参数

房间	冬季		
	温度/℃	风速/(m/s)	相对湿度/%
住宅	18～22	≤0.2	≥30

(2) 室外设计参数表（表 10-2）

表 10-2　石家庄正基绿朗时光供暖项目室外设计参数

冬季	采暖/℃	−6.0
	通风/℃	−5.9
	空调/℃	−8.6
	空调相对湿度/%	54

(3) 负荷指标

负荷指标为 28W/m²。

三、系统设计

(1) 设计要点

建筑高度较高，空气源热泵机组供暖热水集中到换热站后通过板换进行供暖末端系统高、中、低分区，保证系统运行安全性。

低区系统供回水设计为 50℃/40℃，中、高区系统供回水设计为 48℃/38℃。

(2) 机组选型

8 台 HE620-LAB＋10 台 HE580-LAB-（S）＋1 台 HE310-LAB 机组共 19 台空气源热泵机组。HE620-LAB：单台机组标况下制热量 620.09kW，制热功率 170.79kW；HE580-LAB-（S）：单台机组标况下制热量 346.6kW，制热功率 144.2kW；HE310-LAB：单台机组标况下制热量 310.77kW，制热功率 90.93kW。

(3) 系统原理图（图 10-1）

四、系统能耗

电价按 0.53 元/(kW·h) 计算，电费见表 10-3。

表 10-3　石家庄正基绿朗时光供暖项目系统能耗及电费

供暖时间阶段	总耗电量/10⁴kW·h	电费/万元	采暖费用/(元/m²)
11 月 15 日～12 月 15 日	22.51	11.71	2.66
12 月 15 日～1 月 15 日	29.56	15.37	3.49
1 月 15 日～2 月 15 日	36.47	18.96	4.31
2 月 15 日～3 月 15 日	14.24	7.02	1.59
合计	102.78	53.06	12.06

五、项目特点

这是较早的成功将空气源热泵应用于住宅大型集中供暖的项目，为住宅集中供暖的典型案例。

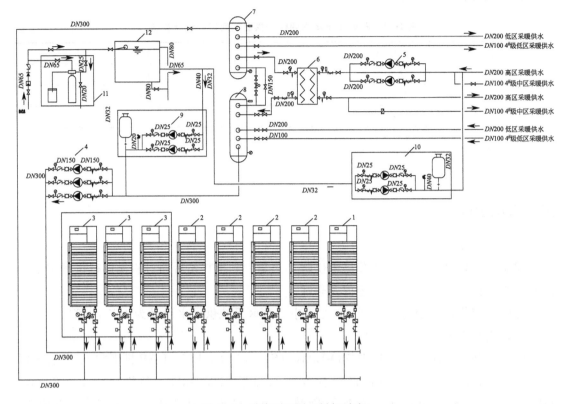

图 10-1　系统原理图（绿朗时光）

1～3—空气源热泵机组；4—供热循环水泵；5—高区循环水泵；6—板式换热器；
7—分水器；8—集水器；9—低区补水泵；10—高区补水泵；11—软水器；12—补水箱

第二节　石家庄碧桂园供暖项目

一、概况

建设地点：河北省石家庄市元氏县张掖村；

用　　途：别墅和高层住宅供暖；

建筑面积：$65.00×10^4 m^2$，其中 $1^\#$ 能源站负担建筑供暖面积 $22.25×10^4 m^2$，$2^\#$ 能源站负担建筑供暖面积 $42.75×10^4 m^2$；

建筑高度：72.5m。

二、基本设计参数

（1）室内设计参数（表 10-4）

表 10-4　石家庄碧桂园供暖项目室内设计参数

房间	冬季		
	温度/℃	风速/(m/s)	相对湿度/%
住宅	18～22	≤0.2	≥30

（2）室外设计参数（表 10-5）

表 10-5　石家庄碧桂园供暖项目室外设计参数

冬季	采暖/℃	−6.0
	通风/℃	−5.9
	空调/℃	−8.6
	空调相对湿度/%	54

（3）负荷指标

负荷指标为 42W/m²。

三、系统设计

（1）设计要点

根据建筑物性质、建筑高度以及施工标段和交付使用时间，对建筑物进行分区，统一设计，分批安装。共 2 个能源站，2#能源站分两期建设。根据建筑高度竖向分区，除 2#能源站二期分为高、中、低三个区外，其余均分为高、低两个区。低区系统供回水设计为 50℃/40℃，中、高区系统供回水设计为 48℃/38℃。

（2）机组选型（表 10-6～表 10-8）

表 10-6　1#能源站机组选型

序号	名称	规格参数	单位	数量	备注
1	空气源热泵	型号:HE620LGFR 制热量:620.1kW 制热功率:176.4kW	台	14	1#采暖分区
2	空气源热泵	型号:HE620LGFR 制热量:620.1kW 制热功率:176.4kW	台	4	2#采暖分区
3	空气源热泵	型号:HE620LGFR 制热量:620.1kW 制热功率:176.4kW	台	4	3#采暖分区
4	空气源热泵	型号:HE620LGFR 制热量:620.1kW 制热功率:176.4kW	台	4	4#采暖分区
5	合计		台	30	

表 10-7 2# 能源站机组选型（一期）

序号	名称	规格参数	单位	数量	备注
1	空气源热泵	型号：HE620LGFR 制热量：620.1kW 制热功率：176.4kW	台	9	低区 承压 1.6MPa
2	空气源热泵	型号：HE620LGFR 制热量：620.1kW 制热功率：176.4kW	台	7	中区 承压 1.6MPa
3	空气源热泵	型号：HE620LGFR 制热量：620.1kW 制热功率：176.4kW	台	7	高区 承压 1.6MPa
4	空气源热泵	型号：HE620LGFR 制热量：620.1kW 制热功率：176.4kW	台	3	配套厂 承压 1.6MPa 预留 1 台

表 10-8 2# 能源站机组选型（二期）

序号	名称	规格参数	单位	数量	备注
1	空气源热泵	型号：HE620LGFR 标况下制热量：620.1kW 制热功率：176.4kW	台	11	低区 承压 1.6MPa
2	空气源热泵	型号：HE620LGFR 标况下制热量：620.1kW 制热功率：176.4kW	台	4	中区 承压 1.6MPa
3	空气源热泵	型号：HE620LGFR 标况下制热量：620.1kW 制热功率：176.4kW	台	3	高区 承压 1.6MPa

（3）系统原理图（图 10-2）

四、系统能耗

采暖使用峰谷电，峰电（08：00～22：00）电价为 0.53 元/(kW·h)，谷电（22：00～次日 08：00）电价为 0.28 元/(kW·h)，电费见表 10-9。

表 10-9 石家庄碧桂园供暖项目系统能耗及电费

供暖时间阶段	总耗电量 /10^4kW·h	电费 /万元	采暖费用 /(元/m²)
11 月 15 日～12 月 15 日	47.89	20.11	3.00
12 月 15 日～1 月 15 日	69.01	28.98	4.32
1 月 15 日～2 月 15 日	77.12	32.39	4.83
2 月 15 日～3 月 15 日	36.10	15.16	2.26
合计	230.12	96.65	14.42

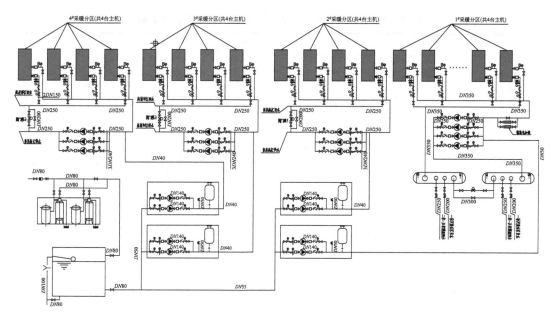

图 10-2 1#能源站

五、项目特点

① 根据建筑物性质、建筑高度以及施工标段和交付使用时间，对建筑物进行分区，统一设计，分批安装，降低投资成本。

② 由于本项目选用的是螺杆式空气源热泵机组，噪声较大，采用压缩机移位至混凝土结构的方式降低噪声，效果显著。

③ 由于本项目 2#能源站建设时，室外空气源热泵占地面积不够，采用能源楼的形式，摆放三层，大大减少机组的占地。

第三节 吉林国投长生谷养老院供暖项目

一、概况

　　建设地点：吉林省吉林市丰满区；
　　用　　途：住宅供暖；
　　建筑面积：约 $2.60 \times 10^4 \text{m}^2$；
　　建筑高度：10～40m 不等。

二、基本设计参数

（1）室内设计参数（表 10-10）

表 10-10　吉林国投长生谷养老院供暖项目室内设计参数

房间	冬季		
	温度/℃	风速/(m/s)	相对湿度/%
养老院	18~22	≤0.2	≥30

（2）室外设计参数（表 10-11）

表 10-11　吉林国投长生谷养老院供暖项目室外设计参数

冬季	采暖/℃	−20.9
	通风/℃	−20.1
	空调/℃	−24.3
	空调相对湿度/%	77

（3）负荷指标

负荷指标为 45W/m²。

三、系统设计

（1）设计要点

① 本项目采用超低温空气源热泵机组代替燃煤锅炉为养老院各建筑提供冬季供暖。

② 通过现场调研反馈，项目原末端系统与空气源热泵系统匹配，故本项目改造仅替换燃煤锅炉。

③ 为降低机组运行噪声，本项目超低温空气源热泵机组采用分体形式，将机组蒸发器放置在室外，压缩机及冷凝器放置在原锅炉房内。

④ 建筑供暖末端为地暖，系统供回水温度设计为 45℃/35℃。

（2）机组选型

本项目选择 5 台型号为 HE580-LAB-（S）的超低温大功率空气源热泵机组，单台机组标况下制热量 346.6kW，制热功率 144.2kW。

（3）平面布置图（图 10-3）

四、系统能耗

电价为 0.52 元/(kW·h)，供暖期为 150 天，电费见表 10-12。

表 10-12　吉林国投长生谷养老院供暖项目总耗电量及电费

供暖时间阶段	总耗电量 /10⁴kW·h	电费 /万元	单位面积耗电量 /(kW·h/m²)	采暖费用 /(元/m²)
11 月 18 日~2 月 8 日	96.5	50.19	19.3(82 天)	18.36(折算每季)

五、项目特点

实现吉林地区室外温度最低可达−35℃，选用超低温空气源热泵机组，室内供暖效

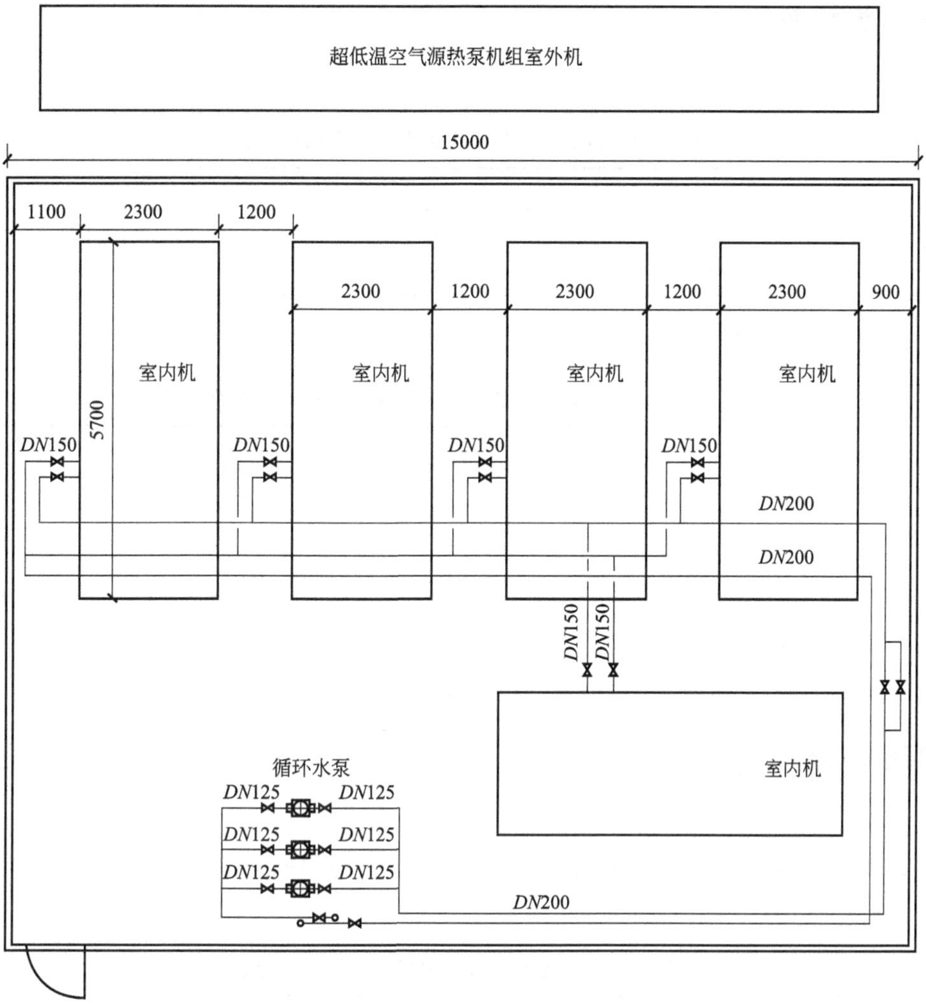

图 10-3　平面布置图（长生谷）

果较好，且运行费用较低，空气源热泵机组实现在严寒地区的应用。

第四节　新疆和田公租房供暖项目

一、概况

建设地点：新疆和田；

用　　途：住宅供暖；

建筑面积：共 $28.02 \times 10^4 \mathrm{m}^2$，其中阳光小区北片区 $25.08 \times 10^4 \mathrm{m}^2$，文化路片区 $2.94 \times 10^4 \mathrm{m}^2$；

建筑高度：20m。

二、基本设计参数

（1）室内设计参数（表 10-13）

表 10-13　新疆和田公租房供暖项目室内设计参数

房间	冬季		
	温度/℃	风速/(m/s)	相对湿度/%
住宅	18～22	≤0.2	≥30

（2）室外设计参数（表 10-14）

表 10-14　新疆和田公租房供暖项目室外设计参数

冬季	采暖/℃	−8.6
	通风/℃	−12.1
	空调/℃	−12.6
	空调相对湿度/%	75

（3）负荷指标

负荷指标为住宅 45W/m²，商业 55 W/m²。

三、系统设计

（1）设计要点

系统设计供回水温度为 45℃/35℃，设计两台机组串联形式。

（2）机组选型（表 10-15）

表 10-15　新疆和田公租房供暖项目机组选型

序号	名称	规格参数	单位	数量	备注
1	空气源热泵	型号：HE640MAB-Na/(E) 标况下制热量：627.68kW 制热功率：195.28kW	台	29	阳光小区 北片区
2	空气源热泵	型号：HE640MAB-Na/(E) 标况下制热量：627.68kW 制热功率：195.28kW	台	4	文化路片区

（3）系统原理图（图 10-4、图 10-5）

四、系统能耗

平均电价为 0.216 元/(kW·h)，供暖期为 120 天，电费见表 10-16。

表 10-16　新疆和田公租房供暖项目总耗电量及电费

供暖时间阶段	总耗电量 /10⁴kW·h	电费 /万元	单位面积耗电量 /(kW·h/m²)	采暖费用 /(元/m²)
11 月 15 日～3 月 15 日	1229.0	265.46	43.854	9.473

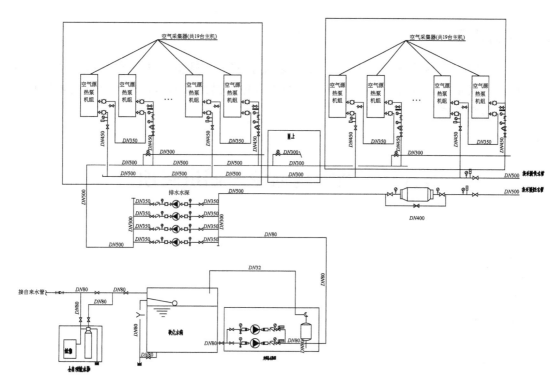

图 10-4　阳光小区北片区系统

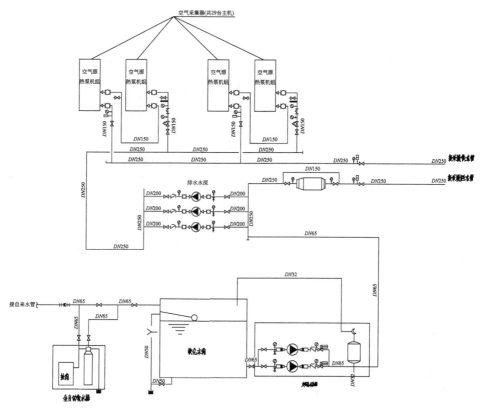

图 10-5　文化路片区系统

五、项目特点

本项目供回水温差设计为 10℃。为避免流量过小，机组无法正常开启，系统设计两台机组串联形式，保证了供回水温差；同时避免因供回水温差过大，降低机组运行效率，增加机组能耗。

第五节　新疆夏河营一期供暖项目

一、概况

建设地点：新疆喀什地区图木舒克；

用　　途：住宅供暖；

建筑面积：$5 \times 10^4 \text{m}^2$；

建筑高度：20m。

二、基本设计参数

（1）室内设计参数（表 10-17）

表 10-17　新疆夏河营一期供暖项目室内设计参数

房间	冬季		
	温度/℃	风速/(m/s)	相对湿度/%
住宅	18~22	≤0.2	≥30

（2）室外设计参数（表 10-18）

表 10-18　新疆夏河营一期供暖项目室外设计参数

	采暖/℃	-9.9
冬季	通风/℃	-11.7
	空调/℃	-12.8
	空调相对湿度/%	76

（3）负荷指标

负荷指标为 40W/m^2。

三、系统设计

（1）设计要点

系统设计供回水温度为 45℃/38℃。

（2）机组选型

配置 6 台型号为 HE620-LAB 的螺杆式空气源热泵机组。单台机组标况下制热量

620.09kW，制热功率 170.79kW。

（3）系统原理图（图 10-6）

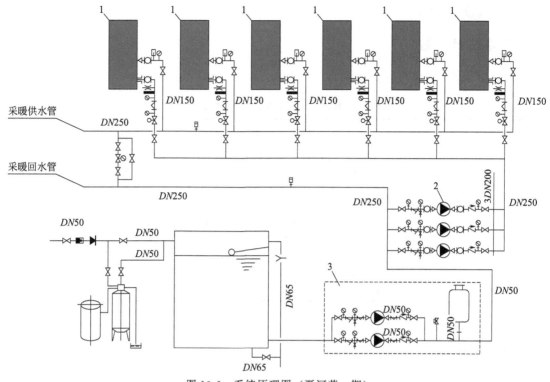

图 10-6　系统原理图（夏河营一期）

1—空气源热泵；2—循环水泵；3—定压补水装置

四、系统能耗

夏河营一期项目实际运行费用统计见表 10-19。

表 10-19　夏河营一期项目实际运行费用统计

供暖时间阶段	总耗电量 /10^4kW·h	电费 /万元	单位面积耗电量 /(kW·h/m²)	采暖费用 /(元/m²)
11 月 15 日～3 月 15 日	205.7	44.43	41.137	8.886

第六节　寿光日光温室供暖项目

一、概况

建设地点：山东省寿光市赛里村北；

用　　途：智能温室供暖；

建筑面积：总建筑面积为 $11.99 \times 10^4 m^2$；

天沟高度：6.0m。

二、基本设计参数

（1）室内设计参数（表10-20）

表10-20　寿光日光温室供暖项目室内设计参数

房间	冬季	
	温度/℃	相对湿度/%
温室	夜间 13~18；白天 25~30	55~90

（2）室外设计参数（表10-21）

表10-21　寿光日光温室供暖项目室外设计参数

冬季	采暖/℃	−6.7
	通风/℃	−5.7
	空调/℃	−9.1
	空调相对湿度/%	53

（3）负荷指标

负荷指标为 $120W/m^2$。

三、系统设计

（1）设计要点

① 大智能温室采用空气源热泵机组作为采暖热源，系统采暖供回水温度设计：冬季设计供水温度 45~50℃，回水温度 35~40℃；

② 采用双热源空气源热泵，白天回收日光温室室内富余热量并储存于蓄热水箱中，可以为连栋光伏槽式智能温室（小）加温，供水温度 45~50℃，回水温度 25~30℃；

③ 末端系统设计。大智能温室采用直接蒸发组合式湿帘冷风空调机组和采摘车采暖管道，小智能温室采用直接蒸发组合式湿帘冷风空调机组，植物工厂采用风机盘管，日光温室采用布袋风管降温。

（2）机组选型（表10-22）

表10-22　寿光日光温室供暖项目机组选型

序号	名称	规格参数	单位	数量	备注
1	空气源热泵	型号：HE720MAB/Na-(E) 标况下制热量：687.44kW 制热功率：193.6kW	台	22	大智能温室
2	双热源 空气源热泵	型号：HE90MAB/Na-(E) 标况下制热量：85.93kW 制热功率：24.2kW	台	3	植物工厂
3	双热源 空气源热泵	型号：HE180MAB/Na-(E) 标况下制热量：171.86kW 制热功率：48.4kW	台	9	植物工厂

（3）系统原理图（图 10-7、图 10-8）

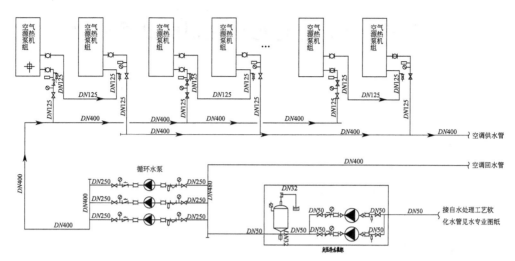

图 10-7　大智能温室系统原理图

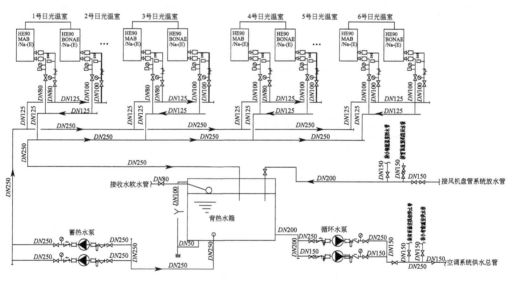

图 10-8　植物工厂蓄热系统原理图

四、系统能耗

大智能温室加温周期按每天 10 小时计算，电价按 0.545 元/(kW·h) 计算，采暖期加温成本平均 1882.41 元/(ha·d)（1ha＝1hm²＝10⁴m²）。

五、项目特点

本项目是空气源热泵应用于温室大棚的经典案例，采用清洁能源，保证效果的同时运行费用较低。

第七节　天津住总办公楼供暖制冷项目

一、概况

建设地点：天津市；

用　　途：办公楼供暖、制冷；

建筑面积：2000m² （第 6 层）；

建筑高度：21m。

二、基本设计参数

（1）室内设计参数（表 10-23）

表 10-23　天津住总办公楼供暖制冷项目室内设计参数

房间	冬季		夏季	
	温度/℃	相对湿度/%	温度/℃	相对湿度/%
办公楼	18～20	≥30	≤26	—

（2）室外设计参数（表 10-24）

表 10-24　天津住总办公楼供暖制冷项目室外设计参数

冬季	采暖/℃	−7
	通风/℃	−3.5
	空调/℃	−9.6
	空调相对湿度/%	56
夏季	空气调节干球温度/℃	33.9
	空气调节室外计算湿球温度/℃	26.8
	通风计算温度/℃	29.8
	通风计算相对湿度/%	63
	空气调节室外计算日平均温度/℃	29.4

（3）负荷指标

冷负荷指标：97W/m²；热负荷指标：51W/m²。

三、系统设计

（1）设计要点

冬季系统供回水温度 45℃/40℃，夏季系统供回水温度 7℃/12℃。

（2）机组选型

选用 1 台 HE-240EAB/Na-（E）能源箱，内置 HE80MAB/Na-（E）3 台，单台机组标况下制热量 85.93kW，制热功率 24.2kW；制冷量 75.94kW，制冷功率 23.50kW；内置辅助电加热 12kW，2 台；内置循环水泵。

（3）系统原理图（图 10-9）

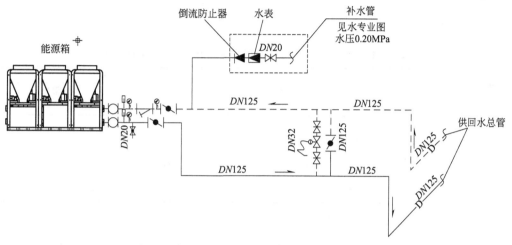

图 10-9　天津住总办公楼供暖制冷项目系统原理图

四、系统能耗

电价按 0.99 元/(kW·h) 计算，供暖、制冷各 100 天，每天运行 10h，电费见表 10-25。

表 10-25　天津住总办公楼供暖制冷项目总耗电量及电费

功能	总耗电量 /10^4kW·h	电费 /万元	单位面积耗电量 /(kW·h/m²)	运行费用 /(元/m²)
供冷	4	3.96	20	19.80
供暖	3.70	3.66	18.48	18.30

五、项目特点

本项目冷热源选用集成化的能源箱形式，无需专设机房，节省现场施工安装且现场美观。

第八节　北京 2022 年冬奥会国家速滑馆项目

一、概况

建设地点：北京市；

用　　途：办公区供暖、制冷、生活热水；

建筑面积：总建筑面积 5900m²，其中甲方办公区建筑面积 1300m²，总包办公区和生活区建筑面积 2800m²，工人宿舍区建筑面积 1800m²；

建筑高度：10m。

二、基本设计参数

（1）室内设计参数（表10-26）

表10-26　北京 2022 年冬奥会国家速滑馆项目室内设计参数

房间	冬季		夏季	
	温度/℃	相对湿度/%	温度/℃	相对湿度/%
办公、宿舍区	18～20	≥30	≤26	—

（2）室外设计参数（表10-27）

表10-27　北京 2022 年冬奥会国家速滑馆项目室外设计参数

冬季	供暖/℃	−7.5
	通风/℃	−7.6
	空调/℃	−9.8
	空调相对湿度/%	37
夏季	空气调节干球温度/℃	33.6
	空气调节室外计算湿球温度/℃	26.3
	通风计算温度/℃	29.9
	通风计算相对湿度/%	58
	空气调节室外计算日平均温度/℃	29.1

（3）负荷指标

冷负荷指标：100W/m²；热负荷指标：55W/m²。

三、系统设计

（1）设计要点

冬季系统供回水温度 45℃/40℃，夏季系统供回水温度 7℃/12℃。

（2）机组选型（表10-28）

表10-28　北京 2022 年冬奥会国家速滑馆项目机组选型

序号	能源站划分	机组选型	数量/台	备注
1	甲方办公区	空气源热泵机组制热量 65kW，制热功率 38.8kW；制冷量 108kW，制冷功率 22.4kW	3	冬季供暖，夏季制冷
		热回收空气源热泵机组制热量 70kW，制热功率 19.4kW；制冷量 65kW，制冷功率 19.2kW；热回收模式：名义制冷量 65kW，名义热回收量 84kW，名义热回收功率 18kW	1	夏季制冷并提供日常生活热水

序号	能源站划分	机组选型	数量/台	备注
2	总包办公区和生活区	空气源热泵机组制热量 130kW,制热功率 38.8kW;制冷量 108kW,制冷功率 22.4kW	2	冬季供暖,夏季制冷
3	工人宿舍区	空气源热泵机组制热量 130kW,制热功率 38.8kW;制冷量 108kW,制冷功率 22.4kW	2	冬季供暖,夏季制冷
		热回收空气源热泵机组制热量 70kW,制热功率 19.4kW;制冷量 65kW,制冷功率 19.2kW;热回收模式:名义制冷量 65kW,名义热回收量 84kW,名义热回收功率 18kW	1	夏季制冷并提供日常生活热水

（3）系统原理图（图 10-10）

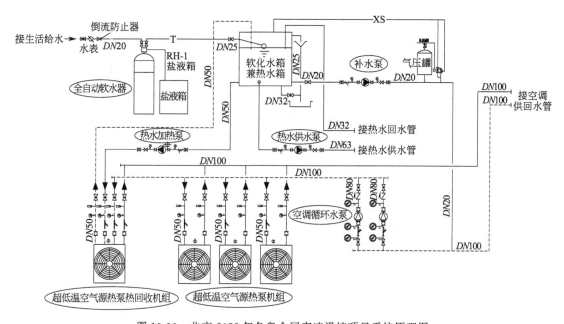

图 10-10　北京 2022 年冬奥会国家速滑馆项目系统原理图

四、项目特点

本项目需供暖、制冷及提供生活热水,采用低温空气源热泵机组供暖、制冷,热回收型空气源热泵机组夏季提供冷量的同时提供日常生活热水。

参考文献

[1] 张军. 地热能、余热能与热泵技术 [M]. 北京：化学工业出版社，2014.

[2] 张军，孟祥睿，马新灵. 低品位热能利用技术 [M]. 北京：化学工业出版社，2011.

[3] 徐嘉，李红旗，王东越，等. 环境温度对空气源热泵供暖性能的影响及优化 [J]. 制冷与空调，2019，19（5）：84-88.

[4] 鞠辰. 寒冷地区空气源热泵集中供热系统调节方式 [D]. 哈尔滨：哈尔滨工业大学，2019.

[5] 赵洪运，邱国栋，宇世鹏. 空气源热泵蓄热除霜研究进展 [J]. 节能技术，2019（5）：429-434.

[6] 王伟，倪龙，马最良. 空气源热泵技术与应用 [M]. 北京：中国建筑工业出版社，2017.

[7] 黄辉，等. 双级压缩变容积比空气源热泵 [M]. 北京：机械工业出版社，2018.

[8] 陆亚俊，马最良，姚杨. 空调工程中的制冷技术 [M]. 哈尔滨：哈尔滨工程大学出版社，1997：217-218.

[9] 马最良，吕悦. 地源热泵系统设计与应用 [M]. 北京：机械工业出版社，2007.

[10] 王新北，郤凤鸣，耿涌. 地源热泵技术应用节能减排效益评价与管理模式优化研究 [M]. 北京：机械工业出版社，2013.

[11] 陆晓初. 能级分析初探 [J]. 能源研究与利用，1992（02）：9-12.

[12] 吴旴生，韦铁. 能级平衡理论及其应用 [J]. 能源技术，1995（04）：8-12.

[13] 江亿，刘兰斌，杨秀. 能源统计中不同类型能源核算方法的探讨 [J]. 中国能源，2006（06）：5-8.

[14] 薛志峰，刘晓华，付林，等. 一种评价能源利用方式的新方法 [J]. 太阳能学报，2006（04）：349-355.

[15] 李仕国，王烨. 中国建筑能耗现状及节能措施概述 [J]. 环境科学与管理，2008（02）：6-9.

[16] 王庆一. 能源效率及相关政策和技术 [J]. 应用能源技术，2002（06）：1-10.

[17] 江亿，刘晓华，薛志峰，等. 能源转换系统评价指标的研究 [J]. 中国能源，2004（03）：28-32.

[18] 薛志峰，江亿. 商业建筑的空调系统能耗指标分析 [J]. 暖通空调，2005（01）：37-41.

[19] 李肖斌，张文杰，雪金勇. 吸附式制冷的研究进展 [J]. 化工装备技术，2008（06）：18-21.

[20] 吴学红，徐帅，桂许龙，等. 供水温度对低温空气源热泵制热性能的影响 [J]. 制冷学报，2019（3）：66-71.

[21] 李俊. 严寒寒冷地区空气源热泵系统室外计算温度选择的研究 [D]. 哈尔滨：哈尔滨工业大学，2018.

[22] 刘婷婷. 冬冷夏热地区应用地表水源热泵系统供暖的优化方法 [D]. 长沙：湖南大学，2005.

[23] 赵力，张启，涂光备. 变温热源地热热泵系统的可用能分析 [J]. 太阳能学报，2002，23（5）：595-598.

[24] 林东亮，沈恩德，张侃谕，等. 玻璃温室地热加热系统模型与控制 [J]. 农业机械学报，2009，40（2）：151-154.

[25] 朱家玲，刘正光. 地热利用智能化管理系统的设计 [J]. 太阳能学报，2009（03）：332-337.

[26] 戴永庆. 溴化锂吸收式制冷技术及应用 [M]. 北京：机械工业出版社，1996.

[27] 高青，于鸣，乔广，等. 地热利用中的地温可恢复特性及其传热的增强 [J]. 吉林大学学报（工学版），2004（01）：107-111.

[28] 王华军，赵军. 地热能道路融雪化冰过程实验研究 [J]. 太阳能学报，2009（02）：177-181.

[29] 刘明言，朱家玲. 地热能利用中的防腐防垢研究进展 [J]. 地热能，2011（06）：11-14.

[30] 许晓霞，周瑶琪. 一维地球动力系统温度模拟 [J]. 地学前缘，1998（S1）：52-57.

[31] 张丽英，翟辉，代彦军，等. 一种地热与太阳能联合发电系统研究 [J]. 太阳能学报，2008（09）：1086-1091.

[32] 朱焕来，施尚明. 油田产出水型地热资源开发研究 [J]. 科学技术与工程，2011（13）：3052-3054，3058.

[33] 汪集旸，黄少鹏. 中国大陆地区大地热流数据汇编 [J]. 地质科学，1988（02）：196-204.

[34] 汪集旸，黄少鹏. 中国大陆地区大地热流数据汇编（第二版）[J]. 2版. 地震地质，1990（04）：351-363，366.

[35] 胡圣标，何丽娟，汪集旸. 中国大陆地区大地热流数据汇编（第三版）[J]. 3版. 地球物理学报，2001（05）：611-626.

[36] 陈墨香，汪集旸. 中国地热研究的回顾和展望 [J]. 地球物理学报，1994（S1）：320-338.

[37] 王红岩，李景明，赵群，等. 中国新能源资源基础及发展前景展望 [J]. 石油学报，2009（03）：469-474.

[38] 袁华江. 中美地热能资源管理比较探析 [J]. 环境科学与管理，2012（01）：17-23.

[39] 连红奎，李艳，束光阳子，等. 我国工业余热回收利用技术综述 [J]. 节能技术，2011（02）：123-128，133.

[40] 王方明，李雪松，王磊 . 小型凝汽式汽轮发电机组低真空供热技术研究 [J]. 包钢科技，2012（01）：46-48.

[41] 李云 . 25MW 热电联产机组循环水低真空供热改造效益分析 [J]. 中国氯碱，2012（06）：34-36.

[42] 汪玉林 . 低温余热能源发电装置综述 [J]. 热电技术，2007（01）：1-4，8.

[43] 栾忠兴，徐立巍 . 汽轮机低真空供热的经济性分析 [J]. 东北电力学院学报，2003（04）：44-47.

[44] 张子敬 . 低真空供热热网改造中的经济性探讨 [J]. 节能技术，2005（03）：267-269.

[45] 贺益英 . 关于火、核电厂循环冷却水的余热利用问题 [J]. 中国水利水电科学研究院学报，2004（04）：81-86.

[46] 蔡九菊，王建军，陈春霞，等 . 钢铁企业余热资源的回收与利用 [J]. 钢铁，2007（06）：1-7.

[47] 贺益英，赵懿珺 . 电厂循环冷却水余热高效利用的关键问题 [J]. 能源与环境，2007（06）：27-29.

[48] 潘瑞岩，马振军 . 关于汽轮机低真空供热的讨论 [J]. 林业科技情报，2008（01）：55-56.

[49] 李凌云，王青 . 混水换热站水力工况分析及应用 [J]. 区域供热，2008（04）：47-49.

[50] 李振华 . 矿井回风源热泵节能技术应用 [J]. 能源与节能，2012（10）：37-38.

[51] 赵钦新，王宇峰，王学斌，等 . 我国余热利用现状与技术进展 [J]. 工业锅炉，2009（05）：8-15.

[52] 周耘，王康，陈思明 . 工业余热利用现状及技术展望 [J]. 科技情报开发与经济，2010（23）：162-164.

[53] 彦启森，石文星，田长青 . 空气调节用制冷技术 [M]. 3 版 . 北京：中国建筑工业出版社，2004.

[54] Liao S M, Zhao T S, Jakodsen A. A correlation of optimal heat rejection pressures in transcritical carbon dioxide cycles [J]. Applied Thermal Engineering, 2000, 20: 831-841.

[55] 马一太，杨昭，吕灿仁 . CO_2 跨临界（逆）循环的热力学分析 [J]. 工程热物理学报，1998，19（6）：665-668.

[56] 王如竹 . 吸收式制冷与能源利用 [R]. 昆明：中国制冷学会，2005.

[57] 彦启森 . 制冷技术及其应用 [M]. 北京：中国建筑工业出版社，2006.

[58] 缪道平，吴业正 . 制冷压缩机 [M]. 北京：机械工业出版社，2001.

[59] 郁永章 . 容积式压缩机技术手册 [K]. 北京：机械工业出版社，2000.

[60] 韩宝琦，李树林 . 制冷空调原理及应用 [M]. 北京：机械工业出版社，2002.

[61] 马国远，李红旗 . 旋转式压缩机 [M]. 北京：机械工业出版社，2001.

[62] 卜啸华 . 制冷与空调技术问答 [M]. 北京：冶金工业出版社，2000.

[63] 缪道平 . 活塞式制冷压缩机 [M]. 2 版 . 北京：机械工业出版社，1992.

[64] 朱荣鑫 . 开孔翅片管式换热器传热、流阻及结霜性能研究 [D]. 重庆：重庆大学，2018.

[65] 董天禄，华小龙，姚国琦 . 离心式/螺杆式制冷机组及应用 [M]. 北京：机械工业出版社，2002.

[66] 吴业正 . 小型制冷装置设计指导 [M]. 北京：机械工业出版社，1998.

[67] 李树林，南晓红，李夏莉 . 制冷机辅助设备 [M]. 北京：科学出版社，1999.

[68] 王中铮，郑实，吕静 . 开发利用工业余热于溴化锂吸收式制冷 [J]. 节能，1997（06）：27-29.

[69] 杨进才 . 汽轮机低真空供热改造设计及运行分析 [D]. 阜新：辽宁工程技术大学，2006.

[70] 王梅荣 . 冷岛效应及环境风场对空气源热泵阵列运行性能影响研究 [D]. 济南：山东大学，2019.

[71] 栾忠兴，徐立巍 . 汽轮机低真空供热的经济性分析 [J]. 东北电力学院学报，2003（04）：44-47.

[72] 林顺荣，陈光明，洪大良，等 . 带喷射器的溴化锂第二类吸收式热泵循环热力分析 [J]. 低温工程，2012（01）：19-24.

[73] 安青松，史琳，汤润 . 基于污水源热泵的大型集中洗浴废水余热利用研究 [J]. 华北电力大学学报（自然科学版），2010（01）：57-61.

[74] 杨逢涛，陈君，卢海燕 . 浅析几种污水源热泵系统利用的形式及特点 [J]. 中国西部科技，2009（24）：31-32.

[75] 刘传乾 . 污水源热泵的性能分析与工艺设计研究 [D]. 武汉：华中科技大学，2007.

[76] 张吉礼，马良栋 . 污水源热泵空调系统污水侧取水、除污和换热技术研究进展 [J]. 暖通空调，2009（07）：41-47.

[77] 毕海洋，端木琳 . 污水源热泵污水侧流化除垢与强化换热性能 [J]. 土木建筑与环境工程，2012（01）：80-84.

[78] 庄兆意 . 污水源热泵系统的工况研究与优化设计 [D]. 哈尔滨：哈尔滨工业大学，2007.

[79] 毕海洋 . 污水源热泵系统取水换热过程流化除垢与强化换热方法 [D]. 大连：大连理工大学，2007.

[80] 朱明清 . 污水源热泵系统设计及性能分析 [D]. 南京：南京理工大学，2010.

[81] 庄兆意，孙德兴，张承虎，等 . 污水源热泵系统优化设计 [J]. 暖通空调，2009（09）：111-114.

[82] 张明杨，姜益强，孙丽颖，等．污水源热泵系统在北京市应用的综合评价研究 [J]．流体机械，2010（05）：77-80.

[83] 徐莹，李鑫，伍悦滨，等．污水源热泵系统中换热器污垢热阻的实验研究 [J]．暖通空调，2009（05）：67-70.

[84] 陈朝旭．污水源热泵应用关键技术浅析 [J]．通用机械，2009（07）：68-70.

[85] Zhu J H，Sun Y Y，Wang W，et al. Developing a New Frosting Map to Guide Defrosting Control for Airsource Heat Pump Units [J]．Applied Thermal Enginering，2015，90（5）：782-791.

[86] Zhu J H，Sun Y Y，Wang W，et al. A Novel Temperature-Humidity-Time Defrosting Control Method Based on a Frosting Map for Airsource Heat Pumps [J]．International Journal of Refrigeration，2015，54：45-54.

[87] 吴旭，王伟，孙玉英，等．空气源热泵最佳除霜控制点研究（一）——最佳除霜控制点的存在性实测验证 [J]．建筑环境与能源，2017（2）：1-8.

[88] 吴旭，王伟，孙玉英，等．空气源热泵最佳除霜控制点研究（二）——基于 GRNN 名义制热量损失系数模型的建立 [J]．建筑环境与能源，2017（2）：9-14.

[89] 吴旭，王伟，孙玉英，等．空气源热泵最佳除霜控制点研究（三）——最佳除霜控制点计算模型的建立 [D]．建筑环境与能源，2017（2）：15-20.

[90] 钱剑峰，张力隽，张吉礼，等．直接式与间接式污水源热泵系统供热性能分析 [J]．湖南大学学报（自然科学版），2009（S2）：94-98.

[91] GB 50027—2001 供水水文地质勘察规范

[92] GB 50296—2014 管井技术规范

[93] GB 50366—2009 地源热泵系统工程技术规范（2009 版）

[94] GB 50021—2001 岩土工程勘察规范（2009 年版）

[95] GB 50736—2012 民用建筑供暖通风与空气调节设计规范 附条文说明 [另册].

[96] 住房和城乡建设部工程质量安全监管司．全国民用建筑工程设计技术措施——节能专篇：暖通空调．动力 [M]．北京：中国建筑标准设计研究院，2007.

[97] 全国勘察设计注册工程师公用设备专业管理委员会秘书处．全国勘察设计注册公用设备工程师暖通空调专业考试复习教材 [M]．3 版．北京：中国建筑工业出版社，2013.

[98] 住房和城乡建设部工程质量安全监管司．全国民用建筑工程设计技术措施：暖通空调·动力 [M]．北京：中国建筑标准设计研究院，2009.

[99] H L von 库伯，斯泰姆莱 F．热泵的理论与实践 [M]．王子介，译．北京：中国建筑工业出版社，1988.

[100] 范存养．空调用热泵及其设计 [M]．上海：同济大学科技情报站，1982.

[101] GB 50178—93 建筑气候区划标准

[102] 罗泽良．热泵专用压缩机曲轴偏心圆磨损分析及改善方案探讨 [J]．制冷与空调，2014，14（12）：85-88.

[103] 吴剑光，苏梅，王有佐，等．螺杆式制冷机组运行初始阶段油温控制分析及改进 [J]．制冷与空调，2014，14（12）：36-40.

[104] 张昌．热泵技术与应用 [M]．北京：机械工业出版社，2012.

[105] 韩润虎．美国谷轮公司压缩机应用技术讲座第 16 讲压缩机故障分析（4）——过热 [J]．制冷技术，2005（2）：38-41.

[106] 贾庆磊，熊志洪，宴刚．改善空气源热泵在夏季高温工况下运行性能的试验研究 [J]．制冷与空调，2014，2014（8）：113-118.

[107] 殷光文．美国谷轮公司压缩机应用技术第一讲空气——空气热泵系统设计 [J]．制冷技术，2000（4）：38-42.

[108] 汪善国．空调与制冷技术手册 [M]．李德英，赵秀敏，等译．北京：机械工业出版社，2006.

[109] 缪道平，吴业正．制冷压缩机 [M]．北京：机械工业出版社，2001.

[110] 周邦宁．空调用螺杆式制冷压缩机：结构 操作 维护 [M]．北京：中国建筑工业出版社，2002.

[111] 石文星，王宝龙，邵双全．小型空调热泵装置设计 [M]．北京：中国建筑工业出版社，2013.

[112] 余建祖．换热器原理与设计 [M]．北京：北京航空航天大学出版社，2006.

[113] 蒋能照．空调用热泵技术及应用 [M]．北京：机械工业出版社，1997.

[114] 陆亚俊．建筑冷热源 [M]．北京：中国建筑工业出版社，2009.

[115] 马最良，姚杨，姜益强，等．热泵技术应用理论基础与实践［M］．北京：中国建筑工业出版社，2010.

[116] 殷光文．美国谷轮公司压缩机应用技术第三讲——制冷空调系统中的液体制冷剂控制［J］．制冷技术，2001（2）：42-45.

[117] 张东彬，田怀璋，陈林辉，等．分液管对风侧换热器中流量分配的调节［J］．制冷与空调，2006，6（3）：38-41.

[118] 商萍君，董玉军，袁秀玲，等．过冷段翅片管换热器的试验研究［J］．制冷与空调，2006，6（6）：76-79.

[119] 王厚华，黄震夷．制冷换然器肋片管的强化换热实验研究［J］．重庆建筑大学学报，1995（02）：45-51.

[120] 王厚华，罗庆，苏华，等．大直径圆孔翅片管的传热与流阻性能实验研究［J］．制冷学报，2002（2）：25-29.

[121] 王厚华，方赵嵩．空气外掠圆孔翅片管的流动与换热数值模拟［J］．同济大学学报（自然科学版），2009（37）：969-973.

[122] 凯斯 L W M，伦敦 A L．紧凑式热交换器［M］．北京：科学出版社，1997.

[123] 董明景，方祥建，陈晓东，等．模拟制冷系统液击的新型四通阀可靠性试验设备［J］．制冷与空调，2014，14（4）：62-65.

[124] 邓智，颜小林，方祥健，等．四通电磁换向阀液击损坏的预防措施分析［J］．制冷与空调，2014，14（8）：21-24.

[125] Toshiba F. Hot-water Supply Apparatus Hot Water Obtained from Upper Portion of Tank Storing Hot Water, Through Heating Circuit, to Lower Portion of Tank, Through Defrosting Circuit of Evaporator of Heat Pump ［P］. Japan Patient：JP2004183908-A.

[126] Solution K. Heat Pump Type Water Heater Controls Hot Water Supply Circuit to Provide Hot Water Supply over Entire Day and Night During Defrosting of Evaporator in Heat Pump Circuit ［P］. Japan Patient：JP2005106416-A.

[127] Nishihara Y, Akeuchi A. Heat Pump Hot-water Supply Apparatus for Bathtub, Has Expansion Valve Which is Opened After Opening Fluid Circulation Selector Valve at Time of Defrost Startup ［P］. Japan Patient：JP2005147610-A.

[128] 张欣然．多功能家用热泵空调器实验研究［D］．哈尔滨：哈尔滨工业大学，2014.

[129] 李苏．热泵空调四通阀损坏分析及设计改进［J］．制冷与空调，2005，5（5）：89-90.

[130] 马最良．小型制冷机用液体分离器［J］．暖通空调，1987（4）：39-40.

[131] 黄劲松．气液分离器在热泵系统内的作用［J］．建筑技术通讯（暖通空调），1985（6）：38-40.

[132] 袁秀玲，黄东，杨晓光，等．制冷剂迁移和气液分离器对热泵性能的影响［J］．流体机械，2000，28（5）：47-49.

[133] 张浩．空调器制冷剂水分超标处理方法［J］．制冷与空调，2014（12）：89-92.

[134] 方赵嵩．圆孔翅片管式制冷换热器的节能性能研究［D］．重庆：重庆大学，2008.

[135] 李大伟．新型翅片管式制冷换热器节能问题研究［D］．重庆：重庆大学，2012.

[136] 李腊芳．空气源热泵结霜工况下高效能运行研究［D］．重庆：重庆大学，2013.

[137] 韩星．高湿地区空气源热泵除霜技术［A］．//中国建筑学会暖通空调分会，中国制冷学会空调热泵专业委员会．全国暖通空调制冷 2008 年学术年会资料集［C］．中国制冷学会，2008：1.

[138] 王贤林，蒋绍坚，艾元方，等．疏水表面用于延缓热泵结霜及加快除霜的探讨［J］．节能技术，2004（5）：37-38.

[139] 白韡．房间空调器制热不停机除霜模式研究［A］//中国家用电器协会．2016 年中国家用电器技术大会论文集［C］.《电器》杂志社，2016：9.

[140] 刘业凤，吴琪．结霜机理及热泵除霜技术研究综述［J］．节能技术，2018，36（3）：195-200.

[141] Huang D, Li Q, Yuan X. Comparison between Hot-gas bypass Defrosting and Reverse-cycle Defrosting Methods on An Air-to-water Heat Pump ［J］. Applied Energy, 2009, 86（9）：1697-1703.

[142] 唐瑾晨．空气源热泵防融霜过程的热力学与传热特性研究［D］．长沙：湖南大学，2016.

[143] 林灿洪，张静，刘金斗．新型除霜方式的研究［J］．日用电器，2017（5）：67-70.

[144] 倪龙，周超辉，姚杨，等．空气源热泵蓄热系统形式及研究进展［J］．制冷学报，2017，38（4）：23-30.

[145] 梁彩华，张小松，徐国英. 显热除霜方式的能量分析与试验研究 [J]. 东南大学学报，2006，36（1）：81 -85.

[146] 谭海辉，陶唐飞，徐光华，等. 翅片管式蒸发器超声波除霜理论与技术研究 [J]. 西安交通大学学报，2015，49（9）：105 -113.

[147] 郑捷庆，庄友明，张军. 高电压技术在制冷设备除霜中的应用 [J]. 高电压技术，2007（12）：97 -100.

[148] 刘学来，李永安，李继志，等. 基于储水蓄能除霜的不间断供热理论及实验研究 [J]. 湖南大学学报，2009，36（12）：124 -129.

[149] 王建民. 基于北京地区的空气源热泵能耗分析及节能改造 [D]. 天津：天津大学，2012.

[150] 刘合心，黄春，宋培刚，等. 多联式空调热水机蓄热水箱除霜分析与试验研究 [J]. 制冷与空调，2014，14（10）：58 -61.

[151] 韩志涛. 空气源热泵常规除霜与蓄能除霜特性实验研究 [D]. 哈尔滨：哈尔滨工业大学，2007.

[152] 王少为，刘震炎，赵可可，等. 蓄能和热水器复合空调器冬季运行实验研究 [J]. 流体机械，2004，32（9）：45-48.

[153] 蔡林，柯秀芳，秦红. 蓄热型空气源热泵直凝式地暖系统除霜模式研究 [J]. 建筑热能通风空调，2017，36（12）：19 -22.

[154] 曾璟，李念平，成剑林，等. 蓄能型空气源热泵地板辐射供暖系统的实验研究 [J]. 建筑科学，2016，32（6）：33 -38.

[155] 曲明璐，李天瑞，樊亚男，等. 复叠式空气源热泵蓄能除霜与常规除霜特性实验研究 [J]. 制冷学报，2017，38（1）：34 -39.

[156] 王文君. 利用余热和太阳能的空气源热泵系统研究 [D]. 武汉：华中科技大学，2015.

[157] 徐俊芳，赵耀华，王皆腾，等. 新型空气-水双热源复合热泵系统性能和除霜实验 [J]. 化工学报，2017，68（11）：4301 -4308.

[158] 邱国栋，赵洪运，林兴伟，等. 一种具有基于自体化霜水的蓄热除霜加湿装置的热泵型空调机：CN201810014732.4 [P]. 2018.

[159] 陈超，欧阳军，王秀丽，等. 空气源热泵机组冬季除霜补偿新方法 [J]. 制冷学报，2016，27（4）：37-40.

[160] 曲明璐，邓仕明，董建锴，等. 空气源热泵蓄能换向除霜对室内热舒适的影响 [J]. 暖通空调，2013，43（4）：76 -79.

[161] 胡文举. 空气源热泵相变蓄能除霜系统动态特性研究 [D]. 哈尔滨：哈尔滨工业大学，2014.

[162] 曲明璐，李封澍，余倩，等. 空气源热泵不同蓄能除霜模式对室内热舒适度的影响 [J]. 流体机械，2016，44（1）：60-65.

[163] 宋孟杰. 空气源热泵过冷蓄能除霜系统实验研究 [D]. 哈尔滨：哈尔滨工业大学，2010.

[164] 董建锴. 空气源热泵延缓结霜及除霜方法研究 [D]. 哈尔滨：哈尔滨工业大学，2013.

[165] 蒋永明. 相变蓄热蒸发型空气源热泵系统性能实验研究 [D]. 太原：太原理工大学，2013.

[166] 张龙. 利用压缩机废热的空气源热泵蓄能除霜系统实验研究 [D]. 哈尔滨：哈尔滨工业大学，2014.

[167] 王海胜，李添龙，王冬丽，等. 不降温蓄热除霜技术的理论分析与实验研究 [J]. 制冷与空调（四川），2015，29（4）：384 -387.

[168] 田浩. 多联机空气源热泵相变蓄能除霜系统实验研究 [D]. 哈尔滨：哈尔滨工业大学，2014.

[169] 宋强，李银银，李珍，等. 采用相变蓄热模块多联式空调（热泵）系统除霜过程的试验研究 [J]. 制冷与空调，2014，14（10）：11-15.

[170] 游少芳. 空气源热泵热水器外盘微通道冷凝与蓄热除霜集成系统研究 [D]. 广州：华南理工大学，2012.

[171] 张红瑞. 空调废热回收热泵关键技术的研究 [D]. 济南：山东建筑大学，2010.

[172] 黄挺. 空气源热泵除霜用相变蓄能换热器的模拟研究 [D]. 哈尔滨：哈尔滨工业大学，2007.

[173] 朱荣鑫，王厚华，王清勤. 开孔翅片管式换热器传热、流阻及结霜性能研究 [D]. 重庆：重庆大学，2018.

[174] 许旺发，吴晓敏，王维城，等. 水平冷面上冰晶生长规律的实验研究 [J]. 低温工程，2003（6）：41-46.

[175] Dessens H. The physical of clouds [J]. Quarterly Journal of the Royal Meteorological Society, 2010, 75 (323): 26, 27.

[176] 张新华. 外电场对竖直冷表面上自然对流结霜过程影响的研究 [D]. 北京：北京工业大学，2006.

[177]　Şahin A Z. Effective thermal conductivity of frost during the crystal growth period [J]. International Journal of Heat & Mass Transfer, 2000, 43 (4): 539-553.

[178]　Wu X, Dai W T, Shan X F, et al. Visual and Theoretical Analyses of the Early Stage of Frost Formation on Cold Surfaces [J]. Journal of Enhanced Heat Transfer, 2007, 14 (3): 257-268.

[179]　刘耀民. 冷表面结霜过程的分形模型及实验研究 [D]. 北京: 北京工业大学, 2012.

[180]　Hayashi Y, Aoki A, Adachi S, et al. Study of Frost Properties Correlating With Frost Formation Types [J]. Journal of Heat Transfer, 1977, 99 (2): 239.

[181]　Tao Y X, Besant R W, Mao Y. Characteristics of frost growth on a flat plat during the early growth period [J]. ASHRAE Transactions, 1993, 99: 746-753.

[182]　Yao Y, Jiang Y Q, Deng S M, et al. A Study on the Performance of the Airside Heat Exchanger under Frosting in an Air Source Heat Pump Water Heater/chiller Unit [J]. International Journal of Heat and Mass Transfer, 2004, 47 (17-18): 3745-3756.

[183]　Lee Y B, Ro S T. An experimental study of frost formation on a horizontal cylinder under cross flow [J]. International Journal of Refrigeration, 2001, 24 (6): 468-474.

[184]　Yang D K, Lee K S, Cha D J. Frost formation on a cold surface under turbulent flow [J]. International Journal of Refrigeration, 2006, 29 (2): 164-169.

[185]　吴晓敏, 李瑞霞, 王维城. 强制对流条件下结霜现象的实验研究 [J]. 清华大学学报（自然科学版）, 2006, 46 (5): 682-686.

[186]　Qin H, Li W, Dong B, et al. Experimental study of the characteristic of frosting on low-temperature air cooler [J]. Experimental Thermal & Fluid Science, 2014, 55: 106-114.

[187]　Cheng C H, Wu K H. Observations of Early-Stage Frost Formation on a Cold Plate in Atmospheric Air Flow [J]. Journal of Heat Transfer, 2003, 125 (1): 95-102.

[188]　Hacker P T. Experimental Values of the Surface Tension of Supercooled Water [J]. Technical Report Archive & Image Library, 1951, 2510.

[189]　Cheng C H, Shiu C C. Frost formation and frost crystal growth on a cold plate in atmospheric air flow [J]. International Journal of Heat & Mass Transfer, 2002, 45 (21): 4289-4303.

[190]　吴金玉, 陈江平. 低温工况下蒸发器结霜特性的数值模拟及试验研究 [J]. 低温工程, 2008 (1): 33-37.

[191]　张哲, 田津津. 空气源热泵蒸发器结霜及换热性能的研究 [J]. 流体机械, 2007, 35 (9): 72-76.

[192]　刘斌. 微型冷库系统优化研究 [D]. 天津: 天津大学, 2003.

[193]　侯普秀. 霜层生长过程的实验研究以及理论分析 [D]. 南京: 东南大学, 2006.

[194]　肖彪. 风冷热泵商用空调除霜控制分析 [J]. 家电科技, 2019 (23): 55-56.

[195]　郭宪民, 王冬丽, 陈轶光, 等. 室外换热器迎面风速对空气源热泵结霜特性的影响 [J]. 化工学报, 2012 (S2): 32-37.

[196]　尹从绪, 陈轶光. 风速对空气源热泵翅片管换热器结霜特性影响 [J]. 低温与超导, 2011, 39 (12): 50-52.

[197]　刘斌, 杨永安, 杨昭. 低温结霜模型及影响因素的分析 [J]. 制冷学报, 2004 (4): 40-42.

[198]　黄虎, 束鹏程, 李志浩. 风冷热泵冷热水机组在结霜工况下运行特性的实验研究 [J]. 流体机械, 1998 (12): 43-47.

[199]　郭宪民, 杨宾, 陈纯正. 翅片型式对空气源热泵机组结霜特性的影响 [J]. 西安交通大学学报, 2009, 43 (1): 67-71.

[200]　黄东, 刘小玉, 王彦鲁. 翅片类型对热泵空调结霜特性的影响 [J]. 制冷学报, 2012, 33 (2): 12-17.

[201]　薛利平, 郭宪民, 邢震. 环境参数对翅片管换热器表面结霜特性影响的实验研究 [J]. 低温与超导, 2017, 45 (4): 66-71.

[202]　王厚华, 高建卫, 彭宣伟. 圆孔翅片管积霜工况下的制冷性能实验 [J]. 重庆大学学报（自然科学版）, 2007, 05: 4-10.

[203]　周立. 风冷热泵机组环境温度使用范围及除霜技术 [J]. 暖通空调, 1995 (5): 58-61 (205).

[204]　连之伟. 风冷热泵机组在西安地区的运行效果测定和分析 [J]. 暖通空调, 1998, 28.

[205]　张杰 . SK 型制冷换热器样机试验研究 [D]. 重庆：重庆大学，2009.

[206]　秦海杰 . 空气冷却器结霜特性及其对制冷系统的影响研究 [D]. 大连：大连理工大学，2014.

[207]　陈立新 . 亲水性涂料的研究 [J]. 涂料工业，1999（9）：20-26.

[208]　潘晴，孔庆安 . 制冷蒸发器壁面加有机物涂层对着霜强度以及除霜效果的力学分析 [J]. 制冷，1996（2）：57-61.

[209]　费千，岳丹婷 . 空气冷却器表面自由能对其性能的影响 [J]. 大连海事大学学报，1998，24（4）：92-95.

[210]　王皆腾 . 冷表面上结霜现象的理论与实验研究 [D]. 北京：北京工业大学，2008.

[211]　赵荣义，范存养，薛殿华，等 . 空气调节 [M]. 4 版 . 北京：中国建筑工业出版社，2008：17-18.

[212]　张国东 . 地源热泵应用技术 [M]. 北京：化学工业出版社，2014.

[213]　伊松林，张璧光 . 太阳能及热泵干燥技术 [M]. 北京：化学工业出版社，2011.

[214]　住房和城乡建设部住宅产业化促进中心 . 户式三用一体机地源热泵系统应用技术指南 [M]. 北京：建筑工业出版社，2014.

[215]　钟晓晖，勾昱君 . 吸收式热泵技术及应用 [M]. 北京：冶金工业出版社，2014.

[216]　张仙平，王方 . 环保工质热泵技术 [M]. 郑州：郑州大学出版社，2014.

[217]　张昌 . 热泵技术与应用 [M]. 2 版 . 北京：机械工业出版社，2015.

[218]　马一太，田华，刘春涛，等 . 制冷与热泵产品的能效标准研究和循环热力学完善度的分析 [M]. 北京：科学出版社，2015.

[219]　杨启岳，周鑫发 . 热泵与太阳能利用技术 [M]. 杭州：浙江大学出版社，2015.

[220]　喜文华，骆进 . 热泵技术及其理论基础 [M]. 北京：科学出版社，2015.

[221]　李永安 . 地道风与空气源热泵 [M]. 邢泰安，译 . 南京：东南大学出版社，2015.

[222]　吴荣华，孙德兴 . 污水及地表水热泵技术与系统 [M]. 北京：科学出版社，2015.

[223]　沈九兵，李自强，邢子文，等 . 空气源热泵系统无霜化及除霜方法概述 [J]. 制冷学报，2019，40（2）：88-97，107.

[224]　李献偶 . 干燥剂除湿换热器强化除湿性能研究 [D]. 上海：上海交通大学，2011.

[225]　姚杨，姜益强，高强 . 无霜空气源热泵系统初步实验研究 [J]. 建筑科学，2012，28（2）：198-199.

[226]　唐亮，祖述程 . 空气的除湿处理技术 [J]. 中国新技术新产品，2010（7）：8.

[227]　梁彩华，张小松，巢龙兆，等 . 显热除霜方式与逆向除霜方式的对比试验研究 [J]. 制冷学报，2005，26（4）：20-24.

[228]　倪龙，周超辉，姚杨，等 . 空气源热泵蓄热系统形式及研究进展 [J]. 制冷学报，2017，38（4）：23-30.

[229]　陈超，欧阳军，王秀丽，等 . 空气源热泵机组冬季除霜热量补偿新方法 [J]. 制冷学报，2006，27（4）：37-40.

[230]　董建锴，姜益强，姚杨，等 . 空气源热泵过冷蓄能除霜蓄能特性实验研究 [J]. 太阳能学报，2012，33（9）：1536-1540.

[231]　马素霞，蒋永明，文博，等 . 相变蓄热蒸发型空气源热泵性能实验研究 [J]. 太阳能学报，2015，36（3）：604-609.

[232]　崔海亭，袁修干，侯欣宾 . 蓄热技术的研究进展与应用 [J]. 化工进展，2002，21（1）：23-25.

[233]　董建锴，李露，姜益强，等 . 不同相变蓄能器对多联机空气源热泵蓄热特性的影响 [J]. 太阳能学报，2016，37（11）：2856 - 2861.

[234]　李永辉，马素霞，谢豪 . 管翅式相变蓄热器性能的实验研究 [J]. 可再生能源，2014，32（5）：574-578.

[235]　张杰，兰菁，杜瑞环，等 . 几种空气源热泵除霜方式的性能比较 [J]. 制冷学报，2012，33（2）：47-49.

[236]　刘其伟，姜益强，董建锴，等 . 矩形相变蓄能器蓄热特性研究 [J]. 暖通空调，2013，43（11）：92-94.

[237]　胡文举，姜益强，姚杨，等 . 温湿度对空气源热泵相变蓄能除霜系统特性影响 [J]. 哈尔滨工业大学学报，2012，44（6）：65-69.

[238]　胡文举，姜益强，姚杨，等 . 基于除霜的相变蓄热器对空气源热泵性能的影响 [J]. 天津大学学报，2009，42（10）：908 - 912.

[239]　张军，刘亚兵 . 制冷剂侧冷热换向的满液式水源热泵机组：ZL201010185693.8 [P]. 2011-11-09.

[240]　孙家正 . 空气源热泵除霜方法的研究现状及展望 [J]. 建筑热能通风空调，2017，36（8）：42-46.

[241] 郑捷庆，庄友明，张军，等 . 高电压技术在制冷设备除霜中的应用 [J]. 高电压技术，2007，33（12）：97 - 100.

[242] 龚光彩，王洪金 . 空气源热泵除霜方式的研究现状及进展 [C] //全国热泵新技术及应用研讨会论文集，2009.

[243] 韩勇，郑雪晶，王丽文 . 基于图像处理技术的空气源热泵除霜控制方法的研究 [D]. 天津：天津大学，2018.

[244] 王铁军，唐景春，刘向农，等 . 风源热泵空调器除霜技术实验研究 [J]. 低温与超导，2003，31（4）：65-68.

[245] 江乐新，张学文，何俊杰，等 . 空气源热泵热水机组模糊除霜控制器的研究 [J]. 制冷与空调，2008，29（2）：37-43.

[246] 基恩 H，哈登费尔特 A. 热泵：第一卷 [M]. 耿惠彬，译 . 北京：机械工业出版社，1986.

[247] 汪善国 . 热泵、热回收、燃气制冷和联产系统 [M]. 李德英，译 . 北京：机械工业出版社，2006.

[248] 袁东立 . 水源热泵设计图集 . 北京：中国建筑工业出版社，2006.

[249] 06SS127 热泵热水系统选用与安装

[250] 06R115 地源热泵冷热源机房设计与施工

[251] 12K512 12R116 污水源热泵系统设计与安装

[252] 06K504 水环热泵空调系统设计与安装

[253] ASHRAE. 地源热泵空调技术指南 [M]. 徐伟，译 . 北京：中国建筑工业出版社，2001.

[254] GB/T 18430.1—2007 蒸气压缩循环冷水（热泵）机组 第 1 部分：工业或商业用及类似用途的冷水（热泵）机组.

[255] 邢震，郭宪民，李景善，等 . 基于平均性能最优的空气源热泵除霜控制方法的研究 [J]. 制冷学报，2016，37（3）：17-21.

[256] 李景善，郭宪民，陈轶光，等 . 空气源热泵蒸发器表面霜层生长特性实验研究 [J]. 制冷学报，2010，31（1）：18-22.

[257] 刘刚，王立香，董延 . MATLAB 数字图像处理 [M]. 北京：机械工业出版社，2010.

[258] 朱佳鹤 . 基于分区域结霜图谱的新型 THT 除霜控制方法的研究与开发 [D]. 北京：北京工业大学，2015.

[259] 刘志强，汤广发，等 . 风冷热泵机组除霜时间的自适应控制研究 [J]. 流体机械，2002，30 增刊：45-47.

[260] 李人厚 . 智能控制理论和方法 [M]. 西安：西安电子科技大学出版社，1999.

[261] 刘玉涵 . 跨临界二氧化碳热泵热水系统的动态特性研究 [D]. 长沙：中南大学，2009.

[262] 郁永章 . 热泵原理与应用 [M]. 北京：机械工业出版社，1993.

[263] 张旭 . 热泵技术 [M]. 北京：化学工业出版社，2007.

[264] 丁国良 . 黄东平 . 二氧化碳制冷技术 [M]. 北京：化学工业出版社，2006.

[265] 周子成，蔡湛文 . 国内外热泵热水器的发展 [J]. 家电科技，2006，3：42-45.

[266] 周子成 . 寒冷气候使用的 CO_2 热泵热水器 [J]. 制冷，2011，3（4）：30-31.

[267] 侯恩哲 . 中国建筑能耗研究报告（2017 年）[J]. 建筑节能，2017，45（12）：131.

[268] 清华大学建筑节能研究中心 . 中国建筑节能年度发展研究报告（2017 年）[M]. 北京：中国建筑工业出版社，2017.

[269] 王艳丽，聂海涛，孙守渊，等 . 集中供热系统的节能经济运行 [J]. 节能技术，2013，31（3）：285-288.

[270] 高风华，槐晓强 . 华北地区集中供暖空气源热泵的工程应用探讨 [J]. 工业技术创新，2015，2（3）：309-313.

[271] 王铁军，徐维，曾晓程，等 . 空气源热泵地暖系统冬季应用研究 [J]. 制冷学报，2017，38（4）：31-35.

[272] 魏新利，曾章传，卢纪富，等 . 空气源热泵直接地板辐射供暖系统实验研究 [J]. 暖通空调，2010，40（7）：103-107.

[273] 陈剑波，姚晶珊，韩星，等，不同环境温度下复叠式空气源热泵高温热水系统运行特性研究 [J]. 暖通空调，2013，43（7）：107-111.

[274] 郭哲良 . 寒冷地区空气源热泵地板辐射供暖系统特性研究 [D]. 沈阳：沈阳建筑大学，2014.

[275] 王晓东，张晨阳，张哲，等 . 空气源热泵性能的实验研究 [J]. 暖通空调，2014，44（5）：119-123.

[276] 王林军，刘伟，张东，等 . 寒冷地区低温空气源热泵辐射供暖实验研究 [J]. 甘肃科学学报，2016，28（1）：77-82.

[277] 王潇 . 低温地面辐射供暖系统调节的研究 [D]. 哈尔滨：哈尔滨工业大学，2006.

[278] 次新涛 . 地板辐射供暖系统的集中供热调节分析 [J]. 山西建筑，2013，39（36）：141-142.

[279] 李宁，石文星，王宝龙，等.广义空气源热泵制热除霜周期的性能模型 [J].制冷学报，2015，36（2）：1-7.

[280] 张丽，李征涛，尹瑞超，等.空气源热泵机组除霜性能的实验研究 [J].能源工程，2017（3）：71-74.

[281] 陆耀庆.实用供热空调设计手册 [M].北京：中国建筑工业出版社，2008：379-381.

[282] 贺平.供热工程 [M].北京：中国建筑工业出版社，2009：283.

[283] 赵志红，丁艳，袁隆基，等.火电广锅炉给水温度耗差分析模型的建立 [J].锅炉技术，2011，42（3）：24-26.

[284] 马大猷.现代声学理论基础 [M].北京：科学出版社，2004：1-9.

[285] 王铁军.噪声对人体健康的危害及个体防护 [J].工业安全与防尘，2000（4）：40-42.

[286] 中华人民共和国生态环境部.2018 年中国环境噪声污染防治报告 [EB/OL].

[287] Nissenbaum MA, Aramini JJ, Hanning CD. Effects of industrial wind turbine noise on sleep and health [J]. Noise Health, 2012, 14：237-243.

[288] 韦艺娴.低频噪声对住宅小区环境影响浅析 [J].大众科技，2018（8）：82-85.

[289] 洪宗辉，潘仲麟.环境噪声控制工程 [M].北京：高等教育出版社，2002：13-126.

[290] 杜功焕，朱哲民，龚秀芬.声学基础 [M].南京：南京大学出版社，2001：220-222.

[291] 钟祥璋，建筑吸声材料与隔声材料 [M].北京：化学工业出版社，2012：76.

[292] 宋博骐，彭立民，傅峰，等.木质材料隔声性能研究 [J].木材工业，2016，30（3）：33-37.

[293] 陈仁君.螺杆压缩机低频噪声性能控制研究 [J].压缩机技术，2017（2）.

[294] 王珍，赵之海，杨春立，等.涡旋压缩机振动噪声特性的应用研究 [J].压缩机技术，2005（5），17-19.

[295] 黄泽淦.阻性片式消声器的设计计算和应用 [J].全国环境声学学术讨论会，2007.